“十三五”职业教育部委级规划教材

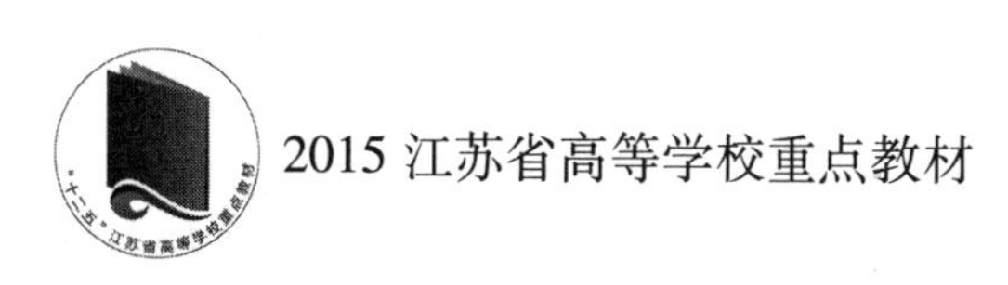

纺织材料基础（第 2 版）

瞿才新　张荣华　周　彬　主　编

中国纺织出版社

内 容 提 要

本书系统地介绍了棉、麻、丝、毛、化学纤维(包括常规化学纤维、差别化学纤维、功能化学纤维)等各种纺织纤维及其制成品(纱线、织物)的分类、基本形态结构、性能表征方法和相互联系;介绍了它们的理化性能及这些性能的影响因素、测试与评价原理、方法。

本书可作为高等纺织院校现代纺织技术、针织与服装、纺织品检验与贸易、服装设计、染化等专业的基础教材,特别适合作为高职高专院校纺织职业技术教育教材;也可供科研单位和纺织企业的工程技术及经贸营销人员参考。

图书在版编目(CIP)数据

纺织材料基础/瞿才新,张荣华,周彬主编.—2版.—北京:中国纺织出版社,2017.5 (2024.7重印)
"十三五"职业教育部委级规划教材 2015江苏省高等学校重点教材
ISBN 978-7-5180-3490-1

Ⅰ.①纺… Ⅱ.①瞿… ②张… ③周… Ⅲ.①纺织纤维—材料科学—高等职业教育—教材 Ⅳ.①TS102

中国版本图书馆CIP数据核字(2017)第058358号

责任编辑:符 芬　　责任校对:王花妮
责任设计:何 建　　责任印制:何 建

中国纺织出版社出版发行
地址:北京市朝阳区百子湾东里A407号楼 邮政编码:100124
销售电话:010—67004422 传真:010—87155801
http://www.c-textilep.com
中国纺织出版社天猫旗舰店
官方微博 http://weibo.com/2119887771
三河市宏盛印务有限公司印刷 各地新华书店经销
2024年7月第13次印刷
开本:787×1092 1/16 印张:15.75
字数:334千字 定价:48.00元

第 2 版前言

“纺织材料基础”是纺织类专业的第一门专业课，也是纺织专业主要的专业技术基础课程、平台课程。本教材是以教育部高教司《关于加强高职高专人才培养工作的若干意见》等文件及高职高专人才培养的要求为指导方针，按专业服从市场，课程服务于专业的原则进行设计。本教材按照“教学做一体化”的模式来进行内容设置，明确了学习目标是高技能的获取，编写中突出职业素质教育的理念，将职业资格教育课程纳入专业教育之中，主要体现理论简化、内容精练、学习提高（技能训练），目标明确，兼顾了理论性、实践性、拓展性和创新性，适应项目化教学的要求。同时，根据纺织企业对应用型技术人才的实际要求，按照由浅入深、循序渐进的教育规律，教材内容以纺织材料性能及应用为核心、以纺织品性能检测为主线，注重学生的职业核心能力的培养。

按照上述要求，本教材在《纺织材料基础》（第 1 版 ）的基础上进行了修订，更好地符合学生“由浅入深，由感性到理性”的认知规律。为了适应高职教育培养应用型人才的特点，针对现有纺织材料相关教材均以纤维入手由微观到宏观的思路，我们反其道而为之，尝试以学生最常见的纺织产品为入口展开，如服装面料、装饰面料、家纺面料，由宏观到微观，由感性到理性，由面到点。按照国家纺织行业职业资格（纤维检验工、针纺织品检验工）标准的要求，对原教材中的纺织材料概论、纺织纤维、纱线、织物、纺织材料性质部分进行分割、重组、增删，在提取教学内容时，体现知识、能力和素质相结合的原则，基础理论以“必需”“够用”为度，加大实践的分量和对学生动手、动脑解决实际应用问题能力的培养。构建了适应不同专业需要的项目化教材框架，该框架以培养学生的职业能力为主线，把教材内容划分为 7 个主项目、25 个相互融会贯通的大任务（每个任务包含学习内容引入、知识准备、学习提高、自我拓展四大部分），个别任务还包含一些独立的单元，教材内容紧密联系实际，与时俱进，形象直观，重点突出，特别是理论知识与实际检测知识的联系更加紧密，突出了灵活性、综合性、实用性和可操作性。按照 ASTM 纺织标准术语（ASTM Standard Terminology Relating to Textiles）及 GB/T 纺织名词术语[如 GB 5705 纺织名词术语（棉部分）等]增加纺织专业英语词汇，为外贸跟单相关岗位提供外贸商品认知知识储备。

全书由盐城工业职业技术学院瞿才新、周彬负责修订。在此，非常感谢前期参与《纺织材料基础》（第 1 版）的参编人员，主要有：盐城工业职业技术学院瞿才新、张荣华、王震声、刘华、周彬、姜为青、杜梅、黄素平、姚桂香、林元宏、王慧玲、吴一峰等老师。

由于纺织新材料、纺织新产品的层出不穷，一些纺织品加工工艺及检测标准也在不断更新，同时限于编者的教学经验及专业范围，本书中难免会存在一些疏漏及错误之处，敬请使用本书的教师、同学及其他读者批评指正，以便再版修订时改正。

编　者

2017 年 4 月

第1版前言

“纺织材料基础”是纺织类专业的第一门专业课,也是纺织专业主要的专业技术基础课程、平台课程。本教材是以教育部高教司《关于加强高职高专人才培养工作的若干意见》等文件及高职高专人才培养的要求为指导方针,按专业服从市场,课程服务于专业的原则进行设计。本教材按照“教学做一体化”的模式来进行内容设置,明确了学习目标是高技能的获取,编写中突出职业素质教育的理念,将职业资格教育课程纳入专业教育之中,主要体现理论简化、内容精练、任务实施(技能训练)目标明确,兼顾了理论性、实践性、拓展性和创新性,适应项目化教学的要求。同时,根据纺织企业对应用型技术人才的实际要求,按照由浅入深循序渐进的教育规律,教材内容以纺织材料性能及应用为核心、纺织品性能检测为主线,注重学生的职业核心能力的培养。

按照上述要求,本教材在原《纺织材料基础》[中国纺织出版社2004]教材的基础上进行了修订,对原教材中的纺织材料概论部分、纺织纤维部分、纱线部分、织物部分、纺织材料性质部分进行分割、重组、增删,在提取教学内容时,体现知识、能力和素质相结合的原则,基础理论以“必需”“够用”为度,加大实践的分量和学生动手、动脑解决实际应用问题能力的培养。构建了适应不同专业需要的项目化教材框架,该框架以培养学生的职业能力为主线,把教材内容划分为7个主项目25个相互融会贯通的大任务(每个任务包含任务引入、知识准备、任务实施三大部分),教材内容紧密联系实际,与时俱进,形象直观,重点突出,特别是理论知识与实际检测知识的联系更加紧密,突出了灵活性、综合性、实用性和可操作性。

本书由盐城纺织职业技术学院组织编写,瞿才新、张荣华任主编,刘华、周彬任副主编。编写的具体分工如下:项目一由瞿才新、姜为青编写,项目二中任务一,项目三中任务一、任务二,项目五由杜梅编写,项目二中任务二、任务三由姜为青编写,项目二中任务四、项目三中任务三、任务四由黄素平编写,项目四,项目七中任务三由瞿才新编写,项目六中任务一、任务三,项目七中任务二、任务四由林元宏和南通实验仪器有限公司杨卫林编写,项目六中任务四由周彬编写,项目七中任务一由吴益峰编写,项目六中任务二由林元宏、吴益峰、杜梅编写。南通宏大实验仪器有限公司提供了有关资料,在此表示感谢。全书由瞿才新、周彬负责统稿。

由于纺织新材料、纺织新产品的层出不穷,一些纺织品加工工艺及检测标准也在不断更新,同时限于编者的教学经验及专业范围,本书中难免会存在一些疏漏及错误之处,敬请使用本书的教师、同学及其他读者批评指正,以便再版修订时改正。

编　者

2012年1月

课程设置指导

本课程设置意义　本课程作为纺织类专业的基础核心课程，它为纺织类学生学习纺织专业知识打开了大门，也为学生提供了研究纺织原料的结构、性能和指标评价的原理、依据和方法。为后续课程的学习提供了知识基础和理论依据。

本课程教学建议　建议本课程教学课时为110～130课时。课程讲授时可根据本校本专业的特色和条件，如专业方向、软件和硬件条件等，对书中内容进行选择性介绍，有所侧重，教学内容不一定包括本书全部内容。

课程教学中应根据条件安排40～60个课时的实践教学，使学生掌握纺织材料的基本性能指标检测仪器、原理及检测方法。

本课程教学目的　《纺织材料基础》（第2版）的基本要求是使学生了解纺织材料的分类、结构，掌握纺织材料结构与其理化性能之间的内在联系及各性能的测定方法。通过学习，使学生掌握纺织材料的基本属性及相关性能指标的检测原理、方法，具备运用所学知识解决实际问题的能力，为后续专业课程的学习打下坚实的基础。

目录

项目一　纺织材料导论

学习与考证要点

◇ 纺织材料的定义
◇ 纺织材料的研究对象及相互关系
◇ 纺织材料的吸湿性指标
◇ 纺织材料的线密度指标
◇ 线密度指标之间的换算关系

本项目主要专业术语

纺织材料(textile material)
纤维(fiber)
纱线(yarn)
织物(fabric)
服装(apparel)
制成品(finished goods)
吸水性能(absorbency)
回潮率(moisture regain)
相对湿度(R. H. ,relative humidity)
纱线细度(yarn number)
纱线线密度(linear density)
纱线支数(yarn count)
特克斯(tex)
旦尼尔(denier)
马克隆值(micronaire value)
品质支数(quality number)

任务一　了解纺织材料基础课程的知识体系

一、学习内容引入

纺织材料与人们的生产、生活密切相关,除了传统的服装、家用纺织品外,在其他领域也有很大的应用空间,结合生活、生产实际,谈谈对纺织的认识。了解纺织材料涉及的内容及其之间的联系,对本门课程构建一种宏观体系,能够为深入深刻学习纺织材料及其他相关课程做铺垫。

二、知识准备

(一)纺织材料定义

纺织材料是指纤维及纤维制品,具体表现为纤维、条子、纱线、织物及其复合物。

“纤维与纤维制品”表明了纺织材料既是一种原料,用于纺织加工的对象,又是一种产品,是通过纺织加工而成的纤维集合体。纺织材料存在多种变体,存在从对象到产品的多级转换。

“纤维、条子、纱线、织物及其复合物”描述了纺织材料的形成过程,可以顺序进行,也可以跳跃完成。

(二)纺织材料研究对象及相互关系

纺织材料的内容包括纤维及纤维集合体。纺织材料学则是纤维和纤维集合体的结构、性能及其间相互关系的学问(图1-1)。

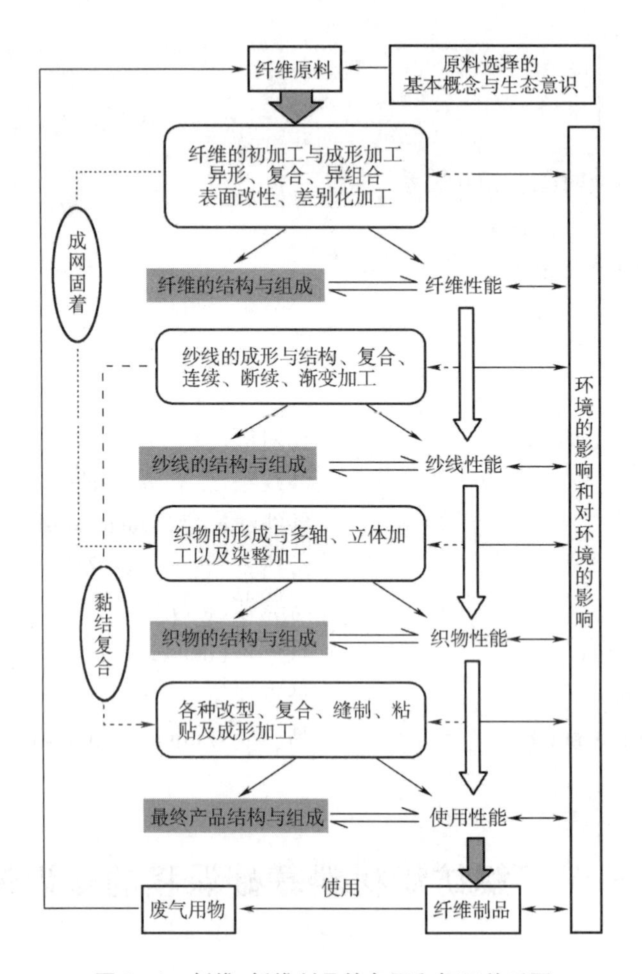

图1-1　纤维、纤维制品的各层和相互关系图

(三)纺织材料基础研究的内容

“纺织材料基础”是研究纺织纤维、条子、纱线、织物的结构、性能及其与纺织加工工艺的关系等方面知识、规律和技能的一门科学,它的研究内容主要包括以下几项。

(1)纺织材料(纺织纤维、纱线和织物)的种类、组成、结构和性能。

(2)纺织材料的结构与性能的关系以及结构和性能的测试方法。

(3)纺织材料的结构、性能对纺织加工过程的影响。

(4)纺织材料品质评定的方法。

三、学习提高

讨论本课程的学习或研究中会涉及的理论或知识,内容可涉及高分子化学、物理、机械、自动化、检测、纺织CAD、色彩学、心理学等，并在以后加强学习。写一篇调查报告。

四、自我拓展

利用业余时间去纺织品产地、纺织品生产企业、大型超市进行调研，也可借助图书馆、网络查阅纺织材料及纤维集合体的种类、应用领域，了解纺织材料在加工过程中的变化，完成下面表1-1，并结合查找的资料，试着绘制国内纺织产业集群分布图。

表1-1 调研结果

序号	调研时间	调研地点	产品名称 类别、产地	产品功能 描述	产品原料 及加工要求	附图说明
1						
2						
3						
4						
5						

任务二 掌握表征纺织材料性能的基本指标

一、学习内容引入

纺织材料作为一种常见的材料，有哪些表达纤维特性的术语？当对纺织材料进行表征、比较时必然会引入一些指标，那么，纺织纤维的基本性能由哪些指标决定，各是如何表征的呢？这些表征指标之间有何相互关系？如何才能融会贯通？通过本任务的学习能够对常见纺织材料的专业术语及其表征方法有比较深刻的认识。

二、知识准备

(一)吸湿指标

1. *回潮率* 表示纺织材料吸湿性的指标为回潮率。回潮率是指纺织材料中所含水分重量对纺织材料干重的百分比。

$$W = \frac{G - G_0}{G_0} \times 100\%$$

式中：W——纺织材料的回潮率；

G——纺织材料的湿重，g；

G_0——纺织材料的干重，g。

2. *标准大气状态下的回潮率* 各种纤维及其制品的实际回潮率随大气的温湿度条件而变。为了比较各种纺织材料的吸湿能力，往往把它们放在统一的标准大气条件(表1-2)下，一定时间后使它们的回潮率达到一个稳定值，这时的回潮率称为标准大气状态下的回潮率。

表1-2 标准温湿度及允许误差

级别	标准温度(℃)		标准相对湿度(%)
	A类	B类	
1	20±1	27±2	65±2
2	20±2	27±3	65±3
3	20±3	27±5	65±5

关于标准大气状态的规定,国际上是一致的,而容许的误差各国略有不同。我国规定标准大气状态采用2级A类:标准大气压下温度为(20±2)℃,相对湿度为(65±3)%。

3. 公定回潮率 在贸易和成本计算中,纺织材料并非处于标准温湿度状态。而且,在标准温湿度状态下同一种纺织材料的实际回潮率,也还因纤维本身的质量和含杂等因素而有变化,因此,为了计重和核价的需要,必须对各种纺织材料的回潮率进行统一规定,称为公定回潮率,又称主观回潮率。

(二)纺织材料的细度指标

线密度是纺织纤维和纱线的重要指标。在其他条件相同的情况下,纤维越细,可纺纱的线密度也越细,成纱强度也越高;细纤维制成的织物较柔软,光泽较柔和。在纺纱工艺中,用较细的纤维纺纱可降低断头率,提高生产效率,但纤维过细,易纠缠成结。

纤维和纱线的线密度指标有直接指标和间接指标两大类。

1. 直接指标 纺织材料细度直接指标有直径、投影宽度和截面积、周长、比表面积。截面直径是纤维主要的线密度直接指标,它的量度单位为μm,只有当截面接近圆形时,用直径表示线密度才合适。目前,纤维的常规试验中,羊毛采用直径来表示其线密度。

2. 间接指标 纤维细度的间接指标可分为定长制和定重制两大类。它们是利用纤维长度和重量间的关系来间接表示纤维的细度。

(1)线密度。简称特。线密度是指1000m长纤维在公定回潮率时的重量克数,单位为tex,属于定长制,它的数值越大,表示纤维越粗。其计算式为:

$$\mathrm{Tt}=\frac{1000\times G_K}{L}$$

式中:Tt——纤维的线密度,tex;

L——纤维的长度,m;

G_K——纤维的公量,g。

(2)纤度。是指9000m长纤维在公定回潮率时的重量克数,是纤维线密度的非法定计量单位,是绢丝、化学纤维常用指标。其单位为旦尼尔,其计算式为:

$$N_{den}=\frac{9000\times G_K}{L}$$

式中:N_{den}——纤维的旦尼尔数,简称旦。

(3)公制支数。公制支数是指在公定回潮率时每克纤维或纱线所具有的长度米数。是指一定质量纤维的长度,它的数值越大,表示纤维越细。其计算式为:

$$N_m=\frac{L}{G_K}$$

式中：N_m——纤维的公制支数，简称公支；

L——纤维的长度，m；

G_K——纤维的公量，g。

（4）英制支数。在英制公定回潮率时，一磅重的纤维或纱线所具有的长度的840码的倍数。

$$N_e = \frac{L'}{840G_k'}$$

式中：N_e——英制支数，简称英支；

L'——纱线的长度，码（1码=3英尺=0.9144m）；

G_k——纱线的公定重量，磅（1磅=0.4536kg）。

3. 其他指标

（1）马克隆值M（用于棉）。本身无量纲，相当于单位长度（英寸）的重量（微克），反映棉纤维细度、成熟度的综合指标。

$$M \times N_m = 25400; \mathrm{Tt} = 0.0394M; N_{den} = 0.354M$$

（2）品质支数（用于毛）。沿用下来的指标，曾表示该羊毛的可纺支数，现表示直径在某一范围的羊毛细度。

4. 细度指标间的换算关系

（1）间接指标间的换算。

$$\mathrm{Tt} \times N_m = 1000$$

$$N_{den} / \mathrm{Tt} = 9$$

$$N_{den} \times N_m = 9000$$

$$N_e \cdot \mathrm{Tt} = 590.5 \times \frac{1 + \frac{W_k}{100}}{1 + \frac{W_k'}{100}} = C\text{（纯化学纤维纱线 }C\text{ 为 590.5，纯棉纱线 }C\text{ 为 583）}$$

（2）间接指标与直接指标间的换算。当纤维截面形状不规则、无中腔时，可假设纤维为圆柱体，截面直径为d_{yc}（mm），纤维密度为δ（g/cm^3）即（mg/mm^3），长度为L（mm），则纤维重量G（mg）和假设直径d_{yc}为关系：

$$G = \pi \frac{d_{yc}^2}{4} \times L \times \delta$$

根据上式，可求得以下各换算式：

$$d_{yc} = 0.03568\sqrt{\frac{\mathrm{Tt}}{\delta}}\ (\mathrm{mm})$$

$$d_{yc} = 0.01189\sqrt{\frac{N_{den}}{\delta}}\ (\mathrm{mm})$$

$$d_{yc} = \frac{1.129}{\sqrt{N_m \delta}}\ (\mathrm{mm})$$

当纤维截面形状不规则、有中腔时，可假设纤维为中空圆柱体，以原截面外形轮廓构成的圆环形截面的计算直径为d_p（mm），长度为L（mm），重量为G（mg）的空心纤维，则其单位体积的质量δ（mg/mm^3）和纤维的计算（等效）直径d_p为：

$$d_p = 0.03568\sqrt{\frac{\text{Tt}}{\delta}}\ (\text{mm})$$

三、学习提高

(1)根据线密度指标的定义,能够对相关公式进行推导,并指出它们之间的关系?能够真正理解其单位量值与指标量值的大小与换算关系,学会类比,最终能融会贯通。

(2)线密度相同的不同材料,其粗细(表观等效直径)一定相同吗?比如1.5dtex的涤纶与棉纤维,其实际尺寸相同吗?查阅相关纺织生产方面的书籍,谈谈线密度指标有何实际意义?

四、自我拓展

通过查找相关纺织纤维的回潮率数据,结合本任务学习内容,补充完成表1-3。

表1-3 常见纯纺纱线的特克斯值与英制支数的换算关系

纱线种类	公制公定回潮率	英支公定回潮率	换算常数
纯棉纱			
纯涤纶纱			
纯黏胶纤维纱			
纯腈纶纱			
纯毛纱			
纯桑蚕丝绢纺纱			
纯丙纶纱			

项目二　认识常见织物

学习与考证要点

◇ 织物的分类
◇ 机织物、针织物、非织造布的定义
◇ 机织物结构特征与品质评定
◇ 针织物结构特征与品质评定
◇ 非织造布结构特征与品质评定
◇ 混纺织物特性及影响因素
◇ 织物的风格
◇ 纺织面料分析

本项目主要专业术语

机织物(woven fabric)
经纱(end yarn/warp)
纬纱(filling)
平纹(plain weaves)
斜纹(twill weaves)
缎纹(satin weaves)
织造(weave)
织物密度(cloth count)
浮线(float)
大提花组织(jacquard pattern)
织物正面(face)
织物背面(back)
针织物(knittin g fabric)
纬编(weft knitting)
经编(warp knitting)
纵行(wales)
横列(courses)
针密(cut)
全成型(full fashioning)
机号(gauge)
平针(jersey knit)
罗纹(ribbed knit)
非织造布(nonwovens)
纤维网(fiber web)
针刺(needle - punched)
黏合(bonded - web)
熔喷(melt - blown)
聚合物挤压成网(polymer - laid)
纺丝黏合(spunbonded)
湿法成网(wet - laid)
织物分析镜(pick glass)
织物分析针(pick needle)

任务一　了解织物的分类

一、学习内容引入

织物，简称布，是纺织材料的组成部分之一，是纤维制成品的主要种类，是纺织品的基本形式。

它是由纺织纤维和纱线制成的、柔软而具有一定力学性质和厚度的制品。织物与人们生活息息相关，各种形式的织物层出不穷，那织物这个“大家族”究竟有哪些成员呢？

二、知识准备

织物不仅是人们日常生活的必需品，也是工农业生产、交通运输和国防工业的重要材料。

（一）按加工工艺分

织物按织造加工的方法可分为三大类：机织物、针织物和非织造织物。在此基础上，又发展成编织物等（图2－1）。

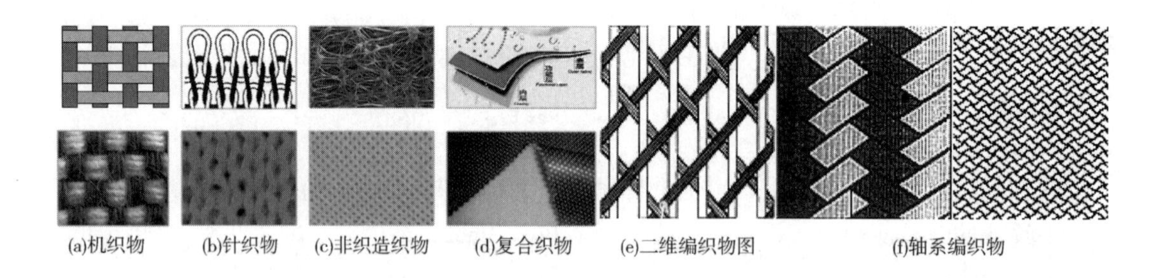

(a)机织物　(b)针织物　(c)非织造织物　(d)复合织物　(e)二维编织物图　(f)轴系编织物

图2－1　各类织物结构图

1. 机织物　机织物最基本的是由互相垂直的一组经纱和一组纬纱在织机上按一定规律纵横交错织成的制品。有时也可简称为织物。现代的多轴向加工，如三相织造、立体织造等，已打破这一定义的限制。

2. 针织物　一般针织物是由一组或多组纱线在针织机上按一定规律彼此相互串套成圈连接而成的织物。线圈是针织物的基本结构单元，也是该织物有别于其他织物的标志。现代多轴垫纱或添纱，甚至多轴铺层技术，针织可能已变为只是一种绑定方式，人们也统称为针织物。

3. 非织造布　非织造布是指由纤维、纱线或长丝，用机械、化学或物理的方法使之黏结或结合而成的薄片状或毡状的结构物，但不包含机织、针织、簇绒和传统的毡制、纸制产品。非织造布的主特征是直接的纤维成网、固着成形的片状材料。

4. 编结物　编结组织结构是由纱线进行对角线交叉而形成的，没有织造织物中的经纱和纬纱的概念。类似席类、筐类等竹、藤织物，其典型特征已为机织物采纳。而一根或多根纱线相互穿套、扭辫、打结的编结，被针织采用。

(二)按使用原料分类

根据使用原料不同,织物可分为纯纺织物、混纺(混纤)织物、交织(交并)织物三类(图2-2)。

(a)羊绒大衣呢

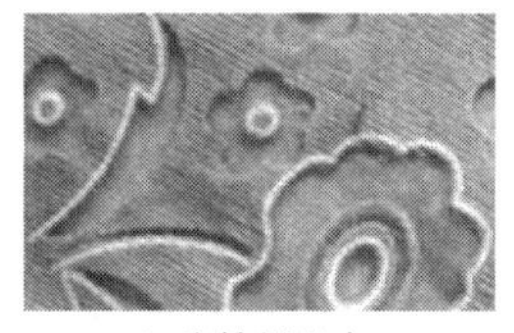
(b)涤棉烂花布

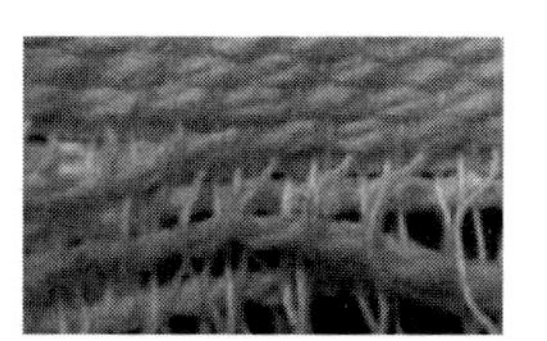
(c)棉麻交织物

图2-2　几种典型织物

1. 纯纺织物　由同一种纯纺纱线织成的织物称纯纺织物。如全棉织物、全毛织物、真丝绸、涤纶绸等。

2. 混纺(混纤)织物　由两种或两种以上不同品种的纤维混纺的纱线织成的织物称混纺织物。例如,由涤棉混纺纱织成的织物称为涤/棉混纺织物,依此类推,还有毛涤混纺织物,丝毛混纺织物,涤黏毛三合一混纺织物,丝、羊绒、苎麻、莱赛尔纤维四合一混纺织物等。

3. 交织(交并)织物　经纬向使用不同纤维的纱线或长丝织成的织物称交织织物,例如,经纱用棉纱,纬纱用黏胶长丝织成的“羽纱”。

由不同纤维的单纱(长丝)经并合、加捻成线,再织造成的织物称交并织物,例如,棉毛交并织物、毛与涤丝交并织物等。

由于交并、交织织物出现“线条、不匀、色差”的视觉效果,因此给织物外观带来活泼的装饰效果。

(三)按纤维的长度和线密度分类

根据使用纤维的长度、线密度的不同,织物可分为棉型织物、中长型织物、毛型织物和长丝织物。

以棉型纤维为原料织成的织物称作棉型织物,如涤棉布、维棉布等。

以中长型化学纤维为原料,经棉纺工艺加工的纱线织成的织物称作中长型织物,如涤黏中长华达呢、涤腈中长纤维织物等。

以毛型纱线织成的织物称作毛型织物,如毛涤黏黏哔叽、毛涤黏黏花呢等。

(四)按纺纱工艺分类

按纺纱工艺的不同,棉织物可分为精梳织物、粗梳(普梳)棉织物和废纺织物;毛织物分为精梳毛织物(精纺呢绒)和粗梳毛织物(粗纺呢绒)。

(五)按纱线结构与外形分类

按纱线结构与外形的不同,可分为纱织物、线织物和半线织物。经纬纱均由单纱构成的织物称为纱织物,如各种棉平布。经纬纱均由股线构成的织物称为线织物(全线织物),如绝大多数的精纺呢绒、毛哔叽、毛华达呢等。经纱是股线,而纬纱是单纱织造加工而成的织物叫半线织物,如棉半线卡其等。

按纱线结构与外形的不同,还可分为普通纱线织物、变形纱线织物和其他纱线织物。

(六)按纺纱方法分类

按纺纱方法的不同可分为环锭纺纱织物和新型纺纱织物。

(七)按染整加工方法分类

按染整加工方法的不同,织物可分为本色坯布、漂布、色布、印花布和色织布。

1. 本色坯布　指以未经练漂、染色的纱线为原料织造加工的不经整理的织物。也称本白布、白布或白坯布。此品种大多数用于印染加工。

2. 漂布　指经过练漂之后的白坯布,也称漂白布。

3. 色布　指经过染色之后的有色织物。

4. 印花布　经印花加工后表面有花纹图案的织物。目前的印花方法除了传统的筛网印花、辊筒印花外,还有转移印花、多色淋染印花、数码喷射印花等新技术,使花型更加丰富、新颖。

5. 色织布　将纱线全部或部分染色,再织成各种不同色的条、格及小提花织物。这类织物的线条、图案清晰,色彩界面分明,并富有一定的立体感。

6. 色纺布　先将部分纤维染色,再将其与原色(或浅色)纤维按一定比例混纺,或两种不同色的纱混并,再织成织物。这样的织物具有混色效果,如像香烟灰样的烟灰色。常见织物品种如派力司、啥味呢、法兰绒等。

7. 后整理织物　有仿旧、磨毛、丝光、模仿、折皱、功能整理等织物(图2-3)。

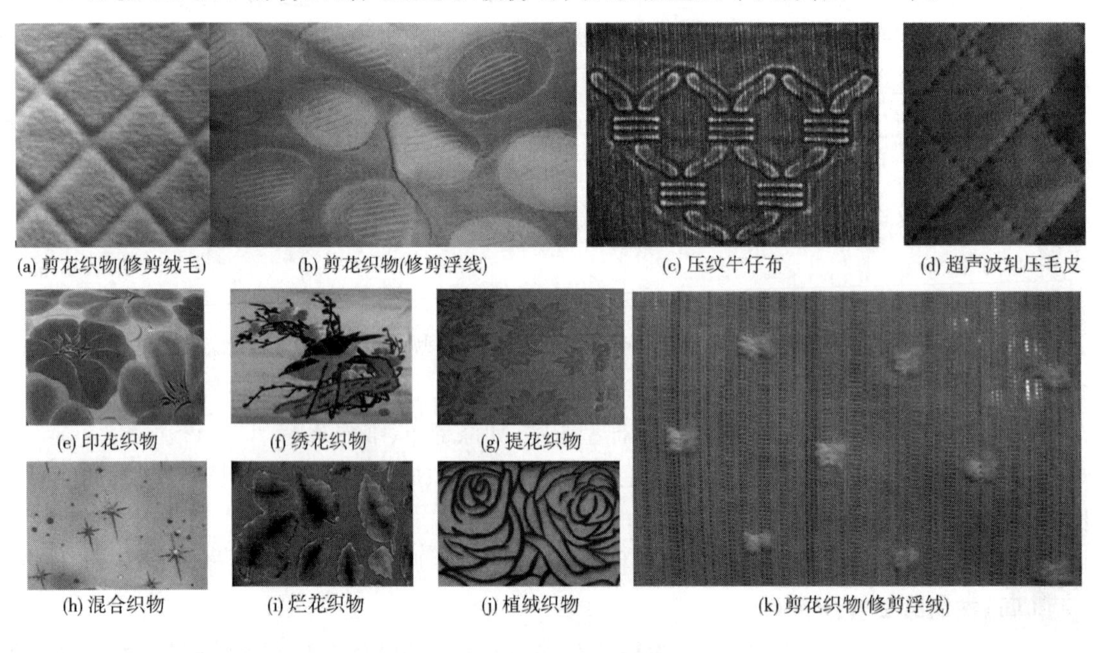

(a) 剪花织物(修剪绒毛)　(b) 剪花织物(修剪浮线)　(c) 压纹牛仔布　(d) 超声波轧压毛皮

(e) 印花织物　(f) 绣花织物　(g) 提花织物

(h) 混合织物　(i) 烂花织物　(j) 植绒织物　(k) 剪花织物(修剪浮绒)

图2-3　典型的后整理织物

(八)按织物的规格分

1. 按织物的幅宽分　分为带织物、小幅织物、窄幅织物、宽幅织物、双幅织物。

2. 按织物的厚度分　分类详见表2-1。

表2-1　棉、毛、丝织物厚度(mm)与类型

织物类型	轻薄型	中厚型	厚重型
棉型织物	<0.24	0.24~0.40	>0.40
精梳毛型织物	<0.40	0.40~0.60	>0.60

续表

织物类型	轻薄型	中厚型	厚重型
粗梳毛型织物	<1.10	1.10~1.60	>1.60
丝织物	<0.14	0.14~0.28	>0.28

3. 按单位面积质量分　分为轻薄型织物、中厚型织物、厚重型织物。

(九)按用途分类

织物按用途可分为三大类:服装用织物、家用织物和产业用织物。

1. 服装用织物　如外衣、衬衣、内衣、袜子、鞋帽等织物。

2. 家用织物　如床上用品、毛巾、窗帘、桌布、家具布、墙布、地毯等。

3. 产业用织物　如传送带、帘子布、篷布、包装布、过滤布、筛网、绝缘布、土工布、医药用布、软管、降落伞、宇航布等织物。

三、学习提高

要求开发一系列沙滩服,包括浴衣、泳衣和短裤。指明你将选择哪一类型的织物,你选择的销售对象,并给出理由,包括对纱线的描述和纤维类型的确定。写一个简单的设计方案。

四、自我拓展

去当地服装织物市场,搜集各类纺织产品所用织物,区分它们的不同特点,并按照不同的分类方法对面料进行分类。完成表2-2。

表2-2　纺织产品所用织物调研结果

序号	纺织品类别、品牌、产地	所用织物外观描述	织物手感等属性总结	价格	贴样
1					
2					
3					
4					

任务二　掌握织物结构特征与品质评定

一、学习内容引入

日常接触的织物多种多样,如服装用织物的产品又分为内穿和外穿两大类,有的织物适合作为装饰用的产品,如窗帘、墙布等,其性能结构和功能要求截然不同,织物种类如此繁多,它们各有何特点,各类织物是怎样生产的呢?有哪些品种,结构如何?对一块面料该如何进行分析鉴别和品质评定呢?

二、知识准备

单元一　机织物结构与品质评定

常规机织物是由相互垂直的两组纱线,按一定的规律交织而成的织物。其中与布边平行的纱线是经纱,垂直布边的是纬纱(图2-4)。

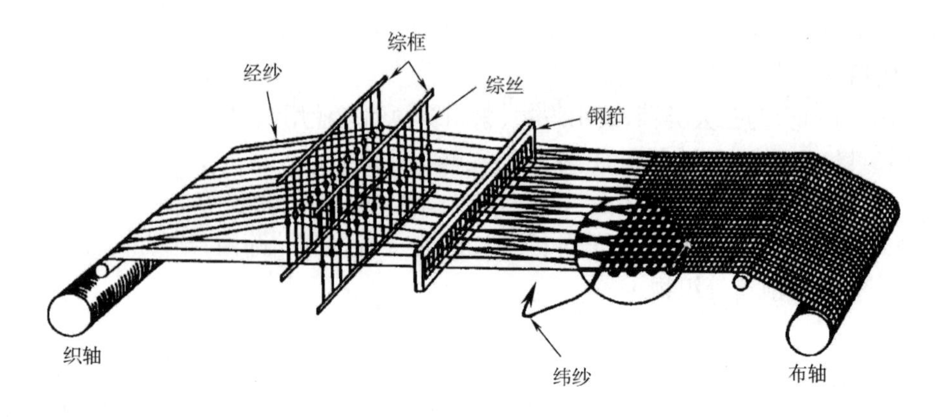

图2-4　机织物形成示意图

三向织物(图2-5)是由相互相交角度为60°的三系统纱线织成的织物。它具有较好的结构稳定性和各向相同的力学性质,在航空(如飞机翼布、气球外罩)、医疗绷带、塑料增强用织物等方面具有特殊的用途。图中X、Y为经纱,Z为纬纱,O为织物中的小孔。织物中三个方向的纱线,可以采用不同纱特、原料,以适应各种需要。三向织物可以采用机织方法进行生产,在X、Y两种经纱形成梭口时引入纬纱Z,而在下次形成梭口时则必须改变X、Y两种经纱间相邻经纱的顺序。

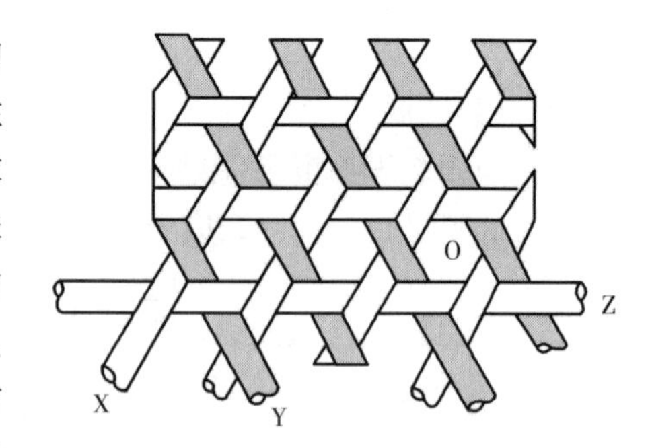

图2-5　三向织物结构图

(一)机织物结构

1. 织物结构的概念　所谓织物结构就是织物中经纬纱相互配置的构造情况。研究织物结构,除了研究经纬纱相互沉浮交错的规律,即织物组织以外,还须研究它们在织物中配置的空间形态。经纬纱在织物中的空间形态称为织物的几何结构。

决定织物结构的有三大要素:经纬纱线密度、经纬纱密度、织物组织。这三个要素不同,经纬纱在织物中的空间形态就不同。进一步说,这三个要素决定着织物的紧密程度、织物厚度与重量,决定着织物中经纬纱的屈曲状态,也决定着织物的表面状态与花纹,从而决定着织物的性能与外观。

2. 织物的度量　织物有四个度量,即长度、宽度、厚度与重量。

(1)长度。织物的长度以“米”或“码”为计量单位。通常还用较大的计量单位“匹”。匹长是指一匹织物最外边完整的纬纱之间的距离,用L来表示,单位为米(m)或码(yard,1码=0.9144m)。匹长的大小根据织物的用途、厚度、重量及卷装容量来确定,各类棉织物的匹长为

25 ~ 40m,毛织物的匹长,一般大匹为 60 ~ 70m,小匹为 30 ~ 40m。工厂中还常将几匹织物联成一段,称为“联匹”。厚重织物二联匹,中厚织物采用 3 ~ 4 联匹,薄织物采用 4 ~ 5 联匹。

(2)宽度。织物的宽度是指织物横向的最大尺寸,称为幅宽。用 B 表示,单位为厘米(cm)或英寸(1 英寸 = 2. 54cm)。织物的幅宽根据织物的用途、织造加工过程中的收缩程度及加工条件等来确定。棉织物的幅宽分为中幅及宽幅两类,中幅一般为 81. 5 ~ 106. 5cm,宽幅一般为 127 ~ 167. 5cm。粗纺呢绒的幅宽一般为 143cm、145cm、150cm,精纺呢绒的幅宽为 144cm 或 149cm。

(3)厚度。织物在一定压力下正反两面间的垂直距离,以“mm”为计量单位。织物按厚度的不同可分为薄型、中厚型和厚型三类,各类棉、毛织物的厚度见表 2 - 3。

表 2 - 3 各类棉、毛织物的厚度 单位:mm

织物类别	棉织物	毛织物		丝织物
		精梳毛织物	粗梳毛织物	
薄型	0. 25 以下	0. 40 以下	1. 10 以下	0. 8 以下
中厚型	0. 25 ~ 0. 40	0. 40 ~ 0. 60	1. 10 ~ 1. 60	0. 8 ~ 0. 28
厚型	0. 40 以上	0. 60 以上	1. 60 以上	0. 28 以上

影响织物厚度的主要因素为经纬纱线的线密度、织物组织和纱线在织物中的弯曲程度等。假定纱线为圆柱体,且无变形,当经纬纱直径相等时,在简单组织的织物中,织物的厚度可在 $2d_T$ ~ $3d_T$范围内变化。纱线在织物中的弯曲程度越大,织物就越厚。此外,试验时所用的压力和时间也会影响试验结果。

(4)重量。织物的重量通常以单位面积织物所具有的克数来表示,称为单位面积质量,又称为面密度、克重、平方米重量或平方米质量。它与纱线的线密度和织物密度等因素有关。它是织物的一项重要的规格指标,也是织物计算成本的重要依据。

棉织物的单位面积质量常以每平方米的退浆干重来表示,其重量范围一般为 70 ~ 250g/m^2。

毛织物的单位面积质量则采用每平方米的公定重量来表示,计算公式为:

$$G_k = \frac{10^2 G_0 (100 + W_k)}{L \times B}$$

式中:G_k——毛织物的平方米公定重量,g/m^2;

G_0——试样干重,g;

L——试样长度,cm;

B——试样宽度,cm;

W_k——试样的公定回潮率,%。

精梳毛织物的平方米公定重量范围为 130 ~ 350g/m^2,粗梳毛织物的平方米公定重量范围为 300 ~ 600g/m^2。

由于织物的平方米质量不同,可分为轻薄型织物、中厚型织物及厚重型织物三类。

3. 织物组织 织物中经纬纱相互浮沉交错的规律称为织物组织。经纱与纬纱的交叉点称作组织点(图 2 - 6)。经纱浮于纬纱之上的组织点,称为经组织点;纬纱浮于经纱之上的组织点,称为纬组织点。连续浮在另一系统纱线之上的纱线长度称为浮长。连续浮在纬纱之上的经纱长

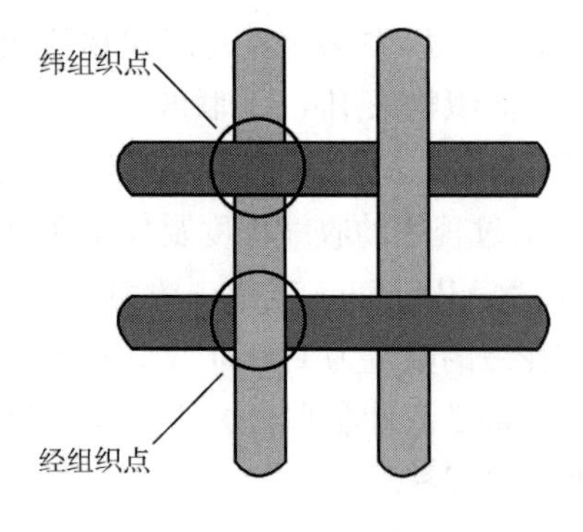

图2-6　组织点

度称作经浮长;连续浮在经纱之上的纬纱长度称作纬浮长。

由交织规律达到重复为止的若干根经纬纱组成的织物基本单元称为完全组织。织物中其余经纬纱的交织均与此完全组织相重复。整个织物就是由无数个完全组织所组成的。研究织物组织,主要就是研究一个完全组织中的经纬纱交织规律。完全组织也称组织循环,常用 R 表示。

完全组织(图2-7)中,若一系统的每根纱线只与另一个系统交织一次,则该组织被称为基本组织或原组织,是最简单的织物组织,机织物中的基本组织有平纹、斜纹和缎纹三种。小花纹组织是以三原组织为基础加以变化或联合而形成,如山形斜纹布、急斜纹。复杂组织是由若干系统的经纱和若干系统的纬纱所构成使织物具有特殊的外观效应和性能的组织,包括二重组织(多织成厚绒布、棉绒毯等)、起毛组织(如灯芯绒布)、毛巾组织(毛巾织物)、双层组织和纱罗组织等。大提花组织也称大花纹组织,是综合运用前面三类组织形成大花纹图案的织物,多织出花鸟鱼虫、飞禽走兽等美丽图案。

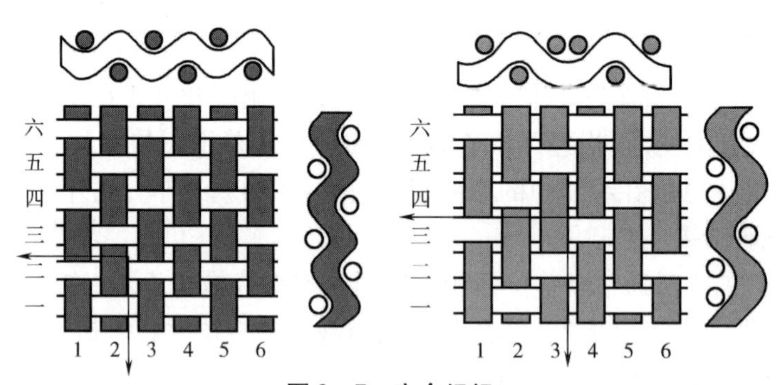

图2-7　完全组织

原组织、小花纹组织、复杂组织一般在踏盘织机或多臂织机上织制,但提花织物必须在提花织机上织制。

4. 飞数　相邻的两根纱线上相对应的组织点之间相间隔的另一方向的纱线数,用 S 表示。有经向飞数和纬向飞数之分(图2-8)。

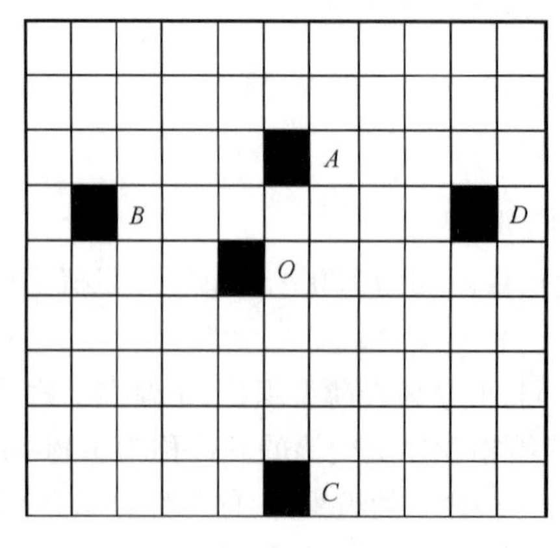

图2-8　飞数示意图

对于 O 点来说,A 点的经向飞数是 2,B 点的纬向飞数是 -3,C 点的经向飞数是 -4,D 点纬向飞数是 5。

(1)平纹组织。由两根经纱和两根纬纱组成一个完全组织,经纬纱每隔一根便交错一次,如图 2-9(a)所示。平纹组织是所有组织中交错次数最多的一种组织,织物的正反面基本相同,断裂强度较大。棉织物中细布、平布、粗布、府绸、帆布,毛织物中凡立丁、派力司,麻织物中的夏布,丝织物中乔其纱、双绉等,均采用平纹组织。

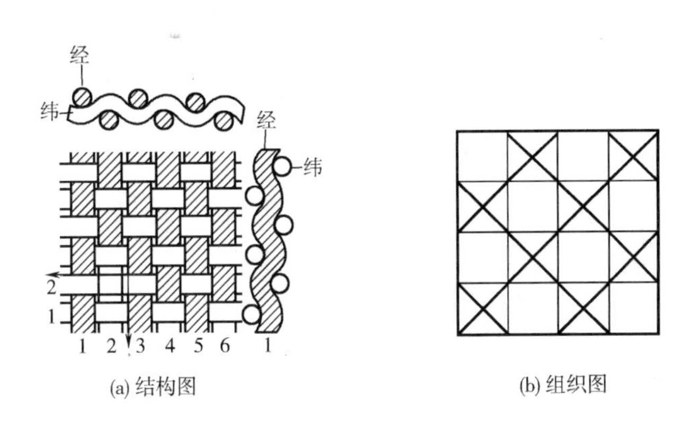

(a) 结构图 (b) 组织图

图 2-9 平纹组织结构图及组织图

(2)斜纹组织。斜纹组织最少要有 3 根经纱和 3 根纬纱才能构成一个完全组织,它的显著特征是织物表面呈现明显的连续倾斜的纹路。斜纹的倾斜方向不同,有左斜纹和右斜纹之分。在完全组织中,如果经组织点多于纬组织点数,称为经面斜纹,如果纬组织点多于经组织点数,称为纬面斜纹。如图 2-10(b)所示,二上一下右斜纹。

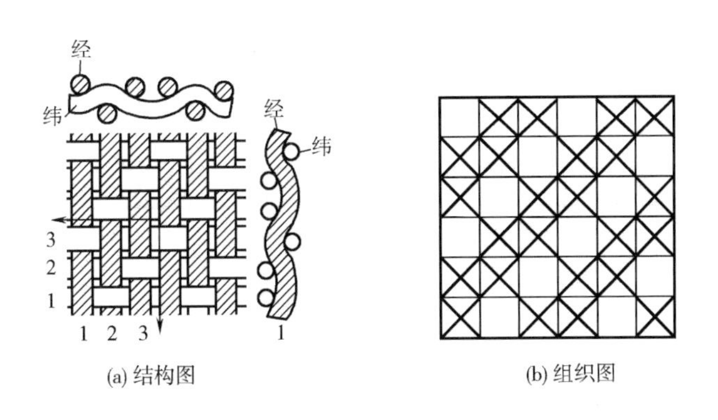

(a) 结构图 (b) 组织图

图 2-10 斜纹组织结构图及组织图

斜纹组织中经纬纱的交错次数比平纹组织少,因而其单位长度内可含经纬纱的根数比平纹组织多,织物紧密、厚实而硬挺,光泽好。如棉织物中斜纹布、卡其布;毛织物中的毛哔叽、毛华达呢等。此类织物适宜作为春、秋和冬季服装面料。

(3)缎纹组织。一个完全组织内至少要有 5 根经纱和 5 根纬纱相互交织,且每根经纱(或纬)上只能有一个经(或纬)组织点,这些单独的组织点既不相邻,且 S 不能与 R 有公约数。

缎纹有经面缎纹和纬面缎纹之分。命名时,经面缎纹采用经向飞数来命名,纬面缎纹用纬向飞数来命名(图2－11和图2－12)。

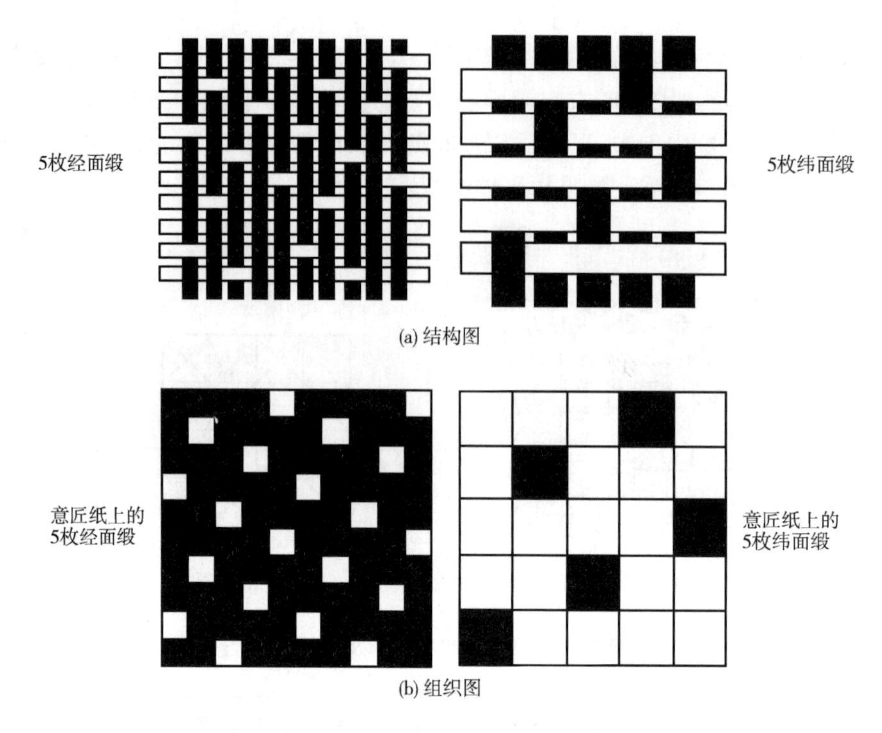

(a) 结构图

(b) 组织图

图2－11　缎纹组织结构图及组织图

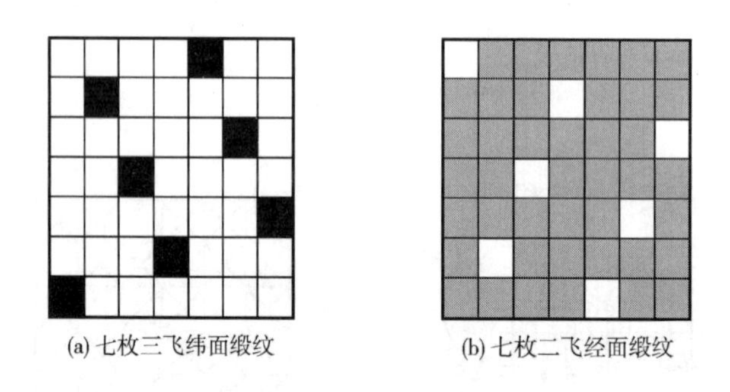
(a) 七枚三飞纬面缎纹　　(b) 七枚二飞经面缎纹

图2－12　缎纹组织

缎纹组织的交织点最少,浮长最长,织物正反面有明显差异,正面特别平滑而富有光泽,反面粗糙、无光。手感最柔软,强度最低。棉织物中直贡和横贡、毛织物中的贡呢等均属于缎纹组织。

三原组织对比如图2－13和表2－4所示。

表2－4　三原组织的比较

结构参数	平纹组织	斜纹组织	缎纹组织
R	2	≥3	≥5(≠6)
S	±1	±1	$1 < S < R-1$,S与R互质

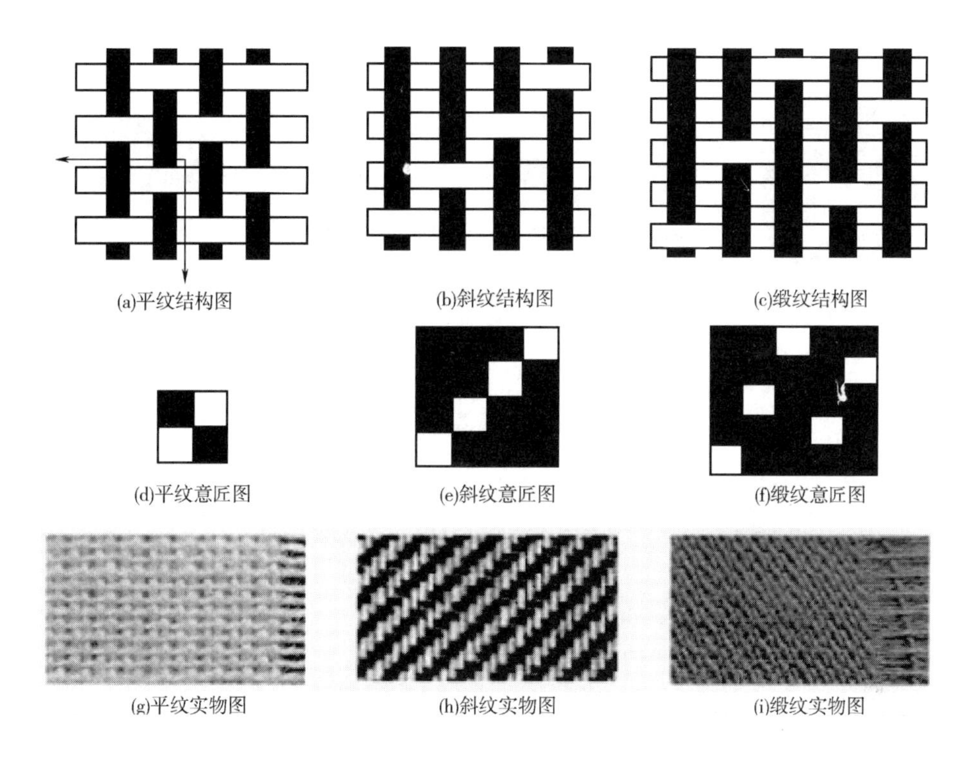

图2－13　三原组织对比图

5. 纱线的线密度　织物中经、纬纱的线密度采用特数来表示。表示方法为:将经、纬纱的特数自左向右联写成 $N_{texT} \times N_{texW}$,如 13×13 表示经纬纱都是 13tex 的单纱;28×2×28×2 表示经纬纱都是采用由两根 28tex 单纱并捻的股线;14×2×28 表示经纱采用由两根 14tex 并捻成的股线,纬纱采用 28tex 的单纱。经纬纱应在国家标准系列中选用。棉型织物在必要时可附注英制支数。如 9.7tex×9.7tex(60×60)。毛型织物以前采用公制支数,现在法定计量单位为特数,故附注时应为公制支数。

棉型织物按纱线的线密度不同可分为特细特、细特、中特及粗特织物四类,见表 2－5。

表2－5　棉纱的细度分类

品种	特细特	细特	中特	粗特
纱特范围	10tex 及以下	11～20tex	21～31tex	32tex 及以上

织物中经纬线密度的选用取决于织物的用途与要求,应做到合理配置。经纬纱的线密度差异不宜过大,常采用经纱的线密度等于或略小于纬纱的线密度,这样既能降低成本,又能提高织物的产量。

6. 织物的密度与紧度

(1)密度。织物密度是指织物中经向或纬向单位长度内的纱线根数,用 M 表示,有经密和纬密之分。经密又称经纱密度,是织物中沿纬向单位长度内的经纱根数,纬密也相类似。经密和纬密可以用根/10cm 表示,也可用根/英寸表示。习惯上将经密和纬密自左向右联写成 $M_T \times M_W$,如 236×220 表示织物经密是 236 根/10cm,纬密是 220 根/10cm(图 2－14)。

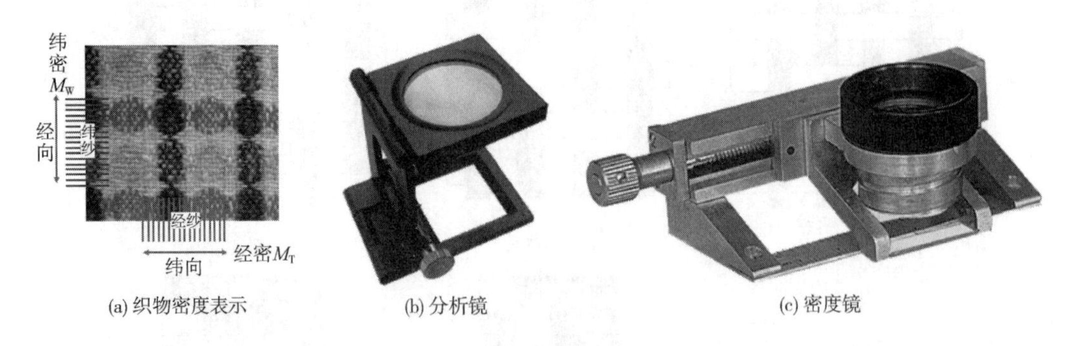

(a) 织物密度表示　(b) 分析镜　(c) 密度镜

图2-14　织物密度表示及测试仪器

把织物的幅宽、织物密度及织物中经、纬纱线密度等重要结构参数以连乘的形式表示,称为织物规格(图2-15)。方便商贸时对产品结构特征的了解。织物规格自左向右联写表示方法如下:

$$B \times N_T \times N_W \times M_T \times M_W$$

如144×28×28×25×360×250,表示织物幅宽为144cm,经纱特数为28tex,纬纱特数纬25tex,经密360根/10cm,纬密为250根/10cm。进出口贸易产品,织物规格常用英制表示,如69″×45^s×50^s×116×97,表示织物幅宽为69英寸,经纱英制支数为45英支,纬纱英制支数为50英支,经密为116根/英寸,纬密为97根/英寸。

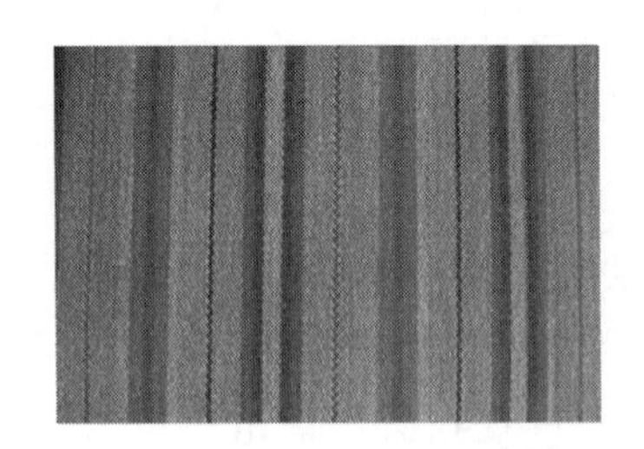

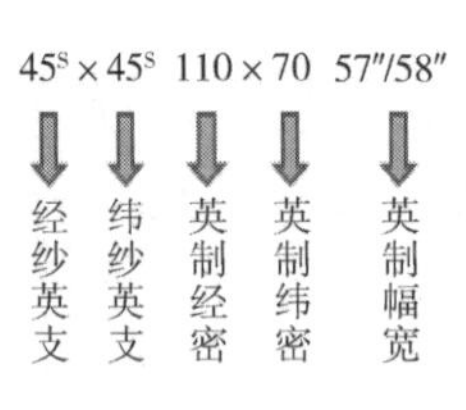

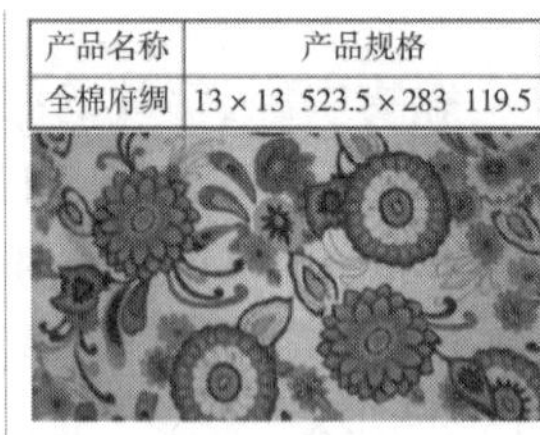

产品名称	产品规格
全棉府绸	13×13 523.5×283 119.5

13×13 523.5×283 119.5

经纱特数　纬纱特数　公制经密　公制纬密　公制幅宽

图2-15　织物规格表示方法

大多数织物中,经纬密配置采用经密大于或等于纬密。

不同的织物经纬密的变化范围很大,大多数棉毛织物经纬密在100~600根/10cm。

织物的经纬密度的大小对织物的使用性能和外观风格影响很大。显然,经纬密度大,织物就紧密、厚实、硬挺、坚牢、耐磨;密度小,织物就稀薄、松软、透气。同时,经纬密度的比值也会造成织物性能与风格的显著差异,如平布与府绸、哔叽、华达呢与卡其等。

经纬密只能用来比较同一类组织,相同直径纱线所织成的不同密度织物的紧密程度。当纱线的直径不同时,其织物无可比性。

(2)紧度。织物紧度又称覆盖系数(cover),是指纱线的投影面积对织物面积的比值,用E表示。有经向紧度和纬向紧度之分。根据定义可得经纬向紧度的计算式:

$$E_T = \frac{d_T}{a} \times 100 = \frac{d_T}{\frac{100}{M_T}} \times 100 = d_T M_T$$

$$E_w = \frac{d_W}{b} \times 100 = \frac{d_W}{\frac{100}{M_W}} \times 100 = d_W M_W$$

式中：E_T、E_W——经纬纱紧度；

d_T、d_W——经纬纱直径，mm；

a、b——相邻两根纱线的中心距，mm；

M_T、M_W——经纬密，根/10cm。

织物的总紧度 E 为：

$$E = E_T + E_W - \frac{E_T \times E_W}{100}$$

考虑到纱线直径与纱特之间的关系：$d = C \times \sqrt{\mathrm{Tt}}$

则

$$E_T = CM_T\sqrt{\mathrm{Tt}_T} \qquad E_W = CM_W\sqrt{\mathrm{Tt}_w}$$

几种纱线的直径系数见表2-6。

表2-6　纱线的直径系数

纱线类别	直径系数C	纱线类别	直径系数C	纱线类别	直径系数C
棉纱	0.037	苎麻纱	0.038	65/35涤黏纱	0.039
精梳毛纱	0.040	丝	0.037	50/50涤腈纱	0.041
粗梳毛纱	0.043	65/35涤棉纱	0.039	65/35毛黏粗纺纱	0.041

由上述公式可见，紧度中既包括了经纬纱密度，也考虑了纱线直径的因素，因此较为真实地反映了经纬纱在织物中排列的紧密程度。

各种织物，即使原料、组织相同，如果紧度不同，就会引起使用性能与外观风格的不同。前述织物密度不同对织物的影响，比较确切地说是紧度对织物性能的影响。试验表明，经纬向紧度过大的织物其刚性增大，抗折皱性下降，耐平磨性增加，而耐折磨性降低，手感板硬。而紧度过小，则织物过于稀松，缺乏身骨。

另外，经向紧度、纬向紧度和总紧度三者之间存在一定的制约关系。在总紧度一定的条件下，以经向紧度与纬向紧度比为1时，织物显得最紧密，刚性最大；当两者比例大于1或小于1时，织物就比较柔软，悬垂性好。

7. 织物的结构相　经纬纱在织物中相互交错与配置的空间形态称为织物的几何结构。织物的几何结构在不考虑纱线变形的情况下，取决于纱线线密度、经纬纱密度和织物组织。在机织物中，经纱和纬纱交织形成屈曲波状，波峰与波谷之间的高度差，称为屈曲波高，用 h 表示。有经纱的屈曲波高和纬纱的屈曲波高之分。通过研究发现，经纬纱的屈曲波高之和恒等于经纬纱直径之和，即 $h_T + h_W = d_T + d_W = L$。

由于纱线的屈曲波形是连续变化的，为了便于研究和比较，需要设定特定波形状态。经纬纱在特定波形时的几何结构状态称为织物的几何结构相，简称结构相，也称结构阶序。

以两种极端状态（$h_T=0$、$h_W=0$）作为波形的起点和终点，以 $\frac{1}{8}L$ 为间隔，得到九个特殊结构状态，称九结构相理论。各结构相的特征值见表2-7。

$$L = d_T + d_w$$

结构相与屈曲波高之间的关系还可以定量表达成：

$$h_T = \frac{(f-1)}{8}(d_T + d_w) \qquad h_w = \frac{(9-f)}{8}(d_T + d_w)$$

表2-7　结构相与屈曲波高的关系结构相与经纬纱屈曲波高的特征值

结构相 f	1	2	3	4	5	6	7	8	9	0
经纱屈曲波高 h_T	0	$L/8$	$2L/8$	$3L/8$	$4L/8$	$5L/8$	$6L/8$	$7L/8$	$8L/8$	d_T
纬纱屈曲波高 h_W	$8L/8$	$7L/8$	$6L/8$	$5L/8$	$4L/8$	$3L/8$	$2L/8$	$L/8$	0	d_W
h_T/h_W	0	1/7	1/3	3/5	1	5/3	3	7	∞	d_T / d_W

8. 织物的支持面　织物在一定压力下与某一平面相接触的面积占织物面积的比例,与织物结构相关系密切,对织物耐磨性影响较大。

"0"结构相:经纬纱直径不等而构成的等支持面织物的结构相。这是一个特殊而非常有用的结构相,一般平布织物结构相均为此。

织物结构相影响织物的外观与性能。例如,各种平布在第5结构相左右,其经纬纱屈曲波高接近,织物支持面大,故布面较平整、耐磨性好。又如,府绸织物在第7结构相左右,经纱屈曲波高,能使经纱显示在织物表面,产生菱形颗粒效应。

几种主要本色棉织物的结构相分布见表2-8。

表2-8　本色棉织物的结构相分布

织物品种	结构相	织物品种	结构相
粗、中、细平布	5左右	府绸	7左右
哔叽	4~5	直贡	6~7
纱卡其	6~7	麻纱	2~3
线卡其	7~8		

织物中经纬纱的屈曲波高与许多因素有关。一般来说,某一系统纱线的密度较大、线密度较小、初始模量较小、捻度较低时,该系统纱线的屈曲波高就大。

(二)织物的品质评定

根据规定的品质评定标准,对织物品质进行检验,定出其等级,叫品质评定。织物品质评定的目的是促进生产发展,不断提高产品质量,增加经济效益。通过对织物的品质评定,对工厂企业的生产与经营管理可起监督作用。织物的品质评定也是为用户提供优质服务,创产品名牌不可缺少的工作。

织物的品种繁多,用途广泛,不同品种和用途的织物对其性能要求不同。因此必须制定不同的品质评定的标准。织物的品质评定主要根据内在质量和外观疵点进行评定。表示织物内在质量的指标有织物组织、幅宽、经纬向密度、平方米重量、断裂强度等,织物外观疵点是指布面上,肉眼可以观察到的疵点,如破洞、边疵、斑渍、棉结、杂质、错经、错纬等。

经过长期实践,一般认为外衣类织物应重视耐用性与外观性测试;内衣类织物应重视以舒适性、耐用性为主的测试项目,而尺寸稳定性中缩水率是对内衣和外衣均不能忽视的项目。

织物检验方法通常包括仪器检验、感官检验。如毛织物的手感、光泽通常采用感官检验。特殊情况下还可采用穿着试验。下面介绍几种织物的分等规定。

1. 本色棉布　本色棉布品质评定按照国家标准GB/T 406评定,分别按织物组织、幅宽、密度、断裂强力、棉结杂质疵点格率、棉结疵点格率、布面疵点七项技术要求,以匹为单位进行评等，分为优等、一等、二等、三等，低于三等作为等外。最终，以其中最低一项品等作为该匹布品等。评等规定见表2-9~表2-11。

表2-9 织物组织、幅宽、密度、断裂强力评等

项目	标准	允许公差			
		优等品	一等品	二等品	三等品
织物组织	设计规定	符合设计要求	符合设计要求	符合设计要求	—
幅宽(cm)	产品规格	+1.5%~1.0%	+1.5%~1.0%	+2.0%~-1.5%	超过+2.0%~-1.5%
密度(根/cm)	产品规格	经密:-1.5%	经密:-1.5%	经密:超过-1.5%	—
		纬密:-1.0%	纬密:-1.0%	纬密:超过-1.0%	
断裂强力(N)	按断裂强力公式计算	经向:-8.0%及以内	经向:-8.0%及以内	经向:超过-8.0%	—
		纬向:-8.0%及以内	纬向:-8.0%及以内	纬向:超过-8.0%	

注 当幅宽偏差超过1.0%时，经密偏差为-2.0%。

$$断裂强力公式\ P_{T(W)} = \frac{N_{texT(W)} \times D_{T(W)} \times B_{T(W)} \times M_{T(W)} \times K}{2 \times 1000 \times 1000} \times 9.8$$

表2-10 棉结杂质、棉结疵点格率评等

织物分类		织物总紧度	棉结杂质疵点格率(%)最大值		棉结疵点格率(%)最大值	
			优等品	一等品	优等品	一等品
精梳织物		85%以下	18	23	5	12
		85%以上	21	27	5	8
半精梳织物			28	36	7	18
非精梳织物	细织物	65%以上	28	36	7	18
		65%~75%	32	41	8	21
		75%及以上	35	45	9	23
	中粗织物	70%以下	35	45	9	23
		70%~80%	39	50	10	25
		80%及以上	42	54	11	27
	粗织物	70%以下	42	54	11	27
		70%~80%	46	59	12	30
		80%及以上	49	63	12	32
	全绒及半绒织物	90%以下	34	43	8	22
		90%及以上	36	47	9	24

注 ①棉结杂质疵点格率、棉结疵点格率超过表的规定降到二等以下。

②棉本色布按经纬纱平均特克斯分类为：

细织物:11~20tex(55~29英支)；

中粗织物:21~30tex(28~19英支)；

粗织物:31tex及以上(18英支及以下)。

表2-11 布面疵点评分限度

	幅宽(cm)	110 及以下	110~150	150~190	190 及以上
布面疵点评分限度平均(分/m)	优等品	0.20	0.30	0.40	0.50
	一等品	0.40	0.50	0.60	0.70
	二等品	0.80	1.00	1.20	1.40
	三等品	1.60	2.00	2.40	2.80

注 ①每匹布允许总评分=每米允许评分数(分/m)×匹长(m)。
②一匹布中所有疵点评分累计超过允许总评分为降等品。
③0.5m内同名称疵点或连续性疵点评10分为降等品。
④0.5m内半幅以上的不明显横档、双纬满4条评10分为降等品。

2. 毛织物　毛织物的品等以匹为单位,按实物质量、物理性能、染色牢度和散布性外观疵点四项检验结果评定,并以其中最低一项定等。分为优等、一等、二等、三等,低于三等为等外,实物质量、物理性能(自身不加降)、染色牢度和散布性外观疵点四项中最低品等有两项以上同时降为二等品或三等品时,则加降一等。

3. 丝织物　蚕丝、黏胶长丝、合成纤维长丝的丝织物,其物理指标、染色牢度为内在质量;绸面疵点为外观质量,外观质量和内在质量中密度、幅宽(合成纤维织物中包括长度)按匹评定,其他按批评等。分为优等、一等、二等、三等,低于三等为等外。内在质量的评等,以其中各项指标中最低等级的一项评定。内在质量与外观质量两项评等按其中最低的一项评等,两者都为二等或三等时,再加降一等。

单元二　针织物结构与品质评定

现代针织是由早期的手工编织演变而来的。早期的手工编织是用竹制的棒针或骨质棒针、钩针将纱线编结成一个个互相串套的线圈,最后形成针织物,如图2-16所示,早期手工针织品主要是简单的手巾、围巾、长筒袜、帽子、手套等,后来手工逐渐能编织出组织较复杂的毛衣等制品。

(a)针织物的手工编织

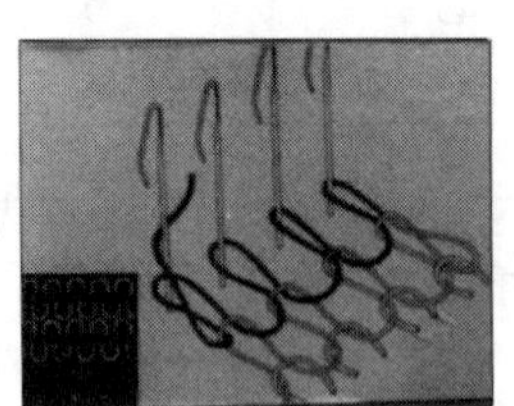

(b)纬编织物形成

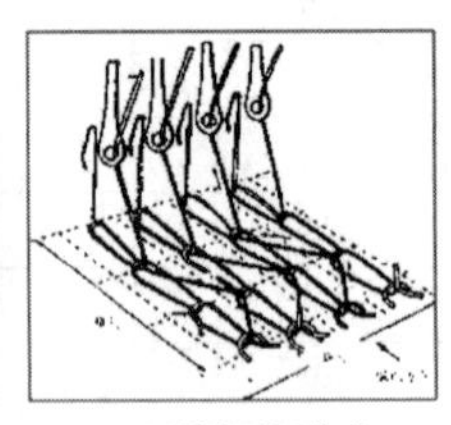

(c)经编织物形成

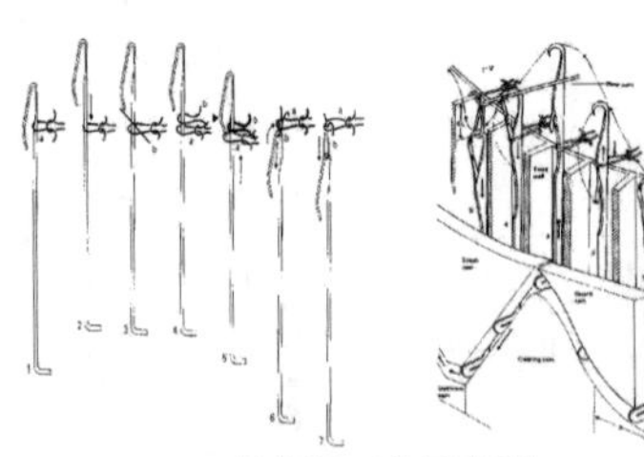

(d)针织机工作示意图

图2-16 针织物的加工工艺

按加工方法分类:分为针织坯布和成形产品两类。

针织坯布:主要用于制作内衣、外衣和围巾。内衣如汗衫、棉毛衫等。外衣如羊毛衫、两用衫等。

成形产品:袜类、手套、羊毛衫等。

按加工工艺分类:分为纬编织物和经编织物。

纬编织物:一根或几根纱线在纬编针织机的横向或圆周方向往复运动形成线圈横列,各个线圈横列串套形成纬编织物。

经编织物:用一组或几组平行排列的经线,于经向喂入经编机的所有工作针上相互串套形成的针织物,一根纱线在一个横列中只形成一个线圈。

(一)针织物的基本结构

针织物的基本结构单元为线圈,它是一条三度弯曲的空间曲线。其几何形状如图 2 - 17 所示。

如图 2 - 18 所示是纬编织物中最简单的纬平针组织线圈结构图;如图 2 - 19 所示是经编织物中最简单的经平组织线圈结构图。纬编针织物的线圈由圈干 1—2—3—4—5 和延展线 5—6—7 组成。圈干的直线部段 1—2 与 4—5 称为圈柱,弧线部段 2—3—4 称为针编弧,延展线 5—6—7 称为沉降弧,由它来连接两只相邻的线圈。经编织物的线圈也由圈干 1—2—3—4—5 和延展线 5—6—7 组成,圈干中的 1—2 和 4—5 称为圈柱,弧线 2—3—4 称为针编弧。线圈在横向的组合称为横列,如图 2 - 18 中的 a—a 横列;线圈在纵向的组合称为纵行,如图 2 - 18 中的 b—b 纵行。同一横列中相邻两线圈对应点之间的距离称为圈距,一般以 *A* 表示;同一纵行中相邻两线圈对应点之间的距离称为圈高,一般以 *B* 表示。

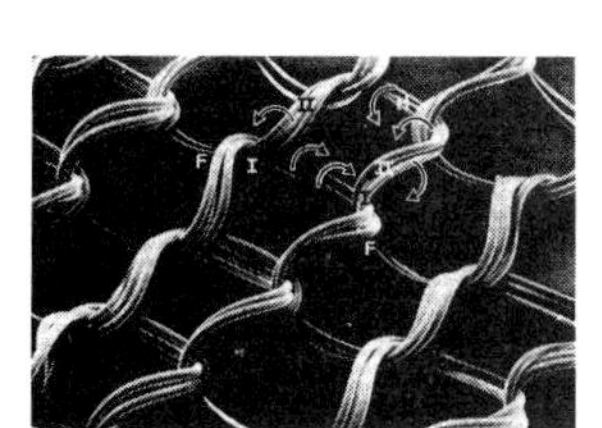

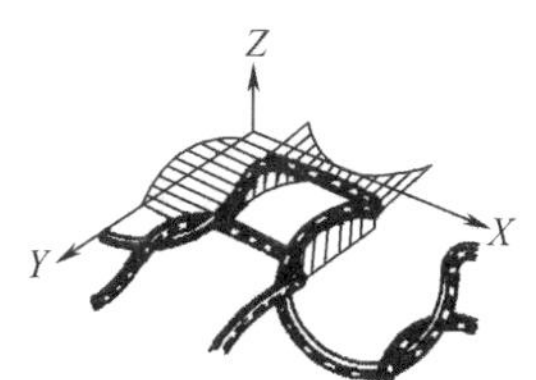

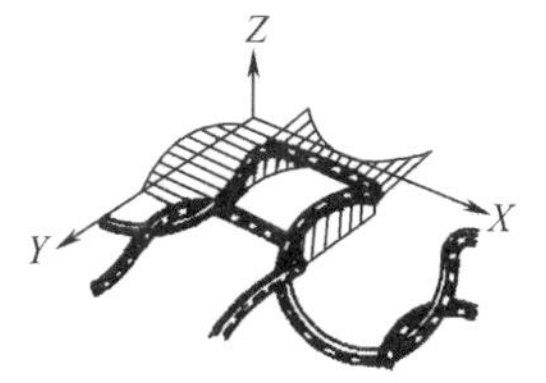

图 2 - 17　线圈模型

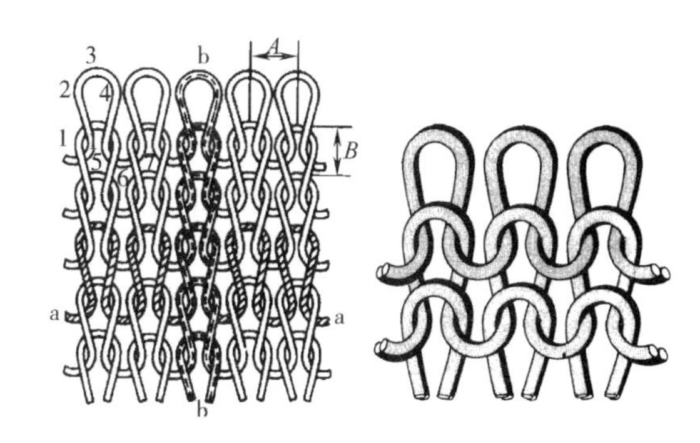

图 2 - 18　纬编针织物组织线圈结构

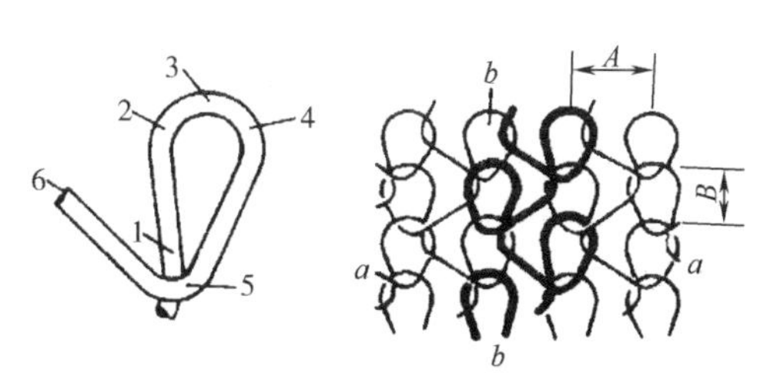

图 2 - 19　经编针织物组织线圈结构

单面针织物的外观,有正面和反向之分。线圈圈柱覆盖线圈圈弧的一面称为正面;线圈圈弧覆盖线圈圈柱的一面称为反面。单面针织物的基本特征为线圈圈柱或线圈圈弧集中分布在针织物的一个面上,如分布在针织物的两面时则称为双面针织物。

(二)针织物的主要物理指标

1. 线圈长度　针织物的线圈长度是指每一个线圈的纱线长度,它由线圈的圈干和延展线组成,一般用 l 表示,如图2-18中的1—2—3—4—5—6—7所示。线圈长度一般以毫米(mm)为单位。

线圈长度可以用拆散的方法测量其实际长度,或根据线圈在平面上的投影近似地进行计算,也常在编织过程中用仪器直接测量输入到每枚针上的纱线长度。

线圈长度决定了针织物的密度,而且对针织物的脱散性、延伸性、耐磨性、弹性、强力及抗起毛起球和勾丝性等有影响,故为针织物的一项重要物理指标。

2. 密度　针织物的密度,用以表示一定的纱特条件下针织物的稀密程度,是指针织物在单位长度内的线圈数。通常采用横向密度和纵向密度来表示。

(1)横向密度(简称横密)。指沿线圈横列方向在规定长度(50mm)内的线圈数。以下式计算:

$$P_A = \frac{50}{A}$$

式中:P_A ——横向密度,线圈数/50mm;

A ——圈距,mm。

(2)纵向密度(简称纵密)。指沿线圈纵行方向在规定长度(50mm)内的线圈数。以下式计算:

$$P_B = \frac{50}{B}$$

式中:P_B ——纵向密度,线圈数/50mm;

B ——圈高,mm。

由于针织物在加工过程中容易产生变形,密度的测量分为机上密度、毛坯密度、光坯密度三种。其中光坯密度是成品质量考核指标,而机上密度、毛坯密度是生产过程中的控制参数。机上测量织物纵密时,其测量部位是在卷布架的撑档圆铁与卷布辊的中间部位。机下测量应在织物放置一段时间(一般为24h),待其充分回复趋于平衡稳定状态后再进行。测量部位在离布头150cm、离布边5cm处。

3. 未充满系数　针织物的稀密程度受两个因素影响:密度和纱线线密度。密度仅仅反映了一定面积范围内线圈数目多少对织物稀密的影响。为了反映出在相同密度条件下纱线线密度对织物稀密的影响,必须将线圈长度 l(mm)和纱线直径 f(mm)联系起来,这就是未充满系数 δ。

$$\delta = \frac{l}{f}$$

未充满系数为线圈长度与纱线直径的比值。l 值越大,f 值越小,δ 值就越大,表明织物中未被纱线充满的空间越大,织物越是稀松。

4. 单位面积的干燥重量　单位面积的干燥重量是指单层针织物每平方米的克重数(g/m^2)。它是国家考核针织物质量的重要物理、经济指标。

当已知针织物线圈长度 l,纱线线密度 Tt,横密 P_A,纵密 P_B 时,可用下式求得织物单位面积的重量:

$$Q' = 0.0004 P_A P_B l N_{tex} (1 - y)$$

式中：y——加工时的损耗率。

如已知所用纱线的公定回潮率为 W(%)时，则针织物单位面积的干燥重量 Q 为：

$$Q = \frac{Q'}{1+W}$$

单位面积干燥重量也可用称重法求得：在织物上剪取 10cm×10cm 的样布，放入已预热到 105～110℃的烘箱中，烘至重量不变后，称出样布的干重 Q''，则每平方米坯布干重 Q 为：

$$Q = \frac{\text{布干重}}{\text{布面}} \times 10000 = \frac{Q''}{10 \times 10} \times 10000 = 100Q''\ (\text{g/m}^2)$$

这是针织厂物理实验室常用的方法。

5. *厚度*　厚度取决于它的组织结构、线圈长度和纱线线密度等因素，一般以厚度方向上有几根纱线直径来表示，也可以用织物厚度仪来测量。

6. *收缩率*　收缩是指织物在加工或使用过程中，其长度和宽度的变化。可用下式求得：

$$Y = \frac{H_1 - H_2}{H_1} \times 100\%$$

式中：Y——针织物的收缩率；

H_1——针织物在加工或使用前的尺寸；

H_2——针织物在加工或使用后的尺寸。

针织物的收缩率可有正值和负值，如在横向收缩而纵向伸长时，则横向收缩率为正；纵向收缩率为负。

7. *膨松度*　膨松度是指单位重量的针织物所具有的体积，计算式如下：

$$P = \frac{V}{Q''} = \frac{L \cdot B \cdot t}{Q''}$$

式中：P——针织物的膨松度，cm^3/g；

V——针织物试样体积，cm^3；

Q''——针织物试样干燥重量，g；

L——针织物试样长度，cm；

B——针织物试样宽度，cm；

t——针织物厚度，cm。

当针织物试样干燥重量用针织物一平方米干燥重量 Q(g)表示时，膨松度 P 的计算式为：

$$P = \frac{1000t}{Q}$$

由上式可知，针织物的膨松度与厚度有直接关系。当针织物一平方米干燥重量一定时，厚度越大针织物的膨松度越好。膨松度较好的针织物，其结构较为疏松，手感和保暖性较好。

(三)针织用纱线线密度

针织用棉型纱线线密度用特数表示。针织内衣根据用途不同，选用 6～96tex 纱。例如，汗布常用 18tex、14tex；棉毛布常用 18tex、28tex；绒布一般用 58tex、96tex。棉线针织物一般选用 28×2tex、18×2tex、14×2tex、10×2tex。

针织用毛纱与膨体纱线密度也应用特数表示。以往曾用公支表示，如羊毛衫常选用 21/2～48/2 公支，膨体纱常选用 16/2～41/2 公支。

针织用合纤长丝与变形纱(变形丝)的线密度也应用特数表示，以往习惯用旦数表示。外衣织物常用11tex(100旦)、15tex(135旦)、16.7tex(150旦);衬衫一般用5tex(45旦)、5.5tex(50旦);弹力锦纶袜一般用11×2tex(100旦×2),7.7×2tex(70旦×2)。

(四)针织物的基本组织

针织物组织按编织方式可分为纬编织物和经编织物两大类;按组织结构可分为基本组织、变化组织和花色组织。基本组织是所有针织物的组织基础。

1. 纬编基本组织

(1)纬平针组织。纬平针组织又称平针组织,广泛应用于内、外衣和袜品、手套生产中。组织结构如图2-20所示,它由连续的单元线图相互串套而成。纬平针织物的两面具有明显不同的外观。图2-20(a)所示为织物正面,正面主要显露线圈的圈柱。成圈过程中,新线圈从旧线圈的反面穿向正面,纱线上的结头、棉结杂质等被旧线圈阻挡而留在反面,故正面平整光洁。图2-20(b)所示为织物反面,反面主要显露与线圈横列同向配置的圈弧。由于圈弧比圈柱对光线有较大的漫反射,因而织物反面较为粗糙暗淡。

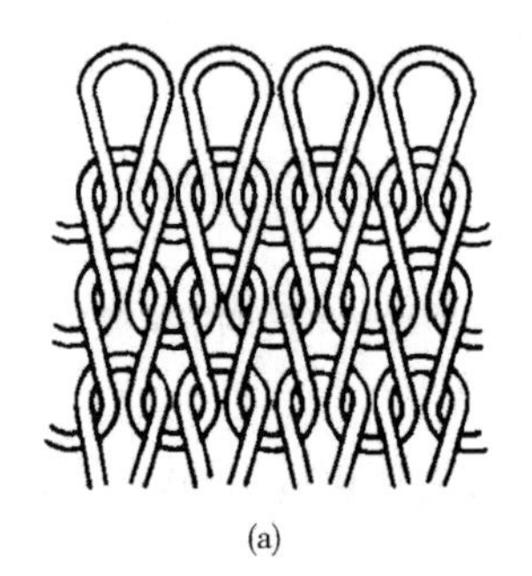

(a)

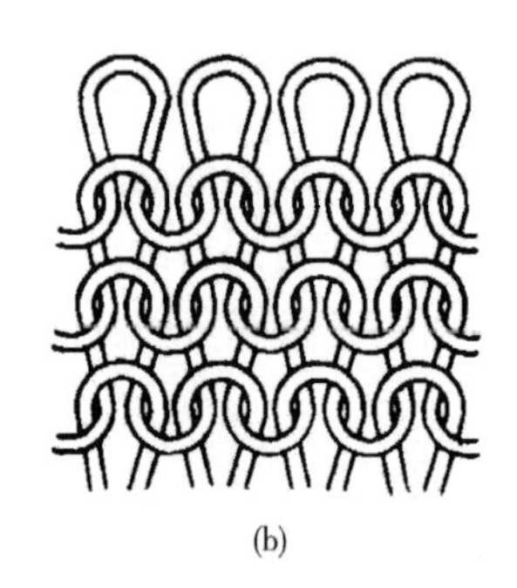

(b)

图2-20　纬平针组织

(2)罗纹组织。罗纹组织是由正面线圈纵行和反面线圈纵行以一定组合相间配置而成的。罗纹组织的种类很多,根据正反面线圈纵行数的不同配置,有1+1、2+2、3+3罗纹组织等。图2-21所示为1+1罗纹组织结构。它是由一个正面线圈纵行和一个反面线圈纵行相间配置而成的。图2-21(a)所示为自由状态时的结构,图2-21(b)所示为横向拉伸时的结构。因罗纹组织具有良好的弹性和延伸性,故罗纹组织一般宜制作弹力衫以及用作羊毛衫、棉毛衫袖口和袜子收口等。

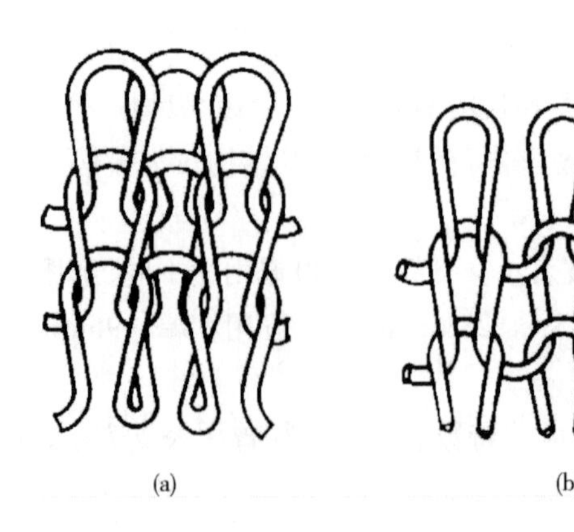

(a)　　(b)

图2-21　罗纹组织

(3)双反面组织。双反面组织是由正面线圈横列与反面线圈横列相互交替配置而成的,因此,它的正面外观与纬平针组织的反面相似。双反面组织因正反面线圈横列数的组合不同,有许多种类,如1+1、2+2等双反面组织。如图2-22所示为1+1双反面组织。双反面组织的纵向延伸性较其他组织大。

图2-22 双反面组织

2. 经编基本组织

(1)经平组织。经平组织的结构,如图2-23所示。在这种组织中,同一根纱线所形成的线圈轮流地排列在相邻的两个纵行线圈中。经平组织针织织物宜作夏季衬衣及内衣。

(2)经缎组织。如图2-24所示是经缎组织的一种。每根纱线先以一个方向有次序地移动若干针距,再以相反方向移动若干针距,如此循环编织而成,其表面具有横向条纹。经缎组织与其他组织复合,可得到一定的花纹效果,常用于外衣织物。

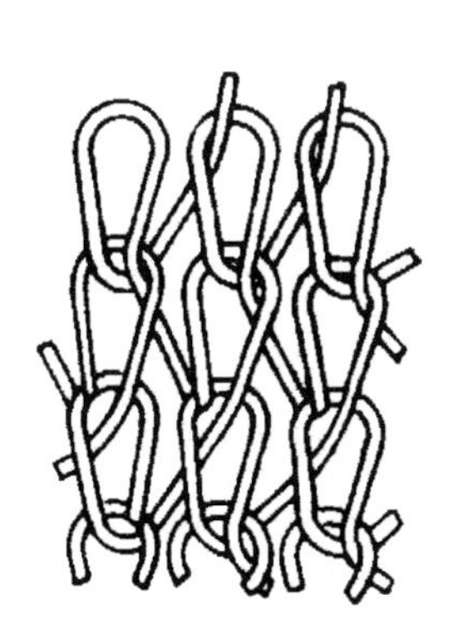
图2-23 经平组织

图2-24 经缎组织

(五)针织物的品质评定

针织物品种多,结构复杂,品质评定的标准和方法也不尽相同。工厂中通常将处于不同加工阶段的针织物分为毛坯布和光坯布。未经染整加工的针织物称为毛坯布;经染整加工后的针织物称为光坯布。毛坯布的品质检验作为企业内部控制质量的手段,一般检验项目有机上(下)线圈长度、机上(下)密度、松弛状态下平方米克重以及布面疵点等,毛坯布品质检验没有统一的标准。针织物品质评定一般只针对光坯布,基本依据是物理指标和机械指标,评定标准可分为国家标准、部颁标准、省级标准、企业标准以及贸易中特别约定的标准等。

1. 纬编针织物品质评定 纬编针织物大多以棉型纤维为主要原料,品质评定是依据有关标准进行的。根据国家标准,检验项目分为以下三项。

(1)横向密度和纵向密度(线圈数/5cm)。

(2)一平方米干燥重量(g)。

(3)纵向与横向断裂强力(适用于单面织物,如汗布、绒布)、弹子顶破强力(适用于双面织物,如棉毛布)。

试样采样应在轧光后的稳定状态下进行,以试验结果与国家标准的技术条件中所规定的指标之间的差异最终评定等级等。

2. *经编针织物品质评定* 经编针织物大多以合成纤维为主要原料,其品质评定以散布性外观疵点和内在质量检验结果评定。内在质量检验项目有幅宽、平方米干燥重量、弹子顶破强力、缩水率和染色牢度。

单元三 非织造布及品质评定

非织造布又称无纺布、不织布,它是由纤维、纱线或长丝用机械、化学或物理的方法使之结合成的片状物、纤网或絮垫。非织造布的真正内涵是不织,它是不经纺纱和织造而制成的布状产品。非织造布是以纤维的形式存在于布中的,而纺织品是以纱线的形态存在于布中的。

(一)非织造布分类

非织造布的种类很多,分类方法也很多。一般可按厚薄分为厚型非织造布和薄型非织造布;也可按使用强度分为耐久型非织造布和用即弃非织造布;还可按应用领域和加工方法分类。

1. *按应用领域分* 可分为医用卫生保健非织造布,服装、制鞋非织造布,装饰非织造布,工业用非织造布,土木建筑工程非织造布,汽车工业非织造布,农业与园艺非织造布,军事与国防非织造布,其他非织造布。

2. *按加工方法分* 非织造布的加工主要包括纤维网的制造和固结,按纤维网的制造方法固结的不同,非织造布一般分为三大类,即干法非织造布、湿法非织造布和聚合物直接成网法非织造布。干法一般利用机械梳理成网,然后再加工成非织造布;湿法一般采用造纸法即利用水流成网,然后再把纤维网加工成非织造布;聚合物直接成网法是将聚合物高分子切片通过熔融纺丝直接成网,然后再把纤网加工成非织造布。

非织造布按加工方法分类见表2-12。

表2-12 非织造按加工方法的分类

- 非织造布
  - 干法
    - 机械加固法
      - 毡缩法
      - 针刺法
      - 水刺法
      - 缝编法
    - 化学粘合法
      - 饱和浸渍法
      - 喷洒法
      - 泡沫浸渍法
      - 印花法
      - 溶剂粘合法
    - 热粘合法
      - 热风粘合法
      - 热轧粘合法
  - 湿法
    - 圆网法
      - 化学粘合法
      - 热粘合法
    - 斜网法
  - 聚合物直接成网法
    - 纺丝成网法(纺粘法或长丝成网法)溶喷法
    - 膜裂法
      - 针裂法
      - 轧孔法
    - 闪蒸法

(1)干法非织造布。短纤维在干燥状态下经过梳理设备或气流成网设备制成单向的、双向的或三维的纤维网,然后经过化学粘合或热粘合等方法制成。这种方法是非织造布中最先采用的新方法,使用的设备可以直接来自纺织或印染工业。它可以加工多种纤维,生产各种产品,生产的产品应用领域十分广阔,薄型、厚型,一次性、永久性,蓬松型、密实型等。从应用角度讲,服装用、装饰用及工业、农业、国防各个领域用的干法非织造布产品应有尽有。

(2)湿法非织造布。湿法非织造布是将天然纤维或化学纤维悬浮于水中,达到均匀分布,当纤维和水的悬浮体移到一张移动的滤网上时,水被滤掉而纤维均匀地铺在上面,形成纤维网,再经过压榨、黏结、烘燥成卷而制成。湿法非织造布起源于造纸技术,但不同于造纸技术。其材料应用范围广,生产速度高,由于纤维在水中分散均匀,排列杂乱,呈三维分布,产品结构比纸蓬松,特别适合做过滤材料。产品的主要用途有食品工业:茶叶过滤、咖啡过滤、抗氧剂和干燥剂的包装、人造肠衣、高透气度滤嘴棒成型材料等;家电工业:吸尘器过滤袋、电池隔离膜、空调过滤等;内燃机及建材工业:各种内燃机(飞机、火车、船舶、汽车等)的空气、燃油和机油过滤及建筑防护基材等;医疗卫生行业:手术服、口罩、床单、手术器械的包覆、医用胶带基材等。

(3)聚合物直接成网。聚合物直接成网是近年发展较快的一类非织造布成网技术,它利用化学纤维纺丝原理,在聚合物纺丝成形过程中使纤维直接铺置成网,然后纤网经机械、化学或热方法加固而成非织造布;或利用薄膜生产原理直接使薄膜分裂成纤维状制品(非织造布)。聚合物直接成网包括纺丝成网法、熔喷法和膜裂法。

①纺丝成网法非织造布:主要有纺丝黏合法,合纤原液经喷头压出制成的长纤网,铺放在帘子上,形成纤维网并经热轧而制成纺丝黏合法非织造布。纺丝黏合法非织造布产品具有良好的力学性能,被广泛用于土木水利建筑领域,如制作土工布,用于铁路、高速公路、海堤、机场、水库水坝等工程;在建筑工程中做防水材料的基布;此外,在农用丰收布、人造革基布、保鲜布、贴墙布、包装材料、汽车内装饰材料、工业用过滤材料等方面具有广泛的应用。

②熔喷法非织造布:熔喷法非织造布是利用高温高速气流的作用将喷射出的原液吹成超细纤维,并吸聚在凝聚帘子或转筒上成网输出,制成熔喷法非织造布。熔喷法非织造布主要用于制作液体及气体的过滤材料、医疗卫生用材料、环境保护用材料、保暖用材料及合成革基布等。

③膜裂法非织造布:膜裂法非织造布是将纺丝原液挤出成膜,然后拉裂薄膜制成纤维网而成。膜裂法可制造很薄、很轻的非织造布,单位面积重量为 6.5 ~ 50g/m^3,厚度为 0.05 ~ 0.5mm。产品主要用于医疗敷料、垫子等。

(二)非织造布的品质评定

非织造布品种繁多、应用广泛,特别是目前很多非织造布新产品不断涌现,它们所涉及的力学性能及其他有关性能指标很多,所以应根据不同品种和用途制订不同的品质评定标准。而目前各种非织造布的性能试验方法未能完全列入国际标准,现有的一些国际、国家标准,也仅仅包含了非织造布的一些力学性能的最基本的指标。

我国对某些品种的非织造布相继颁布了国家标准和纺织标准,对非织造布的基本力学性能的测试作了规定。同时还规定了一些特殊产品的性能测试方法和标准,如热熔粘合衬布、薄型粘合法非织造布、袋式除尘器用滤料、土工布、造纸毛毯、卫生用薄型非织造布、喷胶棉絮片、金属镀膜复合絮片等。下面以薄型粘合法非织造布的纺织标准 FZ/T 64004—1993 为例,介绍其品质评定的方法。

1. 分等规定　薄型粘合法非织造布分等根据力学性能和外观质量评等结果综合评等，以考核项目中最低项等级作为该产品的等级。

2. 力学性能评等　力学性能评等以批为单位，分等内容包括平方米重量偏差率、幅宽偏差率、断裂强力、缩水率及热收缩率，以最低项等级为力学性能的等级。具体分等规定见表2-13。力学性能不符合要求者，可加倍抽取试样进行复试，以复试结果为评定依据。

表2-13　薄型粘合法非织造布力学性能评等

项目		规格(g/m²) 等级	20	30	40	50	60	70	80	≥90
平方米重量偏差率(%)		一等品	±8				±7			
		合格品	±9				±8			
幅宽偏差率(%)		一等品	+3.0~2.0							
		合格品	+3.5~2.5							
断裂强力(N)	纵向	一等品	15	20	30	40	65		100	
		合格品	13	17	26	35	58		88	
	横向	一等品	10	15	20	26	45		65	
		合格品	8	13	17	22	40		58	
缩水率(纵、横向)(%)		一等品	+1.5~1.0							
		合格品	+2.0~1.5							
热收缩率(纵、横向)(%)		一等品	+2.0~1.5							
		合格品	+3.0~2.0							

3. 外观疵点评等　外观疵点评等按卷评定。评定内容有破洞、明显分层、布面均匀性、污渍疵点、明显折皱及豁边。以最低项的品等为外观疵点的等级。具体评等规定见表2-14。

表2-14　薄型粘合法非织造布外观疵点评等

等级 项目	一等品	合格品
破洞、明显分层	不允许	不允许
布面均匀性	均匀	较均匀
污渍疵点(cm²/100m≤)	5	10
明显折皱(cm²/100m≤)	150	300
豁边、切边不良(cm/100m≤)	30	50
拼接次数(次/100m)	1	2

注　拼接最短长度不小于20m。

以上质量标准中所规定的各项指标不是一直保持不变的，随着生产技术的发展和不断满足用户对各种织物的品质需求，每隔若干年就要对原定的品质评定标准进行修订。为了统一和提高国内纺织品标准,满足日益发展的国际贸易和技术交流的需要,我国已积极开展国际标准化工作,学习国际标准先进经验,逐步制定和完善我国纺织品标准。

单元四　混纺织物特性及影响因素

织物的性能由纤维性能、纱线和织物结构等决定,其中纤维性能是决定性因素。通过前面的学习,了解了各种纤维有着自身优良的特性,同时也存在某些不足。因此,在选用纤维时,为了满足织物多方面的要求,采用单一的纤维往往是达不到要求的,必须采用多纤维的混合使用。通过混纺,纤维互相取长补短,降低成本,扩大品种,满足各种不同的需要。下面简略介绍混纺织物性能与纤维性能的关系。

(一)纤维品种的影响

采用某一种纤维参加混纺,都应有一定的目的,起到应有的作用。根据生产及服用实践结果,常用纤维在混纺织物中所起的作用见表2-15。应该指出,许多特种合成纤维,完全可提供超出下表的作用。

表2-15　常用纤维在混纺织物中所起的作用

纤维	棉	麻	毛	蚕丝	黏胶纤维	锦纶	涤纶	腈纶	维纶	丙纶
吸湿性	★★	★★★	★★★	★★	★★★	○	×	×	★	×
强度	★★	★★★	○	★★	○	★★★	★★★	★★	★★★	★★★
耐磨性	★~★★	○	★~★★	★★	○	★★★	★★★	★~★★	★★★	★★★
折皱回复性	○	×	★★★（干态）	★~★★	×	★	★★★	★★	○	★★
褶裥保持性	○	×	○	○	×	★★	★★★	★★★	○	○
缩水性	○	○	○	○	×	★★	★★★	★★★	○	★★★
抗起球性	★★★	★★★	○	○	★★★	×	×	★	○	★
抗熔孔性	★★★	★★★	★★★	★★★	★★★	×	×	○	○	×
抗静电性	★★★	★★★	★★	★★	★★★	×	×	×	○	×
蓬松性	○	○	★★★	○	○	○	○	★★★	○	○
耐污性	★★★	★★★	★★★	★★	★★	×	×	×	○	×

注　★★★表示在混纺织物中对某项性能作用显著。
★★表示在混纺织物中对某项性能作用重要。
★表示在混纺织物中对某项性能作用一般。
○表示对某种性能来说尚可纯纺。
×表示对某种性能来说不适宜纯纺。

(二)混纺比的影响

混纺比是混纺纱线中各混纺纤维干重的重量比例,在选定两种或两种以上纤维混纺时,混纺比的大小,对混纺织物的性能也有一定的影响。因此,使用合理的混纺比也是纺纱首选确定的内容。下面介绍几种常见的混纺织物的混纺比。

1. 天然纤维与化学纤维混纺

(1)涤棉混纺。涤棉混纺织物俗称"棉的确良",这是目前使用最多的棉型混纺织物。织物的性质与混纺比的关系是:若棉与高强低伸型涤纶混纺,织物强力随涤纶的含量的增大而升高。若棉与低强高伸型涤纶混纺,混纺织物的强度与混纺比的关系曲线呈现具有下凹形,涤纶含量必须大于50%后才能使织物的强力大于纯棉织物,如当涤纶的含量为65%时,混纺织物的断裂强力约比纯棉织物提高30%。混纺织物的耐磨性随着涤纶含量的增加而提高,尤其是低强高伸型涤纶与棉混纺后,织物的耐磨性显著提高。如当混入比为65%时,织物的耐磨性可比纯棉织物提高2倍以上,并且织物的抗皱性、缩水性和褶裥保持性随涤纶的混入而显著改善。但吸湿性、抗熔孔性、耐污性及棉型的外观手感方面,随着涤纶含量的增高而下降。

综合混纺织物的各项性能与混纺纱的可纺性,国内一般采用65%的涤纶、35%的棉纤维进行混纺。当然,如果强调混纺织物的舒适性也可采用低于65%的混纺比的涤纶与棉混纺。

(2)涤毛混纺。涤毛混纺织物俗称"毛的确良",是理想的两种纤维混纺的典型,采用适当的混纺比,能达到纯毛或纯涤纶不能达到的较全面的优异性能——既不失毛织物的风格,又提高了织物的耐用性、洗可穿性,还降低了产品的价格。涤纶与羊毛纤维混纺织物的强力,没有下降现象,特别是羊毛纤维的初始模量、弹性与低强高伸型涤纶更接近,因此羊毛与低强高伸型涤纶混纺效果更好。混纺织物强度随涤纶含量的增加而直线上升,当涤纶含量为25%时,混纺织物强力为纯毛织物的1.4倍,当涤纶含量为50%时,混纺织物强力为纯毛织物的2倍以上。混纺织物的耐磨性、湿态下的抗皱性都将随涤纶含量的增加而明显改善,缩水率也明显下降。当涤纶含量为65%时,基本上具有免烫性,但混纺织物的毛型风格下降,手感变差,透汽、吸湿、保暖、抗污性能也将变差。因此,综合混纺织物的各项性能,为使织物保持毛织物的风格,常用的涤/毛混纺比是65/35、55/45、50/50。

(3)涤麻混纺。涤麻混纺织物俗称"麻的确良",主要是涤纶与苎麻混纺。由于麻与涤纶两者的伸长能力差异较大,涤麻混纺纱存在明显的二次断裂性,所以涤麻织物在某一混纺比时,出现强力最低值,一般涤纶含量为40% ~50%。当涤纶含量超过50%时,织物强力随涤纶的含量的增大而增高,当达到65%时,与纯麻织物强力相当。混纺织物的耐磨性、折皱回复性都随涤纶的含量的增大而提高,缩水性随涤纶含量的增加而减少。吸湿性、透气性、抗起毛起球性随涤纶含量的增加而下降。常用的涤麻混纺比是75/25、70/30、67/33、65/35。

(4)涤丝混纺。涤丝混纺织物俗称"丝的确良",它是涤纶与绢丝混纺。涤纶可以改善丝织物的抗皱性、缩水性和褶裥保持性,随涤纶含量的增加,织物的吸湿性、透气性、悬垂性等下降。故涤纶混纺比一般为80% ~50%,国内多采用65%。

(5)腈毛混纺。腈纶与羊毛混纺效果是比较理想的。它既提高了织物的耐用性,降低了价格,又不失羊毛织物的风格。由于这两种纤维的力学性质差异不大,腈纶的初始模量、强度、伸长、耐磨性均比羊毛纤维大些,所以混纺织物的强力、耐磨性、褶裥保持性、免烫性随腈纶含量的增加而缓慢提高,但混纺织物的缩水性随腈纶含量的增加而明显改善。当腈纶的含量为50%时,混纺织物的缩水率可减少到与纯腈纶相近。由于腈纶的弹性回复性比羊毛差,混纺织物的弹性回复性随腈纶的增加而降低。因为腈纶的相对密度小于羊毛,所以混纺织物的蓬松性、保暖性也随腈纶含量的增加而提高。综合混纺织物的各项性能,腈毛混纺多采用75/25、70/30、60/40、50/50、55/45。

(6)黏毛混纺。黏胶纤维与羊毛混纺多采用毛/黏的形式,即羊毛纤维的含量多于黏胶纤维。混纺的目的是为了降低毛纺织物的成本,又能保持毛织物的风格。黏胶纤维的含量过大,会使织物的强力、耐磨性、抗折皱性、蓬松性明显变差。因此,精纺毛织物的黏胶纤维含量不宜超过 30%,粗纺毛织物的黏胶纤维含量不宜超过 50%。

(7)维棉织物。加入维纶的目的是为了提高织物的耐磨性。当维纶的含量超过 50% 时,织物的强力才开始上升,织物的耐磨性显著提高。由于维纶染色较差,价格较高,多采用棉维 50/50 的混纺比,也有采用棉维 67/33 的混纺比。

2. 化学纤维混纺

(1)涤黏混纺。涤黏混纺是一种互补性很强的混纺方式,其毛型混纺织物俗称“快巴”。其混纺织物的性能与涤棉混纺织物相似,当涤纶的含量不低于 50% 时,混纺织物能保持涤纶的坚牢、耐磨破、抗皱、尺寸稳定、洗可穿性强的特点。黏胶纤维的混入,改善了织物的透气性,提高了织物的抗熔孔性,降低了织物的起毛起球性和静电现象。涤黏混纺多采用 65/35 或 67/33。

(2)涤腈混纺。涤腈混纺多用于中长织物的生产。织物的特点是:坚牢、具有良好的洗可穿性,但吸湿性较差、静电严重、易沾污。当腈纶含量增加时,产品柔软、厚度增加、毛型感好,含量越大越明显。但腈纶含量超过 65% 时,混纺织物的强力、伸长、耐磨性、弹性等明显下降。故多以 50/50 混纺为主。

3. 天然纤维与天然纤维混纺

(1)麻棉混纺。麻棉混纺通常是苎麻或亚麻与棉混纺,用作夏令休闲服装面料。随棉的混入,织物的耐折磨性及折皱回复性有所改善,但织物的身骨下降,此外织物表面比较细致。常用麻的含量为 45% ~55%。

(2)麻毛混纺。麻毛混纺主要是指苎麻与羊毛混纺,是一种较理想的高档混纺产品。两种纤维的互补性很好。混纺织物的弹性、耐磨性、悬垂性随着羊毛纤维的混入而提高,缩水率随着羊毛纤维的混入而降低。当混入羊毛纤维为 20% ~30% 时,混纺织物就具有两种纤维的特性。所以,麻毛混纺多采用 80/20、60/40。而且使用低品级的毛就能满足这种要求。

4. 三组分混纺

(1)涤毛黏混纺。这种混纺织物的性能接近涤毛混纺的理想配对,但成本却低很多,大多以涤纶为主,混纺比有 50/25/25、40/30/30。

(2)毛黏锦混纺。这种混纺织物的性能接近毛黏织物,但耐磨性却因锦纶的加入而大大提高。羊毛的含量多为 50%,也有提高到 80% 的,黏胶纤维的含量比锦纶略高,常用 30% ~20%,锦纶含量为 20% ~30%。

(3)涤毛腈混纺。这种混纺织物的性能与涤毛织物非常相似,并且褶裥保持性、免烫性却因锦纶的加入而大大改善,缩水率降低,成本下降。含量常以涤纶为主,一般用 50% 的涤纶,30% ~20% 的羊毛、20% ~30% 的腈纶。

(4)涤腈黏混纺。这种混纺织物中,腈纶赋予织物一定的毛型外观和手感,涤纶对织物的折皱回复性、硬挺度、免烫性、褶裥保持性、耐磨性等起促进作用,黏胶纤维主要用来改善吸湿性、透气性,并降低成本。混纺织物中以涤纶为主,采用涤腈黏的比例有 50/30/20、40/40/20。

(5)兔毛锦混纺。这种混纺主要用于针织羊毛衫,其中锦纶的含量为 10%,用以提高混纺织物的耐磨性和抗顶破性。

在日常表示中,混纺比例大的纤维写在前面,天然纤维写在前面。

以上讨论了混纺织物的物理性能与常用纤维品种、组分、混纺比间的基本关系,但新纤维的不断涌现,参加混纺的组分和比例不断增加和变化,织物的性能也不断得到丰富和发展。可以充分利用不同纤维的混纺,开发出适合多种用途的产品,满足人们对服装织物的多种需要。

三、学习提高

(1)外销的涤棉混纺织物往往要求具有较强的棉型外观,在不改变混纺比的情况下,可通过哪些主要途径来达到这一要求?

(2)某厂欲生产10×10防羽绒布,其织物经、纬向紧度分别应达到100%和60%才能有效防止羽绒钻出,试设计其经、纬密度。

(3)有两件T恤衫,其他都一样,只是一件由单面平针织物编织而成,而另一件由2×2罗纹织物编织而成,试描述一下你认为它们之间的区别?

(4)列举日常生活中使用非织造产品的情况,并分析为何要选用非织造产品及其加工方法?

(5)为什么机织物经纬纱特数的配置常采用经纱特数小于纬纱特数?

四、自我拓展

去超市进行调研,针对5~7种不同的服装品牌,确定其典型产品使用的不同组织结构的机织、针织面料,能说出它的商品名称及应用场合。并比较一下各种不同组织的性能特点,完成表2-16。

表2-16 服装品牌调研结果

服装品牌	产品类别	所使用织物类别	组织结构特征	原因分析	外观图片

任务三 分析织物的风格

一、学习内容引入

夏天,人们习惯于穿着一些吸湿透气的T恤衫,作为内衣的织物往往要求具有较好的柔软和贴身舒适性,作为外衣用织物往往希望其具有较好的挺括性和保型性,不同的季节、不同的场合、不同特点的人需要穿着不同风格的服装,为何不同种类的织物会具有不同的风格特征,何为织物风格?织物的风格是如何进行评价的?

二、知识准备

(一)织物风格的含义

织物风格是织物的力学特性作用于人的感觉器官而在人脑中产生的综合反映。

广义的织物风格包括视觉风格和触觉风格。视觉风格是指织物的外观特征，如色泽、花型、明暗度、纹路、平整度、光洁度等刺激人的视觉器官而在人脑中产生的生理、心理的综合反映。触觉风格是通过人手的触摸抓握，某些力学性能在人脑中产生的生理和心理上的反映。

狭义的织物风格仅指触觉风格，也称为手感。

视觉风格受人的主观爱好的支配，很难找到客观的评价方法和标准；而触觉的刺激因素较少，信息量小，心理活动简单，可以找到一些较为客观的、科学的评定方法和标准。因此，在一般情况下所说的织物的风格是指狭义的风格，即手感。

（二）织物风格的分类

1. *按材料分类*　可以分为四类：棉型风格、毛型风格、真丝风格和麻型风格。

（1）棉型风格。一般要求纱线条干均匀，捻度适中，棉结杂质少，布面匀整，吸湿透气性好。此外，不同的棉织物还有各自不同的风格特征，如细平布的平滑光洁、质地紧密；卡其织物手感厚实硬挺，纹路突出饱满；牛津纺织物柔软平滑，色点效果；灯芯绒织物绒条丰满圆润，质地厚实，有温暖感。

（2）毛型风格。毛型织物光泽柔和、光泽自然、丰满而富有弹性、有温暖感。精梳毛织物质地轻薄，组织致密，表面平滑，纹路清晰，条干均匀；粗纺毛织物质地厚重，组织稍疏松，手感丰厚，呢面茸毛细密，不发毛、不起球。

（3）真丝风格。真丝织物具有轻盈而柔软的触觉，良好的悬垂性，珍珠般的光泽及特有的丝鸣效果。

（4）麻型织物。麻织物外观有朴素和粗犷的特征，质地坚牢，抗弯刚度大，有挺爽和清凉的感觉。

2. *按用途分*　外衣用织物风格和内衣用织物风格。外衣用织物风格要求布面挺括，有弹性，光泽柔和，褶裥保持性好；内衣用织物质地柔软、轻薄、手感滑爽，吸湿透气性好等。

3. *按厚度分*　可分为厚重型织物、中厚型织物和轻薄型织物。厚重型织物要求手感厚实、滑糯和温暖的感觉；中厚型织物一般质地坚牢、有弹性、厚实而不硬；轻薄型织物质地轻薄、手感滑爽、有凉爽感。

（三）手感的主观评定

主观评定是一种最基本、最原始的手感评定方法，主要是通过手指对织物的触觉来感觉并判断出织物手感的优劣。

1. *主观评定的动作*　主观评定织物的手感时，常用以下的几种动作来感觉织物的风格。

（1）摸。用手轻轻触摸织物，以此觉察织物的厚薄、滑涩情况及刚柔性。

（2）捏。把织物紧紧地抓一把，然后放松，观察织物的皱痕，以了解织物的抗弯刚度和抗皱性，在放松过程中，可以感觉织物的弹性及活络情况。

（3）压。用手轻轻地按压织物，然后放松，感觉织物的压缩弹性和蓬松性。

（4）拉。用手拉扯织物的两端，观察织物的伸长情况；放松后观察织物的恢复情况，以此评定织物的拉伸弹性和初始模量。

（5）揉搓。通过揉搓感觉织物的音响特性和织物内纤维的摩擦与抱合情况。

2. *常用术语*　织物手感是对织物力学性能的综合评价，涉及的内容十分广泛，在主观评定时，常常是将织物风格分成若干基本要素进行分别评价，称为基本风格。常用的基本风格术语及含义如下。

(1)硬挺度。手触摸织物时具有刚硬性、回弹性和弹性充实的感觉,如用弹性纤维和纱线构成的或者是纱线密度高的织物的感觉。

(2)光滑度。在细而柔软的羊毛纤维上具有光滑性、刚硬性和柔软性混合在一起的感觉,例如,羊绒的感觉。

(3)丰满度。织物蓬松性好,给人以疏松丰满的感觉。压缩回弹好,给人以温暖和厚实的感觉。

(4)挺爽度。粗硬的纤维和捻度大的纱,手摸时具有挺爽的感觉,如麻纱类织物反映的感觉。主要是织物表面的感触,具有一定刚度的各种织物都会有这种感觉。

(5)丝鸣感。丝鸣感在丝织物上感觉很强,丝鸣感是丝绸上特有的感觉之一。

(6)柔软度。弯曲柔软性,没有粗糙感,蓬松,光泽好,硬挺度和弯曲刚度稍低的感觉。

3. 评定程序　主观评定时,首先选定有经验的检验人员分成若干小组,事先制订出适合于评定目的的妥善方案,统一评定方法,然后根据个人的主观判断进行评分。

对几种织物进行评定,决定其相对优劣时,通常采用秩位法。对需评定的织物,由检验人员分别进行评定,根据各自对手感的判断排定其优劣秩位,再按各种织物的总秩位数评出织物的优劣。

(四)织物风格的客观评定

客观评定是通过测试仪器对织物的相关力学性能进行测定,然后在各自的评价体系下对织物的风格进行定量的或定性的描述。

早在20世纪30年代,皮尔斯(Pcirce)利用悬臂梁试验推导出了著名的织物弯曲长度和弯曲刚度公式,用来评定织物的刚柔性。

20世纪50年代,日本的松尾、川端分别研制了从拉伸、剪切、弯曲、压缩、摩擦等力学性能的多机台多指标型风格仪,建立了织物的手感评定和标准化委员会(HESC),专门研究织物风格的主观评价方法。最成功的是建立了KES—F织物风格测量系统。

20世纪80年代初,在KES—F系统的基础上,国内研制了单台多测多指标的YG821型织物风格测量仪。同时,对环圈法简易风格仪和喷嘴式智能风格仪也进行了研究。

20世纪90年代初,澳大利亚联邦科学院(CSIRO)研制成功了简易的织物质量保证系统FAST(Fabric Assurance by Simple Testing),用于织物的实物质量控制,简称FAST织物风格仪,属于多机台多指标型风格仪。

1. 川端风格仪系统　川端风格仪(KES—F)系统是选择拉伸、压缩、剪切、弯曲和表面性能五项基本力学性能中的16项物理指标,再加上单位面积重量,共计17项指标作为基本物理量,用川端风格仪将这些物理量分别测出。该系统在大量工作的基础上,将不同用途织物的风格分解成若干个基本风格,并将综合风格和基本风格量化,分别建立物理量和基本风格值之间、基本风格值和综合风格值之间的回归方程式。在评定织物风格时,先用风格仪测定各项物理指标,然后将这些指标代入回归方程,求出基本风格值,再将基本风格值代入回归方程式求出综合手感值。

2. 国产风格仪系统　国产风格仪YG821型共选择五种受力状态(13项物理指标),与川端风格仪不同的是:国产风格仪选择的受力状态不是简单的力学状态,而是取自织物在实际穿用过程中的受力状态。

在评价织物的风格时，该系统是采用一项或几项物理指标并结合主观评定的术语对织物给出评语。各种物理指标与织物风格的关系如下。

最大抗弯力大，织物手感较刚硬；最大抗弯力小，织物手感较柔软。

活泼率大，弯曲刚性指数大，表示织物手感活络、柔软；活泼率小，弯曲刚性指数大，说明织物手感呆滞、刚硬。

静、动摩擦系数均小时，表示织物手感光滑，反之则粗糙。静摩擦系数的变异系数较大时，织物有爽脆感；静摩擦系数的变异系数较小时，织物手感滑爽。

蓬松率大，表示织物蓬松丰厚；全压缩弹性率值高，表示织物手感丰满。

最大交织阻力大时，织物手感偏硬，较硬板粗糙；最大交织阻力过小时，则织物手感稀松。

三、学习提高

对几种不同风格的面料进行主观与仪器客观评价，并对评价结果进行比较？写出评价方案。

四、自我拓展

调研服装商店或超市，观察各种陈列的织物种类以及标签上的生产商名称，写一篇报告，包含以下内容。

1	商店名称和参观日期
2	列举在该商店销售的5家面料生产厂家的名称
3	在上述列出的每个厂家中，按以下方法说明其中一种织物（可以包括其他你认为合适的观察结果）： a. 面料外观（例如：绿色、起绒、毛料） b. 重量（例如：薄型、一般、厚型） c. 手感（例如：平整、滑爽） d. 织物可能使用的季节 e. 可能的最终用户 f. 织物面料的包装形式

任务四 纺织面料分析

一、学习内容引入

某跟单员接到一客户童装面料单子，并拿到一样品，客户要求完全按照此样品的规格来生产10万米。此跟单员拿到样品以后应该先对此样品进行分析，那如何对此样品进行分析呢？

创新设计或仿制、复制某种织物，必须首先对客户来样进行分析，获得上机工艺资料，用以指导织物的织造过程。所以设计或跟单人员必须掌握织物分析的方法。

二、知识准备

单元一　机织面料分析

各种织物所采用的原料、组织、密度、纱线的特数、捻向和捻度、纱线的结构及织物的后整理方法等都各不相同,因此形成的织物在外观及性能上也各不相同。为了创新及仿制织物,就必须对织物进行分析,掌握织物的组织结构和织物的上机技术条件等资料。

为了能获得正确的分析结果,织物分析一般按以下步骤进行。

(一)取样

对织物进行分析,首先要取样,所取的样品须能准确地代表该织物的各种性能,样品上不能有疵点,并力求处于原有的自然状态。而样品资料的准确程度与取样的位置、样品的大小有关,所以对取样的方法有一定的规定。

1. *取样位置*　织物在织造及染整过程中,均受一定的外力作用,这些外力在织物下机后会消失。织物的幅宽和长度因经、纬纱张力的平衡作用也略有改变,这种变化造成织物边部和中部以及织物两端的密度及其他一些力学性能都存在差异。为了使测得的数据具有准确性及代表性,对取样的位置一般有如下规定:从整匹织物中取样时,样品到布边的距离一般不小于5cm。长度方向,样品离织物两端的距离,在棉织物上不小于1.5~3m,在毛织物上不少于3m,在丝织物上为3.5~5m。

2. *取样大小*　织物分析是项消耗性试验,应本着节约的原则,在保证分析资料正确的前提下,应尽量减少试样的大小。简单织物的试样可取得小些,一般取为15cm×15cm。组织循环较大的色织物一般取为20cm×20cm。色纱循环大的色织物(如床单)最少应取一个色纱循环的面积。对于大花纹织物(如被面、毯类等),因经、纬纱循环很大,一般分析部分具有代表性的组织结构即可,可取20cm×20cm或25cm×25cm。

(二)正确识别织物的正反面

对织物取样后,需要确定织物的正反面。下面列举一些常用的判断方法。

1. *按织物外观决定正反面*　一般织物的正面都比反面平整、光滑和细致,正面花纹清晰美观。

2. *按织物组织决定正反面*　经面斜纹、经面缎纹等经面组织织物,正面呈现经浮长线;若为纬面组织织物,则正面呈现纬浮长线。

3. *凸条及凹凸织物的正反面*　正面紧密细致,具有明显的纵、横条纹或凹凸花纹,反面有横向或纵向浮长线衬托。

4. *条格外观的配色模纹织物的正反面*　正面条格明显,花纹、色彩清晰悦目。

5. *双层、多层及多重织物的正反面*　若表里组织的原料、密度、结构不同时,一般正面纱线的原料好、结构紧密、外观效应较好。而里组织的原料较差、密度较小。

6. *起绒织物的正反面*　单面起绒织物,正面具有绒毛或毛圈;双面起绒织物,则以毛绒密集、光洁、整齐的一面为正面。

7. *纱罗织物的正反面*　正面孔眼清晰、平整,纹经突出,反面外观粗糙。

从以上所述的鉴别方法可以看出,多数织物的正、反面有明显区别,确定织物的正、反面总是以外观效应好的一面作为织物的正面。有些织物的正、反面无明显的区别,如平纹织物。对这类织物可不强求区别其正反面,两面均可作为正面。

（三）确定织物的经纬向

确定织物的正反面后，要确定织物的经纬方向，以便进一步确定经纬纱密度、经纬纱特数和织物的组织等。经纬方向的鉴别方法一般有如下几种。

（1）当样品有布边时，则与布边平行的纱线为经纱，与布边垂直的纱线为纬纱。

（2）含有浆料的纱为经纱，不含浆料的纱为纬纱。

（3）一般织物的经密大于纬密，所以通常密度较大的纱线为经纱，密度较小的纱线为纬纱。

（4）织物上有明显筘痕时，与筘痕平行的纱线为经纱。

（5）如果为半线织物，即一个方向为股线，另一个方向为单纱。一般股线方向为经向，单纱方向为纬向。

（6）若单纱织物经纬向捻向不同时，一般经纱为 Z 捻，纬纱为 S 捻。

（7）若织物两个方向的纱线的捻度不同时，则捻度大的纱线为经纱，捻度小的为纬纱。

（8）如织物的经纬纱特数、捻向、捻度都差异不大时，则纱线的条干均匀、光泽好的为经纱。

（9）毛巾类织物，起毛圈的纱为经纱，不起毛圈的纱为纬纱。

（10）条子和格子织物，一般沿条子方向的纱线为经纱，格子偏长或配色比较复杂的纱为经纱。

（11）纱罗织物，有扭绞的纱线为经纱，无扭绞的纱线为纬纱。

（12）若织物有一个系统的纱线具有多种不同的特数时，则这个系统方向为经向。

（13）在不同原料纱线的交织物中，棉毛、棉麻、棉与化学纤维的交织物中，一般棉为经纱；毛丝交织物中，丝为经纱；天然丝与人造丝交织物中，天然丝为经纱。

由于织物的品种繁多，织物的结构与性能也各不相同，故在分析时，还应根据具体情况进行确定。

（四）测定织物的经纬纱密度

织物的经纬纱密度是织物结构参数的一项重要内容，密度的大小影响织物的外观、手感、厚度、强力、抗折性、透气性、耐磨性和保暖性等力学性能，同时也关系到产品的成本和生产效率的大小。

织物单位长度的经、纬纱根数，称作织物密度。织物密度分经密和纬密两种。公制密度是指 10cm 长度内的纱线根数。常用的经、纬密度测定方法有以下两种。

1\. *直接测定法*　直接测定法是利用织物密度分析镜来进行的。密度分析镜的刻度尺长度为 5cm，镜头下的玻璃片上刻有一条红线，在分析织物密度时，移动镜头，将玻璃片上的红线和刻度尺上的零点同时对准某两根纱线之间，以此为起点，边移镜头，边数纱线根数，直到 5cm 刻度线为止。数出的根数乘以 2，即为 10cm 中的纱线根数。

在数纱线根数时，要以两根纱线间隙的中央为起点，若数到终点时，落在纱线上，超过 0.5 根，而不足 1 根时，应按 0.75 根计；若不足 0.5 根时，则按 0.25 根计，如图 2－25 所示。一般应测得 3～4 个数据，然后取其算术平均值作为测定结果。

2\. *间接测定法*　这种方法适用于密度大、纱线特数小的规则组织的织物。首先分析得出织物组织及其完全组织经纱数和完全组织纬纱数。然后再测算 10cm 内的组织循环个数。

沿纬向 10cm 长度内，测定出织物的组织循环经纱根数 R_j，其组织循环个数为 n_j。则经纱密度 $P_j = R_j \times n_j$（根/10cm）；同理，沿经向 10cm 长度内，测出织物的组织循环纬纱根数为 R_w，其

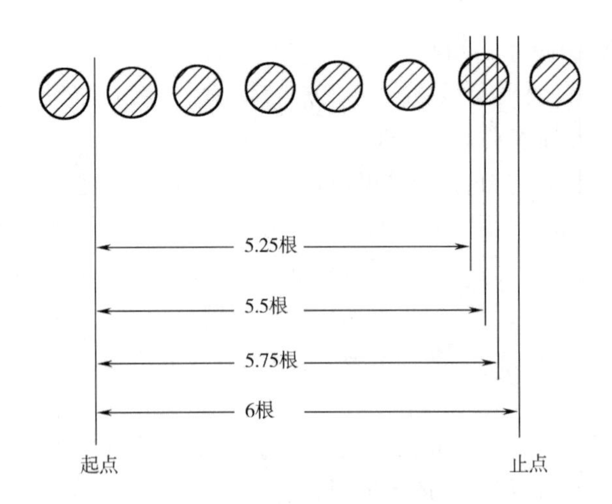

图2-25　纱线根数计算图

组织循环个数为 n_w。则纬纱密度 $P_w = R_w \times n_w$(根/10cm)。

(五)测定经纬纱缩率

测定经纬纱缩率的目的是为了计算纱线特数和织物用纱量等项目。由于纱线在形成织物后,经、纬纱线在织物中交错屈曲,因此织造时所用纱线长度大于所形成织物的长度,织物的筘幅大于布幅的尺寸。纱线长度与织物长度(或者宽度)的差值与纱线原长之比值称为缩率。用 $a\%$ 表示。

1. 测试步骤　测定经、纬纱缩率的操作方法如下。

(1)在试样边缘沿经(纬)向量取10cm的织物长度(即 L_j 或 L_w),并做记号。试样尺寸小时,可量取5cm的长度。

(2)将边部的纱缨剪短,避免纱线从织物中拨出时产出意外伸长。将经(纬)纱轻轻地从试样中拨出,用手指压住纱线的一端,用另一只手的手指将纱线拉直,注意不可有伸长现象。用尺子量出记号之间的纱线长度(即 L_{oj} 或 L_{ow})。

(3)连续做出10个数据,取其算术平均,代入经纬缩率公式,即可求得 a_j,a_w。

2. 注意事项　在操作过程中还应注意以下几点。

①在拨出和拉直纱线时,不能使纱线发生退捻和加捻,还要注意避免发生意外伸长。

②分析刮绒和缩绒织物时,应先用火柴或剪刀除去织物表面的绒毛。

③避免汗手操作。有些纤维(如黏胶纤维)在潮湿状态下极易伸长。

(六)测算经纬纱线密度

纱线的线密度是指1000m长的纱线,在公定回潮率时的克数。纱线线密度的测定一般采用称重法。其操作步骤如下。

(1)检查试样样品的经纱是否上浆,若经纱是上浆的,则先对试样进行退浆处理。

(2)从10cm×10cm织物中,取出10根经纱和10根纬纱,分别称重。

(3)测出织物的实际回潮率。

纱线的线密度还可以在放大镜下通过与已知线密度的纱线进行比较而得出。此法与操作人员的经验有关,误差较大。但操作简单迅速。

(七)经纬纱原料定性、定量分析

织物所采用的原料是多种多样的。有采用一种原料的纯纺织物,有采用两种或两种以上不同原料的交织物，还有混纺织物。在进行织物分析时，必须鉴别来样所用的原料。

鉴别经、纬纱原料分为定性分性和定量分析。对于纯纺织物只需进行定性分析，对于混纺织物则需进行定量分析，以确定不同原料的混纺比。对混纺产品进行纤维含量分析是纺织生产、贸易和科研中经常性的工作。现行的国家标准有纺织品二组分、三组分、四组分纤维混纺产品定量化学分析方法，这些标准用于纤维混纺及交织产品的定量化学分析。

鉴别经纬纱原料的方法很多，有手感目测法、燃烧法、显微镜法和化学溶解法等。

参照标准：AATCC 20—2013 纤维定性分析等。

在具体鉴别经纬纱原料时，用一种鉴别方法常常不能做出确切判定，这时可以几种方法联合使用以做出最终判定。

纤维原料定量分析参照：FZ/T 01101—2008《纺织品 纤维含量的测定　物理法》、GB/T 2910.1—2009《纺织品　定量化学分析第 1 部分：试验通则》、GB/T 2910.2—2009《纺织品　定量化学分析第 2 部分：三组分纤维混合物》，ISO 5088《纺织品　三组分纤维混纺产品定量化学分析方法》，ISO 1833《纺织品 二组分纤维混纺定量化学分析》等。

（八）测算织物重量

织物重量指织物每平方米的无浆干重克数。它是织物的一项重要的技术指标，也是对织物进行经济核算的主要指标，根据织物样品的大小及具体情况，有两种测算织物重量的方法。

1. *称重法*　用此法测定织物重量时，样品的面积一般取 10cm × 10cm。面积越大，所得结果就越正确。测定时，先将试样退浆，然后放入烘箱中烘至重量恒定，用扭力天平或分析天平称其干燥重量。

2. *计算法*　在样品面积小，用称重法测算不够准确时，可根据前面分析所得的经纬纱特数、经纬纱密度、经纬纱缩率进行计算。

（九）分析织物的组织及色纱的配合

分析织物的组织，即分析织物中经纬纱的交织规律，获得织物的组织结构。再根据经纬纱原料、密度、线密度等因素作出该织物的上机图。

由于织物种类繁多，加之原料、密度、线密度等因素各不相同，所以在对织物进行组织分析时应根据具体情况选择不同的分析方法，使分析工作简单高效。

常用的织物组织的分析方法有以下几种。

1. *直接观察法*　利用目力或照布镜直接观察布面，将观察到的经纬纱的交织规律，填入意匠纸的方格中。分析时应多填绘几根经纬纱的交织状况，以便找出正确的完全组织，这种方法简单易行，适用于组织较简单的织物。

2. *拆纱分析法*　这种方法适用于组织较复杂、纱线较细、密度较大的织物。具体步骤如下。

（1）确定拆纱的系统。在分析织物时，首先要确定拆纱的方向，看从哪个方向拆纱更能看清楚经纬纱的交织状态，一般是将密度大的纱线系统拆开（通常是经纱），利用密度小的纱线系统的间隙，清楚地看出经纬纱的交织规律。

（2）确定织物的分析表面。织物的分析表面以能看清组织为原则。如果是经面或纬面组织的织物，一般分析反面比较方便；起毛起绒织物，分析时应先剪掉或用火焰烧去织物表面的绒毛，再进行分析，或从织物的反面分析其地组织。

（3）纱缨的分组。将密度大的那个系统的纱拆除若干根，使密度小的系统的纱线露出的

10mm 的纱缨,如图 2-26(a)所示。然后将纱缨中的纱线每若干根分为一组,并将奇数组和偶数组纱缨剪成不同的长度,以便于观察被拆纱线与各组纱的交织情况,如图 2-26(b)所示。

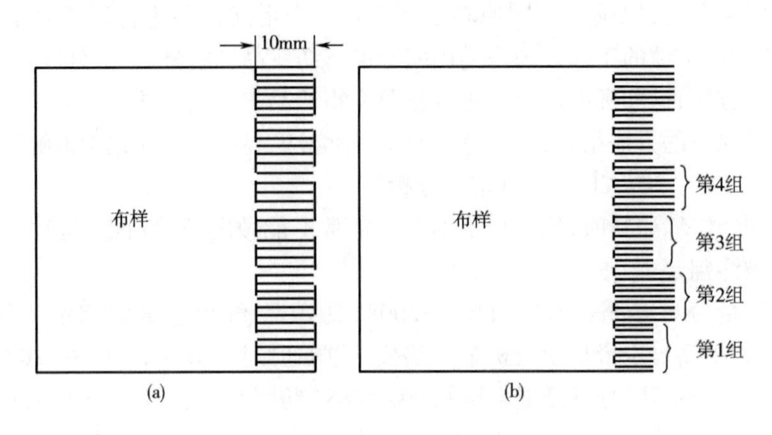

图 2-26　纱缨图

填绘组织所用的意匠纸一般每一大格其纵横方向均为八个小格,可使每组纱缨根数与其相等,这样把一大格作为一组,亦分成奇、偶数组与纱缨所分奇、偶数组对应,被拆开的纱线就可以很方便地记录在意匠纸的方格上。

(4) 用分析针将第 1 根经纱或纬纱拨开,使其与第 2 根纱线稍有间隔,置于纱缨之中,即可观察其与另一方向纱线的交织情况,并将观察到的浮沉情况记录在意匠纸或方格纸上,然后将第 1 根纱线抽掉,再拨开第 2 根纱线以同样方法记录其沉浮情况,这样一直到浮沉规律出现循环为止。

(5)如果是色织物,即利用不同颜色的纱线与组织配合使织物表面显出各种不同风格和色彩的花纹的织物。对于这种织物还需要将纱线的颜色也记入意匠纸。即画出组织图后,在经纱上方,纬纱左方,标注上色称和根数,组织图上的经纱根数为组织循环经纱数与色纱循环经纱数的最小公倍数,纬纱根数为组织循环纬纱数与色纱循环纬纱数的最小公倍数。

对组织比较简单的织物,也可以采用不分组拆纱法。即选好分析面、拆纱方向后,将纱轻轻拨入纱缨中,观察经纬纱的交织情况记录在意匠纸上即可。

在具体操作时,必须耐心细致,符合机织物结构分析标准中的 FZ/T 01090—2008、FZ/T 01091—2008、FZ/T 01092—2008、FZ/T 01093—2008、FZ/T 01094—2008。为了少费眼力,可以借助照布镜、分析针、颜色纸等工具来分析,在分析深色织物时,可以用白色纸做衬托,在分析浅色织物时,可以用深色纸做衬托,这样可使交织规律更清楚、明显。

单元二　针织物分析

根据来样布面的外观结构,一般应先确定出来样属于机织物、针织物、非织造织物或其他织物类别,针织物的特征是找出线圈结构单元,目测有困难的,可借助放大镜或显微镜观察。接着应区分经编织物或纬编织物,单面针织物或双面针织物,坯布针织物或成形针织物等。

(一)经编针织物分析

经编针织物是组织结构最复杂、品种变化最多的织物之一,这是由于它的编织原理、设备以及工艺条件决定的。由于织物所采用的原料种类、色泽、粗细、线圈结构、纵横向密度及后整理等各不相同，因此，形成的织物外观也就不一样。为了生产、仿制或开发经编产品，就必须掌握织物线圈结构和织物的上机条件等资料，为此就要对织物进行周密而细致的分析，以便获得正确的分析结果，为设计、改进或仿造织物提供资料。

1. 分析取样方法　分析织物时，获取的技术资料与取样的位置、面积大小有关，因而对取样的方法应有一定的规定。由于织物品种极多，彼此之间差异较大，因此在实际分析工作中样品的选择还应根据具体情况来定。

（1）取样位置。织物下机后，织物中经纱张力的平衡作用，使织物的幅宽和长度方向都产生了变化，这种变化造成织物的两边与中间，以及织物两端的密度存在差异。另外，在染整过程中，织物的两端、两边和中间所产生的变形也各不相同。为了使测得的数据具有准确性和代表性，一般应从整坯织物中取样，样品到布边的距离不小于20cm。此外，样品不应带有明显的疵点，并力求其处于原有的自然状态，以保证分析结果的准确性。

（2）取样大小。取样大小应随织物种类，组织结构而异。由于织物分析是消耗试验，应根据节约原则，在保证分析资料正确的前提下，力求减小样品的大小。简单组织的织物取样可以小一些，一般为15cm×15cm，组织循环较大的可以取20cm×20cm。花纹循环大的织物最少应取一个花纹循环所占的面积。

2. 分析内容

（1）组织结构分析。在分析经编织物的组织结构时，首先要研究构成一个完全组织的横列数、纵行数、穿纱情况。在表示经编组织时，首先要得到垫纱运动图，由其表示多把梳栉垫纱运动的完全一致，再由此得到花纹链条的装配表（表明了花板的高低，花板形状的选定和排列）。其次是穿经图，这时要写下起始对梳横列中全部梳栉穿经位置的相对关系，并在此情况下，标明起始链块，最后作穿经图，用符号和数字标明各梳栉的纱线排列顺序、纱线排列种类、空穿位置等。

（2）织物参数分析。由同一枚织针形成的垂直方向上互相串套的线圈行列，称为线圈纵行。线圈行列表示所有工作织针完成一个编织循环所形成的行列。线圈密度分为纵密和横密。每厘米长度中的线圈横列数即为织物的纵密，一般用横列/cm 表示。每厘米长度中线圈纵行数为织物的横密，一般用纵行/cm 表示。

线圈密度、织物面密度的大小，直接影响织物的外观、手感、厚度、强度、透气性以及保暖性等性能，同时，它也是决定机器机号的选用、染整工艺特别是定型工艺、产品的成本和生产效率等的重要因素。

根据织物的纵横密定义，在放大镜或标准照布镜下数出单位长度内的线圈纵行和横列，通过一定的单位换算，即可得到织物的线圈密度。

在织物的工艺正面可计数1cm（有时用英寸）的横列数和纵行数。应选择样布中的几处位置，反复多次计数，才能获得较精确的数值。从样布1cm 内的纵行数，就可求出编织此样布的机器级别（机号），当然这是要在知道样布缩率的情况下才能确定。

$$\text{机号(针/2.54cm)} = \text{1cm 内的纵行数} \times (1 - \text{缩率}) \times 2.54$$

式中：缩率为样布宽度与机上宽度的比值，一般用百分率表示。

织物单位面积质量是指织物每平方米的干重，它是织物的重要经济指标，也是进行工艺设计的依据。织物的重量一般都可以用称重法来测定。取10cm×10cm 面积大小的布样，并使用扭力天平、分析天平等工具称重。对于吸湿回潮率较大的纤维产品，还需在烘箱中将织物烘干，等到重量稳定时再称其干重。

$$G = g \times 10000(L \times B)$$

式中:G——样品单位面积质量;

g——样品重量;

L——样品长度;

B——样品宽度。

每横列或每480横列(1腊克)的平均送经量是确定经编工艺的重要参数,对于坯布质量和风格有重要的影响,也是分析经编织物时必须掌握的。在确定经编织物的送经量时,可将织物的纵行切断成一定的长度,将各梳栉纱线分别从中拉出,再测定计算纱线的长度。此时,要准确估计被脱散的纱线曾受到何种程度的拉伸,纱线在染色整理过程中的收缩率等。

(二)纬编针织物组织分析

纬编针织物产品,除了一定数量的自行创新设计外,有相当多的为来样加工。为了满足这种生产需要和国内外客户订单要求,必须学会对针织品来样进行分析,分析针织品的外观构成、织物性能以及工艺参数等。只有在正确分析的基础上,才能进一步确定能否有加工该产品的可能,如原料供应、加工设备等。从而,对来样进行仿制设计或对来样某些性能加以改进的设计,并由此制订相关工艺和组织生产加工。最终使产品更好地符合用户要求或借鉴该产品为其他产品设计所用。

纬编织物种类很多,分析方法并无固定模式,通常是多种方法结合使用,重要的是在不断实践与积累的过程中学习与掌握。这里就常用的分析方法和步骤加以介绍。针织物样分析一般可通过下列方法与步骤进行。

1. 织物外观与性能分析　织物外观与性能分析应在组织结构分析前进行,这是因为纬编针织物组织的分析会用到脱散法,若来样面积有限,脱散后将无法进行外观与性能分析,织物外观主要看布面花纹效应、色泽、风格、后处理特征、原料及布面其他特征等。织物性能主要测面密度、密度、厚度、弹性及手感等,线圈长度应放在后面组织结构分析中测,而强度在来样面积允许情况下可测,没有条件,也可不测。

2. 织物纱线与组织结构分析

(1)分析纱线。对纱线的分析,主要指原料组成、纱线线密度、纱线捻向、纱线外观、纱线结构、色纱配置等。方法可应用机织物分析中的相关知识进行。

(2)分析织物组织。织物组织分析方法,一般应先把提花或其他花纹图案特征进行记录(提花等要绘制意匠图)并需确定以下内容:一是确定一完全组织花高和花宽或编织一个循环的横列数及进纱路数等;二是确定工艺正、反面和编织纵行方向;三是脱散织物边缘,确定织针排列情况,观察织物边缘正、反面线圈配置,一般有单面排针、罗纹排针和双罗纹排针三种,单面排针的要注意,若同一纵行上既有正面线圈又有反面线圈的,则是双反面组织排针;四是观察线圈状态,注意脱散是逆编织的过程,所以可通过脱散,观察到织物中线圈(包括其长短、颜色等)、浮线、悬弧、附加纱线、纤维束、线圈转移等结构和变化,从而确定织物的组织结构范围。

(3)测线圈长度。线圈长度的测定,一般为先测出 n 个线圈的纱线在伸直但不伸长时的总长度,然后除以 n 后所得的值,习惯以毫米计量。若编织状态不同,如一路纱线成圈,另一路纱线由集圈与成圈一起组成的,则应分别测定,得出每路纱线各自的线圈长度。

(4)测不同原料用纱百分比。测纱百分比是一项很重要的分析项目,不但关系织物性能还关系织物成本核算。一般可用同一面积内各纱线重量占织物总重量的百分比表示，用脱散法得到各自纱线，再分别称重后求得。

3. 编制上机工艺　上机工艺的编制应包括正规的花形花纹图或编织图，机型、机号的确定，纱线品种、纱线线密度及色纱的配置，针织三角的排列，选针机构的排列，电脑程序编排，织物密度、线圈长度、面密度等工艺参数的制订以及工艺流程、后处理工艺等内容。

4. 织物常见花纹与织物组织结构的关系　针织物的同一种组织可产生多种花纹效应，而一种花纹效应也可由各种不同的组织结构形成。因此，当来样需要分析组织结构时，往往可根据其织物的外观花色效应大致确定形成该花纹组织的种类。

纬编针织物常见花纹一般可分为结构花纹、色彩花纹和结构色彩花纹三种。如果织物花纹是由形状、大小或排列不一的结构单元组成，则为结构花纹，如网眼、凹凸、褶裥绉、毛绒等花色效应。如果织物花纹是由颜色不同的结构单位组成，则为色彩花纹。一块针织物可以是结构花纹，也可以是色彩花纹或者同时具有结构花纹与色彩花纹的花色效应。

三、学习提高

对几种面料（机织物、针织物）进行分析，分析织物的属类，经纬向、正反面、组织结构、织物密度、色纱排列等面料基本性能，然后对织物进行拆分，分析织物的原材料，所用纱线的性能指标，并对织物进行评价。写出分析报告，报告应包含分析方法、分析仪器、分析过程及分析结果。

四、自我拓展

给定一机织面料，面料尺寸为60cm×60cm，熟悉机织面料分析相关标准，熟练掌握实验室常用面料分析仪器的操作规范；按照要求独立完成机织物的织物结构分析（包括面料组织、色纱排列分析、上机图绘作、密度分析、克重计算等）。

纺织面料分析报告

一、贴样

按沿纵向为经向、沿横向为纬向，正面朝上粘贴样布（图2－27）。

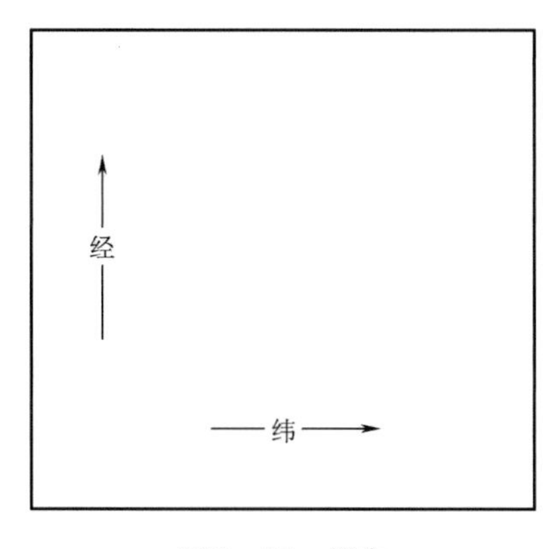

图2－27　样布

二、织物结构分析

1. 色纱排列分析(表2-17)

表2-17 色纱排列

		颜色	粘贴样处	色经色纬排列															备注
织物纱线排列顺序	经纱																		
	纬纱																		

2. 织物上机图(图2-28)

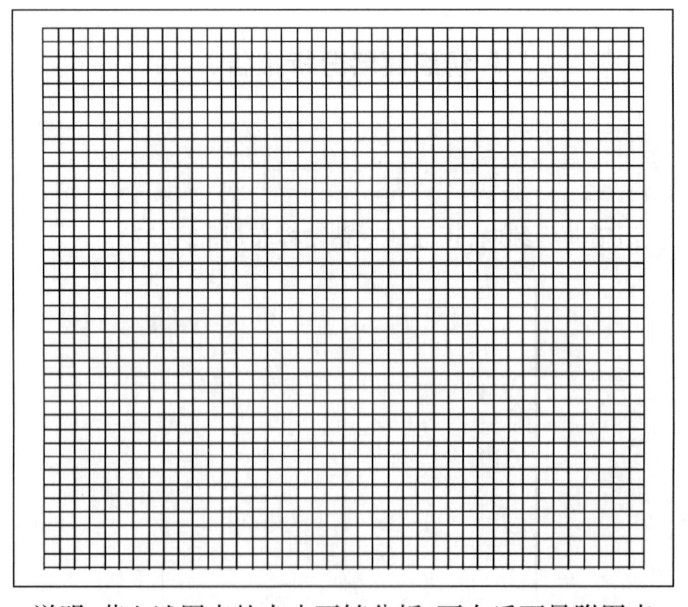

说明:若上述图表的大小不够分析,可在反面另附图表

图2-28 上机图

3. 织物密度测试（表 2－18）

表 2－18　织物密度测试结果

		测量距离（cm）		测量数据（根）					平均密度（根/10cm）	备注
				第 1 次	第 2 次	第 3 次	第 4 次	第 5 次		
织物密度测定	经纱密度	区域 1								
		区域 2								
	纬纱密度	区域 1								
		区域 2								
	说明：1. 当织物中纱线稀密相同时，只填写区域 1 的密度 2. 当织物中不同区域纱线稀密不同时，可分别填写 2 个区域的密度，或者按照区域比例进行修正 3. 化学纤维长丝面料建议采用密度尺测试									

4. 织物平方米干重测试（表 2－19）　假定测试面料实际回潮率为 12%。

表 2－19　织物平方米干重测试结果

项目	试样面积（cm × cm）	经纬纱测试质量（g）		单位面积经纱重量（g/m^2）	单位面积纬纱重量（g/m^2）	单位面积织物实际重量（g/m^2）	单位面积织物干重（g/m^2）
单位面积质量测定		经纱					
		纬纱					

5. 织物经纬纱缩率测试（表 2－20）

表 2－20　织物经纬纱缩率测试结果

项目		纱线原长（mm）	伸直张力（cN）	纱线伸直后总长度（mm）					平均织缩率（%）	备注
				第一次	第二次	第三次	第四次	第五次		
织物织缩率测定	经纱 1									
	经纱 2									
	纬纱 1									
	纬纱 2									
	说明：1. 当织物同一方向织缩率只有 1 种时，只需填经纱 1、纬纱 1；当同一方向不同织缩率纱线较多时，不需全部测出，只需填写 2 种 2. 将被测纱线黏附于备注栏，并标明									

项目三　纱线基本性能及检测指标

学习与考证要点

◇ 纱线分类
◇ 纱线的结构
◇ 纱线细度和细度不匀指标检测
◇ 纱线的品级

本项目主要专业术语

纱线(yarn)
混纺纱(blended yarn)
单纱(single yarn)
股线(plied yarn)
短纤纱(spun)
粗梳(carded)
精梳(combed)
包芯纱(core - spun)
长丝纱(filament yarn)
强捻(hard twist)
弱捻(soft twist)
单丝(monofilaments)
复丝(multifilaments)
变形纱(textured yarn)
英支捻度(turns - per - inch/TPI)
纱线线密度、支数(yarn count)
纱线支数/纱号(yarn number/size)
自由端纺纱(open - end spinning)
股/缕(strand)
Z 捻/S 捻(Z twist/S twist)

任务一　了解纱线分类

一、学习内容引入

织物是纱线的集合体,纱线是纤维的集合体,纺织品种类繁多,所需要的纱线品种和性能要求也各不相同,决定了纱线纷繁复杂,五花八门,那么需要从哪些不同的角度对纱线进行了解呢,如何才能识别其各自的“庐山真面目”呢?

二、知识准备

纱线是纱和线的统称,由纺织纤维制成的细而柔软的,并具有一定粗细和力学性质的连续长条,包括纱、线和长丝等。“纱”是将许多短纤维或长丝排列成近似平行状态,并沿轴向旋转加捻,组成具有一定强力和线密度的细长物体;而“线”是由两根或两根以上的单纱捻合而成的股线。纱线主要用于织布、制绳、制线、针织和刺绣等(图3－1)。

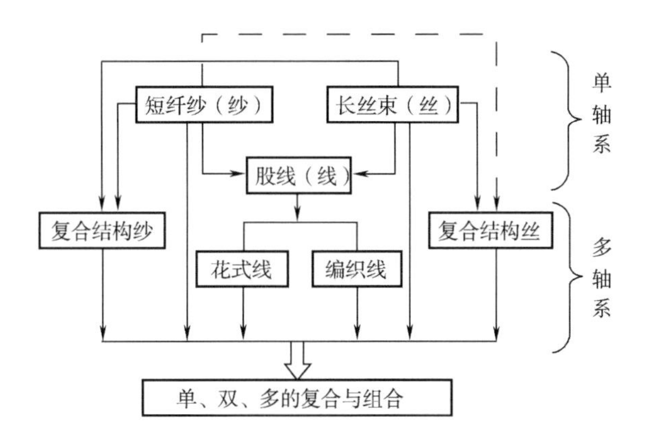

图3－1　纱、线组织关系

纱线分类的方法很多,主要分类方法如下。

(一)按结构和外形分

1. *短纤维纱*　短纤维纱是由短纤维(天然短纤维和化学短纤维)纺纱加工而成。其工艺过程为:纤维开松(除杂、混和)→梳理成网→成条→并条混合→牵伸加捻→成纱→卷装成形。短纤维纱有单纱、股线、复合股线、花式线等(图3－2)。

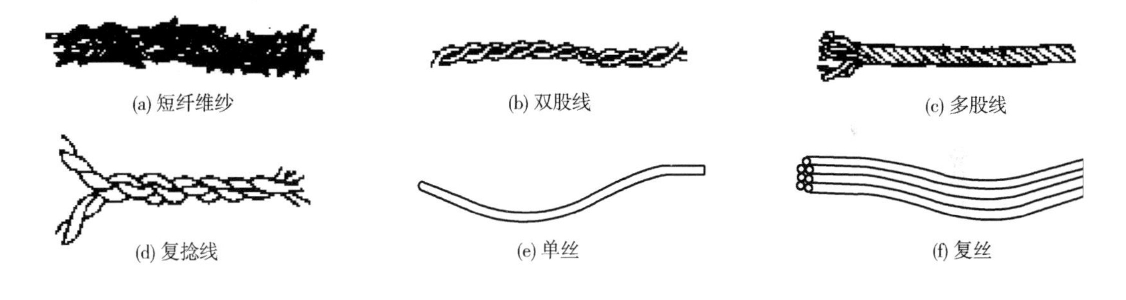

(a)短纤维纱　(b)双股线　(c)多股线　(d)复捻线　(e)单丝　(f)复丝

图3－2　不同纱线的结构

(1)单纱。由短纤维集束为一股连续纤维束捻合而成。

(2)股线。由两根或两根以上单纱合并加捻而成股线。

(3)复合股线。由两根或多根股线合并加捻成为复捻股线,如缆绳。

2. *长丝纱*　长丝纱由很长的连续纤维(蚕丝或化学纤维长丝)加工制成。其加工原理如图3－3所示。长丝纱按结构和外形分类如图3－4所示。

(1)单丝纱。指长度很长的连续单根纤维,可直接用于织造。

(2)复丝纱。指两根或两根以上的单丝并合在一起。

(3)捻丝。复丝加捻即得捻丝。

(4)复合捻丝。捻丝再经一次或多次合并、加捻即成复合捻丝。

(5)变形丝(图3－5)。化学纤维原丝经变形加工,使之具有卷曲、螺旋、环圈等外观特征而呈现蓬松性、伸缩性的长丝纱,或通过施加一定工艺,改变纤维组分进行变性加工。

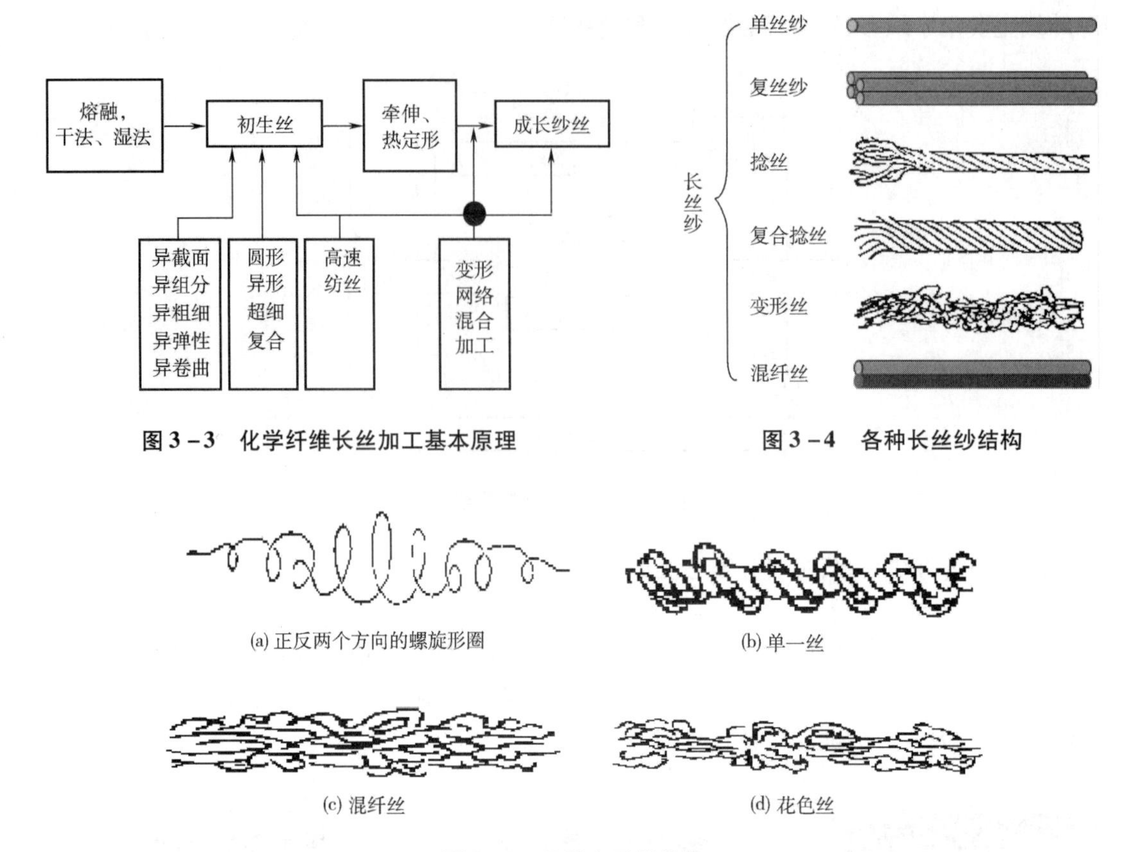

图3－3　化学纤维长丝加工基本原理

图3－4　各种长丝纱结构

(a) 正反两个方向的螺旋形圈

(b) 单一丝

(c) 混纤丝

(d) 花色丝

图3－5　几种变形丝结构

①变形加工：变形加工是对伸直状态的化学纤维长丝束进行卷曲、螺旋或环圈等形态的加工。有热(机械)变形法、空气变形法和组合纱变形法。变形丝中数量最多的是弹力丝，还有网络丝、膨体纱等。

弹力丝以弹性为主，同时具有一定的蓬松性。弹力丝又分为高弹丝和低弹丝两种。

a. 高弹丝：具有优良的弹性变形和回复能力，伸长率大于100%，多用锦纶丝制成。其主要用于弹力织物，如弹力衫裤、弹力袜、弹力游泳衣等。

b. 低弹丝：具有适度的弹性和蓬松性，一般伸长率小于50%。如涤纶低弹丝，广泛用于各种仿毛、仿丝、仿麻的针织物和机织物。锦纶和丙纶低弹丝多用于家具织物和地毯。

弹力丝的加工方法有以下几种(图3－6)。

假捻加工法：利用合成纤维的热塑性，将合成纤维原丝在强捻情况下加热定型，形成螺旋卷曲，再退去捻度后，螺旋形卷曲保存下来，从而形成弹性大而蓬松的弹力丝。弹力丝的主要加工方法是假捻法，其工艺过程为假捻、热定型、退捻三部分组成。工作示意图如图3－7所示。假捻器使丝条假捻，上下两段捻向相反。丝条向下移动，出假捻器后捻度就退去，在假捻器上段对丝条加热定型，使带有强捻的丝条消除扭曲应力，固定加捻变形。丝条退出假捻器后，捻度虽然退去，纤维的螺旋卷曲状保存下来，成为弹性大而蓬松的高弹丝。加工低弹丝则需要再次热定型，在超喂条件下二次热定型，纤维分子的内应力得到部分消除，减少了纤维的卷曲，得到弹性较低而稳定性好的低弹丝。

刀口变形法：将原丝经过加热装置加热后，紧靠着刀口的边缘擦过而形成变形丝。

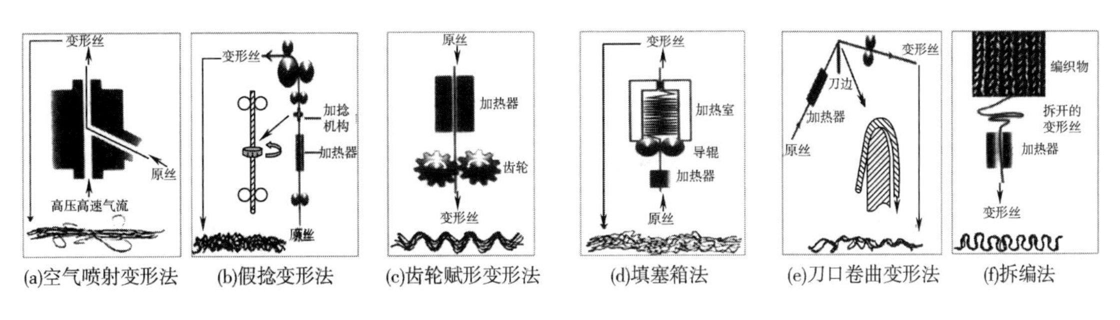

(a)空气喷射变形法　(b)假捻变形法　(c)齿轮赋形变形法　(d)填塞箱法　(e)刀口卷曲变形法　(f)拆编法

图 3－6　几种弹力丝的加工方法

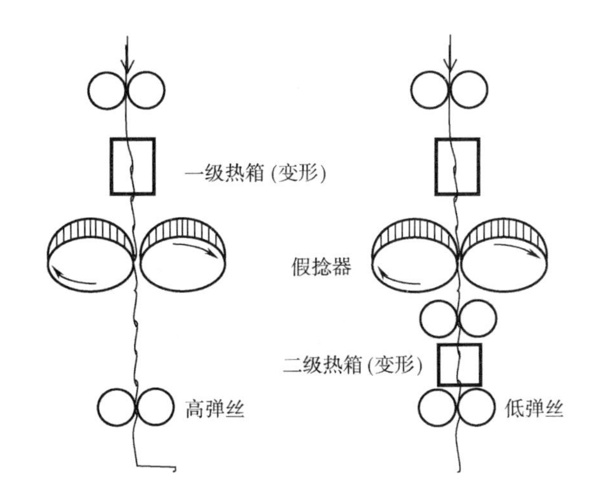

图 3－7　假捻法高弹丝低弹丝变形加工示意图

填塞箱变形法：将原丝超量喂入或冲击地喂入加热的填塞箱，制成二维卷曲的变形丝。也可通过加压的热流体（空气、气体、蒸汽）将丝超量地施于冷表面而制成三维卷曲的变形丝。

赋形变形法：将加热的原丝在一对齿轮间或类似的装置内通过，在齿轮啮合处进行热定型，以形成卷曲；或者将原丝在小直径的圆形针织机上编结成圆筒形针织物，由平板加热器加热定型，使丝固定成针织物线圈状卷曲，然后再脱散而形成具有卷曲的变形丝。

喷气变形法：将超喂的原丝在喷气头内受到压缩涡流气流的作用，这样，各根丝产生弯曲形成随机的环圈，并借纤维间的摩擦作用固定在一定的位置上，使丝条上形成扭结环圈，再经过（或不经过）热处理，形成喷气膨体纱；或者控制原丝在一定的张力下经过喷头受高压气流吹捻，使单丝间相互交缠，形成周期性的网络结的网络丝。

各种变形纱的形态如图 3－8 所示。

网络丝是一种特殊的空气变形丝。丝条上分布有网络点，改善了合纤长丝的极光效应和蜡状感。织造时省掉并丝、并捻、上浆工序，织物有毛型感。将稍有捻度的长丝束喂入高压喷气头，由于射流的冲击，丝束中纤维紊乱生成大小不同的环圈，被丝束捻回夹持于丝束中，得到空气变形纱。露在丝束表面的小环圈酷似短纤纱的毛羽。丝条在垂直气流撞击下，分散成单丝，按一定间距交络缠结，成为网络丝（图 3－9）。

膨体纱是高度蓬松，同时有一定弹性的化学纤维纱。其多用腈纶为原料，用于针织外衣、内衣、绒线和毛毯等（图 3－10）。

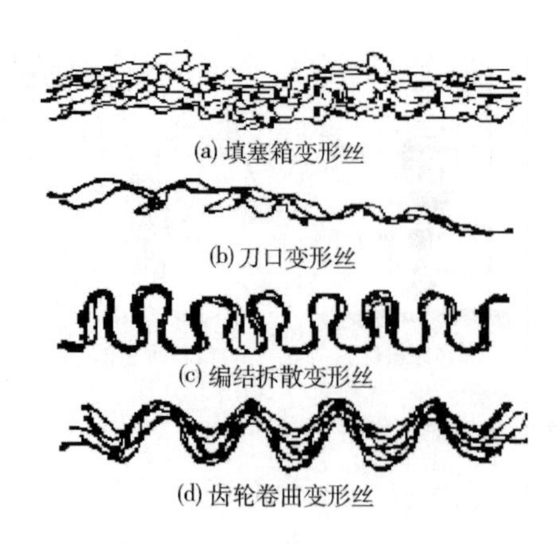

图3-8 各种变形纱的形态

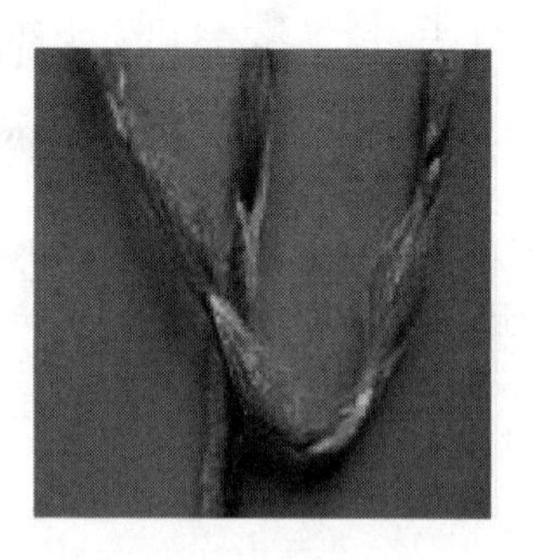

图3-9 网络丝外观

膨体纱的制作方法是组合纱法。将两种不同收缩率的腈纶纺成纱,放在蒸汽、热空气或沸水中,高收缩腈纶遇热收缩,将低收缩纤维拉弯,整个纱线呈蓬松状。

图3-10 膨体纱的形态

②长丝的变性加工:一般用聚丙烯腈(PAN)、黏胶纤维等原料,先在200~300℃的空气中进行预氧化,再在惰性气体保护下用1000℃左右的高温完成碳化,最后加热到1500~3000℃成碳纤维(图3-11)。

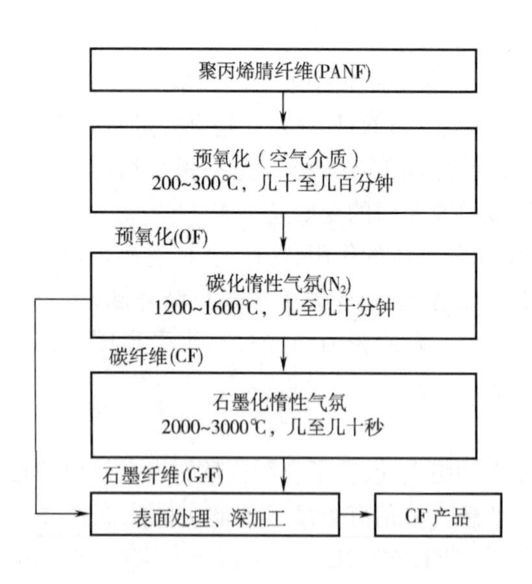

图3-11 PAN纤维的碳化加工流程示意图

3. 花式(复合)纱线 花式纱线是指通过各种加工方法而获得的具有特殊外观、手感、结构和质地的纱线。由于制造成本较高和耐用性较差,未曾得到广泛的应用。随着花式捻线机的改进和化学纤维的不断创新,花式纱线的制造成本降低,花色品种增多。特别是,近年来人们对服装面料的耐用性要求有所降低,而对其外观美感要求提高,使得花式纱线广为流行,广泛应用于各种服装用机织物和针织物、编结线、围巾、帽子等服饰配件以及装饰织物中。由于品种繁多,本节只介绍几种基本的类型,以便了解花式纱线对织物外观和性能的影响。

花式纱线常按其结构特征和形成方法进行分类,一般可分为花色线、花式线和特殊花式线三类(图3-12)。花式纱线的结构主要由芯纱、固纱、饰纱三部分组成。芯纱位于纱的中心,是构成花式线强力的主要部分，一般采用强力好的涤纶、锦纶或丙纶长丝或短纤维纱。饰纱形成花式线的花式效果。固纱用来固定花型，通常采用强力好的细纱。花式纱线的优点在于其独特的外观效果，但是，由花式纱线织制成的织物通常强力较低、耐磨性差、容易起球和勾丝。

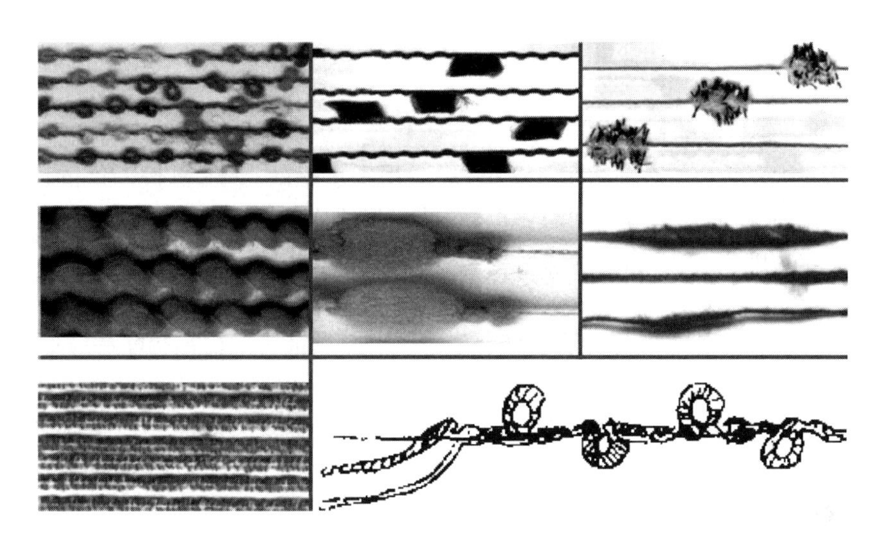

图 3－12　形形色色的花式纱线外观

(1)圈圈线。这类纱线的主要特征就是在纱线表面有毛圈。毛圈可以是由纤维形成，也可以由纱线构成。由纤维形成的毛圈蓬松，使纱线具有丰满、柔软的手感，加工成的织物不仅具有特殊的外观，也有较好的保暖性，较多地用于冬季女装面料。由纱线构成的毛圈清晰，如纱线捻度较大时，毛圈发生扭绞形成辫子线，可以用于夏季服装面料(图 3－13)。

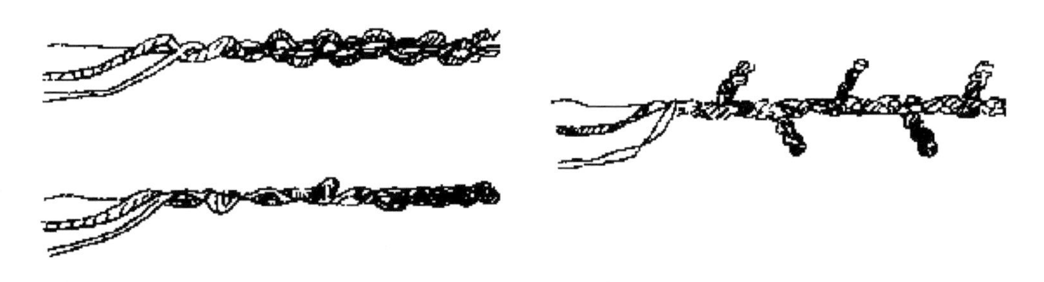

图 3－13　几种具有不同圈圈效果的纱线

(2)竹节纱。竹节纱的特征是具有粗细分布不均匀的外观。从其外形分类有粗细节状竹节纱、疙瘩状竹节纱、蕾状竹节纱和热收缩竹节纱等；从原料分类有短纤维竹节纱和长丝竹节纱等。此外，还可按纺纱方法分为不同的竹节纱。

(3)结子线。结子线也称疙瘩线。结子线通常是由芯线和饰线两组纱线组成，结子由饰线形成(图 3－14)。选择不同的饰线、改变加工时饰线的喂入量和结子纱线的卷取状态均可以使结子的长度、大小、颜色、间距发生变化。长结子也称为毛毛虫，短结子可为单色或多色。

(4)大肚纱。大肚纱也称断丝线。在纱线加捻过程中，间隔性地加入一小束纤维，并使这束纤维被包覆在加捻纱线的中间，形成局部的突起。改变加入纤维束的大小和颜色，可以形成不同突起效果和具有隐约颜色效果的大肚纱(图 3－15)。

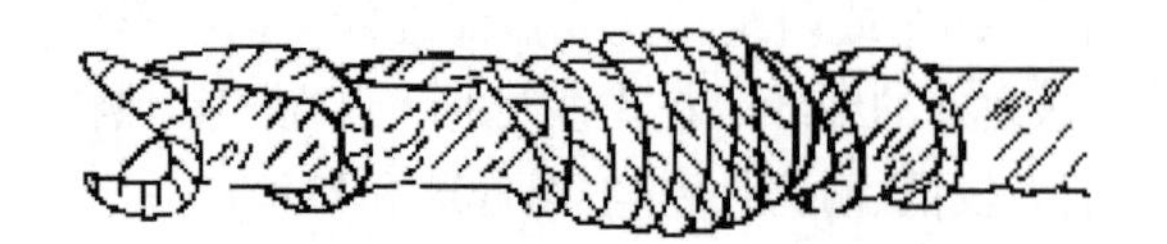
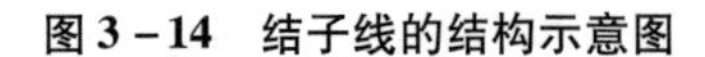

图3-14 结子线的结构示意图

图3-15 大肚纱的示意图

(5)彩点线。彩点线的特征为纱上有单色或彩色点,这些彩点长度短、体积小。通常采用的加工方法是先把彩色纤维(细羊毛或棉花)搓成用来点缀的点子,再按一定的比例混入到基纱的原料中,点子和基纱具有鲜明的对比色泽,从而形成有醒目彩色点的纱线。这种纱线可以用于女装和男式休闲服装的面料,如粗纺毛织物中的钢花呢。

(6)螺旋线。螺旋线是由不同色彩、纤维、粗细或光泽的纱线捻合而成。一般饰纱的捻度较小,纱较粗,它绕在较细且捻度较大的纱线上,加捻后,纱的松弛能加强螺旋效果,使纱线外观好似旋塞。这种纱弹性较好,织成的织物比较蓬松,有波纹图案。

(7)辫子线和花股线。辫子线也称多股线,先以两股细纱合捻,再把合股加捻的双股线两根或几根合并加捻,常用于毛线。如采用两种不同色泽的细纱合股而成,则称花股线或AB线。若A、B色互为补色,则合股后有闪光效应。

(8)金银丝线和夹丝线。这类纱线一般采用铝箔镀上聚酯薄膜后进行切割的方法获得,因此成扁平状。在铝箔镀膜的过程中加入颜色,就可以获得彩色的金属线。在水洗时,铝特别容易氧化,而且会由于与碱性物长时间附着,使其变质、脱落,从而造成金银线的变色与光泽变暗。所以必须使用中性洗涤剂,水洗用力要适当。这种纱线的耐热性很差,受热后极易收缩变形,因此在使用和保养时必须非常注意。

(9)拉毛线。拉毛线有长毛型和短毛型两种。前者是先纺制成花圈线,然后再把毛圈用拉毛机上的针布拉开,因此毛茸较长;后者是把普通毛纱在拉毛机上加工而成,所以毛茸较短。拉毛线多用于粗纺花呢、手编毛线、毛衣和围巾等,产品茸毛感强,手感丰满柔软。长毛型拉毛线的饰纱常用光泽好、直径粗的马海毛或较粗的有光化学纤维制成,以增强织物的美观。拉毛线由于有固纱加固,因此茸毛不易掉落,耐用性好。

(10)雪尼尔线。雪尼尔线是一种特制的花式纱线,其特征是纤维被握持在合股的芯纱上,状如瓶刷,手感柔软,广泛用于手工毛衣,具有丝绒感。

(11)包芯纱线(复合纱)。包芯纱线(图3-16)由芯纱和包覆纱组成。芯纱和包覆纱的选择取决于纱线的用途要求。包芯纱线的芯纱可以是长丝,也可以是短纤维。短纤维作为芯纱的也称为包缠纱。一般以长丝作为芯纱时,目的是通过芯纱获得较高的强度、较好的弹性,通过包覆纱获得某种外观和表面特性。以短纤维作为芯纱时,目的是通过芯纱获得蓬松的手感,通过包覆线固结芯纱获得特殊的外观。部分不同组成和结构的包芯线所具有的特征和应用场合见表3-1。

①包芯纱的种类。

a. 环锭包芯纱:在环锭细纱机上,喂入粗纱的同时,向前罗拉喂入化学纤维长丝,两者汇合加捻,得到包芯纱。

b. 转杯包芯纱:转杯纺纱时,将长丝从杯底轴心处喂入,抽出得到假捻,短纤维包在长丝上形成包芯纱。

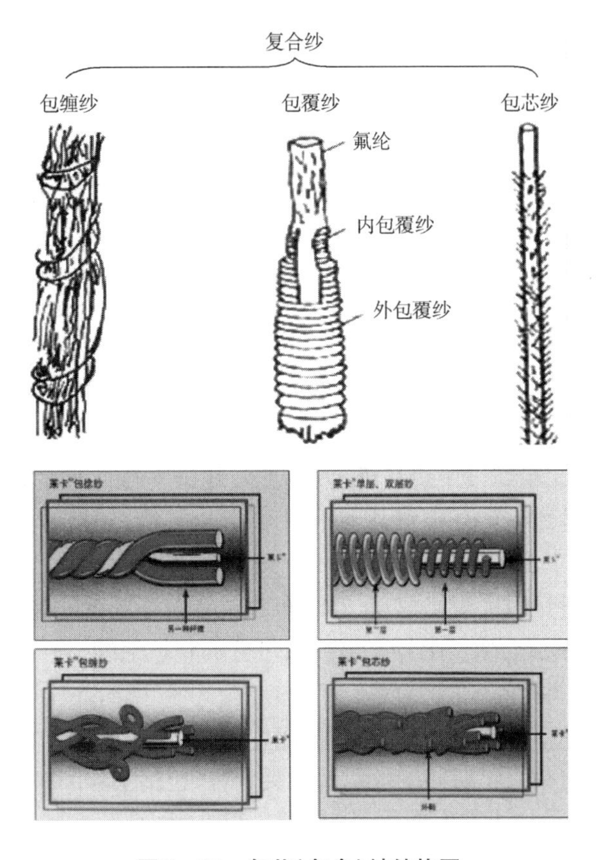

图 3－16　包芯（复合）纱结构图

②包芯纱的特点与用途：包芯纱具有长丝和短纤纱的双重特性。

表 3－1　部分不同组成和结构的包芯线所具有的特征和应用场合

芯线	包覆线	性能特点	适用范围
涤纶长丝 锦纶长丝	黏胶纤维、棉纤维	强度好、弹性高、抗皱、吸湿、棉型触感与风格	夏季服装面料
		具有不同的化学耐酸碱性	烂花织物
		强度好、弹性高、耐摩擦高温	缝纫线
	真丝	强度好、弹性高、抗皱、吸湿、丝型触感与风格	衬衫面料、休闲装面料
	羊毛	强度好、弹性高、抗皱、吸湿、毛型触感与风格	薄型西装面料、春秋服装面料
腈纶	棉纤维	蓬松、吸湿、棉型触感与风格	针织物
氨纶长丝	棉纤维	高弹、抗皱、吸湿、棉型触感与风格	牛仔布、女式衬衫面料、针织物
棉纤维	真丝	吸湿好、蓬松、有真丝外观	衬衫面料、女装面料
羊毛、腈纶	真丝	吸湿好、蓬松、保暖、有真丝外观	冬季便装面料、内衣面料、衬衫面料
绢丝	真丝	厚实、垂感好、有弹性、蓬松	外衣面料、中厚型衬衫面料

（二）按原料分类

1. 纯纺纱线　用一种纤维纺成的纱线统称为纯纺纱线，前面冠以纤维名称来命名。如棉纱线、毛纱线、黏胶纱线等。

2. *混纺纱线* 用两种或两种以上的不同纤维混纺而成的纱线称为混纺纱线。其命名原则是按原料混纺比的大小依次排列,比例多的在前,如比例相同,则按天然纤维、合成纤维、再生纤维顺序排列。混纺所用原料之间用"/"分开,如涤/棉纱(T/C)、涤/黏/锦纱(T/R/N)、毛/腈纱(W/A)等,在不引起歧义的情况常连写。

(三)按纺纱工艺、纺纱方式分

1. *按纺纱工艺分*

(1)棉纱。在棉纺系统上生产棉纱。又可分为精梳纱、半精梳纱、普梳纱和废纺纱。

精梳纱是指通过精梳工序纺成的纱,包括精梳棉纱和精梳毛纱。纱中纤维平行伸直度高,条干均匀、光洁,但成本较高,纱线较细。精梳纱主要用于高级织物及针织品的原料,如细纺、华达呢、花呢、羊毛衫等。粗梳纱也称粗梳毛纱或普梳棉纱,是指按一般的纺纱系统进行梳理,不经过精梳工序纺成的纱。粗纺纱中短纤维含量较多,纤维平行伸直度差,结构松散,毛茸多,纱线较粗,品质较差。此类纱多用于一般织物和针织品的原料,如粗纺毛织物、中特以上棉织物等。废纺纱是指用纺织下脚料(废棉)或混入低级原料纺成的纱。纱线品质差、松软、条干不匀、含杂多、色泽差,一般只用来织粗棉毯、厚绒布和包装布等低级的织品。

(2)毛纱。在毛纺系统上生产毛纱。毛纱又可分为精梳毛纱、粗梳毛纱和废纺毛纱。

(3)麻纺纱。在麻纺系统上生产麻纱。

(4)绢纺纱。把养蚕、制丝、丝织中产生的疵茧、废丝在绢纺系统上生产加工成的纱线。根据原料和成品性质,绢纺有绢丝纺和䌷丝纺两大类,产品包括绢丝和䌷丝。

2. *按纺纱方法分* 纱加工技术的发展如图3-17所示。

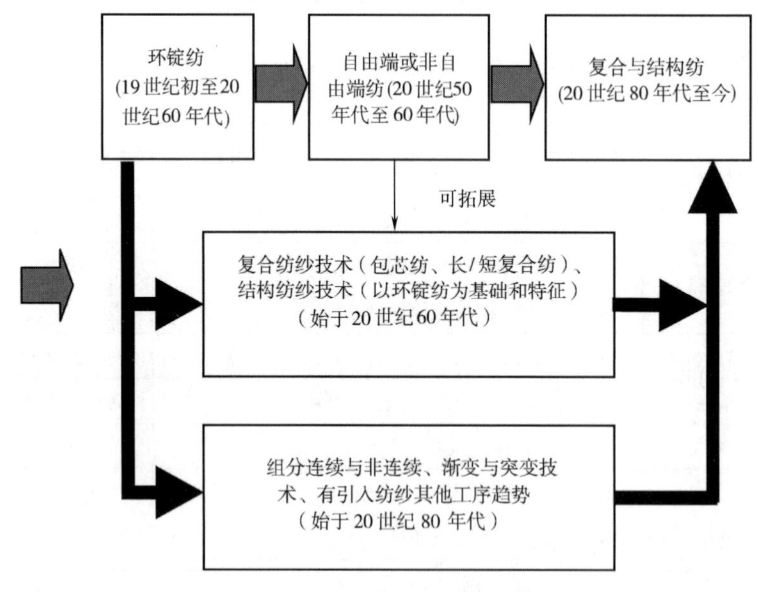

图3-17 纺纱技术的演变进程

(1)环锭纱(图3-18)。指用一般环锭细纱机纺得的纱。

(2)新型纺纱。其包括自由端纺纱和非自由端纺纱。

自由端纺纱是把纤维分离为单根并使其凝聚,在一端非机械握持状态下加捻成纱,故称自由端纺纱。典型代表纱有转杯(纺)纱、静电(纺)纱、涡流(纺)纱和摩擦(纺)纱。

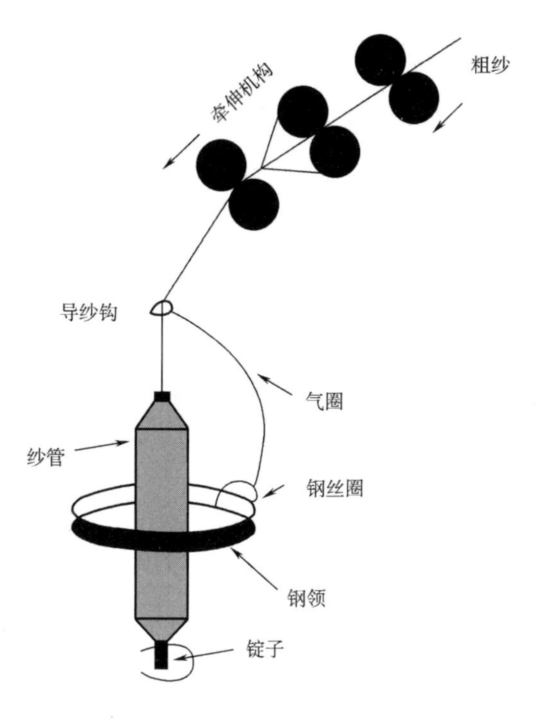

图 3-18 环锭纺示意图

①转杯纱(气流纱)(图 3-19):转杯纱是利用转杯内负压气流输送纤维和转杯的高速回转凝聚纤维并加捻制成的纱。适纺 18~100tex 的纯棉纱、毛纱、麻纱或与化学纤维的混纺纱。转杯纱可织制灯芯绒、牛仔布、劳动布、卡其、粗平布、线毯、浴巾、针织起绒布和装饰用布等。

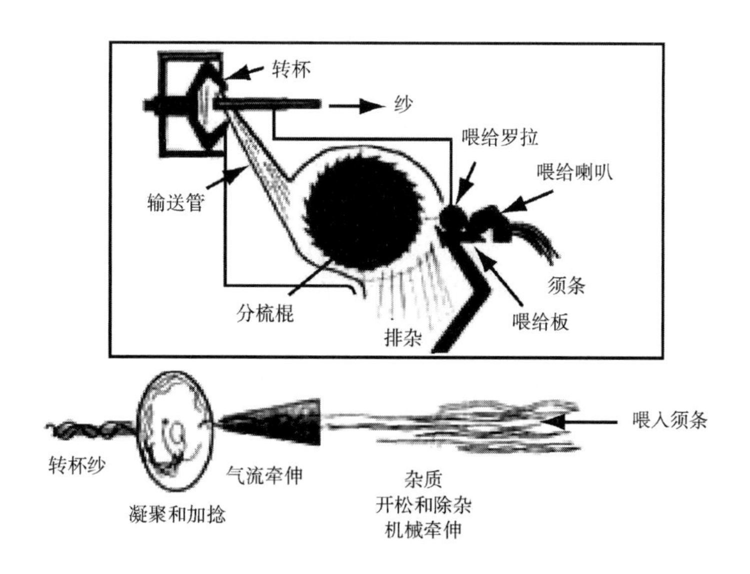

图 3-19 转杯纺示意图

转杯纱由于喂入纤维是随机的,部分纤维不能捻入主体,故转杯纱结构为芯纱和外包纤维两部分。芯纱结构紧密,近似环锭纱;外包纤维结构松散,无规则地缠绕在纱芯外面,内外层捻度不一。

②静电纱:静电纱是利用高压静电场使纤维极化,凝聚成须条,由高速运转的空心管加捻制成,即静电纺制成的纱。适纺 13 ~ 60tex 纯棉纱和棉毛、棉麻混纺纱。静电纱可织制府绸、卡其、被单、线毯、袜子等。静电纺纱的纱尾为圆锥形,成纱为内外分层结构,外层捻度多,内层捻度少。

③摩擦纺:摩擦纺纱是一种自由端纺纱,与所有自由端纺纱一样,具有与转杯纺纱相似的喂入开松机构,将喂入纤维条分解成单根纤维状态,而纤维的凝聚加捻则是通过带抽吸装置的筛网来实现的,筛网可以是大直径的尘笼,也可以是扁平连续的网状带。国际上摩擦纺纱的型式较多,其中最具有代表性的摩擦纺纱机是奥地利的 DREF - Ⅱ型及 DREF - Ⅲ型,这两种机型的筛网为一对同向回转的尘笼(或一只尘笼与一个摩擦辊),所以也称为尘笼纺纱。

④自捻纱:利用搓辊的往复运动对两根须条实施同向加捻,靠须条自身的退捻力矩相互反卷在一起,形成一个双股的稳定结构的纱,称自捻纱(ST)。

⑤喷气纱(图 3 - 20):利用喷嘴内的旋转气流对须条进行假捻,靠头端自由纤维包缠无捻短纤维纱芯成纱,称喷气纺纱。

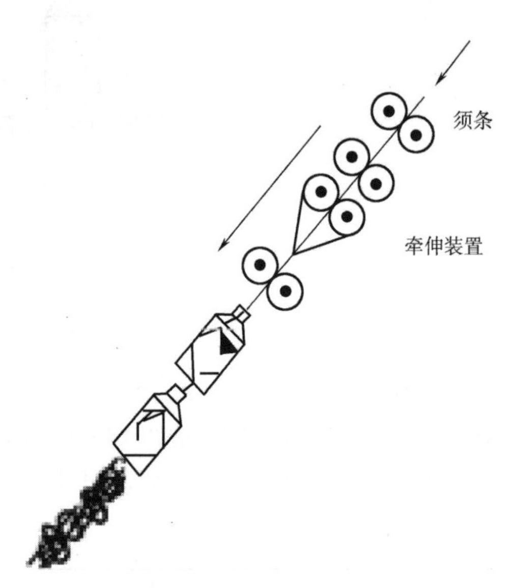

图 3 - 20 喷气纺示意图

⑥无捻纱和黏合纱:利用黏合剂使须条抱合成纱,称黏合纺纱。短纤维的黏合纱为无捻纱。

⑦新型复合结构纱:这类纱线主要是指在环锭纺纱线上通过短/短、短/长纤维加捻而成的复合纱和通过单须条分束或须条集聚方式得到的结构纱,并被认为可以进行单纱织造的纱。典型技术有赛络纺(Sirospun)、短/长复合纺(如 Sirofil)、分束纺(Solospun)、集聚纺纱(Compact yarn)。

(四)按组成纱线的纤维长度分

1. 棉型纱线　指用原棉或长度、线密度类似棉纤维的短纤维在棉纺设备上加工的纱线。

2. 毛型纱线　指用羊毛或用长度、线密度类似羊毛的纤维在毛纺设备上加工而成的纱线。

3. 中长纤维型纱线　指用长度、线密度介于毛、棉之间,一般长度为 51 ~ 65mm,细度为 2.78 ~ 3.33dtex 的纤维在棉纺设备或中长纤维专用设备上加工而成,具有一定的毛型感的纱线。

(五)按纱的细度分

1. 特低线密度纱(特细特纱)　线密度在 10tex(或 60 英支以上)及以下很细的纱。

2. 低线密度纱(细特纱)　线密度在 11 ~ 20tex(或 29 ~ 60 英支)较细的纱。

3. 中线密度纱(中特纱)　线密度在 21 ~ 31tex(或 19 ~ 28 英支),介于粗特纱与细特纱之间的纱。

4. 高线密度纱(粗特纱)　线密度在 32tex 以上(18 英支以下)较粗的纱。

(六)按纱的用途分

1. 机织用纱　供织制机织物用的纱为机织用纱,又分为经纱和纬纱。机织物长度方向排列的纱为经纱，要求强力较高，捻度较大。机织物宽度方向排列的纱为纬纱，要求强力较低、较柔软。

2. 针织用纱　针织用纱供织制针织物，要求洁净、均匀、手感柔软。

3. 起绒用纱　供织入绒类织物，形成绒层或毛层的纱。

4. 特种工业用纱　供工业上用的纱，有特种要求，如轮胎帘子线、缝纫线、锭带等。

其他还可以按纺纱后处理方法的不同分为原色纱、漂白纱、染色纱、丝光纱等；按纱线的卷绕形式分为管纱、筒子纱、绞纱；按加捻方向不同可分为顺手纱（S 捻）和反手纱（Z 捻）等。

三、学习提高

（1）收集各种类型纱线，标出其所属类型，找几种花式纱线所织成的织物，感受其外观、手感有何特征？

（2）调查废纺纱的生产工艺及利用情况，在当今节约、低碳纺织的大环境下，它具有什么重要意义？它与生态纺织有无冲突？

四、自我拓展

了解服装店采购员的决定（表 3－2）。

表 3－2　服装店采购员的决定

序号	服装店采购员	案例	问题
1	运动服部门的采购员	一位主要供货商的销售经理向你介绍一种与众不同新产品：用雪尼尔线制成的慢跑运动套装	你对套装的柔软和外观有很深的印象。你是否会订购？解释你对这种线的性能和外观等各方面的反应
2	男休闲裤的采购员	一位主要供货商的销售经理告诉你：在售的一款服装与刚进的这批服装是一样的，只是面料用气流纺纱代替了环锭纺纱	请将两种纱进行比较和建议接受或拒绝这批新的供货

任务二　认识纱线的结构

一、学习内容引入

常见的机织物和针织物均由纱线编织而成，不同的纱线可以形成不同结构和性能织物，纱线的性能决定织物的性能，比如，作为内衣穿的针织物柔软，作为外衣穿的机织物硬挺，甚至同样是一种结构的织物，纱线不同，织物性能截然不同，纱线的结构决定纱线的性质，根据上一节内容可知纱线的种类繁多，性质各异，究竟是由什么样的结构来决定的呢？这些结构特征又是怎样来衡量的呢？

二、知识准备

纱线的物理性能、外观特性及使用性能，是由组成纱线的纤维的性质和纱线的结构决定的。

影响纱线结构最重要的因素是加捻。

(一)加捻的实质及其作用

在短纤维纺纱的过程中,加捻是成纱的关键。加捻的实质就是使纱条的两个截面产生相对回转,这使纱条中原来平行于纱轴的纤维倾斜成螺旋线。当纱条受到拉伸外力时,倾斜的纤维对纱轴产生向心压力,使纤维间有一定的摩擦力,不易滑脱,纱条就具有了一定的强力。所以,对短纤维来说,加捻是为了形成一个不易被横向外力所破坏的紧密作用。后通过逐步牵伸再把条状纤维束拉成线状纤维束(粗纱、细纱)。

(二)加捻的指标和相互间的换算

表示加捻程度大小的指标有捻度、捻回角、捻幅和捻系数;表示加捻方向的有捻向。

(1)捻回角。如图3-21所示,纱条近似为圆柱体,AB为加捻前平行于纱条轴线的纤维。当O端握持,O'端绕轴线回转时,截面O'上产生角位移,每转动一周,纱条获得一个捻回。螺旋线AB'与纱条轴线所成的空间倾角β称捻回角。捻回角反映了纱条加捻后表面纤维的倾斜程度,可以用来比较不同粗细的纱条的加捻程度,但不方便测量,所以生产上不予采用。

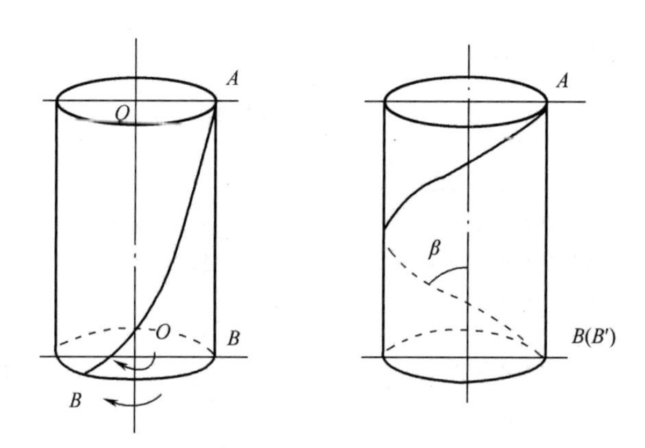

图3-21 加捻作用和捻回角

(2)捻度。纱线加捻时,两个截面的相对回转数称为捻回数。纱线单位长度内的捻回数称为捻度。按不同的单位长度,有特克斯制捻度(T_t),即每10cm的捻回数;英制捻度(T_e),即每英寸的捻回数;公制捻度(T_m),即每米的捻回数。

一般地,我国棉型纱线采用特数制,捻度的单位长度为10cm;毛型纱线及化学纤维长丝采用公制,捻度的单位长度为1m。

图3-22(a)和(b)为细度相同的两根纱条,(b)中的捻度大于(a)中的捻度。由图可知$\beta_b > \beta_a$,图3-22(b)中的纱比图3-22(a)中的纱结构紧密。此时,捻度表达了加捻程度,捻度大,纱线的加捻程度高。(b)和(c)为细度不同而捻度相同的两根纱条,然而由图可知,两根纱的加捻程度并不相同,捻回角$\beta_b > \beta_c$,由于(b)中的纱比较粗,表层纤维的倾斜程度大,结构更紧密。因此,捻度只可以比较相同粗细纱线的加捻程度,而不可以比较不同粗细的纱线的加捻程度。

(3)捻系数。实际生产中常用捻系数来表示纱线加捻程度,它是根据纱线的捻度和特数(支数)计算而得到的。计算如下:

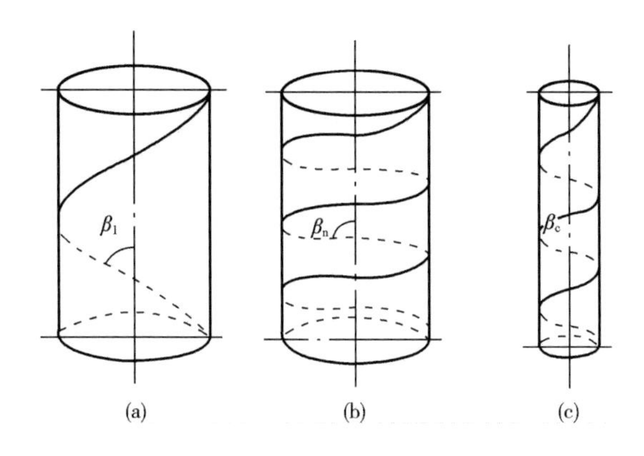

图 3－22　捻度和捻回角的关系

如图 3－21 所示，将纱的表层螺旋线展开，由展开图（图 3－23）可知：

$$h = \frac{100}{T_t}$$

$$\tan\beta = \frac{\pi d}{h}$$

$$d = 0.03568\sqrt{\frac{\mathrm{Tt}}{\delta}}$$

式中：d——纱的直径，mm；

h——螺距或捻距，mm；

T_t——特数制捻度，捻/10cm；

Tt——纱的特数，tex；

β——捻回角，(°)；

δ——纱的密度，g/cm^3。

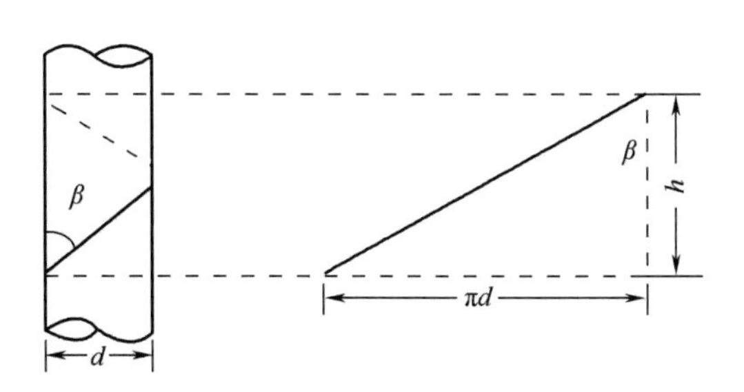

图 3－23　纱的表层螺距展开图

由 h、$\tan\beta$ 和 d 三个式子，经整理化简可得：

$$\tan\beta = \frac{\pi d}{h} = \frac{\pi d T_t}{100} = \frac{T_t}{892}\sqrt{\frac{\mathrm{Tt}}{\delta}}$$

$$T_t = 892 \times \tan\beta \times \sqrt{\frac{\delta}{\mathrm{Tt}}}$$

令特数制捻系数 $\alpha_t = 892 \times \tan\beta \times \sqrt{\delta}$

则
$$T_t = \frac{\alpha_t}{\mathrm{Tt}}$$

或
$$\alpha_t = T_t \times \sqrt{Tt}$$

由式 $\alpha_t = 892 \times \tan\beta \times \sqrt{\delta}$ 可知,特数制捻系数 α_t 是与捻回角 β 具有相同物理意义的指标。当线密度一定时,捻系数相同,就表示捻回角相同,纱线的加捻程度相同。

同理,当采用公制和英制捻度时,可以导出如下捻度公式:

$$T_m = \alpha_m \sqrt{N_m}$$
$$T_e = \alpha_e \sqrt{N_e}$$

相应的公制捻系数、英制捻系数公式为:

$$\alpha_m = \frac{T_m}{\sqrt{N_m}}$$
$$\alpha_e = \frac{T_e}{\sqrt{N_e}}$$

式中:T_m——纱线的公制捻度,捻/10cm;

α_m——公制捻系数;

N_m——纱线的公制支数,公支;

T_e——纱线的英制捻度,捻/英寸;

α_e——英制捻系数;

N_e——纱线的英制支数,英支。

(4)捻幅。加捻时,纱截面上的一点在单位长度内转过的弧长称为捻幅。如图3-24(a)所示,原来平行于纱轴的 AB 倾斜成 $A'B$,当 L 为单位长度时,$\overset{\frown}{AA'}$ 即为 A 点的捻幅。如以 P_a 表示 A 点的捻幅,β 表示 $A'B$ 的捻回角,则

$$P_a = \overset{\frown}{AA'} = \frac{\overset{\frown}{AA'}}{L} = \tan\beta$$

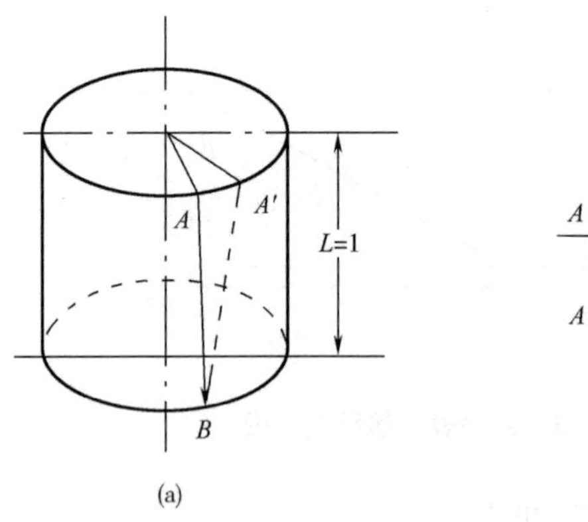

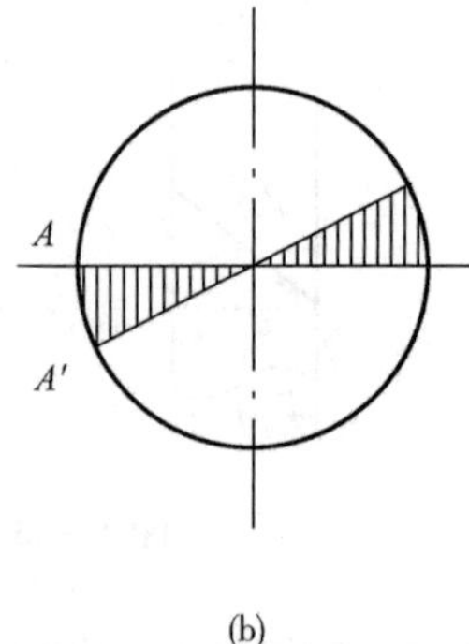

图3-24 捻幅

捻幅实际上就是这一点的捻回角的正切值,所以它也能表示加捻程度的大小。图3-24(b)表示纱截面上不同半径处的捻幅。

(5)捻向。捻向指纱线加捻的方向。是根据加捻后纤维在纱线中,或单纱在股线中的倾斜方向而定的,有Z捻和S捻之分,如图3-25所示。Z捻又称为反手捻,大多数单纱均采用Z捻;S捻又称为顺手捻。一般当单纱采用Z捻时,股线采用S捻,可表示为Z×S。

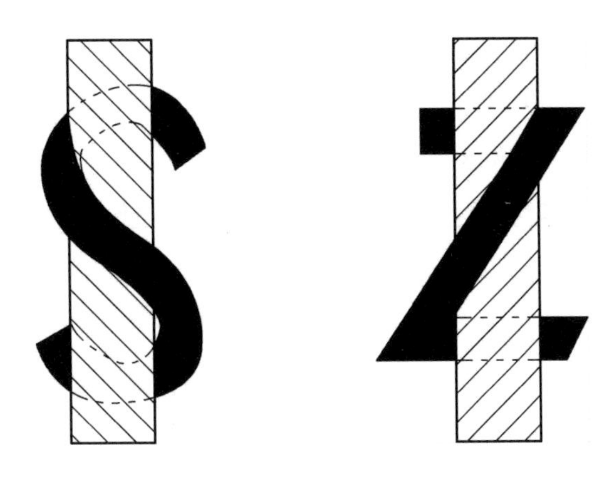

图 3－25　捻向示意图

(三)捻度的测试

目前常用的捻度测试方法有两种,即直接记数法和退捻加捻法。按国家标准要求,捻度仪的结构如图 3－26 所示。

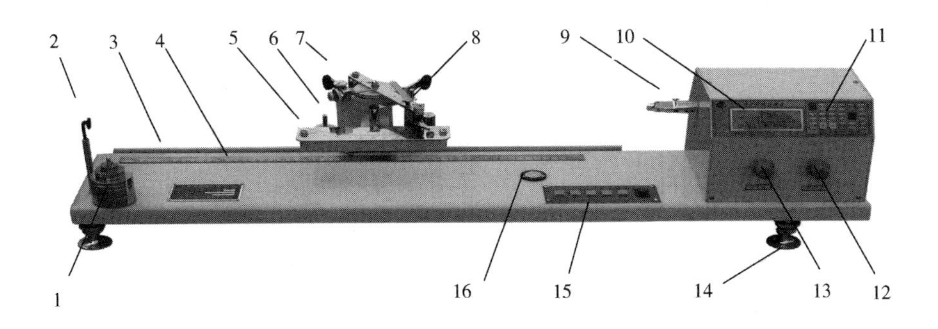

图 3－26　Y331LN 型纱线捻度仪

1—备用砝码　2—导纱钩　3—导轨　4—试验刻度尺　5—伸长标尺　6—张力砝码
7—张力导向轮　8—张力机构及左夹持器　9—右夹持器及割纱刀　10—显示器　11—键盘
12—调速钮Ⅰ　13—调速扭Ⅱ　14—可调地脚　15—电源开关及常用按键　16—水平指示

1. 直接记数法　直接记数法又称解捻法。将试样以一定的张力夹在两个距离一定的夹头中,其中一个夹头可绕试样轴线回转,用电动方法使纱线解捻,直至捻度完全解完为止,记下显示的捻回数值。根据捻回数和试样长度即可求得捻度。

直接记数法多用于长丝、股线或捻度很小的粗纱,对于短纤维纱则不适宜采用。

2. 退捻加捻法　退捻加捻法又称张力法。短纤维纱大多采用此法。

退捻加捻法的工作原理是使一定张力下一定长度的纱解捻,待捻度解完后,继续回转,使纱加上与原来捻度相同的捻向相反而数量相等的捻回,这时在同样张力下纱的长度与原来相同。

(1)根据试验要求选择试验次数、方法、长度、捻向、转速等试验参数。

(2)按照测试标准中的规定,根据纱线粗细选择适当的张力砝码并将砝码挂于砣上。

(3)直接计数法试验时,首先预置一个捻度数,预置的捻回数应小于设计捻度的 15% ~20% 。

(4)将纱线从筒管引出,夹持在固定夹持器和回转夹持器之间,进行捻度实验。

(5)记录测试结果。生产中常定期取一定根数(一般20根,每根测两次)的试样测试后,求其平均捻度和捻度不匀率,以考核纱线的捻度是否符合标准,从而保证纱线的质量。

$$平均捻度(捻/10cm)=\frac{全部捻回的和\times 100}{捻度(mm)\times 次}$$

$$捻度不匀率=\frac{2\times(平均值-平均以下平均值)\times 平均以下次}{平均值\times 次}\times 100\%$$

(四)加捻对纱线性质的影响

1. 加捻对纱线强力的影响　纱线拉伸断裂时,总是发生在最薄弱的断面上(即强力弱环)。对于短纤维纱线来说,受拉伸外力作用而断裂有两种情况,一是由于纤维本身断裂而使纱线断裂,另一是由于纤维间滑脱而使纱线断裂。加捻使纱线中的纤维产生向心压力,增大了纤维间的摩擦阻力,使断裂时滑脱纤维的数量减少;同时,由于纱条粗细不匀,导致捻度分布不匀,较粗的地方捻度少,较细的地方捻度多,改善了纱条的弱环,这两点都是加捻有利于纱线强度增加的因素。但是,加捻使纱中的纤维产生了预应力,纤维与纱轴倾斜,使纤维所能承受的轴向拉力降低,捻度过大时,纱条内外层纤维的应力分布不匀增加,会加剧纤维断裂的不同时性。这些都是不利于纱线强力增加的因素。因此,加捻对成纱强力的影响,取决于有利因素和不利因素的综合。捻度较小时,加捻主要表现为有利因素起作用,故纱线强力随捻度增大而增大。当捻度达到一定数值时,不利因素转为主导地位,纱线强力随捻度增加而逐渐缩小。如图3-27所示,使纱线强力达到最大值时的捻度称为临界捻度。相应的捻系数,称临界捻系数(α_k)。生产上采用的捻系数,通常略小于临界捻系数。

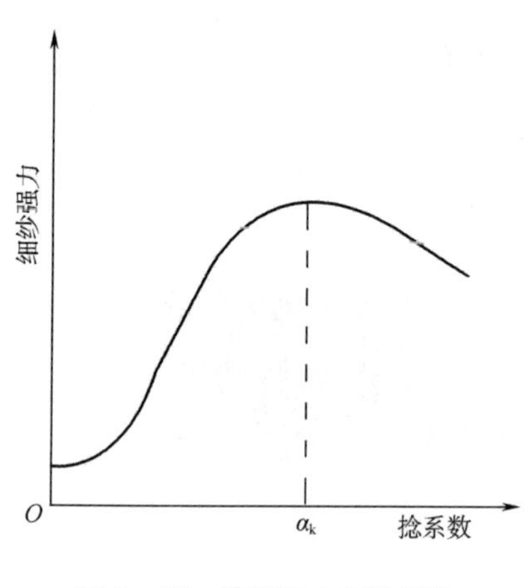

图3-27　纱线强力与捻系数

长丝纱中捻丝的临界捻系数比短纤维纱要小得多。这是因为长丝在加捻前比较均匀,有一定的强力,加捻对纱线强力产生的有利因素较快转为不利因素。

2. 捻度对纱线伸长和弹性的影响　纱线拉伸断裂时产生的伸长由三部分组成:一是纤维相互滑移产生的伸长;二是纤维受拉伸产生的变形伸长;三是纱的直径和捻回角变小产生的伸长。随着纱线捻度增加,纤维间的摩擦力增大,由纤维滑移产生的伸长会逐渐减小,但第二和第三部分伸长会逐渐增大。在一般采用的捻系数范围内,通常后两部分伸长是主要的,所以,纱的断裂伸长随捻度增大而增大。

纱线伸长的可回复部分与总伸长之比,称为纱线的弹性。在一般采用的捻度范围内,纱线的弹性随捻度的增加而增加;达到一定捻度后,纤维预应力下降,纱线弹性开始下降。通常采用的纱线捻度都接近于纱线弹性最大的捻度范围,使纱线能够承受较多次的反复拉伸,提高成品的坚牢度。

3. 捻度对纱线密度和直径的影响　纱线的密度反映纱线中纤维集合的紧密程度。棉纱的密度在0.8~1.2g/cm^{3}之间,而棉纤维的密度为1.52g/cm^3,可见棉纱中有30%~50%是空隙,加捻使纱的紧密度增加。当捻度增加时,纤维间空隙减小,纱的密度增加,而直径减小。当捻度增大到一定程度后,纱的可压缩性减小,密度和直径变化不大,相反,由于纤维过于倾斜有可能使纱的直径稍有增加。

4. 捻度对纱线捻缩的影响　加捻后,纤维倾斜,使纱的长度缩短,产生捻缩。捻缩的大小一般用捻缩率来表示,它是指加捻前后纱条长度的差值和加捻前长度比值的百分比。

一般纱的捻缩率随捻度的增大而增大。

股线的捻缩率与股线、单纱的捻向有关系。同向加捻时,加捻后长度缩短,捻缩率为正值,且捻缩率随捻度增加而变大;反向加捻、股线捻系数较小时,单纱由于解捻而使股线长度有所伸长,捻缩率为负值,当捻系数增加到一定值后,捻缩率再变为正值,且随捻系数增加而变大。如图 3 – 28 所示为股线捻缩率与捻系数的关系。

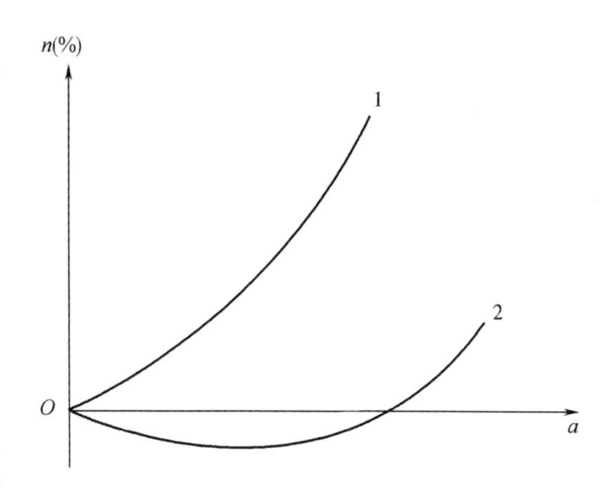

图 3 – 28　股线捻缩率与捻系数的关系

捻缩率除与捻系数有关外,还与纺纱张力、车间温湿度、纱的粗细等因素有关。纺纱张力大时,捻缩率较小;车间温湿度高时,捻缩率较小;粗纱的捻缩率则要比细纱的大些。

捻缩率的大小直接影响纺成纱线的特数和捻度,在纺纱和捻线工艺设计中必须加以考虑。

5. 捻度对纱线光泽和手感的影响　纱的捻度较大时,纤维倾斜角较大,光泽较差,手感较硬。

股线的光泽与手感取决于表面纤维的倾斜程度。外层纤维捻幅大,光泽就差,手感就硬;反之,外层纤维捻幅小,则光泽好,手感柔软。双股线反向加捻,当股线捻系数与单纱捻系数之比为 0. 707 时,外层捻幅为零,此时外层纤维平行于股线轴线,光泽最好,手感最好。

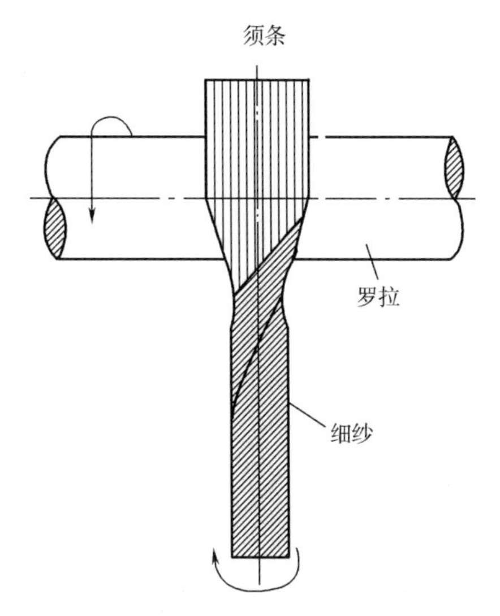

图 3 – 29　加捻三角区

(五)纤维在纱中的几何配置及测试方法

纤维在纱中的几何配置是指纱条中纤维的排列形态和分布。

1. 纤维在纱中的几何形状

(1)短纤维环锭纱。在环锭细纱机上,对须条的加捻作用是在前罗拉钳口与钢丝圈之间完成的,加捻使原来平行顺直排列的纤维变成与纱轴成一定的倾斜程度,须条的截面形状也逐渐由扁平状态接近圆形,即由扁平状的纤维带逐渐变成圆柱形的细纱。这时,须条由于加捻作用,宽度逐渐收缩形成的三角形过渡区称为三角区,如图 3 – 29 所示。

在加捻三角区中,由于加捻作用和纺纱张力作用,纤维产生伸长变形和张力,从而对纱轴产生向心压力。处于须条边缘的纤维,向心压力最大;处于须条中心的纤维,向心压力最小。因此,处于边缘的纤维将克服纤维间的阻力向内部转移,纤维自身由紧张状态变为松弛状态。处在中心附近的纤维则被挤出而张紧,此时,张紧纤维又挤向中心,松弛纤维又被挤出。如此反复进行。在加捻三角区中,一根纤维可以发生多次这样的内外转移,从而形成了复杂的圆锥形螺旋线,如图3-30所示。

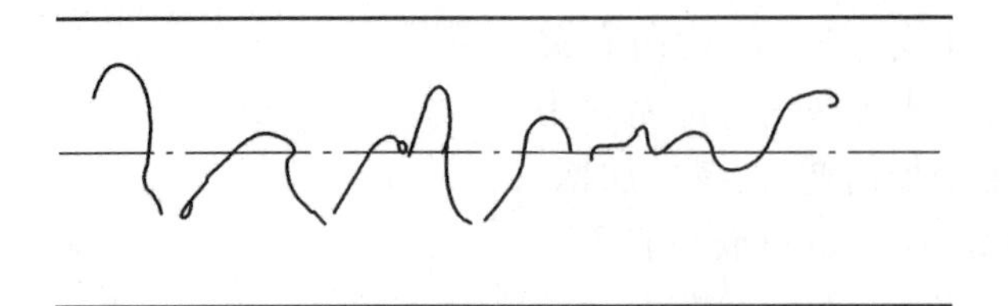

图3-30　环锭纱中纤维的几何形状

纤维在纱线中的转移,实际是一种复杂的现象,由于构成纱线的纤维在长短、粗细、表面形态等方面有差异,同时加捻三角区中须条的紧密度也不尽相同,致使纤维在环锭纱中的实际排列是多种多样的。能发生上述内外转移形成复杂的圆锥形螺旋线的占60%左右,一小部分纤维没有转移,呈圆柱形螺旋线,另外还存在有弯钩、折叠和纤维束等情况。

纤维的内外转移使纱中纤维互相纠缠联结,形成较好的结构关系,使纱能够承受较大的外力并且耐磨。但是,纤维的内外转移对纱表面的光洁度有一定的影响。

(2)新型纺纱。新型纺纱由于成纱方式、加捻方式、纺纱张力和须条状态等因素各不相同,故纱中纤维的排列形态和分布也各有不同。

气流纺纱(转杯纺纱)的原理是一端给纱条加捻,一端不断适量地补充纤维,纺好的纱则被卷绕起来。纱线在加捻过程中,加捻区的纤维缺乏积极握持,呈松散状,纤维所受的张力很小,伸直度差,纤维内外转移程度低,而且纱的结构分芯纱与外包纤维两部分。芯纱结构紧密,近似环锭纱,外包纤维结构松散,无规则地缠绕在芯纱外面。因此,它与环锭纱相比,结构比较蓬松,外观较丰满,强度较低,但条干均匀度较好,耐磨性较好,染色性也较好。

2. 纱中纤维轨迹的常规测试方法

(1)将染色后的纤维以0.1%的比例混入原料,经各道纺纱工序成纱,然后在纱上每隔0.2mm距离做细纱切片,依次观察各切片中有色纤维的迹点,即可得纤维在细纱中的空间轨迹,从而描述纤维在纱中的内外转移特征。

(2)将染有颜色示踪纤维的细纱,浸入折射率与纤维折射率相同的溶液中,细纱的边缘由于纤维和液体的折射率相同,而使光学界面消失,增加了细纱的透明程度,这样在显微镜中就能观察到有色纤维的轨迹。

3. 纱线的毛羽及其测试　短纤维纱中纤维的两端在加捻三角区中被挤在纱的外层,伸出基纱,就形成了毛羽。毛羽对纱线和织物的外观、手感有很大影响。毛羽多的纱线在织布过程中会造成开口不清,针织过程中会造成摩擦过大等弊病,给织造过程带来困难。毛羽多的纱线织制的织物手感松软,不滑爽,织纹不清晰,较模糊,易起毛起球。因此,对某些特殊外观要求的织物,需要经过烧毛工程以去除毛羽。

(1)毛羽的形态。纱线毛羽是伸出纱线主体的纤维端或纤维圈。毛羽形状错综复杂,千变万化。毛羽的形状不仅同纺纱方法、纤维的特性、纤维的平行伸直度、捻度、纱线细度等因素有关,还与纺纱工艺参数、机械条件和车间温湿度等有密切关系。有线状的(纤维头端)、圈状的(纤维圈)、簇状的(纤维集合体),各纤维伸出长短不同,形态不同,而且毛羽在纱线上呈空间分布,毛羽形态大致如图3-31所示。

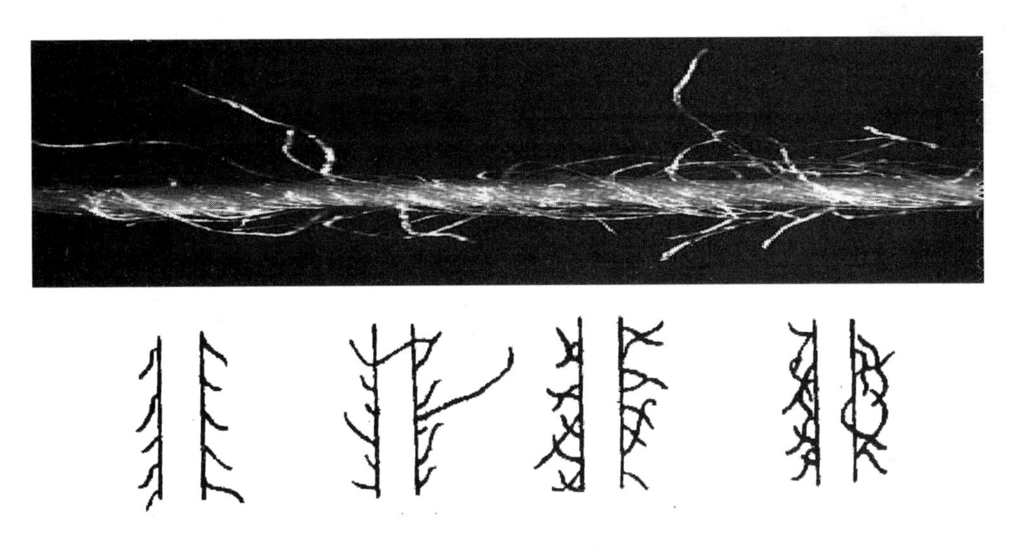

图3-31 毛羽的形态

(2)纱线毛羽的测试方法。测量纱线毛羽的方法先后出现多种,由感官评定发展到仪器测定,目前比较成熟的测定方法见表3-3。

表3-3 纱线毛羽测试方法

方法名称	测试原理	测试结果	特点
观察法	目测、投影放大	单位长度的毛羽根数、形态	直观但取样少、效率低
重量法	用高温烧毛后称其重量损失	重量损失的百分率	对涤纶等合成纤维烧毛时产生熔融,反映不出毛羽的多少
单侧光电毛羽测试法	光电转换记数出单侧纱线上的毛羽数量	毛羽指数	取样多、效率高
全毛羽光电测试法	用光学法测量出毛羽引起的散射光,它与纱线上毛羽总长度成正比	毛羽量、毛羽波谱、毛羽变异长度曲线、直方图等	统观的估计值,取样多、效率高
静电法	高压电场使毛羽竖起,用光电法记数	毛羽指数	效率高,但毛羽形态被破坏

其中较为常用的是投影记数法(如锡莱毛羽仪、国产的YG171型毛羽仪)和全毛羽光电测试法(如USTER—Ⅲ型毛羽测试仪)。毛羽测试原理如图3-32所示。

(六)股线的结构与性质

单纱并合加捻成线,改善了纱线中纤维的应力分布状态,提高了纱线的品质。制造高品质的织物时大多采用股线。

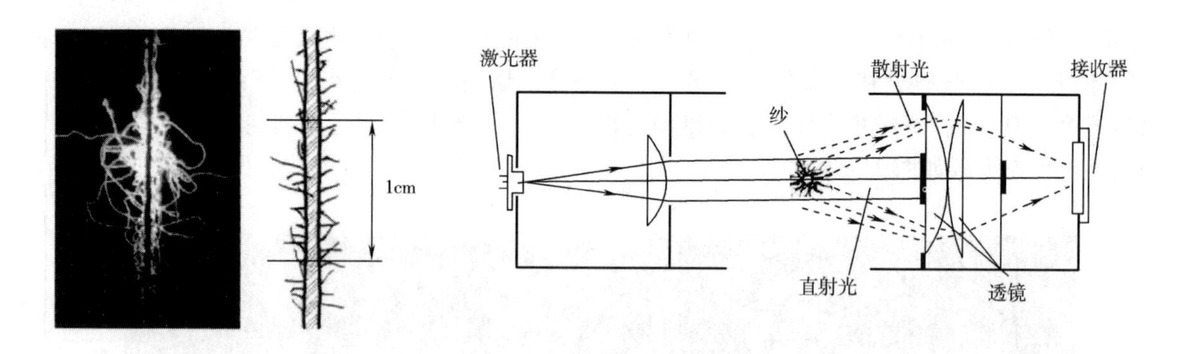

图3-32 毛羽测试原理图

1. *股线细度的表示方法* 股线的细度用组成股线的单纱细度和股数表示。使用特数制时,股线细度为单纱特数乘以股数,如14tex×2;如合股单纱细度不同,则以各股单纱细度相加表示,如16tex+18tex。使用英制支数时,则以各股单纱支数除以股数,如60/2英支;如合股单纱细度不同,则把单纱支数并列,中间用斜线划开,如60英支/66英支。

2. *股线的结构特点* 纤维在股线中的空间轨迹,比在单纱中更为复杂。由于再加捻,纤维对股线轴线的倾角,随着在股线中单纱位置的不同而变化。所以股线的结构,一般以单纱为单位来研究它在股线中的配置。不同合股数的股线中各根单纱的排列如图3-33所示。当一次并捻单纱的根数在5根以内时,在加捻过程中,各根单纱受力均匀,形成空心结构,股线的结构稳定均匀,股线强度高。而当一次并捻的单纱根数在6根以上时,其中一根或多根单纱,将处在中间位置,在加捻过程中,各根单纱受力不均匀,外面单纱的张力大于中间单纱的张力,内外单纱的位置会因张力不同而发生转移,结果使股线形成不均匀的实心结构,影响股线的强度。捻度较高时,由于单纱受力不均匀加剧,使股线可能会出现螺旋结构,降低股线质量。因此,实际生产中,一次并捻的单纱根数不宜超过5根。如需较多根数并合,要采用二次并合或多次并合的方法。

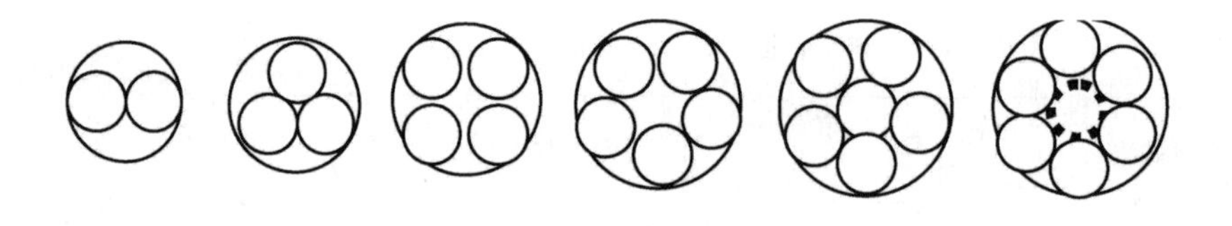

图3-33 股线中各根单纱的排列

影响股线结构的另一个因素是单纱与股线的捻向配合。当股线捻向与单纱捻向相反时,捻回稳定,股线结构均匀稳定。当股线捻向与单纱捻向相同时,捻回不稳定,股线结构不稳定,易产生扭结。因此,生产中常采用反向并捻,比如单纱为Z捻,股线为S捻。

3. *加捻对股线性能的影响*

(1)对股线机械性能的影响。图3-34表示捻度与双股线强力的关系。不同捻度的单纱双股合并,反向加捻成股线时,强力曲线随捻度大小不同而不同。单纱捻度小时,股线强力随股线捻度增加而逐渐增加,到一定捻度后,强力迅速下降。单纱捻度大时,股线强力在股线捻度较小时就很快达到最高强力,但最高强力的数值较单纱捻度少时为低。这种特点,是单纱和股线捻向配合加捻时，合股纱捻度变化的影响引起的，故生产中一般选择单纱捻系数较小，股线捻系数较大。反向并捻的股线强力一般都大于合股单纱的强力之和。

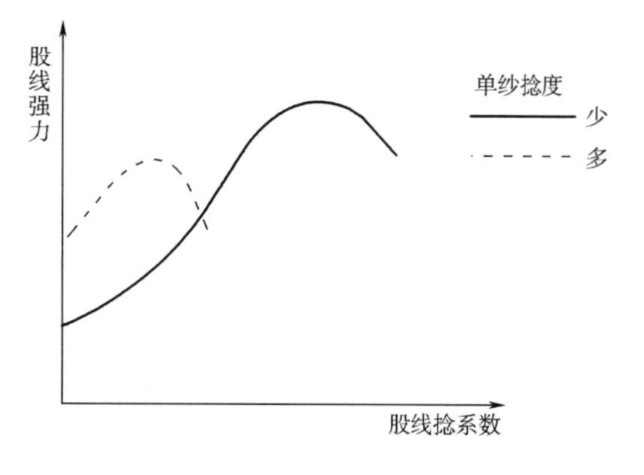

图3－34　捻度与股线强力的关系

股线捻度和断裂强力的关系较为复杂，当股线反向加捻时，股线的断裂伸长先稍有下降，然后随捻度增加逐渐增大。当股线同向加捻时，断裂伸长随捻度增加有所增大。

股线加捻后，弹性和承受反复拉伸的能力得到了增加。

由于股线内部应力较均匀，纤维不易松动，当表面纤维磨损时，内部纤维仍可保持一定的联系，因而其耐磨性优于单纱。

（2）对光泽、手感的影响。股线的光泽和手感，取决于股线表面纤维对轴向的倾斜程度。反向并捻的双股线，可以利用单纱捻度与股线捻度的配合，使股线表面的纤维平行于股线轴线，此时，股线强力较高，又有较好的光泽和手感。

（3）对捻缩的影响。股线的捻缩率与股线和单纱的捻向有关。同向并捻，股线的捻缩为正值。反向并捻时，在开始的一定范围内，因单纱的解捻而产生的伸长大于股线因加捻而产生的捻缩，因此股线发生负捻缩即捻伸。捻度继续增加，股线的捻缩转变为正值，并随捻度的增加而增大。

（4）对条干均匀度的影响。合股加捻，由于并合作用，提高了纱线的条干均匀度，使长片段和短片段不匀率明显下降。降低条干不匀率是单纱合股并捻的重要目的之一。

（七）混纺纱的结构

混纺纱是指两种以上不同品种或不同特性的纤维混纺而成的纱线。通过混纺可以发挥不同纤维的优良性能，取长补短，增加品种，提高纺织品的服用性能。混纺纱的性质，当然取决于各纤维组分的性质，同时还取决于混纺比。混纺纱中各纤维组分会影响加捻三角区中纤维内外转移的规律，从而产生不同纤维组分的径向分布不均的趋势。这个问题至关重要，以织物的手感、外观、风格和耐用性能而论，位于混纺纱表层的纤维起着决定性的作用，例如，当较多的细而柔软的纤维分布在表层时，织物手感必然柔和细腻；当较多粗而刚硬的纤维分布在表层时，织物手感必然粗糙刚硬。如果较多强度高、耐磨性好的纤维分布在表层时，织物必然耐穿耐用。

在加捻三角区中，纤维内外转移必须克服周围纤维的阻力，而周围纤维的阻力和纤维的向心压力都与纤维的物理性质有关，影响混纺纱中纤维径向分布的因素主要是以下几项。

（1）纤维长度。长纤维趋向于位于分布在纱的内层，短纤维趋向于位于分布在纱的外层。这是因为长纤维易同时被前罗拉和加捻三角区下端成纱处所握持，在纺纱张力作用下受到的力必大，所以向内转移。短纤维则不易同时为两端握持，在纺纱张力的作用下，向心压力也小，所以不易向内转移而分布在纱的外层。

（2）纤维细度。细纤维趋向于分布在纱的内层，粗纤维分布在纱的外层。细纤维抗弯刚度小，容易弯曲，在向心压力下，易向内转移而分布在纱的内层，粗纤维则相反，易分布在纱的外层。

(3)纤维截面形状。异形截面纤维抗弯刚度大,不易弯曲,在向心压力作用下,不易向内转移而分布在纱的外层。圆形截面纤维则相反,易向内转移而分布在纱的内层。

(4)初始模量。初始模量高,纤维趋向于位于纱的内层,初始模量低的纤维趋向于位于纱的外层。这是因为初始模量高的纤维,在同样伸长情况下,纺纱张力大,向心压力也大,易向内转移。

(5)纤维卷曲和表面状态。纤维的卷曲和表面状态会影响纤维间的转移阻力,因此,摩擦系数大的纤维不易向内转移而分布在纱的外层。

实践证明,性质不同的纤维,其径向分布的规律是混纺纱结构的一个重要课题。如果恰当地运用这些规律,可以得到较理想的产品性能,设计出特殊的纱线。如涤棉混纺纱中,选用粗短些的涤纶,能使涤纶较多地分布在纱的外层,制成的织物耐磨性就好,手感也较滑挺。在锦棉混纺织物中,选用比混纺纤维粗而短的锦纶,可使锦纶较多地分布在纱的外层,充分发挥锦纶耐磨性的优良特点,使织物耐磨。又如在羊毛黏纤混纺纱中,选用比羊毛纤维细而长的黏胶纤维,既有利于成纱强力和条干,又因为羊毛分布在外层使织物的毛型感得到充分发挥。

三、学习提高

(1)利用捻度仪,对两种不同捻向但线密度相同的单纱进行并捻,分别按照(ZZZ)(ZZS)(ZSZ)等不同形式对股线加以不同的捻度,测试股线捻度与强伸性的关系?利用EXCEL对结果进行拟合曲线,找出其中的规律所在。

(2)已知单纱的线密度(公制支数)分别为 $N_1, N_2, \cdots, N_n$,用这些单纱并捻,在不计捻缩的情况下,推导股线的公制支数 N_m 计算式。

$$N_m = \frac{1}{\frac{1}{N_1} + \frac{1}{N_2} + \cdots \frac{1}{N_n}}$$

(3)根据纤维在短纤纱中的径向分布规律设计一种春秋季穿的毛衫,这种毛衫柔软、耐磨、吸湿性好,可外穿,说出你的设计思路。

(4)用Y331型捻度仪测某12.8tex T/C/R 45/35/20单纱的加捻情况。测得数据填入表3-4。

表3-4 加捻测试数据

实验次数	实验结果(捻回数)
1	355
2	358
3	352
4	354
5	351

已知试样夹持距离为250mm,试求该纱的英制捻系数(保留1位小数)。

四、自我拓展

给定一块机织面料,按照相关标准分析该面料所用经纬纱线的性能指标(表3-5~表3-7)。

表 3－5　织物经纬纱缩率测试

<table>
<tr><td rowspan="2">项目</td><td rowspan="2"></td><td rowspan="2">纱线原长（mm）</td><td rowspan="2">伸直张力（cN）</td><td colspan="5">纱线伸直后总长度（mm）</td><td rowspan="2">平均织缩率（%）</td><td rowspan="2">备注</td></tr>
<tr><td>第一次</td><td>第二次</td><td>第三次</td><td>第四次</td><td>第五次</td></tr>
<tr><td rowspan="5">织物织缩率测定</td><td>经纱 1</td><td></td><td></td><td></td><td></td><td></td><td></td><td></td><td></td><td rowspan="4"></td></tr>
<tr><td>经纱 2</td><td></td><td></td><td></td><td></td><td></td><td></td><td></td><td></td></tr>
<tr><td>纬纱 1</td><td></td><td></td><td></td><td></td><td></td><td></td><td></td><td></td></tr>
<tr><td>纬纱 2</td><td></td><td></td><td></td><td></td><td></td><td></td><td></td><td></td></tr>
<tr><td colspan="10">说明：1. 当织物同一方向织缩率只有 1 种时，只需填经纱 1、纬纱 1；当同一方向不同织缩率纱线较多，不需全部测出，只需填写 2 种
2. 将被测纱线黏附于备注栏，并标明</td></tr>
</table>

表 3－6　织物经纬纱线线密度测试（假定测试面料经纬纱实际回潮率为 12%）

<table>
<tr><td>项目</td><td></td><td>纱线长度（cm）</td><td>纱线根数</td><td>平均伸直长度（cm）</td><td>重量（g）</td><td>纱线线密度（tex）/长丝线密度（D）</td><td>纱线股数/复丝根数</td><td>线密度表示</td></tr>
<tr><td rowspan="5">纱线线密度测定</td><td>经纱 1</td><td></td><td></td><td></td><td></td><td></td><td></td><td></td></tr>
<tr><td>经纱 2</td><td></td><td></td><td></td><td></td><td></td><td></td><td></td></tr>
<tr><td>纬纱 1</td><td></td><td></td><td></td><td></td><td></td><td></td><td></td></tr>
<tr><td>纬纱 2</td><td></td><td></td><td></td><td></td><td></td><td></td><td></td></tr>
<tr><td colspan="2"></td><td colspan="6">说明：1. 当织物同一方向线密度只有 1 种时，只需填经纱 1、纬纱 1，当织物同一方向不同线密度纱线较多时，只需填写 2 种
2. 假定单纱并捻成股线时捻缩为 0
3. 复丝需要写明组成复丝的单丝根数
4. 假定组成股线的单纱并捻时缩率为 0%</td></tr>
</table>

表 3－7　织物经纬纱线捻度测试

<table>
<tr><td>项目</td><td></td><td>类别</td><td>捻向</td><td>预加张力（cN）</td><td>试验长度（cm）</td><td colspan="5">捻回数</td><td>平均捻度（捻/英寸）</td><td>特数制捻系数</td></tr>
<tr><td rowspan="5">纱线捻度测定</td><td rowspan="2">经纱</td><td rowspan="2"></td><td rowspan="2"></td><td rowspan="2"></td><td rowspan="2"></td><td>第 1 次</td><td>第 2 次</td><td>第 3 次</td><td>第 4 次</td><td>第 5 次</td><td rowspan="2"></td><td rowspan="4"></td></tr>
<tr><td></td><td></td><td></td><td></td><td></td></tr>
<tr><td rowspan="2">纬纱</td><td rowspan="2"></td><td rowspan="2"></td><td rowspan="2"></td><td rowspan="2"></td><td>第 1 次</td><td>第 2 次</td><td>第 3 次</td><td>第 4 次</td><td>第 5 次</td><td rowspan="2"></td></tr>
<tr><td></td><td></td><td></td><td></td><td></td></tr>
<tr><td colspan="12">说明：1. 类别填写短纤维纱、长丝纱、包芯纱等
2. 若为股线，只需测定股线捻度，不需再次测定股线中各组分的捻度
3. 当织物同一方向不同捻度纱线较多，不需全部测出，只需测 1 种
4. 将被测纱线黏附于备注栏，并标明</td></tr>
</table>

任务三　掌握纱线细度和细度不匀指标检测

一、学习内容引入

纱线细度是描述纱线粗细程度的指标。细度细的纱线,其强力一般较低,织物的厚度轻薄,单位面积的重量也较轻,适用于做薄性衣料;细度较粗的纱线,其强力则较高,织物厚实,单位面积的重量也较重,适宜于做中厚性衣料。纱线细度及其不匀决定着织物的品种、风格、用途和力学性能。影响最终产品的外观、机械性能,纱线细度及不匀有哪些指标呢?是如何表示的,又是如何测量的?

二、知识准备

(一)纱线的细度

1. 纱线的细度指标及换算

(1)以特克斯为单位。目前我国棉纱线、棉型化学纤维纱线和中长化学纤维纱线的细度规定采用特克斯为单位。采用绞纱称重法来测算纱线的特数,绞纱周长为1m,每缕100圈,每批纱线取样后摇30绞,烘干后称总重量,将总重量除以30,得每绞纱的平均干量。根据下式可求得所测纱线的特克斯数。

$$N_{tex} = 10G_o \times \frac{100 + W_k}{100}$$

式中:Tt——纱线的线密度,tex;

G_o——绞纱平均干重,g;

W_k——纱线的公定回潮率,%。

以特克斯为单位时,常见纱线的公定回潮率见表3-8。

表3-8　常见纱线的公定回潮率

纱线类别	公定回潮率	纱线类别	公定回潮率
纯棉	8.5	涤/棉65/35	3.2
纯涤纶	0.4	涤/棉50/50	4.5
纯维纶	5.0	涤/黏65/35	4.8
纯腈纶	2.0	涤/黏50/50	6.7
纯锦纶	4.5	涤/腈50/50	1.2
纯黏胶纤维	13.0	棉/维50/50	6.8
纯富强纤维	13.0	棉/腈50/50	5.3
纯醋酯纤维	7.0	棉/丙50/50	4.3

混纺纱的公定回潮率是按混纺组分的纯纺纱的公定回潮率和混纺比加权平均计算的。

(2)纱线直径。纱线的直径或称投影宽度常用显微镜、投影仪、光学自动测量仪等测量。

纱线直径是进行织物设计和确定编织工艺的重要依据之一。但由于纱线有毛羽，在小张力下又易变形，纱线直径直接测量误差很大，因而一般由细度换算而得。假设纱线为圆柱体，长为L(mm)，重量为G(mg)，截面积为S(mm^2)，直径为d(mm)，体积质量为δ(mg/mm^3)，则

$$G = S \times L \times \delta = \frac{\pi d^2}{4} \times L \times \delta$$

$$d = \sqrt{\frac{4G}{\pi \delta L}}$$

纱线的直径d与体积质量δ、纱线的特克斯数 Tt 之间的关系为：

$$d = 0.03568\sqrt{\frac{\mathrm{Tt}}{\delta}}$$

纱线的体积质量δ，随纤维的种类、性质及纱线的捻系数而不同。几种纱线的体积质量的参考数值见表 3－9。

表 3－9　纱线的体积质量

纱线种类	体积质量(mg/mm^3)	纱线种类	体积质量(mg/mm^3)
棉纱	0.8～0.9	生丝	0.9～0.95
精梳毛纱	0.75～0.81	涤/棉 65/35	0.85～0.95
粗梳毛纱	0.65～0.72	维/棉 50/50	0.74～0.76
绢纺纱	0.73～0.78		

特克斯和英制支数转换换算如下。

设纱线试样一份，长为L(m)，在公定回潮率W_k时的重量为G_k(g)，则：

$$\mathrm{Tt} = \frac{G_k}{L} \times 1000$$

同一份试样，长为L'(码)，在公定回潮率W_k'时的重量为G_k'(磅)则：

$$Ne = \frac{L'}{840 \times G_k'}$$

由
$$L' = \frac{L}{0.9144} \text{ 和 } G_k' = \frac{G_k}{453.6} \times \frac{1 + \frac{W_k'}{100}}{1 + \frac{W_k}{100}}$$

故：
$$Ne = \frac{\frac{L}{0.9144}}{840 \times \frac{G_k}{453.6} \times \frac{1 + \frac{W_k'}{100}}{1 + \frac{W_k}{100}}} = \frac{590.5}{N_{tex}} \times \frac{1 + \frac{W_k}{100}}{1 + \frac{W_k'}{100}}$$

整理得：
$$Ne \cdot N_{tex} = 590.5 \times \frac{1 + \frac{W_k}{100}}{1 + \frac{W_k'}{100}} = C$$

我国规定，纯棉纱英制公定回潮率为 9.89%，则英制支数Ne与 Tt 的换算式为：

$$Ne = 590.5 \times \frac{100 + 8.5}{100 + 9.89} \times \frac{1}{N_{tex}} = \frac{583}{N_{tex}}$$

对纯化学纤维纱来说,英制、公制回潮率相同,则:

$$Ne = \frac{590.5}{N_{tex}}$$

对于混纺纱线而言,只要计算出混纺纱线的公定回潮率就可以进行换算。

2. *重量偏差* 纱线名义上的特数叫公称特数。纺纱工艺上设计的特数叫设计特数。用抽样试验的方法由管纱(筒子纱)测得的特数叫实际特数。单纱最后的实际特数必须与设计特数相接近。

纱线实际特数和设计特数的偏差百分率称重量偏差,或特数偏差,可用 ΔTt(%)表示。实际测定时的计算式也可为:

$$\Delta Tt = \frac{G_1 - G_2}{G_2} \times 100\%$$

式中:G_1——试样实际干燥重量,g/100m;

G_2——试样设计干燥重量,g/100m。

重量偏差是评价纱线品质的指标之一。在纱线的品质标准中,重量偏差被规定允许有一定的范围。重量偏差超出这个范围,说明该批纱线偏粗或偏细。纱线偏粗,长度较短,会影响织物产量;偏细,会影响织物厚度、平方米重和坚牢度。重量偏差大时,纱线的品等要降等。

(二)纱线细度不匀

纱线的细度不匀,指沿纱线长度方向的粗细不匀。它不仅会使纱线强力下降,在加工中增加断头、停台,而且影响织物和针织物的外观,降低其耐穿或耐用性。所以细度不匀是评定纱线质量的重要指标。

1. *纱线细度不均匀率指标* 纱线细度不匀是由其断面内纤维根数、截面积或一定长度片段重量形成的分布,可以用数理统计中离散性的特征数来描述。因此,不匀率指标有以下三种。

(1)平均差系数 H。

$$平均差\ d = \frac{\sum_{i=1}^{N} |x_i - \bar{x}|}{N}$$

$$平均差系数\ H = \frac{d}{\bar{x}} \times 100\% = \frac{\sum_{i=1}^{N} |x_i - \bar{x}|}{N \cdot \bar{x}} \times 100\%$$

式中:x_i——各个测试数据之值;

$\bar{x}$——测试数据的平均值;

N——测试数据的个数。

而生产中常使用平均差系数的简便计算公式:

$$H = \frac{2(\bar{x} - \bar{x}_{下}) \times n_{下}}{N \cdot \bar{x}} \times 100\%$$

式中:$\bar{x}$——测试数据的平均数;

N——测试数据的个数;

$\bar{x}_{下}$——平均值 $\bar{x}$ 以下的测试数据的平均数;

$n_{下}$——平均值 $\bar{x}$ 以下的测试数据个数。

(2)变异系数 CV。其又称离散系数,指均方差对平均数的百分比,而均方差是指各数据与平均值之差的平方的平均数之平方根。其计算公式如下：

$$均方差\ \sigma = \sqrt{\frac{\sum_{i=1}^{N}(x_i - \bar{x})^2}{N}}$$

$$均方差系数\ CV = \frac{\sigma}{\bar{x}} \times 100\% = \frac{\sqrt{\frac{\sum_{i=1}^{N}(x_i - \bar{x})^2}{N}}}{\bar{x}} \times 100\%$$

式中：x_i——各个测试数据之值；

$\bar{x}$——测试数据的平均数；

N——测试数据的个数。

当测试数据个数少（小于50次）时，σ和CV的计算应采用下式：

$$\sigma = \sqrt{\frac{\sum_{i=1}^{N}(x_i - \bar{x})^2}{N-1}}$$

$$CV = \frac{\sigma}{\bar{x}} \times 100\%$$

（3）极差系数。指数据中最大值与最小值之差（即极差）对平均数的百分比。其计算式如下：

$$极差\ R = x_{max} - x_{min}$$

$$极差系数\ m = \frac{R}{\bar{x}} \times 100\% = \frac{x_{max} - x_{min}}{\bar{x}} \times 100\%$$

式中：x_{max}——测试数据中的最大值；

x_{min}——测试数据中的最小值；

$\bar{x}$——测试数据的平均值。

在以上三种指标中，广泛采用均方差和变异系数，用其度量纱条细度不匀最准确，一般用电容式条干均匀度仪来检测纱条细度不匀，常用CV值表示。而生产中常用平均差系数来表示纱条的长片段不匀率（即百米重量变异系数u）；用平均差系数来表示棉条的不匀率（一般用萨氏条干仪来测定）。

2. *纱条不匀的起因*　造成纱条不匀的原因主要有两方面：一是纤维在纱条中随机分布产生的不匀；二是纺纱过程中工艺和机械因素产生的附加不匀。

纤维随机分布产生的不匀是不可避免的极限不匀。根据近代短纤维纺纱的工艺原理，即使在理想的条件下纺纱，也不可能纺出完全均匀的纱条。因为即使使纤维沿长度方向完全伸直随机排列，纱条截面的纤维根数的分布仍为泊松分布，仍存在着分布的离散性，纱条具有最低的不匀率。而这种极限不匀（C_1）的大小，取决于纱条断面纤维的根数（N）和单根纤维本身的粗细不匀（C_0）：

$$C_1 = \frac{C_0}{\sqrt{N}}$$

式中N表示组成纱条的纤维根数，从中也可以知道，越细的纱线越难纺。

工艺和机械因素对纱线产生的附加不匀，从纺纱开始就发生，随每道工序、每台设备继续发生。而且每个不匀一经发生，就不会完全消失，因而，最终细纱上叠加了多种不同波长的不匀。

通过罗拉牵伸机构纺出的纱条,其附加不匀主要有牵伸波、机械波以及偶发性不匀。牵伸波是由工艺因素引起的在牵伸过程中对浮游纤维控制不良而产生的非周期性的粗细节;机械波是指由于牵伸部分的机械故障,如罗拉钳口位置摆动或罗拉速度变化而产生的周期性的粗细节;偶发性不匀主要是挡车工操作看管不当而形成的。

3. 纱线不匀分析　纱条的不匀率数值可以反映纱条细度不匀的水平,但不能完全反映纱条的不匀特性,因为纱条不匀是由许多不同的波长成分组成的,不匀率数值只是它们的总体体现。不匀率相同的两根纱条,如果不匀波长的构成不同,对织物和针织物外观的影响可能不同。纱条的周期性不匀,可以按波长大小分为短片段、中片段和长片段不匀,它是按纤维长度的10倍和100倍来划分的。短片段不匀和长片段不匀,粗节、细节在布面上并在一起的概率大,容易形成条影和云斑,对布面质量有很大影响;而中片段不匀对布面的影响较小。因此,必须对纱条不匀的结构进行分析。

(1)不匀率指数。纱条的实际不匀率与同特数纱条随机极限不匀率的比值,称不匀率指数。它反映了纱条随机均匀的程度。

(2)变异—长度曲线。把纱条分割成长度为L的等长片段,求得片段间不匀的变异系数$CB(L)$和片段内不匀的变异系数$CV(L)$。可以发现,$CB(L)$随片段长度L的增加而减小,$CV(L)$随片段长度L的增加而增加,如图3-35所示。

根据方差相加定理,纱条的总不匀率$CV(T)$的平方等于片段间不匀率$CB(L)$的平方与片段内不匀率$CV(L)$的平方之和,即

$$CV(T)^2 = CB(L)^2 + CV(L)^2$$

变异系数的平方称为变异。如果设$V(T)$为纱条的总变异,$B(L)$为片段间变异,$V(L)$为片段内变异,则上式为:

$$V(T) = B(L) + V(L)$$

纱条的变异与切断片段长度之间的关系曲线,叫变异—长度曲线,如图3-36所示。图中曲线表示当片段的长度趋近于0时,片段内不匀趋于0,而片段间不匀趋于总不匀;当片段长度L趋向于无穷大时,则片段间不匀趋于0,而片段内不匀趋于总不匀。

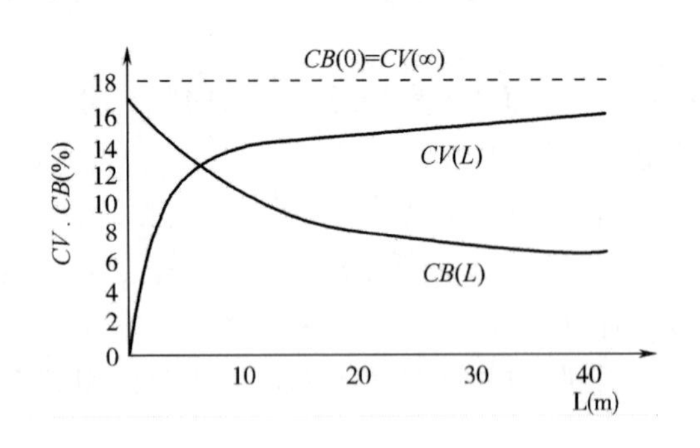

图3-35　纱条的$CB(L)$、$CV(L)$曲线

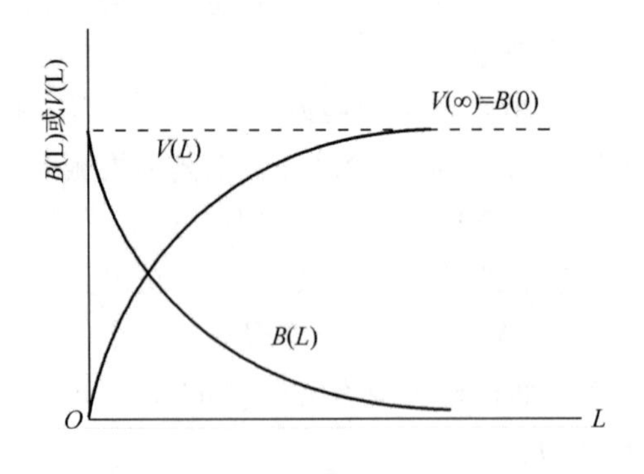

图3-36　纱条的变异—长度曲线

(3)波谱图。变异—长度曲线在一定程度上反映了纱条的不匀特性,但它对周期性不匀的敏感性不足,测试又费时。波谱图分析是一种能够对纱条的各种不匀成分、不匀结构迅速做出分辨的方法,特别是对周期性不匀更为敏感。

波谱图是振幅对波长的关系曲线。

纱线不匀是一种复杂的不规则波动。纱线中存在的非周期性不匀,波谱图表现为一定波长范围内的连续谱;如果纱线中存在周期性不匀,波谱图则表现为线性谱,即在波谱图上出现凸条(俗称“烟囱”)。

精梳棉纱的理想波谱图和正常波谱图如图 3－37 所示。理想波谱图是指由于纤维随机分布而产生的不匀波分布。正常波谱图是指在技术上能够实现的无纱疵波谱图,由于有纤维的集结及工艺设备的不完善而引起的附加不匀,使正常波谱图较理想波谱图幅值大。用波谱图的实际波和理想的波谱图或正常的波谱图相比较,可以看出存在的问题属于哪一类,分清两种性质不同的不匀,然后判断产生不匀的部位及工艺参数,从而进行机械和工艺调整。

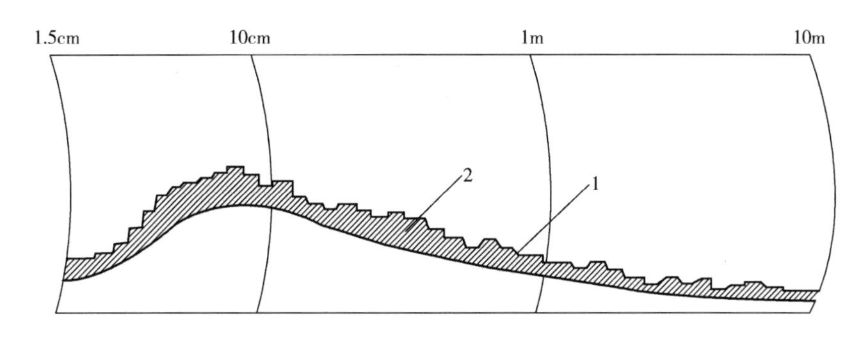

图 3－37　精梳棉纱的波谱图

1—理想波谱图　2—正常波谱图

图 3－38 是有周期性不匀的波谱图。图中,在波长为 32cm 处出现一“烟囱”,表明纱条中存在由于机械故障而产生的机械波。

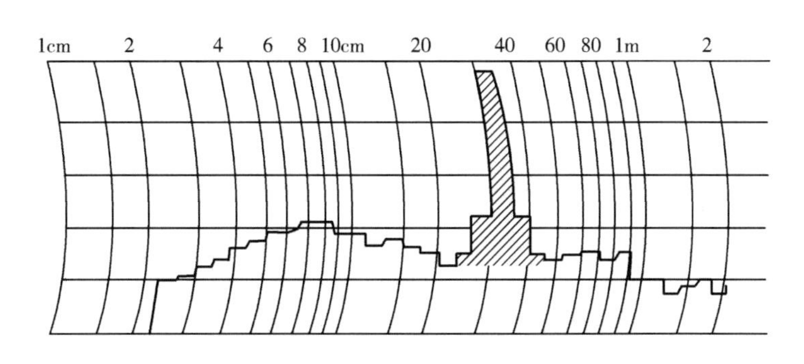

图 3－38　机械波的波谱图

图 3－39 是由于牵伸工艺引起的牵伸装置对纤维的控制不良而引起的牵伸波,在波谱图的某一波段出现山丘状凸起,表现为某一特定波长范围内的连续谱。

(三)纱线细度不匀率的测试方法

测定纱线细度不匀的方法有多种,目前,我国普遍采用的是测长称重法、目光检验法以及电容式条干均匀度仪法等。

1. *测长称重法*　测长称重法是测定纱线细度不匀率的最简便的方法(图 3－40)。取一定长度的纱线,分别称重,然后用平均差系数来计算,求得重量不匀率,表示纱线一定片段间

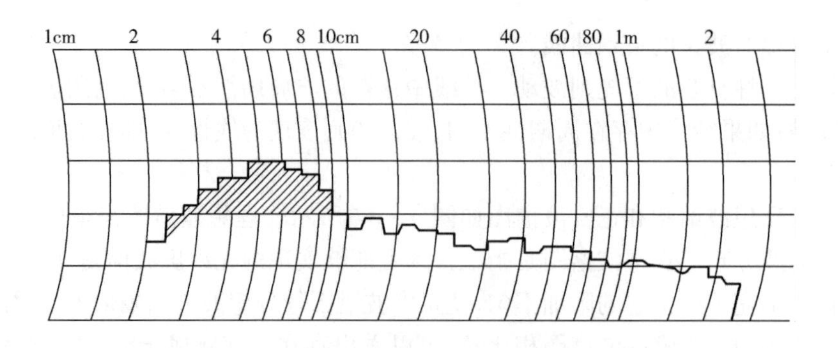

图3-39 牵伸波的波谱图

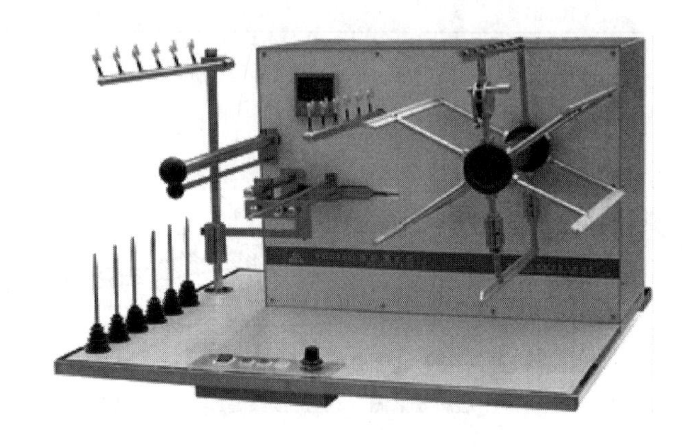

图3-40 YG086C型缕纱测长机

的细度不匀情况。目前纺织厂对棉条、粗纱和细纱等的长片段不匀率都采用这种方法来测定。为了便于比较,同一品种的纱条片段长度必须一定。因此,在评定纱线重量不匀率时,棉纱线的长度为100m,精梳毛纱为50m,粗梳毛纱为20m,生丝为450m。而实验次数和试样个数为30。

2. 目光检验法(又称黑板条干检验法) 它是生产中用来检验棉纱和生丝常用的方法。用摇黑板机将棉纱或生丝以一定密度均匀地绕在一定规格的黑板上,然后在规定的照度和距离下,用目光与条干标准样照相对比,观察其阴影、粗节、严重疵点等情况,据此评定棉纱或生丝的条干级别。这种方法所检验的实际上是纱线的表观直径或投影。这种检验方法简便快捷,但评定结果的正确性与检验人员的目光有关,所以需要定期考核和统一检验人员的目光(图3-41)。

3. 电容式均匀度仪法 用测长称重法比较费时费力,而用目光检验法人为误差大,且不能得到准确的不匀率数据。因此,需向仪器测量发展。目前广泛使用的电容式条干均匀度仪有多种型号,如国外的USTER I、USTERII、USTER III等型号,国产的有YG131型、YG133型、YG135型等型号。仪器的测试部分为平行金属板组成的电容器(图3-42)。因为纤维的介电常数大于空气的介电常数,当纱条以一定的速度通过由两平行金属极板组成的空气电容器时,会使电容器的电容量增大。当通过的纱条细度变化时,电容器的电容量也相应地变化。将电容量的变化转换成电量的变化,即可得到纱条的细度不匀率。

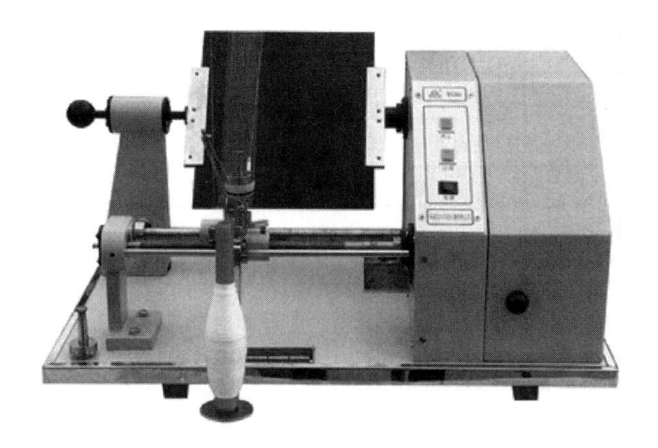

图 3-41　摇黑板机

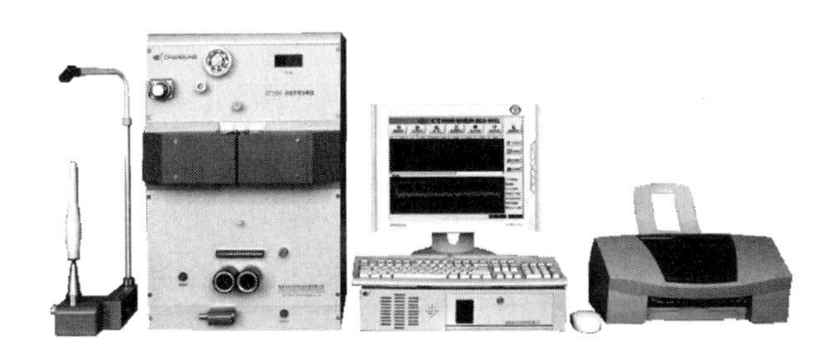

图 3-42　电容式条干均匀度仪

$$CV(L)=\frac{\sqrt{\frac{1}{L}\int_0^L(x_i-\bar{x})^2\mathrm{d}L}}{\bar{x}}$$

式中：L——纱条片段长度，m；

x_i——纱条单位长度重量，g；

$\bar{x}$——纱条单位长度重量的平均值，g。

CV(%)值是纱条细度不匀的重要指标，工厂依此指标来分析研究纱条质量的变化。

USTER 仪是目前使用最广泛的电容式条干均匀度仪，它由监测仪、控制仪、波谱仪、纱疵仪和记录仪组成。这一仪器具有画出不匀率曲线，直接显示平均差系数或变异系数，直接作出波谱图及记录粗节、细节、棉结数的功能。

(1)主要参数的确定。

①试验条件：用 USTER 电容式条干均匀度仪测试纱条不匀率时，一般要求在一级标准大气条件下进行，其被测试的纱条应放在此大气条件下平衡 24h。

②取样长度：试样的测试长度随条子、粗纱、细纱而不同，其取样长度一般可参照表 3-10 的数值进行确定。

③主要参数的确定：USTER 电容式条干均匀度仪为全自动精密仪器。因此，在开机之前应确定好测试槽规格、测试速度等主要工艺参数。

仪器的测试槽根据不同的极板长度和宽度共设 5 个，分别用来测试不同细度的细纱、粗纱和条子。测试槽的规格和对应的纱条细度见表 3-11。

表3-10 试样取样长度

试样名称	取样长度(m)	常用推荐值(m)		结果分析参照表	
		棉及棉型化学纤维	毛及毛型纤维	千米纱疵数(个)	波谱分析(m)
细纱	100~250	250	100	50~200	250~2000
粗纱	40~250	100	50		40~250
条子	20~250	50~100	50		20~250

表3-11 测试槽规格和对应的纱条细度

测试槽号		1	2	3	4	5
规格:长×宽	mm	20×12	12×6	8×4	8×1.2	8×0.6
公制支数	公支	—	0.032	0.032/6.24	6.25/47.5	47.6/250
棉英制支数	英支	0.018	0.049/0.178	0.179/3.68	3.69/28	28.1/147.6
毛英制支数	英支	0.011/0.073	0.074/0.267	0.268/5.53	5.54/42.1	42.2/221
线密度	ktex	80/12.1	12.0/3.301	3.3	—	—
	tex	—	3300	3300/160.1	160.0/21.1	21.0/4

在仪器上,取样长度是由测试速度和时间来控制。不同试样的测试速度和时间按表3-12选择。

表3-12 测试速度、材料和时间的选择

速度(m/min)	材料	时间(min)
400	细纱	1,5
200	细纱	1, 2.5,5
100	细纱	2.5, 5
50	细纱、粗纱	5,10
25	粗纱、条子	5,10
8	条子	5,10
4	条子	5,10

(2)绘制不匀曲线。USTER电容式条干均匀度仪绘制不匀率曲线,如图3-43所示。

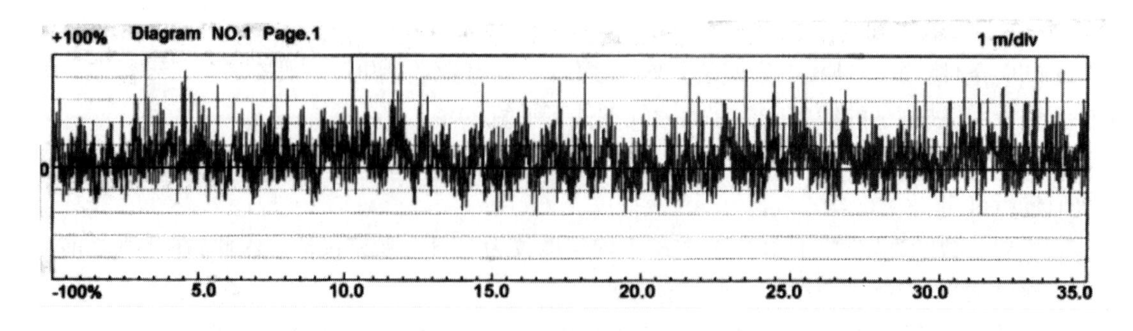

图3-43 纱条不匀率曲线

纱条的不匀率可以非常直观地描述出纱条的短片段随机不匀和长片段周期不匀。

(3)纱条不匀率指标。由监测仪所捕捉到的不匀信号由计算机求出变异系数(CV)或不匀率(U),并打印出来,以此来表示纱条的不匀率,为了解纱条结构和分析不匀提供依据。

①标准差 S:标准差 S 可表示试样线密度的离散性,其计算公式如下:

$$S = \sqrt{\frac{1}{n-1}\sum_{i=1}^{n}(X_i - \overline{X})^2}$$

式中:n——采样次数;

X_i——各采样点测得的与线密度相关的数据;

$\overline{X}$——各采样点测得数据的平均值。

$$CV = \frac{S}{\overline{X}} \times 100\%$$

注:在 CV 值的计算中,考虑了偏离平均值的较大偏差($x_i - \overline{X}$)这一项被平方,CV 值从数值上较全面地反映了纱条的不匀程度。

②不匀率 U 值(图 3-44):

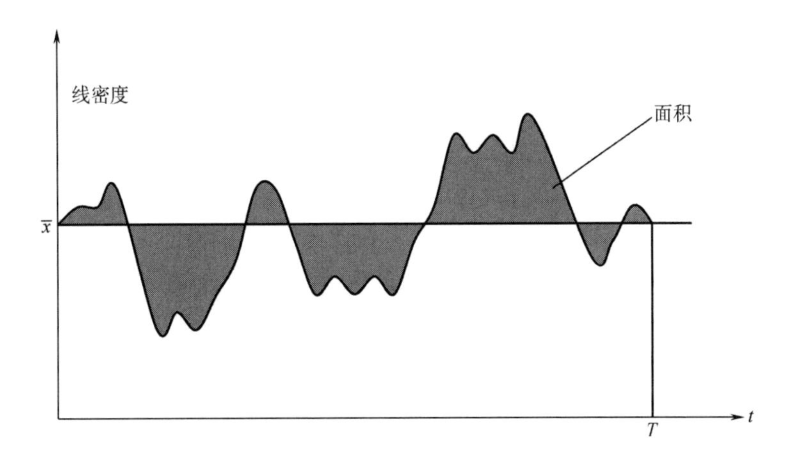

图 3-44　不匀率 U 值

$$U = \frac{a}{\overline{X} \cdot T} = \frac{\int_0^T |X_i - \overline{X}|\,dt}{\overline{X} \cdot T}$$

式中:$\overline{X}$——不匀指标最终的平均值;

X_i——各管的测试数据;

T——测试所用的最大时间;

a——X_i 与 $\overline{X}$ 在几何意义中的面积差的绝对值。

U 值与 CV 值之间的换算关系:

如被测试的纱条其线密度变化服从正态分布,则其 U 值与 CV 值之间一般可按下式换算:

$$\frac{CV}{U} = \sqrt{\frac{\pi}{2}} \approx 1.25$$

③波谱:USTER 电容式条干均匀度仪将不匀率曲线通过波谱仪作出波谱图。根据波谱图可分析纱条不匀的原因,如设备状态不良、工艺和牵伸配置不合理等造成的不匀。

④平均值系数 *AF* 值:以首次测试的平均线密度为100%,则每次测试的平均线密度相对于上述平均值的比值,换算为百分数即为 *AF* 值。在每次试验中,都有一个相应的条干粗细平均值 $\overline{X}$,它相当于受测试纱条的平均重量。当受测细纱试验长度为100m时,各次 *AF* 值的不匀率即相当于传统的细纱重量不匀率或支数不匀率,这一指标常被用于测定纱线的线密度(重量、支数)变异,以便研究在长周期内纺纱的全过程或前道工序的不匀情况。一般 *AF* 值在95~105属于正常。如果测得的数据超过这一范围,说明纱线的绝对号数平均值差异性较大。利用 *AF* 值的变异,还能直观地分析出纱条重量不匀变化趋势,及时反映车间生产情况,以便调整工艺参数,为提高后道工序产品质量起指导和监督作用。

⑤偏移率(*DR*)及 *DR* 曲线:偏移率是指超出规定门限部分纱条长度与测试长度的比值。仪器可测得10cm+30%(片段长度为10cm测试条件下,线密度超过平均值+30%,长度与测试总长度之比)、20cm−30%、1m−5%、1m−5%的 *DR* 值,同时可绘出参考长度为1cm、10cm、20cm、50cm、1m门限从0~50%的 *DR*%曲线。

(4)记录棉结、粗节和细节疵点。USTER电容式条干均匀度仪中的纱疵仪,可将设定的棉结、粗节和细节疵点数分别自动记录并显示出来。棉结、粗节和细节可按表3−13设定。

表3−13 棉结、粗节和细节的设定

棉结	140%	200%	280%	400%
粗节	35%	50%	75%	100%
细节	−30%	−40%	−50%	−60%

上表中百分率是指大于(+)或小于(−)纱条平均截面积的百分率。粗节根据超过设定范围的较粗部分记数,细节根据超过设定范围的较细部分记数,而棉结则根据4mm长以下的棉结大小,即棉结长度毫米数乘以棉结大于纱条平均截面积的百分率来计数。常用的设定值,棉结为+200%,粗节为+50%,细节为−30%。计量100米纱中的疵点个数。

4. 光电子条干均匀度测量法　测量原理非常简单,就是利用CCD摄取纱条的投影宽度(图3−45)。

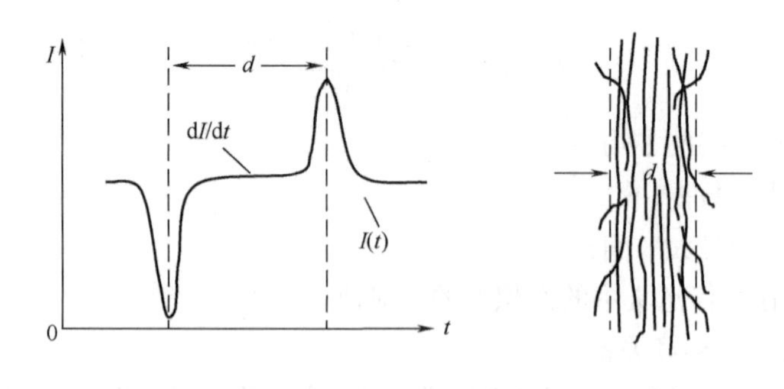

图3−45 纱线直径的测量示意图

NYQS二维成像纱线质量精确分析系统:系统具有两套传感器顺序排列:一套是色度传感器,一套是线阵CCD相机。被采样的纱线在罗拉的拖动下,经过张力控制器后,以恒定的张力、速度通过色度传感器和线阵CCD相机,最后被气流吹走。在经过色度传感器时,纱线反射的光线经过放大镜头后成像到RGB色度传感器上。RGB色度传感器输出信号,经过高速12位A/D转换成数字信号后送入计算机中。同一段纱线经过线阵CCD相机时,准直平行光源发出的高度恒定光束照射在纱线上,CCD相机以每秒13333次的速度将所采集的图像送入处理系统。在处理系统内部经过并行的高速DSP处理卡实时处理后,可以获得纱线每个截面的主干、毛羽、色度的准确参数。这些参数就是在计算机内再现纱线外观物理特性的依据。

三、学习提高

(1)将下列五种纱线按从细到粗的顺序排列起来:

A. 40英支/2棉纱　　B. 20tex×2精纺毛纱　　C. 70旦/48f锦纶长丝

D. 40公支涤纶短纤纱　　E. 直径为0.15mm的T/C 65/35普梳纱

(2)利用YG086型缕纱测长机采用测长称重法测试纱线的线密度不匀时,分别取片段100m、10m和1m,测得重量不匀率结果有何不同,通过试验来分析说明原因。

(3)采用测长称重法、摇黑板法、电容法测试几种不同纱线的条干均匀情况。看看结果是否符合?同时会根据波谱图进行纺纱工艺分析。

四、自我拓展

1. 通过查找相关纺织纤维的回潮率数据,结合本任务学习内容,补充完成表3-14。

表3-14　常见棉纺纱线的特克斯值与英制支数的换算关系

纱线种类	公制公定回潮率	英制公定回潮率	换算常数
纯棉纱			
纯化学纤维纱(包括化学纤维与化学纤维混纺纱)	公制、英制回潮率相同		
涤/棉65/35			
棉/维50/50			
棉/腈50/50			
棉/丙50/50			
棉/黏75/25			
棉/涤55/45			
涤/棉/锦50/33/17			

2. 通过实验掌握单纱并线后其结构、强力与捻系数(临界捻系数)的关系。

(1)先测各单纱强伸、捻度、线密度(表3-15)。

表3-15　单纱强伸、捻度、线密度测试结果

指标	Z捻					S捻				
	1	2	3	4	MV	1	2	3	4	MV
线密度										
强力										
伸长率										
捻度										

(2)制取试样。分别按照1、Z+Z—Z　2、Z+Z—S　3、Z+S—Z(S)来制取试样。从两个管纱上分别引纱,去掉头端3~5m,夹持到捻度仪的右夹头,引纱5m,捻度仪按照所要求的捻度对试样施加一定的捻回数。保持一定的预张力,量取加捻后纱线的实际长度,将获取的纱线两端打结,卷绕到空纱管上,并做好标记。(注:有条件可采用并捻联合机制取试样)。

试验结果见表3-16~表3-18。

表3-16　试验结果(Z+Z-Z)

单纱长度(m)	所加捻回(个)	所得股线长度(m)	捻缩(%)	股线线密度(tex)	股线捻系数	股线强力(cN)	贴样处
5	5000						
5	6000						
5	7000						
5	8000						
5	9000						
5	10000						
5	11000						
5	12000						
5	13000						
5	14000						
5	15000						
5	16000						
5	17000						

表3-17　试验结果(Z+Z-S)

单纱长度(m)	所加捻回(个)	所得股线长度(m)	捻缩(%)	股线线密度(tex)	股线捻系数	股线强力(cN)	贴样处
5	5000						
5	6000						
5	7000						
5	8000						
5	9000						
5	10000						
5	11000						
5	12000						
5	13000						
5	14000						
5	15000						
5	16000						
5	17000						

表 3-18　试验结果[Z+S-Z(S)]

单纱长度(m)	所加捻回(个)	所得股线长度(m)	捻缩(%)	股线线密度(tex)	股线捻系数	股线强力(cN)	贴样处
5	5000						
5	6000						
5	7000						
5	8000						
5	9000						
5	10000						
5	11000						
5	12000						
5	13000						
5	14000						
5	15000						
5	16000						
5	17000						

(3)比较单纱络筒前后纱线各项性能的变化。利用普通络筒机进行络纱,并测试筒纱的线密度、捻度、强力伸长率、条干、毛羽等指标(表 3-19)。

表 3-19　络筒前后纱线各项性能变化

指标	络纱前					络纱后				
	1	2	3	4	*MV*	1	2	3	4	*MV*
线密度(tex)										
捻度(捻/10cm)										
强力(cN)										
伸长率(%)										
条干 *CV*(%)										
重量不匀率 *H*(%)										
毛羽指数(个/m)										

任务四　了解纱线品级

一、学习内容引入

由于纺纱工序繁多,纱线的质量也参差不齐,为了便于后续生产及纱线的流通,必须对其进行品级评定,纱线是纺纱厂的产品,又是织厂的原料。为了促进生产,提高纱线的质量,国家颁布了各种纱线的产品标准,作为考核纱线品质的依据。那纱线的品级都有哪些指标呢,如何进行?

二、知识准备

评定纱线的品质就是按照规定的标准进行品质检验,从而定出纱线的等级。对棉纱线来说,品质检验的项目包括百米重量变异系数、百米重量偏差、单纱(线)断裂强度、单纱(线)断裂强力变异系数、条干均匀度变异系数、黑板条干均匀度、一克内棉结杂质总粒数、十万米纱疵优等纱指标等。

棉纱线品质的评定,以同品种一昼夜三班的生产量为一批,按规定的试验周期和各项试验方法进行试验,并按其结果评定棉纱线的品等。

棉纱线的品等评定原则是:棉纱线的品等分为优等、一等、二等,低于二等指标者作三等。

棉纱的品等由单纱断裂强力变异系数和百米重量变异系数、条干均匀度和一克内棉结杂质粒数及一克内棉结杂质总粒数评等,当四项指标品等不同时,按四项中最低的一项品等评定。

当单纱(线)的断裂强度或百米重量偏差超出允许范围时,在单纱(线)断裂强力变异系数和百米重量变异系数原评定等级的基础上顺降一等,如果两项都超出范围时,也只顺降一等。按规定,顺降限度只降至二等为止。

当评定优等棉纱时,需另加十万米纱疵一项作为分等指标。

检验条干均匀可由生产厂在黑板条干均匀度或条干均匀度变异系数中任选一种。当发生质量争议时,以条干均匀度变异系数为准。

棉纱线的各项品质指标试验均在一级标准大气条件下,按国家标准 GB/T 398—2008《棉本色纱线》所规定的操作程序及方法进行,并按下列公式计算试验结果。

(1)单纱(线)断裂强力变异系数。

$$CV = \frac{\sqrt{\frac{\sum_{i=1}^{N}(x_i - \bar{x})^2}{N}}}{\bar{x}} \times 100\%$$

式中:CV——变异系数;

x_i——各次实测值,cN;

$\bar{x}$——实测数据平均值,cN;

N——试验次数。

(2)百米重量变异系数。

$$CV = \frac{\sqrt{\frac{\sum_{i=1}^{N}(x_i - \bar{x})^2}{N}}}{\bar{x}} \times 100\%$$

式中:CV——变异系数;

x_i——各次实测值,g;

$\bar{x}$——实测数据平均值,g;

N——试验次数。

(3)公定回潮率时纱线的实际线密度(tex)。公定回潮率时纱线的实际线密度 = 每缕纱(100m)的平均干重 × 10 × (1 + 公定回潮率)。

(4)试样的实际回潮率。

$$\text{试样的实际回潮率} = \frac{\text{烘前重量} - \text{干燥重量}}{\text{干燥重量}} \times 100\%$$

(5)修正强力(cN)。

$$\text{修正强力} = \text{实际平均强力} \times K$$

式中:K——温度回潮率修正系数,可查表获得。

(6)纱线的断裂强度(cN/tex)。

$$\text{断裂强度} = \frac{\text{修正强力}}{\text{公定回潮率的密度}}$$

(7)纱线的百米重量偏差。

$$\text{百米重量偏差} = \frac{\text{干燥重量} - \text{准干燥重量}}{\text{准干燥重量}} \times 100\%$$

(8)一克棉纱内的棉结杂质粒数。

$$\text{一克棉纱内的棉结杂质粒数} = \frac{\text{棉粒}}{\text{棉公特}} \times 10$$

精梳毛纱的品质评定主要用于对精梳纯毛纱、混纺纱以及毛型化学纤维纱的等级鉴定。对精梳毛纱的品质评定,不但能反映出毛纱品质的优劣,而且还可以用它来指导设备、工艺的改进和调整,因而精梳毛纱的品质评定在毛纱厂中非常重要。

评定精梳毛纱的品质是按规定的项目进行检验,然后定出精梳毛纱的等级。检验的项目有公定回潮率时的线密度、线密度标准差、重量不匀率、强力不匀率、断裂长度、断裂伸长率、捻度和捻度不匀率、一定长度内的疵点数与纱疵情况、试样的回潮率和含油率等。

精梳毛纱的品质评定,以同一品种一昼夜三班的生产量为一批,按规定的试验周期和试验方法进行试验,并按试验结果评定精梳毛纱的品等。

精梳毛纱的品等原则是:毛纱按物理指标分等,按外观疵点分级,两项中以较低的一项来确定等级。

物理指标的品等分为一等、二等,不到三等者为等外。物理指标中的线密度偏差、重量不匀率为分等条件,断裂长度、捻度不匀率为保证条件。

纱线品质的保证条件必须符合条件规定,低于标准者即降为等外纱。

依外观疵点及毛粒、大肚纱、纱疵进行分级,其中以最低一项为确定级的依据,低于二级者为级外纱。在评定毛粒、大肚纱、纱疵时按标准评定。

精梳毛纱的技术条件包括物理指标和外观疵点两项内容。其具体值一般由有关企业自行制订,以便控制精梳毛纱的质量。

三、学习提高

对现有的几种纱线按照标准进行评级,写出评级过程和评级依据,完成实验报告。

四、自我拓展

掌握纱线(粗纱、细纱)条干的测试及表征方法,对不同的线密度指标进行量化及对比分析

(表3-20)。

表3-20　指标测试结果

片段长度		1m	2m	3m	4m	5m	6m	7m	8m	9m	10m	
条干均匀度	*CV*											乌斯特公报水平
	U(*H*)											
重量不匀率	*CV*											
	H											
黑板条干(细纱)												
萨氏条干(粗纱)												

注　重量不匀率须测10组以上,计算其平均差系数和变异系数。

验证:$CV/H = \sqrt{\frac{\pi}{2}} = 1.25$

项目四　纺织纤维的分类及结构

学习与考证要点

◇ 纺织纤维的分类方法及发展趋势
◇ 纺织纤维的定义及基本要求
◇ 纺织纤维的基本结构
◇ 纤维大分子的聚集态
◇ 纤维的形态结构

本项目主要专业术语

合成纤维(synthetic fibers)
纺织纤维(textile fiber)
直径(diameter)
分类(classification)
天然纤维(natural fabric)
共聚物(copolymer)
均聚物(homopolymer)
聚合(polymerization)
聚合度(Polymerization degree)
结晶度(degree of crystallinity)
取向度(orientation degree)
人造纤维(Man - made fibers)
再生纤维(Regenerated fibers)
无机纤维(inorganic fibre)
单基(monomer)
集态(aggregation state)

任务一　了解纺织纤维的分类方法及发展趋势

一、学习内容引入

纺织纤维是纺织产品的最微观的材料,纺织产品种类繁多、五花八门,那什么样的材料才能用于纺织加工形成纺织产品,纺织纤维须具有哪些基本性能呢?自然界中存在哪些纺织材料呢?你能说出多少种常见的纺织纤维及其应用领域?种类繁多的纤维材料如何进行分类?未来的纺织纤维发展趋势是怎样的?

二、知识准备

(一)纺织纤维的定义

直径为几微米到几十微米,长度比直径大千百倍的细长柔软的可以用来制造纺织品的材料,称之为纺织纤维。纤维不仅可以纺织加工,而且可以作为填充料、增强基体,或直接形成多孔材料,或组合构成刚性或柔性复合材料。

(二)纺织纤维的基本性能

纺织纤维必须具备一定的物理和化学性质,才能满足纺织加工和使用过程中的要求。

(1)具有一定的长度和整齐度。

(2)具有一定的强度。

(3)具有一定的弹性。

(4)具有一定的抱合力和摩擦力。

(5)具有一定的吸湿性。

(6)化学稳定性好,具有对光、热、酸、碱及有机溶剂等一定的抵抗能力。

(三)纤维的分类与命名

纺织纤维种类很多,习惯上按它的来源分为天然纤维和化学纤维两大类。

1. 天然纤维　由自然界中直接取得的纤维(表4-1)。

表4-1　主要天然纤维的来源分类与名称

分类	定义	组成物质	纤维来源
植物纤维	取自于植物种子、茎、韧皮、叶或果实上获得的纤维	主要组成物质为纤维素	种子纤维:棉、木棉;韧皮纤维:苎麻、亚麻、大麻、黄麻、红麻、罗布麻、苘麻、桑皮纤维等;叶纤维:剑麻、蕉麻、菠萝麻纤维、香蕉纤维等;果实纤维:椰子纤维;维管束纤维:竹原纤维
动物纤维	取自于动物的毛发或分泌液的纤维	主要组成物质为蛋白质	毛纤维:绵羊毛、山羊毛、骆驼毛、驼羊毛、兔毛、牦牛毛、马海毛、羽绒、野生骆马毛、变性羊毛、细化羊毛等;丝纤维:桑蚕丝、柞蚕丝、蓖麻蚕丝、木署蚕丝、天蚕丝、樗蚕丝、柳蚕丝、蜘蛛丝等
矿物纤维	从纤维状结构的矿物岩石获得的纤维	二氧化硅、氧化铝、氧化铁、氧化镁等	各类石棉,如温石棉、青石棉、蛇纹石棉等

2. 化学纤维　凡以天然的或合成的高聚物以及无机物为原料,经过人工加工制成的纤维状物体统称为化学纤维(表4-2)。

表4-2　化学纤维的分类及名称

分类	定义	纤维
再生纤维	以天然高聚物为原料经提纯制成浆液,其化学组成基本不变并高纯净化后制成的纤维	再生纤维素纤维:指用木材、棉短绒、秸秆、蔗渣、麻、竹类、海藻等天然纤维素物质制成的纤维,如黏胶纤维、莫代尔纤维、铜氨纤维、竹浆纤维、醋酯纤维、莱赛尔纤维、富强纤维、麻赛尔等;再生蛋白质纤维:指用酪素、大豆、花生、毛发类、羽毛类、丝素、丝胶等天然蛋白质制成的,绝大部分组成仍为蛋白质的纤维,如酪素纤维、大豆纤维、花生纤维、再生角朊纤维、再生丝素纤维等;再生淀粉纤维:指用玉米、谷类淀粉物质制取的纤维,如聚乳酸纤维(PLA);再生合成纤维:指用废弃的合成纤维原料熔融或溶解再加工成的纤维;特种有机化合物纤维(如甲壳素纤维、海藻胶纤维等)

续表

分类	定义	纤维
合成纤维	以煤、石油、天然气及一些农副产品为原料制成单体，经化学合成为高聚物纺制的纤维	涤纶：指大分子链中的各链节通过酯基相连的成纤聚合物纺制的合成纤维；锦纶：指其分子主链由酰胺键连接起来的一类合成纤维；腈纶：通常指含丙烯腈在85%以上的丙烯腈共聚物或均聚物的纤维；丙纶：分子组成为聚丙烯的合成纤维；维纶：聚乙烯醇在后加工中经缩甲醛处理所得的纤维；氯纶：分子组成为聚氯乙烯的合成纤维；其他的还有乙纶、氨纶、氟纶（聚四氟乙烯）、芳纶、乙氯纶及混合高聚物纤维等。通过对合成纤维进行物理、化学改性，逐步生产出各种不同于常规合成纤维的如异形、超细、复合、着色、高收缩、中空等差别化学纤维；应用纳米技术等生产的特种纤维，如阻燃纤维、抗紫外线纤维、抗静电纤维等
无机纤维	以天然无机物或含碳高聚物纤维为原料，经人工抽丝或直接碳化制成的无机纤维	玻璃纤维：以玻璃为原料，拉丝成形的纤维；金属纤维：以金属物质制成的纤维，包括外涂塑料的金属纤维、外涂金属的高聚物纤维以及包覆金属的芯线；陶瓷纤维：以陶瓷类物质制得的纤维，如氧化铝纤维、碳化硅纤维、多晶氧化物；碳纤维：是指以高聚物合成纤维为原料经碳化加工制取的，纤维化学组成中碳元素占总质量90%以上的纤维，是无机化的高聚物纤维

（四）纤维的开发利用趋势（图4-1）

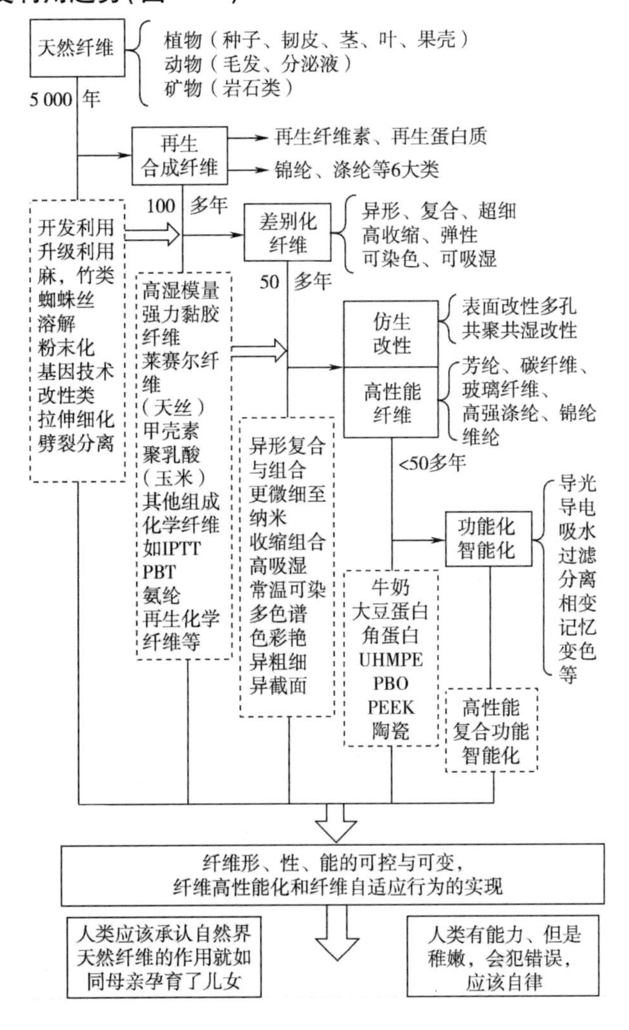

图4-1　纤维的发展及天然纤维的作用

三、学习提高

从自然界寻找哪些材料或者其加工品具有纺织纤维的特性？并对其归类，进一步了解其潜在应用特性及领域？天然纤维、合成纤维、再生纤维之间有什么关联、区别，探讨一下未来纺织纤维的发展形势及趋势？

四、自我拓展

去服装、家纺超市调研，对各类材料纺织品的市场占有率进行分析？查阅资料，列举日常生活或工农业生产中使用纺织品的情况，并获得其所使用的原材料，从而深入了解纺织产品的应用(表4-3)。

表4-3 调研结果

序号	纤维	形成的产品名称	形成的产品品牌	定价	市场占有率
1	棉				
2	毛				
3	丝				
4	麻				
5	涤纶				
6	锦纶				
7	丙纶				
8	维纶				
9	腈纶				

任务二 了解纺织纤维的基本结构

一、学习内容引入

纺织纤维具有许多优良的性能，不同纤维性能之间存在着明显的差异，其中一个很重要的因素就是它们有着不同的纤维内部结构。结构决定性质，纺织纤维所具有的微观、宏观结构到底决定纺织纤维的哪些性质呢？不同种类纤维的结构有何共性、异性，各采用何种方式表达？

二、知识准备

纺织纤维具有许多优良的性能，不同纤维性能之间存在着明显的差异，其中一个很重要的因素就是它们有着不同的纤维内部结构。尽管纤维结构复杂，但人们对其认识一般分为三个方面，最为直观的纤维形态结构、较为间接的纤维聚集态结构和更为微观的纤维分子结构。

(一)纤维的大分子结构

1. 单基　高聚物大分子都是由许多相同或相似的原子团彼此以共价键多次反复连结而成的。这些相同或相似的原子团被称为大分子的基本链节(或称为单基或基本单元)。纺织纤维的基本链节随纤维品种而异，如纤维素纤维的单基是β-葡萄糖剩基；蛋白质纤维大分子的单基是α-氨基酸剩基；涤纶的单基是对苯二甲酸乙二酯；丙纶的单基是丙烯；维纶的单基是乙烯醇缩甲醛。单基的化学结构、官能团的种类决定了纤维的耐酸、耐碱、耐光以及染色等化学性能,如:腈纶的单基中含有氰基,所以它的耐光性好;大分子上亲水基团的多少和强弱,影响着纤维的吸湿性,如羊毛纤维分子结构中含有大量的亲水基团,所以它的吸湿性能较好;卤素基的存在有助于提高纤维的难燃性,如氯纶;分子极性的强弱影响着纤维的电学性质。

2. 聚合度　纺织纤维的分子一般都是线形长链分子,量很大,由 n 个(n 为 $10^2 \sim 10^5$ 数量级)重复结构单元(称链节或单基)相互连接而成的,分子量很大,故多为大分子或高分子。若纤维大分子的分子量为 M,单基的分子量为 m,则聚合度(单基重复的次数 n)为:

$$n = \mathrm{Int}(M/m)$$

上式说明,大分子的分子量 M 取决于单基的分子量与聚合度的乘积。纺织纤维的聚合度是较大的,特别是天然纤维的聚合度更高。如棉纤维的聚合度为数千甚至上万。化学纤维为了适应纺丝条件,聚合度不宜过高,如再生纤维素纤维聚合度为 300 ~ 600,合成纤维则是数百或上千。而且一根纤维中各个大分子的聚合度也不尽相同,它们具有一定的分布,这就是高聚物大分子的多分散性。

大分子的聚合度与纤维的力学性质,特别是拉伸强度关系密切。达到临界聚合度时纤维开始具有强力,随着聚合度的增加,纤维强力随着增加,当聚合度增加到一定程度后,纤维强力即不再增大而趋于不变。

纺织纤维大分子的主链结构分为碳链、杂链和梯形双螺旋结构。

3. 碳链结构　就是在纤维大分子主链上均由碳原子以共价键形式相联结的,常见的如丙纶和腈纶等。该类纤维对化学试剂的稳定性较好,可塑性比较好,容易成型加工,原料构成比较简单,成本便宜;但一般不耐热,易燃甚至易熔。杂链结构是指主链中除了含有碳原子外,还含有氧、氮、硫等原子,它们都以共价键的形式连接在主链中,如棉、麻、毛、丝、黏胶纤维、涤纶、锦纶等大多数常用纺织纤维均属此类。该类纤维对酸碱及氧化剂比较敏感,大分子上的酯键、酰胺键易于水解。梯形和双螺旋形大分子就是纤维大分子的主链不是一条直线,而且像"梯子"和"双股螺旋"的结构,如碳纤维和石棉纤维。该类纤维强度高、耐高温。

纺织纤维的大分子大多为线型结构。线型大分子的形态是细长的,宽度约为 1nm;长度可达数微米。羊毛纤维的大分子之间常有二硫键连接,呈网状结构,有某些特殊要求的化学纤维经过交联化处理后,也可形成网状结构。

4. 分子构象　大分子链上的各原子能够围绕单键做一定程度的自由旋转,称为大分子的内旋转。由于大分子的内旋转,分子链可以在空间形成各种不同的立体形态,称大分子的构象。纺织纤维大分子的构象一般都呈一定程度的卷曲状。

在纤维中大分子并不存在完全自由的内旋转。长链分子在一定条件下发生内旋转的难易程度称为大分子的柔曲性。内旋转越容易,大分子柔曲性越好。如主链原子价键旋转性好,侧基小而分布较对称,侧基间结合力较小时,则大分子链比较柔软。反之,大分子链比较僵硬。大分子柔曲性好,其构成纤维的弹性较好,容易变形,结构不易堆砌得十分紧密。

(二)纺织纤维的超分子结构

纺织纤维的超分子结构又称聚集态结构,它是指大于分子范围的结构,主要包括大分子间的作用、凝聚状态和大分子的取向。

1. 分子间的作用力　纺织纤维大分子和其他分子一样,在分子之间距离不小于一定数值时相互之间表现出来的主要是吸引力。这种吸引力使相邻的大分子保持一定稳定性的相对位置或较牢固地结合。大多数纺织纤维大分子之间是依靠范德华力和氢键结合的，此外还有盐式键和化学键。

(1)范德华力。它只存在于分子间的一种力，其作用距离为0.3～0.5nm，作用能量在2.1～23J/mol，并随距离的增加而迅速减少。

(2)氢键。与电负性大的原子X(氟、氯、氧、氮等)共价结合的氢，如与电负性大的原子Y(与X相同的也可以)接近，在X与Y之间以氢为媒介，生成X—H…Y形的键。这种键称为氢键。氢键的结合能是(2～8)千卡(kcal)。因多数氢键的共同作用，所以非常稳定。如在蛋白质的 a - 螺旋的情况下是N—H…O型的氢键，它是大分子侧基上或部分主链上极性基团之间的静电引力，在一定条件下能使相邻分子较稳定地结合。其作用距离为0.23～0.32nm，作用能量为5.4～42.7J/mol。其结合力较强，它的键能略大于范德华力。

(3)盐式键。其又称盐桥或离子键，是蛋白质分子中正、负电荷的侧链基团互相接近，通过静电吸引而形成的，如羧基和氨基、胍基、咪唑基等基团之间的作用力。部分纤维的侧基在成对的某些专门基团之间产生能级跃迁原子转移，形成络合物类型的配价键性质的化学键。如羊毛、蚕丝大分子侧基上的—COOH和—NH_2成对接近时，可以形成盐式键(—COO^-……^+H_3N—)。盐式键的键能大于氢键。

(4)化学键。少数纤维大分子之间含有的桥侧基，如羊毛纤维中的二硫键将两个大分子主链用化学键联结起来(图4-2)。其作用距离为0.09～0.19nm，作用能量为209.3～837.36J/mol。化学键的键能大于盐式键的。

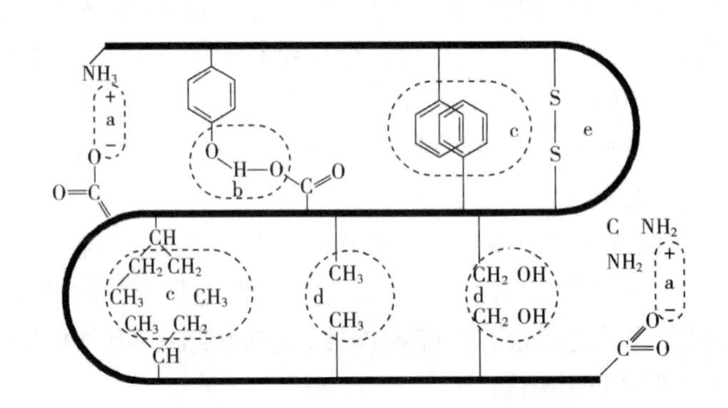

图4-2 蛋白质纤维大分子间作用力

a—盐式键 b—氢键 c—疏水相互作用 d—范德华力 e—二硫键

2. 大分子的聚集态 纺织纤维大分子的凝聚状态有着复杂的结构，通常将其简单地分为两类，即结晶态和非结晶态。人们把纺织纤维中大分子排列整齐有规律的状态称为结晶态，呈现结晶态的区域叫结晶区；反之，纺织纤维中排列杂乱无章的区域称为非结晶区，呈现非结晶态的区域叫非结晶区(图4-3)。结晶区中的大分子排列比较整齐密实，缝隙孔洞较少，分子之间互相接近的各个基团的结合力互相饱和，水分子和染料分子难以进入；而非结晶区中的大分子排列比较紊乱，堆砌比较疏松，有较多的缝隙和孔洞，密度较低，水分子和染料易于进入。纺织纤维中结晶区部分的重量占整个纤维重量的百分比称为纤维的结晶度。纤维的结晶度越高，强度就越高，变形能力越小。

3. 分子的取向 纤维内大分子链主轴与纤维轴向的平行程度称为纤维大分子排列的取向

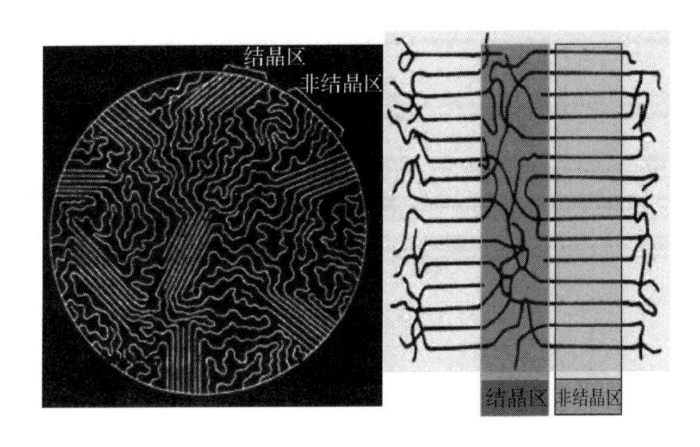

图4-3 结晶区与非结晶区

度。取向度较高时,纤维的拉伸强度较高,变形能力较小,其光学、力学等性能的各向异性比较明显,如双折射率较高,各向弹性模量差异较大。天然纤维的取向度与纤维的品种、生长条件有关;化学纤维的取向度主要取决于制造过程中对纤维的拉伸,拉伸倍数较大时,纤维的取向度就越高。

(三)纺织纤维的形态结构

纤维的形态结构,是指纤维在光学显微镜或电子显微镜,乃至原子力显微镜(AFM)等各种测试手段下能被直接观察到的结构。随着测试手段的不断进步,形态结构的尺寸也越来越小,形态结构主要包括以下几个方面。

(1)纤维纵向形态。如纤维表面状态:卷曲、转曲、长度等。

(2)截面形状。如圆形截面、异形截面及其他不规则形状截面等。

(3)截面结构。如纤维的皮芯结构、复合结构、羊毛的双侧结构、棉纤维的日轮等。

(4)纤维中的缝隙和孔洞等。

形态结构对纤维的力学性质、光泽、手感、保暖性、吸湿性等都有一定的影响。例如纤维中有缝隙和孔洞时,纤维的强力较低,吸湿性较好;异形纤维中的三角形、多角形等截面具有特殊的光泽,不易起毛起球;中空纤维的保暖性好;卷曲度高的纤维手感蓬松、弹性好;羊毛纤维由于表面有鳞片而光泽柔和。

(四)纺织纤维的结构层次

由大分子到纤维,其间经历许多级的微观结构,可进行如下区分。

1. *大分子* 由各种单基组成的不同聚合度的线型大分子,在纤维中一般具有相对稳定的三维空间几何形状,有的大分子呈锯齿形,有的呈波浪形,有的呈螺旋状。

2. *基原纤* 由几根线型大分子相互平行,按一定距离、一定位相、一定相对形状比较稳定地结合在一起。形成结晶结构的细长的大分子束,其直径为1~3nm。

3. *微原纤* 微原纤是由若干根基原纤平行排列在一起成为较粗的,基本上属于结晶态的大分子束。微原纤内的基原纤之间存在一些缝隙和孔洞,也可能掺填一些其他分子的化合物(图4-4)。微原纤一方面靠相邻基原纤之间的分子间结合力联结,另一方面也靠穿越两个基原纤的大分子主链将两个基原纤联结起来。微原纤的横向尺寸为4~8nm。

4. *原纤* 原纤是由若干根微原纤基本平行地排列结合在一起的更粗的大分子束。原纤中存在着比微原纤中更大的缝隙、孔洞和非晶区,也可能存在一些其他分子的化合物。微原纤之

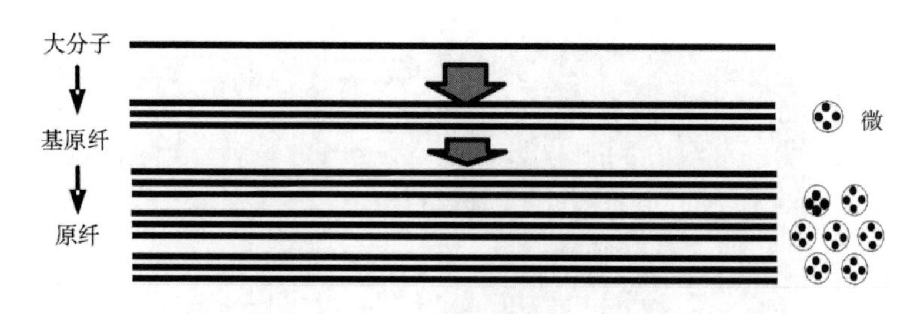

图4-4 微原纤的堆砌形式示意图

间依靠相邻分子的结合力和穿越的大分子主链来联结，横向尺寸为10~30nm。在一根原纤上可能出现许多段由非晶区间隔开来的结晶区。

5. 巨原纤　巨原纤是由原纤基本平行地堆砌成的更粗的大分子束。在原纤之间存在着比原纤中更大的缝隙、孔洞及非晶区。原纤之间主要靠穿越非晶区的大分子主链和一些其他物质来联结。一部分多细胞的天然纤维，巨原纤可能就是一个细胞。

6. 纤维　纤维由巨原纤堆砌而成，在巨原纤之间存在着比巨原纤内更大的缝隙利孔洞，巨原纤之间的联结也更疏松一些，有的纤维甚至主要靠其他物质如多细胞纤维的胞间物质来联结。

不同种类的纺织纤维，其结构层次并不相同。一般来说，经历层次越多的纤维，其结构较为疏松；而经历层次越少的纤维，其结构较为紧密。

三、学习提高

(1)根据本节所学内容，查阅相关文献资料，总结常见纤维所具有的大分子、超分子及形态结构，绘出分子结构图，并表示出它们之间的关系，试分析它们可能具有的性质。

(2)以常见纤维为例，描述并区分结晶度、聚合度、取向度三指标的概念及表达，能够说出它们对纺织纤维各项性能及加工过程所产生的影响？

四、自我拓展

查阅相关资料说明常见纤维结晶度、聚合度、取向度的范围，进行比较分析(表4-4)。

表4-4　常见纤维结晶度、聚合度、取向度的范围

纤维种类	结晶度	取向度	聚合度
棉			
桑蚕丝			
羊毛			
涤纶			
腈纶			
锦纶			
丙纶			

项目五　天然纤维及性能检测

学习与考证要点

◇ 棉纤维的基本性能及检测指标
◇ 麻类纤维的基本性能及检测指标
◇ 毛纤维的基本性能及检测指标
◇ 丝纤维的基本性能及检测指标

本项目主要专业术语

棉花(cotton)
亚麻(flax)
大麻(hemp)
黄麻(jute)
苎麻(ramie)
羊毛(wool)
马海毛(mohair)
蚕丝(silk)
骆驼毛(camel hair)
羊绒(开士米)(cashmere)
短纤维(staple)
海岛棉(Sea Island staple)
高地棉(Upland cotton)
美利奴羊(Merino sheep)
粗纺毛织物(woolen fabric)
精纺毛织物(worsted fabric)
蚕(silk worm)
长丝(filament)
蚕茧(cocoon)
丝胶(sericin)
丝素(silk fibroin)
蛋白质(protein)

任务一　掌握棉纤维的基本性能及检测指标

一、学习内容引入

人类利用棉花的历史相当久远,早在公元前二千多年,人类就开始采集野生的棉纤维用来御寒,后来棉花逐渐被推广种植。18 世纪下半叶,纺织机械的发明,使棉纤维取代毛纤维等成为全世界最主要的纺织原料。目前棉花产量占全世界纺织纤维总产量的 40% 左右。棉纤维作为一种最早、最常见的天然纺织纤维材料具有哪些优良的特性?棉纤维的基本性能指标如何进行检测呢?随着生态环保纺织的发展,棉纤维的应用与发展又有何变化趋势呢?

二、知识准备

(一)原棉概况

棉花的种植范围很广,北纬37°到南纬30°之间的温带地区都可种植。中国、美国是棉花的主要生产大国,印度、巴基斯坦、巴西、埃及、苏丹等也是重要的产棉国。

1. 棉花的生产与棉纤维的形成　棉花大多为一年生植物。我国在四五月份开始播种,11月前后枯死,生长期为120~150天。棉花播种7~14天后发芽,以后继续生长,发育很快,最后形成棉株。棉株上的花蕾在七、八月间陆续开花,开花期可延续一个月以上。花瓣脱落后开始结果,结的果称为棉桃或棉铃。棉铃内分为3~5个室,每室内有5~9粒棉籽。棉铃由小逐渐长大,45~60天后种子和纤维成熟。这时棉铃外壳变硬,干燥开裂,露出棉纤维,称为吐絮。吐絮后就可以开始收摘籽棉。根据收摘时期的早迟,有早期棉、中期棉、晚期棉之分。其中中期棉质量最好(图5-1)。

图5-1　棉花的生长过程

棉纤维是由胚珠(即将来的棉籽)表皮壁上的细胞伸长加厚而成的。一个细胞就长成一根棉纤维,它的一端生于棉籽表面,另一端呈封闭状。棉籽上长满了棉纤维,这就称为籽棉。棉纤维的生长可分为伸长期、加厚期和转曲期(图5-2)。

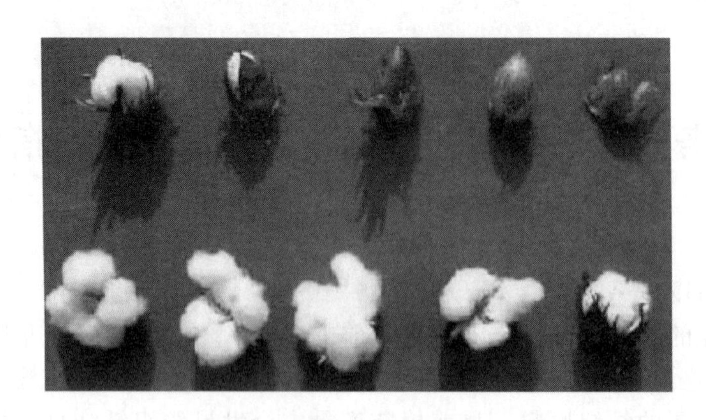

图5-2　不同生长期的棉花形态

(1)伸长期。开花期中,胚珠表皮细胞就开始隆起伸长,形成纤维的原始细胞,胚珠受精后,纤维的原始细胞继续伸长,同时细胞宽度加大,形成一定长度的有中腔的、细长的薄壁管状物。这一时期为期25~30天,在此期间,细胞壁的增厚很小,直至伸长到纤维的最后长度。

(2)加厚期。当纤维初生细胞伸长到一定长度时,就进入加厚期。这时纤维长度不再增加,外周长也基本不变,只是细胞壁由外向内逐层沉积,胞壁增厚,最后形成一根两端较细、中间较粗的棉纤维。加厚期也为25~30天。纤维素沉积的速度与温度有关,温度越高,沉积越快,昼夜气温不同,沉积加厚的速度不同,在棉纤维的截面形成分层结构,类似树木的年轮,称为日轮。

(3)转曲期。加厚期结束后,细胞停止生长,棉铃干裂吐絮,棉纤维与空气接触,纤维内水分蒸发,胞壁发生扭转,形成不规则的螺旋形,称为天然转曲。这一时期称为转曲期。

2. 棉花的分类

(1)按棉纤维的长度、细度分类。

①细绒棉:又称陆地棉。其长度为23~33mm;线密度为1.5~2dtex;色泽洁白或乳白,有丝光。可纺制10~100tex的棉纱,是纺织的主要原料,棉纤维中85%以上是细绒棉。我国种植的棉花大多属于这一类。

②长绒棉:又称海岛棉。较细绒棉细且长度长,品质优良。其长度为33~45mm,最长可达64mm;线密度为1~1.9dtex;色泽乳白或淡棕色,富有丝光。用于纺制高档轻薄和特种棉纺织品。长绒棉原产美洲西印度群岛,目前长绒棉的主要生产国有埃及、苏丹、美国、秘鲁和中亚,我国在新疆、广东等地区有种植。长绒棉的产量约占棉纤维总产量的10%,因为它适宜于在生长期较长、雨水少、日光足的棉区种植。我国长绒棉的产量较小,但其品质优良,是高档棉纺产品的原料。

(2)按棉花的初加工分类。

轧棉指棉籽上的纤维与棉籽分离的过程,方法有皮辊轧棉与锯齿轧棉两种。

(3)按纤维的色泽分类。

①白棉:正常成熟、吐絮的棉花,色泽呈洁白、乳白或淡黄色,棉纺厂使用的原棉,大多数为白棉。

②黄棉:指棉花生长晚期,棉铃经霜冻冻伤后枯死,铃壳上的色素染到纤维上,使原棉颜色发黄。黄棉一般都属低级棉,棉纺厂仅有少量使用。

③灰棉:指棉花在多雨地区生长时,棉纤维在生长发育过程中或吐絮后,受雨淋、日照、少霉变等影响,原棉颜色呈灰白。灰棉强力低、质量差,棉纺厂仅在纺制低级棉纱时搭用。

3. 棉花的初加工　从棉田采得的棉花,纤维与棉籽是连在一起的,称为籽棉。籽棉不能直接用于纺纱,必须先将棉纤维与棉籽分离,分离的工艺过程就是棉花的初加工,或称轧花。轧花后的棉纤维称为皮棉,皮棉经分级打包成一定规格和重量的棉包(即原棉)后,就可送棉纺厂使用加工成纱。

籽棉经轧花后,所得到的皮棉重量占原来籽棉重量的百分率称为衣分率。衣分率一般为30%~40%。

根据籽棉初加工采用的轧棉机不同,得到皮辊棉和锯齿棉。

(1)锯齿加工。锯齿轧棉机(图5-3)是利用几十片圆形锯片抓住籽棉,并带住籽棉通过嵌在锯片中间的肋条,由于棉籽大于肋条间隙而被阻止,从而使纤维与棉籽分离。

锯齿轧棉机上有专门的除杂设备,用来排除僵片、清除杂质,因此锯齿棉含杂、含短绒较少,纤维长度较整齐。但由于轧棉作用剧烈,易损伤纤维,也易产生轧工疵点,使棉结、索丝和带纤维籽屑含量较高,皮棉呈松散状。

(2)皮辊加工。皮辊轧棉机(图5-4)是利用表面粗糙的皮辊黏住籽棉,带住籽棉通过一对定刀和冲击刀。定刀与皮辊靠得较紧,使籽棉不能通过。冲击刀在定刀外侧上下冲击,使纤维与棉籽分离。

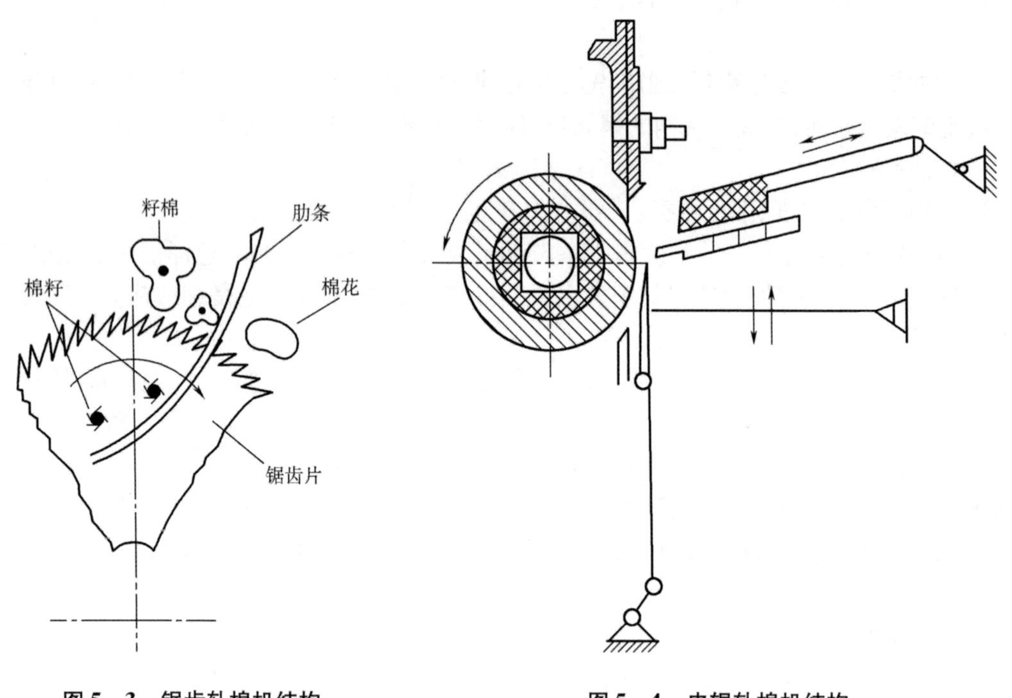

图5-3 锯齿轧棉机结构

图5-4 皮辊轧棉机结构

皮辊轧棉机上因为没有专门的排杂装置,所以皮辊棉含杂、含短绒较多,纤维长度整齐度差,但由于皮辊轧棉机作用缓和,不易损伤纤维,轧工疵点较少,但有黄根,皮棉呈片状(表5-1)。

表5-1 轧花方式的特点比较

	锯齿棉	皮辊棉
对纤维作用	剧烈,纤维损伤较大	缓和,纤维损伤小
外观形态	松散	薄片状
主体长度及整齐度	主体长度短,整齐度较高	主体长度长,整齐度低,短绒无法去除
除杂设备	有排杂、排僵设备	无排杂设备
轧工疵点	多,如棉结、索丝等	少,有黄根
适宜加工	细绒棉	长绒棉
产量	高	低

4. 棉纤维形态结构

(1)棉纤维的截面形态结构。正常成熟的棉纤维,截面是不规则的腰圆形,内有中腔(图5-5)。

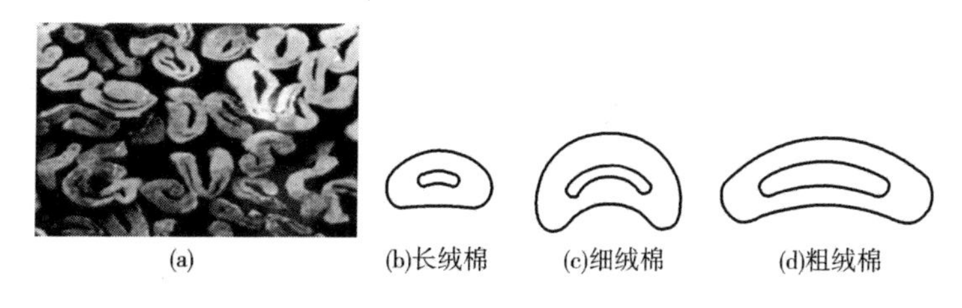

图 5-5　棉纤维截面形态图及不同品种棉纤维的截面示意图

棉纤维的截面由外至内主要由初生层、次生层和中腔三个部分组成(图 5-6)。

①初生层:初生层为棉纤维在伸长期形成的初生细胞壁,它的外壁是一层很薄的蜡质和果胶,表面有深浅不同的细长状皱纹。外皮之下是纤维的初生细胞。初生层很薄,为 0.1 ~ 0.2nm,重量占整个纤维的 2.5% ~2.7%。

②次生层:次生层是棉纤维在加厚期淀积而成的部分,几乎都是纤维素。它是纤维中的主体部分,决定了棉纤维的主要物理性能。由于每日温差的关系,棉纤维逐日淀积一层纤维素,形成了棉纤维的“日轮”。纤维素在次生层中的淀积并不均匀,以束状小纤维的形态与纤维轴倾斜呈螺旋形(螺旋角为 25° ~30°),并沿纤维长度方向有转向。这是棉纤维具有天然转曲的原因。次生层分为三个基本层,S1、S2、S3 依次向内。

③中腔:中腔是棉纤维停止生长后留下的空隙,同一品种的棉纤维,外周长大致相等,次生层厚时,中腔小;次生层薄时,中腔大。中腔是纤维内最大的空隙,是棉纤维染色和化学处理的重要通道。

(2)棉纤维的纵向形态。棉纤维是一端封闭的管状细胞,中间较粗,两端较细,长度与宽度之比为 1000 ~3000,纵向呈转曲的带状。

棉纤维的天然转曲,沿纤维长度方向不断改变转向(图 5-7)。棉纤维单位长度上扭转半周(即 180°)的个数称为转曲数,细绒棉的转曲数为 39 ~65 个/cm,长绒棉比细绒棉的多。

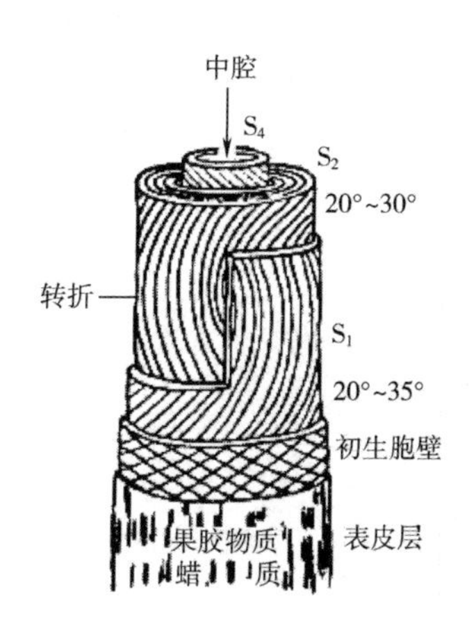

图 5-6　棉纤维的形态结构模型

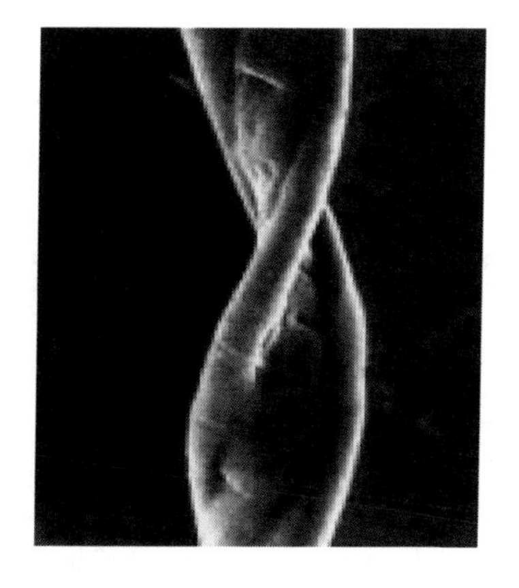

图 5-7　棉纤维的纵向形态

成熟正常的棉纤维转曲最多,未成熟的棉纤维呈薄壁管状物,转曲少,过成熟的棉纤维呈棒状,转曲也少。

天然转曲使棉纤维具有良好的抱合力,有利于纺纱工艺过程的正常进行和成纱质量的提高。但转曲反向次数过多的棉纤维强度较低。

5. 棉纤维的化学组成　棉纤维的主要组成物质是纤维素。正常成熟的棉纤维纤维素含量约为94%。此外,还有少量的果胶、蜡质、蛋白质等物质。

纤维素是天然高分子化合物,化学结构式为($C_6H_{10}O_5$)$_n$。

棉蜡使棉纤维具有良好的适宜于纺纱的表面性能,但在棉纱、棉布漂染前,要经过煮练,除去棉蜡,保证染色均匀。糖分含量较多的棉纤维在纺纱过程中容易绕罗拉、绕胶辊等,必须在纺纱前用消糖剂喷洒,以降低糖分。

纤维素化学结构式为:

棉纤维大分子的聚合度为6000~15000,相对分子质量为100万~243万,其氧六环结构是固定的,但六环之间夹角可以改变,所以分子在无外力作用的非结晶区中,可呈自由弯曲状态。

(二)棉纤维的主要性能和纺纱品质

1. 棉纤维的主要性能

(1)耐酸碱性。棉纤维耐碱不耐酸。酸可导致纤维素分解,大分子链断裂。常温下65%浓度的浓硫酸即可将棉纤维完全溶解。而棉纤维遇碱不会发生破坏,在一定浓度的碱液中,棉纤维截面会产生不可逆的膨化,截面变圆、长度缩短,天然转曲消失,发生碱缩现象;若此时给纤维以拉伸,会使纤维呈现丝一般的光泽,洗去碱液后,仍可保持光泽,这一处理称为丝光。经过丝光处理的棉纤维,其纤维形态特征发生了物理变化,纵向天然转曲消失,纤维截面膨胀,直径加大,横截面近似圆形,增加了对光线的有规律反射,使棉纤维制品表面呈现丝一般的光泽亮丽;又由于分子排列紧密,强度要比无光纱线高,提高了棉纤维强力和对染料的吸附能力。但浓碱高温对棉纤维起到破坏作用(图5-8)。

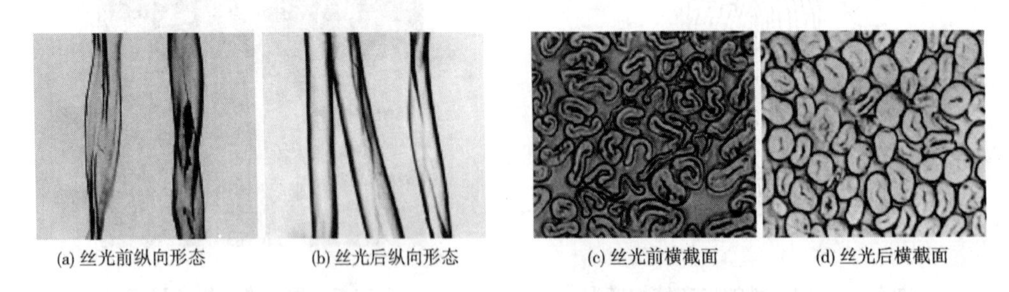

(a) 丝光前纵向形态　(b) 丝光后纵向形态　(c) 丝光前横截面　(d) 丝光后横截面

图5-8　丝光前后,棉纤维形态结构变化(左图为丝光前)

(2)吸湿性和吸水性。棉纤维在标准状态下的回潮率为7%~8%,其湿态强力大于干态强力,其比值为1.1~1.15。

(3)染色性。棉纤维吸湿性强,一般染料均可对棉纤维染色。

(4)耐热性。棉纤维在100℃的高温下处理8h,强力不受影响。棉纤维在150℃时分解,在320℃时起火燃烧。

(5)比电阻。也叫电阻率,是用来表示各种物质电阻特性的物理量。棉纤维的比电阻较低,在加工和使用过程中不易产生静电。

2. 棉纤维的纺纱性质及检测指标

(1)长度。棉纤维的长度主要取决于棉花的品种、生长条件和初加工。棉纤维的长度是伸长期形成的,与棉花成熟度关系不大。

棉纤维的长度与成纱质量关系十分密切。一般长度越长,且长度整齐度越高,短绒越少,可纺纱越细,纱线条干越均匀,强度越高,且表面光洁,毛羽少。

棉纤维的长度与纺纱工艺关系也十分密切。棉纺设备的结构、尺寸及各道工序的工艺参数,都必须与所用纤维的长度密切配合。

①主体长度:纤维中含量最多的纤维长度。

a. 根数主体长度:纤维中根数最多的一部分纤维的长度。

b. 重量主体长度:纤维中重量最重的一部分纤维的长度。

②平均长度:是纤维长度的平均值。

a. 根数平均长度:各根纤维长度之和的平均数。

b. 重量加权平均长度 Lg:各组长度的重量加权平均数。

③品质长度(右半部平均长度):比主体长度长的那部分纤维的平均长度(是棉纺工艺中决定罗拉隔距的重要参数)。

④短绒率:长度在某一界限以下的纤维重量占纤维总重量的百分率(表示长度整齐度的指标)。短绒含量多,则纺纱困难,成纱质量差。界限:细绒棉16mm,长绒棉20mm,毛30mm,苎麻40mm。

(2)线密度(细度)。棉纤维的线密度(细度)指标是指纤维单位长度的重量。用分特来表示。

棉纤维的线密度主要取决于棉花品种、生长条件等。一般长绒棉较细,为1.11~1.43dtex(9000~7000公支),细绒棉较粗,为1.43~2.22dtex(7000~4500公支)。

棉纤维的线密度对成纱质量有一定的影响,一般情况下,线密度小,有利于成纱强力和条干均匀度,可纺较细的纱。但纤维太细,加工困难,纤维容易扭结、折断,形成棉结、短纤维,反而对成纱质量有害。

(3)成熟度。成熟度是指棉纤维中细胞壁的增厚程度。成熟度是能反映棉纤维的内在质量的综合指标,它与纤维的各项物理性能都有密切的关系。正常成熟的棉纤维,其截面粗,强力高、弹性好,有丝光,天然转曲多,抱合力大,对加工性能和成纱品质都有利。而成熟度差的棉纤维,线密度较小,强力低,天然转曲少,抱合力差,吸湿较多,且染色性和弹性较差,加工中经不起打击,容易纠缠成棉结。过成熟的棉纤维偏粗,天然转曲少,成纱强力低。

表示成熟度的指标是成熟系数,是指棉纤维中段截面恢复成圆形后相应于双层壁厚与外径之比的标定值(图5-9)。成熟系数 M 与纤维的壁厚及外径的关

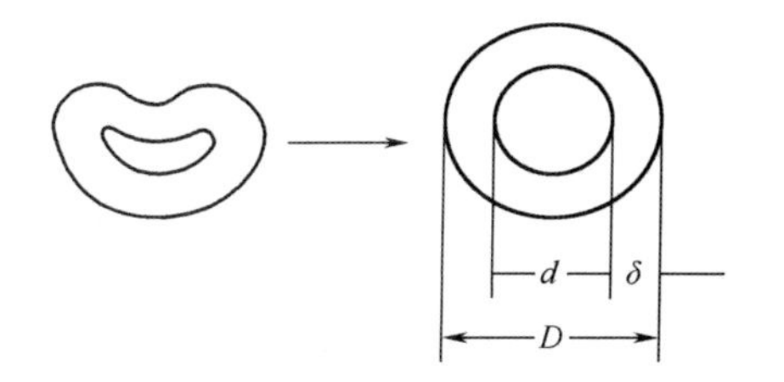

图5-9 棉纤维的中腔与壁厚

系为:

$$M = \frac{20\left(\frac{2\delta}{D}\right) - 1}{3}$$

式中:M——棉纤维的成熟系数;

δ——棉纤维壁厚;

D——棉纤维截面复圆后的直径。

成熟系数为0.00时,$\frac{2\delta}{D}=0.05$,是最不成熟的棉纤维;成熟系数为2.00时,$\frac{2\delta}{D}=0.35$,是标准成熟的棉纤维;成熟系数为5.00时,$\frac{2\delta}{D}=0.80$,是最成熟的棉纤维;成熟系数越大,表示棉纤维越成熟。一般正常成熟的细绒棉,平均成熟系数为1.5~2.0。成熟系数在1.7~1.8时,对纺纱工艺和成纱质量都较理想。长绒棉的成熟系数如用同样的腔宽壁厚比值来看较细绒棉高些,通常为2.0左右。

(4)吸湿性。国产原棉的回潮率一般为8%~13%。我国规定原棉的公定回潮率为8.5%。原棉含水的多少会影响重量、用棉量的计算及以后的纺纱工艺。回潮率太高的原棉不易开松除杂,影响开清棉工序的顺利进行,还容易扭结成"萝卜丝"。回潮率太低则会产生静电现象,造成绕罗拉、绕皮辊、纱条中纤维紊乱、成纱条干不均匀等。

(5)强伸性。棉纤维在纺织加工过程中不断受到外力的作用,要求纤维必须具备一定的强度,并且纤维强度越高,纺得的纱线强度也越高。棉纤维的强度主要取决于纤维的品种、粗细等。一般细绒棉的断裂长度均为20~30km,长绒棉更高一些。

(6)天然转曲。天然转曲是棉纤维特有的形态特征。天然转曲的多少取决于成熟度和棉花品种,正常成熟的棉纤维天然转曲最多,未成熟和过成熟的棉纤维,天然转曲少。

棉纤维天然转曲较多时,纤维之间的抱合力大,有利于成纱质量。一般地,天然转曲越多的纤维,其品质越好。

(7)杂质和疵点。杂质是指原棉中夹杂的非纤维性物质,例如泥沙、枝叶、铃壳、不孕籽、棉籽、籽棉及虫屎、虫浆等。杂质对纺纱工艺和成品品质有较大影响,应在清花和梳棉、精梳工序中去除。

疵点是原棉中存在的不利于纺纱的纤维性物质,主要疵点见表5-2。

表5-2 原棉主要疵点

束丝	纤维紧密纠缠在一起,形状大小不一,用手难以纵向扯开的呈条状的纤维束,也叫"萝卜丝"
棉结	纤维紧密结合成圆形小结或粒状纤维结,又叫:"白星"
黄根	籽棉在皮辊轧棉时带下的靠近棉籽壳处的黄褐色底绒,长度为3~6mm,黄色,又叫"黄斑" 带纤维籽屑:带有纤维的碎小破籽,面积在2mm^{2}以下
僵片	未成熟或受病虫害的带僵籽棉通过轧棉而成,无纺纱价值
不孕籽	表面附有短绒的小籽
破籽	轧碎的棉籽壳

疵点在纺纱过程中不易清除,特别是细小疵点往往包卷在纱条中或附着在纱条上,使纱线条干恶化,断头增加,直接影响成纱的外观质量。

(三)原棉检验

原棉检验是为了充分掌握原棉的性能及其与成纱质量的关系,以达到合理使用原棉,提高成纱质量,降低原棉成本的目的。所以原棉检验是棉纺厂的一项重要工作。

我国原棉检验的方法是:以感官检验为主,仪器测试为辅。感官检验是依靠人们的感官,如手扯、手摸、眼看、耳听等,根据个人长期积累的经验来检验原棉的各种性能。品级、长度、异性纤维和棉结以感官为准;仪器检验是利用仪器来测量原棉的各种性能,马克隆值、成熟度、含水、含杂和短绒率等以仪器测试为准。

其中品级、手扯长度、含水和含杂四项检验称为业务检验,在原棉的工商交接验收时,根据前两项确定价格,根据后两项确定原棉重量。

1. *取样(也叫扦样)* 取样是从一批待检的棉纤维中,取一部分有代表性的样品供检验使用。所以,扦样是检验工作的基础工作,也是检验程序的第一道工序,是棉纤维的业务检验工作的重要组成部分。扦样的数量和代表性对一批棉纤维的检验结果有很大影响,它决定了检验结果是否准确,所以,扦样时一定要根据国家标准的规定和要求,认真细致地进行。

取样的原则是多点随机取样。目前规定的取包数为:100 包以下取 10%,不足 10 包的部分按 10 包计;100 包以上超过 100 包部分取 5%,不足 20 包的部分按 20 包计;500 包以上每增加 50 包取一包,不足 50 包的部分按 50 包计。取样的方法是:从包身上开包,去掉表层棉花,先取检验品级、长度、马克隆值、异性纤维和含杂率检验的样品,约 300g;再往内 10 ~ 15cm 深处取回潮率检验样品约 100g,以保证含水检验的准确性。样品取出后,要立即放在筒内或塑料袋内与空气隔绝,以防水分变化。其他试样则放在有格子的匣子中。

2. *品级检验* 品级检验是原棉检验中的重要项目之一。品级的高低是棉纤维品质优劣的一项重要指标,与纺纱价值密切有关。通过品级检验来合理定级,作为棉花流动、交易的结价依据,也为原棉纺纱提供技术依据。

(1)原棉分级的依据和原棉品级条件、品级是品质和等级的总称,是棉检工作的习惯用语。正确评定原棉品级,对棉纺厂用好原棉、合理配棉、保持和提高纺纱质量均有重要意义。

国家标准 GB 1103.1—2012《棉花 第 1 部分:锯齿加工细绒棉》和 GB 1103.2—2012《棉花 第 2 部分:皮辊加工细绒棉》规定,原棉品级根据原棉的成熟程度、色泽特征和轧工质量评定。

(2)成熟程度。棉花的成熟程度对棉纤维的色泽、强力、细度、天然转曲、弹性、吸湿、染色、保暖等物理、化学性能都有影响,因此,成熟度是鉴定棉花品级的主要条件之一。一般情况下,棉花的成熟度好,其强度、色泽、染色性也好,天然转曲较多。

(3)色泽特征。指棉纤维的颜色和光泽,它既有棉纤维外表的物理现象的反映,又同纤维的内在质量有联系。色泽在一定程度上能反映棉花的品质,因此,色泽也是棉花品级的主要条件之一,一般包括基色和污染两个方面。基色就是棉纤维的基本颜色,主要决定于品种、土壤、气候。污染是外界原因形成的,如雨淋、病虫害、霜冻等。

(4)轧工质量。轧工质量是指轧花工艺对棉花品质的影响。即籽棉经初步加工过程轧出的皮棉,其质量视纤维层的均匀清晰程度、各种有害疵点的多少、有无切断纤维等情况来评定轧工的优劣。锯齿棉的疵点一般为棉结、索丝、带纤维籽屑、不孕籽、破籽等;皮辊棉的疵点一般为破籽、带纤维籽屑、软籽表皮、黄根、不孕籽、僵棉等。这些疵点的产生原因与棉纤维成熟度、轧花机械性能和籽棉含水多少等因素有关。而轧工质量好坏,直接关系到纺纱价值的高低,对纺纱成本和棉纱质量影响很大,所以轧工质量也列为品级条件之一。

细绒棉分为一级至七级。一级棉最好,七级棉最差,三级为标准级,七级以下为级外棉。一般纺纱用棉为一级至五级,五级以下用作絮棉或作为废纺纱原料。长绒棉按国家标准分为五级,即一级至五级。彩棉分为一级至三级,二级为品级标准级,三级以下为级外棉。

(5)原棉品级实物标准。作为原棉评定品级的依据,国家根据品级条件还规定了皮辊棉和锯齿棉品级实物标准。各级品级实物标准都是最低要求。原棉品质低于本级实物标准者应定下一级。在评定原棉品级时,对照实物标准并参照品级条件两者相结合进行(图5-10)。

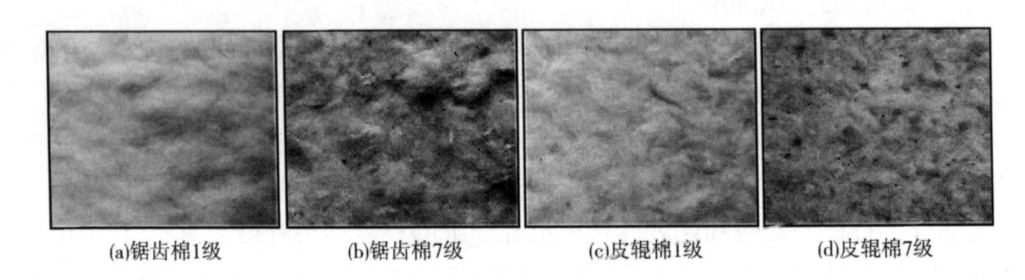

(a)锯齿棉1级　(b)锯齿棉7级　(c)皮辊棉1级　(d)皮辊棉7级

图5-10　原棉品级样照

原棉品级实物标准分为全国基本标准和地方仿制标准。全国基本标准由国家按规定条件制作,仿制标准由各省、市、自治区根据全国基本标准的品级程度进行仿制。使用期限为一年(自当年9月1日至次年8月31日),所以,实物标准每年都要更新、制作。

(6)原棉品级操作方法。

①检验品级时,用手将棉样压平,握紧举起,使棉样密度与品级实物标准表面密度相似。

②品级检验一般应在北窗自然光线下进行。棉花标准架以55°为宜,棉样与标准对照时,可稍低于平行视线,距离眼睛约40cm,使光线由两肩上部射入实物标准和棉样表面。在人工光照条件下进行对照时,棉花标准架应为30°左右。

③分级时棉样拿法应用手将棉样从分级台上抓起,使底部呈平行状态翻转向上,拿在稍低于肩胛离眼睛40~50cm处与实物标准对照进行检验。凡在本标准以上,上一级标准以下的原棉即定为该品级。

④原棉品级应按取样数逐一检验。

3. 棉纤维长度检验

(1)手扯尺量法。手扯长度是用手扯尺量法测试出的棉纤维长度。将品级检验后棉样用手扯的方法整理成没有丝团、杂质,纤维平直,一端平齐而另一端不平齐的小棉束,放在黑绒板上,量取平齐端到另一端不露黑绒板处的距离即为手扯长度。手扯长度是原棉中占数量最多的那部分纤维长度。手扯长度与仪器检验长度指标中的主体长度相接近。

在我国现行棉花标准规定中,采用手扯尺量法检验棉纤维长度,以此作为决定棉纤维长度和计价的依据。它具有快速、方便、检验工具简单,检验条件要求不严,可以现场检验等特点,在产地、销地或实验室等都可使用。它还具有代表性大、效率高、适应性广的特点,并且在手扯过程中还可估计纤维的整齐度、强力、成熟程度和短纤维的品质情况。其缺点是不能对纤维长度的分布情况得出具体数据以及各项指标。

按国家标准 GB/T 19617—2007《棉花长度试验方法 手扯尺量法》规定，细绒棉手扯长度以 1mm 为级距进行分档，分为如下几档：25mm，包括 25.9mm 及以下；26mm，包括 26.0～26.9mm；27mm，包括 27.0～27.9mm；28mm，包括 28.0～28.9mm；29mm，包括 29.0～29.9mm；30mm，包括 30.0～30.9mm；31mm，包括 31.0～31.9mm；32mm，包括 32.0mm 及以上；其中 28mm 为长度标准级。

五级花长度长于 27mm 时，按 27mm 计。六、七级棉花长度均按 25mm 计，记为 25.0mm。

长绒棉则分为 33mm、35mm、37mm 三档。

手扯长度操作方法。手扯长度检测时，手扯长度尺量法在我国大体上分为一头齐法和两头法两种。但必须按照规定的工作法，用一种固定的方法，反复拉扯棉束，并以此对照长度标准棉样，达到检验正确和稳定的目的。现将一头法操作过程简介如下。

①选取棉样：在需要鉴定的棉样中，从不同部位多处选取有代表性的棉样约 10g，将所选的适量小样加以整理，使纤维基本趋于平顺。

②双手平分：双手平分有两种方法。

a. 选取的适量小样，放在双手并拢的拇指与食指间，使两拇指并齐，手背分向左右，用力握紧，以其余四指作为支点，两臂肘紧贴两肋，用力由两拇指处缓缓向外分开，然后将右手的棉样弃去或合并与左手重叠握持。

b. 将选取的小样用两手捏拳状握紧，两手互相靠拢，手背向上，两手握紧棉样的食指对齐，左手拇指第二节与右手拇指第二节对齐，用力缓缓撕成两截，弃去右手的一半或合并于左手中重叠握紧。

以上两种方法都必须使双手平分后的小样截面呈棕刷状，能伸出较顺的纤维，棉块基本上都被食指与拇指控制，以便于抽取薄层的纤维。

③抽取纤维：用右手的拇指与食指的第一节对齐，夹取截面多处纤维，每处抽取 3 次，将每次抽取的纤维均匀整齐地重叠在一起，做成适当的棉束。

④整理棉束：用右手清除棉束上的游离纤维、杂质、索丝及丝团等，然后用左手拇指与食指将棉束轻拢合并，给棉束适当压力，缩小棉束面积，使成为尖形的伸直平顺的棉束，以待抽拔。

⑤反复抽拔：将整理过的棉束，用右手压紧，以左手拇指与食指第一节平行对齐，抽取右手棉束中伸出的纤维，每次抽取一薄层，均匀排列。并随时清除纤维中的棉结杂物等，每次夹取的一端长度不宜超过 1.5mm，每次抽取整齐一端，应放在食指的一条线上，使之平齐。抽拔成粗束后，以同法反复抽拔 2～3 次，使其达到一端齐而另一端不齐的平直光洁的棉束。最后，棉束重量一般为 60mg 左右，长纤维可重些，短纤维可轻些。

⑥尺量棉束长度：将制成一端整齐的棉束，平放在黑绒板上，棉束无歪斜变形，用小钢尺刃面在整齐一端少切些，参差不齐的一端多切些，两头均以不见黑绒板为宜。棉束两端的切痕相互平行，然后用小钢尺测量两切线间的距离，即为棉束的手扯长度。

（2）仪器检测法。

①罗拉法（适用于棉纤维的长度测定）：利用 Y111 型罗拉式纤维长度分析仪，将纤维整理成伸直平行、一端平齐的纤维束后，利用罗拉的握持和输出，将纤维由短到长按一定组距（即罗拉每次输出的长度，2mm）分组后称重，从而得到纤维长度—重量分布，求出各指标（图 5－11）。

a. 取样：从制好的试验棉条中以一定的方法取出一定重量的试验试样。取样方法有两种，一种是横向拔平取样法，一种是纵向取样法，优先采用横向拔平取样法。

横向拔平取样法：双手在靠近自由端相隔 2～3cm 处握持并拉断试验棉条，丢掉较短的一

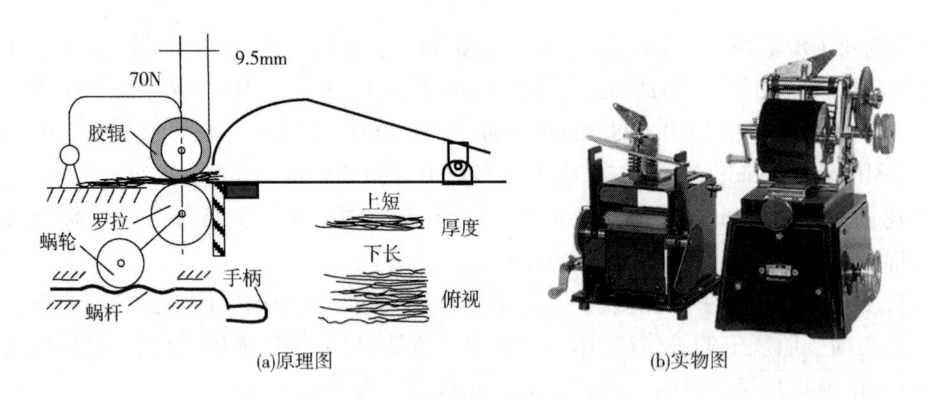

(a)原理图 (b)实物图

图5-11 罗拉法原理图及实物图

段,把留下的一段端部夹入一手虎口,头端放在手臂一侧,用另一手捏住伸在前面的少量纤维,拔出并丢掉,经多次整理,使头端拔平整齐,再拔取若干次得到需要数量的试验试样。注意拔出纤维时不应带出其他纤维。

纵向取样法:用手或压板按住试验棉条,另一手用镊子沿着不分层的纵向先拨弃试验棉条边缘部分,然后再沿纵向取出一细条需要数量的试验试样。

将取出的试验试样在称量为50mg的扭力天平上称重,对于细绒棉来说要求试样的重量为(30±1)mg,对于长绒棉而言,要求试样的重量为(35±1)mg。

b. 整理棉束:将称准重量的棉束先用手扯整理数次,使纤维平直,一端整齐。然后用手握住纤维整齐一端,将一号夹子从长至短夹取纤维。分层铺在限制器绒板上,铺成宽为32mm,厚薄均匀,露出挡片一端要整齐,一号夹子夹住部分不超过1mm。如此反复2~3次。制成一端整齐、平直光滑、层次分清的棉束,整理过程中,不允许丢弃纤维。

c. 移放棉束:揭起仪器盖子,摇转手柄,使蜗轮上的第9刻度与指针重合,用一号夹子自绒板上将棉束夹起,移置于仪器中,移置时一号夹子的挡片紧靠溜板。用水平垫木垫住一号夹子使棉束达到水平,放下盖子,松去夹子,拴紧盖上弹簧。

d. 分组夹取:放下溜板,并转动手柄一周,蜗轮上的刻度10与指针重合。此时罗拉将纤维送出1mm,由于罗拉半径为9.5mm,故10.5mm以下的纤维处于未被夹持的状态,用二号夹子陆续夹尽上述未被夹持的纤维,置于黑绒板上,搓成条状或环状,这是最短一组纤维。以后每转动手柄两转,送出2mm纤维,同样用上法将纤维收集在黑绒板上。当指针与刻度16重合时,开始将溜板抬起,以后二号夹子都要靠近溜板边缘夹取纤维,直至全部试验棉束的各组纤维取尽。

夹取纤维时,依靠二号夹子的弹簧压力,不得再外加压力。

e. 称重:分组将各组纤维放在扭力天平上称量,称准至0.05mg,记入试验结果表内。

②梳片法(适用于羊毛、苎麻、绢丝或不等长化学纤维的长度测定):利用Y131型梳片式长度分析仪(第一台梳片仪)(图5-12)上彼此间隔一定距离的梳片,将羊毛或不等长毛型化学纤维整理成伸直平行、一端平齐的纤维束后,由长到短按一定组距(梳片间的距离)分组后称量,从而得到纤维长重量分布,计算有关指标。

③中段切断称重法(适用于等长化学纤维的长度测定):利用纤维切断器(图5-13)切取一端排列整齐纤维束的中段,称取中段和两端重量后,经计算求得纤维各项长度指标。

$$平均长度(mm)=\frac{L_c\times(W_c+W)}{W_c}$$

$$超长纤维率(\%)=\frac{W_{oz}}{W_0}\times100$$

$$短纤维率(\%)=\frac{W_s}{W_0}\times100$$

式中:W_0为纤维总质量,mg;W_t为切下的纤维束两端质量,mg;W_c为中段纤维质量,mg;W_s为短纤维质量,mg;W_{oz}为超长纤维质量,mg;L_c 为中段纤维长度,mm。

图5-12　梳片式长度分析仪

图5-13　纤维切断器

④排图法(适用于棉或不等长化学纤维、羊毛、苎麻、绢丝等长度分布的测定):用人工或借助梳片式长度分析机,将纤维经过整理后,由长到短,一端平齐、密度均匀地排列在黑绒板上,从而得到纤维长度排列图。

⑤光电法:530型数字式纤维照影仪(图5-14)。测试时,棉纤维由梳夹沿其长度方向随机夹取,将已经取样的梳夹放于纤维照影仪梳夹固定器上,使棉束朝下,通过固定行程的毛刷刷走疏松的纤维,并使棉束中卷曲的纤维平直,同时保证纤维在梳针上的分布不受影响,然后放下透镜组件,操作仪器扫描棉束。该棉束被光电仪器从底部扫描到顶部,期间光通量的变化表征不同长度上棉纤维的根数,从而形成精确的照影曲线图,通过仪器软件对照影曲线图的分析,可直接得到棉纤维的上半部平均长度和平均长度。

ALMETER电容测量法(图5-15)适用于毛条、棉、麻纤维条子的长度测定:一定质量、一定厚度且一端平齐的纤维束通过电容传感器时,电容量的变化与测试区内纤维试样的质量变化成比例关系,通过专用软件可算出纤维长度—质量分布和长度指标(图5-15)。

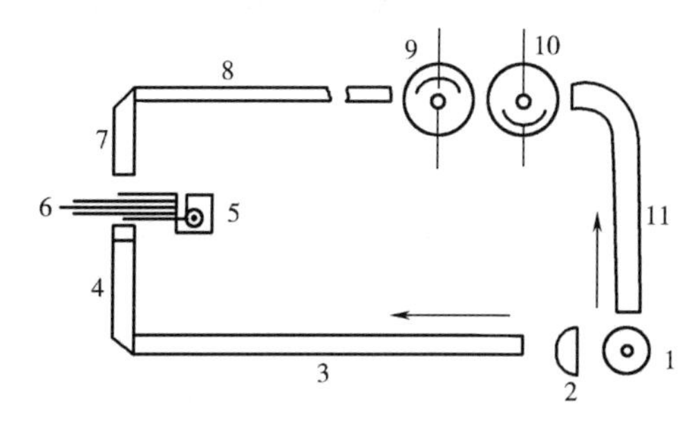

图5-14　530型数字式纤维照影仪

1—光源　2—集光镜　3—平面透镜　4—下透镜
5—梳夹　6—纤维束　7—上透镜　8—扇形透镜
9—光电管　10—光电管　11—束导光纤维

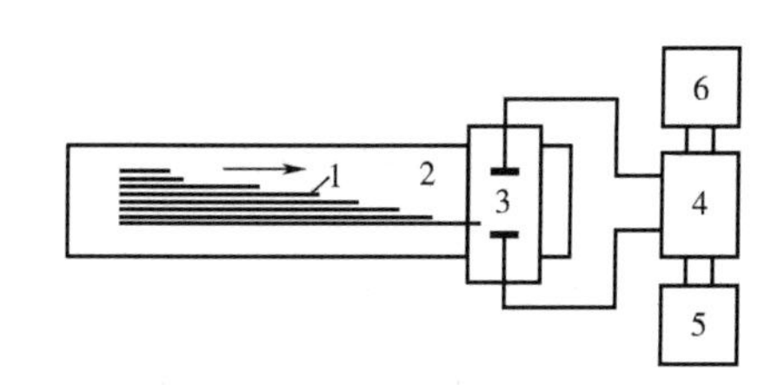

图5-15　ALMETER电容测量法

1—纤维束(扯样)　2—接收装置　3—电容器
4—放大器　5—信号转换计算装置　6—自动记录装置

棉纤维长度的其他测试仪器还包括HVI、AFIS等(图5-16)。

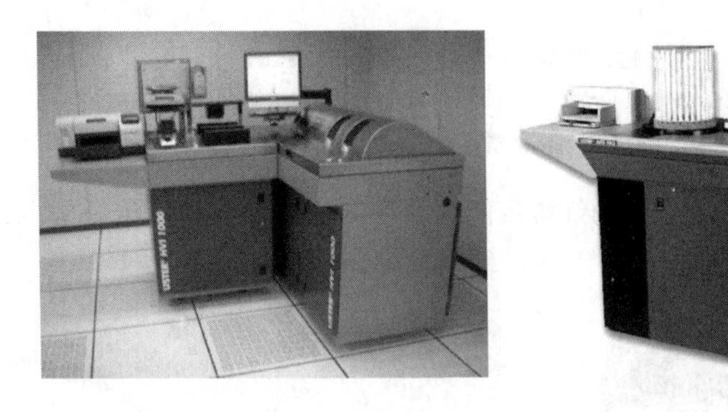

图5-16 HVI、AFIS棉纤维检测仪

4. 纤维细度检验

(1)中段切断称重法测定纤维细度。该法只能测算纤维的间接平均细度指标,无法得到细度的离散性指标。

将纤维排成一端整齐、平行伸直的棉束,然后用纤维切断器在纤维中段切取一定长度(棉取10mm)的纤维束,在扭力天平上称重,然后计数中段纤维的根数,计算N_m(棉纤维细度企业通常用公支表示)。测试仪器如图5-17所示。

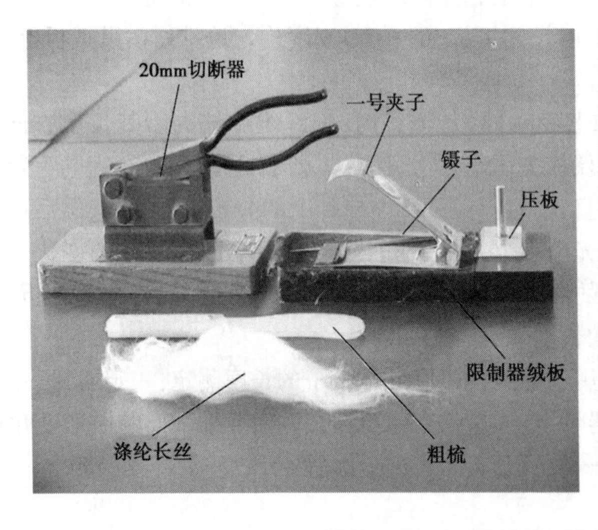

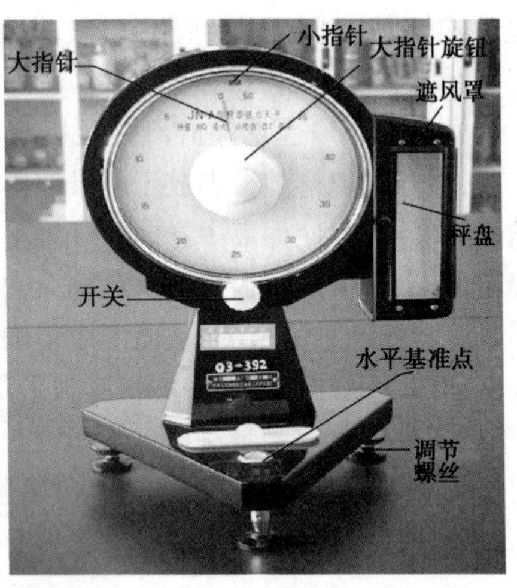

图5-17 中段切断器、扭力天平及附件

其操作方法如下。

①取样:从试验棉条纵向取出1500~2000根纤维,可从下列公式求得n根纤维的约计重量:

$$W = Ln/N$$

式中:W——n根纤维的重量,mg;

L——纤维名义长度,mm;

N_m——纤维名义细度,公支;

n——纤维根数。

②整理棉束并梳理：将试样手扯整理2次，用左手握住棉束整齐一端，右手用一号夹子从棉束尖端分层夹取纤维置于限制器绒板上，反复移植两次，叠成长纤维在下、短纤维在上的一端整齐、宽为5~6mm的棉束。

将整理好的棉束，用一号夹子夹住棉束距整齐一端为5~6mm处，先用稀梳、后用密梳从棉束尖端开始逐步靠近夹子部分进行梳理，直到棉束上的游离纤维梳去为止。然后将棉束移至另一夹子上，使整齐一端露出夹子外。先用密梳，由远离夹子的一端开始梳去，逐渐靠近夹子徐徐梳理以免折断纤维。对于手扯长度31mm及以下的纤维，梳去短纤维长度为16mm，对于手扯长度31mm以上的纤维，梳去短纤维长度为20mm。

③切取：将梳理好的平直棉束放在Y171型纤维切断器夹板中间。棉束应与切刀垂直，使全部切下的纤维长为10mm。纤维手扯长度31mm及以下的棉束，整齐一端露出5mm。化学纤维或棉纤维手扯长度在31mm以上的棉束露出7mm；然后切断，切断时两手用力一致，使纤维拉直但不致伸长。

④预处理：将中段和两端切断的纤维放置在标准大气条件下（温度为20℃ ±2℃，相对湿度为65% ±3%）预处理1h，使纤维中水分达到平衡状态。

⑤称重：用扭力天平分别称重，记录棉束中段和两端纤维的重量，准确到0.02mg。

⑥计数根数。

a. 制片：用拇指与食指夹持中段棉束的一端，然后用镊子夹住纤维移置于涂有甘油的载玻片上，纤维一端紧靠载玻片边缘，每一载玻片可排成左右两行，排妥后用另一载玻片盖上。

b. 计数：将载玻片放在150~200倍显微镜或投影仪下进行逐根计数，记下每片总根数。

如纤维较粗，也可用肉眼直接计数，不需制片。

⑦根据纤维中段重量和根数，求出公制支数（N_m，m/g）和每毫克根数。

$$N_m = 10n/G_1$$

$$N_g = n/(G_f + G_0)$$

式中：N_m——公制支数，m/g；

N_g——每毫克纤维根数；

n——纤维根数；

G_f——棉束中段纤维重量，mg；

G_0——棉束两端纤维重量，mg。

计算精确到小数点后一位。

（2）气流仪法（棉、毛）。原理：如图5－18所示，在一定容积的容器内放置一定重量的纤维，容器两端有网眼板，可以通过空气，当两端一定压力差的空气流过时，则空气流量与纤维的比表面积平方成反比例。

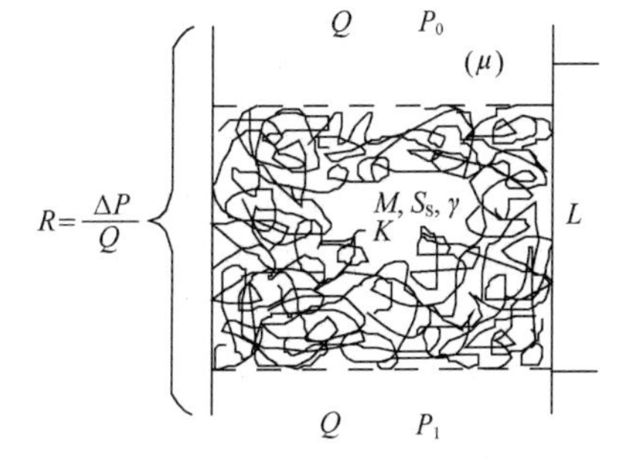

图5－18　气流仪原理图

根据苛仁纳公式：

$$Q = \frac{1}{K} \cdot \frac{A\Delta P}{S_0^2 \mu L} \cdot \frac{\varepsilon^3}{(1-\varepsilon)^2}$$

式中：Q——空气流量（测定时仪器的读数）；

A、L——试样筒内截面积、高度（固定值）；

ΔP——试样筒两端压力差（定值）；

S_0——纤维比表面积(单位体积纤维的表面积);

μ——空气黏滞系数(与环境温湿度有关可通过温湿度修正使其保持一致);

ε——样筒内纤维的空隙率(即纤维集合体内的空间体积与纤维集合体总体积之比)。

K——常数。

$$\varepsilon = 1 - \frac{G}{\gamma \cdot A \cdot L}$$

式中:G——纤维重量;

γ——纤维比重。

如果纤维密度 r 相同,只要控制纤维重量 G,就可使 ε 保持定值。K 值与 ε 值及纤维的排列状态有关,可通过控制 ε 值及规范操作(如试样需开松式扯松,并用长镊子将试样装进样筒等)使 K 值保持常数。

国际标准中用马克隆气流仪来测定棉纤维的细度,以马克隆值来表示。马克隆值是指每英寸长棉纤维重量的微克数。马克隆值是反映棉花成熟程度和细度的综合指标,马克隆值越大,棉纤维越粗,同时也反映棉纤维成熟度较高。

我国国标中也采用马克隆值来测定棉纤维细度。国家标准把马克隆值分为 A、B、C 三级(图 5-19)。

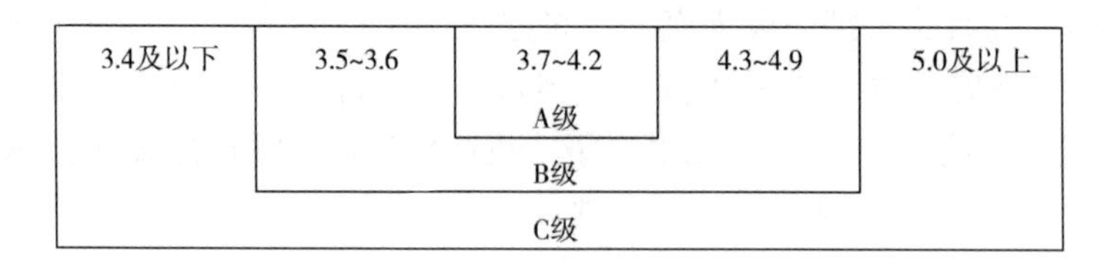

图 5-19 棉纤维马克隆值分级

测定马克隆值的仪器是 Y145 型(或 Y175 型)气流仪。

Y145 型气流仪是一种快速测定纤维细度的仪器。它的基本原理是利用在一定的压力差条件下,流过重量和压缩体积一定的纤维试样的气体流量与纤维比表面积的平方成反比的关系,测定流量,从而间接得知纤维细度。

Y145 型气流仪的结构如图 5-20 所示。它主要由试样筒、压力计、转子流量计、气流调节阀、抽气泵、转子等组成。试验时,取 20g 左右棉样用纤维杂质分离机处理,进行开松除杂后,称取 5g 棉样两份,每份均重复试验一次,共得到四个马克隆值读数,其平均值即为该批棉样细度。但如果两份试验结果的差异超过平均数的 3%,则须加试一份试样。

Y175A 型棉纤维气流仪(图 5-21)工作原理:当气泵产生的气体,经过过滤器,进入储气筒,再将储气筒内恒定压气流分成两支,一支气流经节流管和零位调节阀通向大气,另一支经节流管和试样筒中的试样通向大气。在两支气流之间的桥路上,并联压差表和量程调节阀,由于不同的比表面积的试样对气流的阻力大小不同,气桥中气阻也相应随之变化。当气流流过纤维塞呈稳定状态时,可测出纤维的透气性和比表面积的大小。

(3)显微镜投影法。常用于羊毛细度和截面为圆形纤维的纵向直径的测量。可借助目镜测微尺、物镜测微尺进行直接测定,也可将显微镜改装成投影仪,用物镜测微尺标定投影仪放大倍数,投影放大倍数一般为 500 倍,用放大 500 倍的锲形卡尺测量纤维直径。通常用分组计数

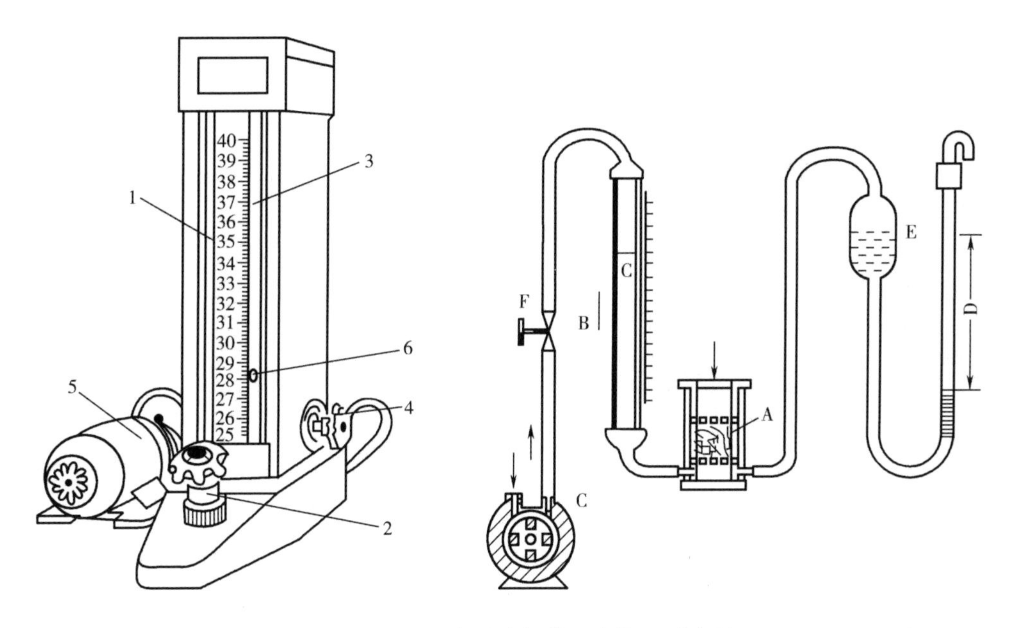

图 5－20　Y145 型气流式纤维细度仪及测试原理

1—压力计　2—试样筒　3—转子流量计　4—气流调节阀　5—抽气泵　6—转子

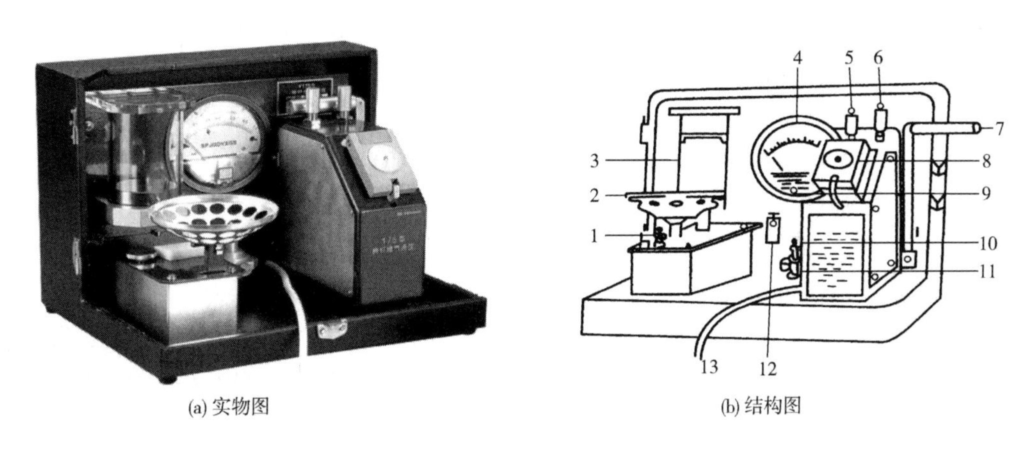

(a) 实物图　　(b) 结构图

图 5－21　Y175 型棉纤维气流仪

1—压差天平的校正调节旋钮　2—称样盘　3—储气筒　4—压差表　5—零位调节阀　6—量程调节阀　7—手柄　8—试样筒　9—压差表调零螺丝　10—校正塞　11—校正塞架　12—专用砝码　13—通向电子空气泵气管

法，计算出纤维的平均直径和直径变异系数。

(4)纤维细度分析仪。纤维细度分析仪是新型人机交互式纤维直径测量分析仪。该仪器通过高分辨率的工业摄像机(CCD)将光学显微镜与计算机相连，依靠专业的分析软件完成纤维直径和截面积的测试等工作，并可测量出混纺纤维中各纤维的含量(图 5－22)。

纤维直径的其他测量方法还包括激光纤维直径测量法、振动测量法、HVI、AFAIS 等。

国际标准中推荐振动仪法测定纤维细度。XD－1 振动式纤维细度仪，是适应国际纤维检验标准的新型仪器，采用弦振动原理，测量在一定振弦长度和张力下的纤维固有振动频率，由弦振动公式自动计算单根纤维线密度，测试快速，可测试反映纤维粗细分布质量的线密度不匀率(图 5－23)。

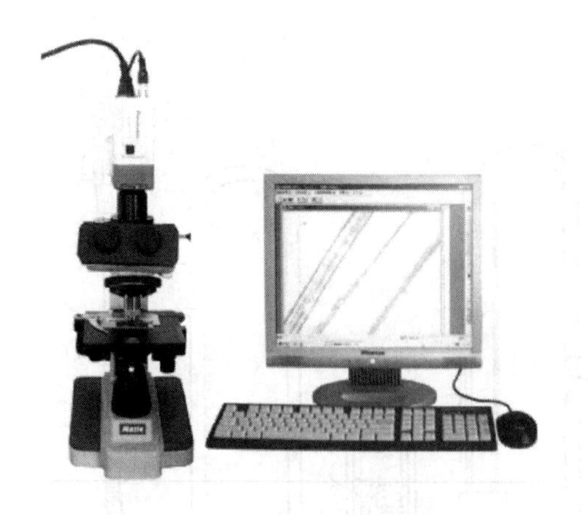

图5－22 纤维细度分析仪

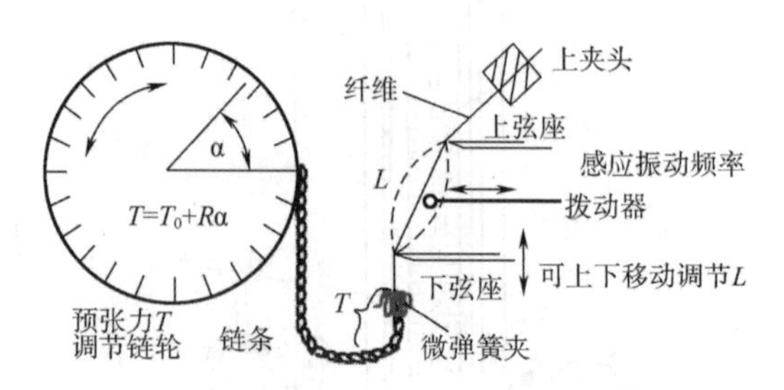

图5－23 振动(拨弦)仪法测定纤维细度原理图

5. 成熟度检验 原棉成熟度测试方法一般有中腔胞壁对比法、NaOH膨胀法、偏振光法。其原理如下。

(1)中腔胞壁对比法。原理——成熟度好的纤维胞壁厚而中腔宽度小,成熟度差的胞壁薄而中腔小。所以可根据棉纤维中腔宽度与胞壁厚度的比值来测定成熟系数。

(2)NaOH膨胀法。原理——棉纤维在18% NaOH溶液中膨化后,截面形状改变。根据膨化后胞壁厚度/纤维最大宽度,根据纤维外形确定正常纤维N、薄壁纤维B、死纤维D;计算成熟度比M。

(3)偏振光。原理——利用棉纤维的双折射性质,在偏振光显微镜中观察棉纤维的干涉色,来确定纤维的成熟度。

6. 回潮率检验 原棉回潮率的多少,直接影响原棉的真实重量和棉纤维的物理、化学性能,与原棉的交易、初加工、运输储存、纺纱加工等各方面都有密切关系。为了保障物资安全,维护各方利益,正确计算重量,有利于交接结算和纺织使用,必须检验回潮率。在国际标准和国家标准中,用回潮率来表示原棉所含水分的多少。而我国目前大多数企业仍习惯使用含水率。含水率是指棉花中所含的水分与湿纤维重量的百分比。

原棉回潮率可用烘箱法或电测法来测定。而在原棉检验中,国家标准规定采用电测法来测量。

(1)烘箱法。是将一定重量(50g)的原棉直接用恒温烘箱烘去水分,称得干重后计算而得。恒温烘箱用电热丝加热,自动控制装置控制和调节箱内温度(原棉控制为105℃ ±3℃),使试样干燥至不变重量。不变重量是指每隔15min,前后两次称重差异不超过后一次称重的0.05%时的后一次重量。烘箱法测定原棉回潮率所须时间长、耗电多,多用于电测法有争议时的校验。

(2)电测法。是利用纤维在不同回潮率下具有不同的电阻值来进行测定。常用仪器为Y142型晶体管原棉水分测湿仪。测定时,称取约50g试样,放在两极板之间,施加735N的压力压紧,温度和电压一定,此时,通过纤维的电流与它的含水率有关系,含水越多,电流越大。因此,根据电流的大小,即可知含水率(图5－24)。

7. 含杂率检验 含杂检验是原棉检验的项目之一。通过含杂检验,可确定原棉中的含杂量,据此可折算出标准重量,以便于农、工、商之间的计价和交换。另外,含杂的多少和杂质种类对纺纱工艺和成纱质量有着较大的影响。因此,棉纺厂可根据含杂检验结果来正确计算用棉

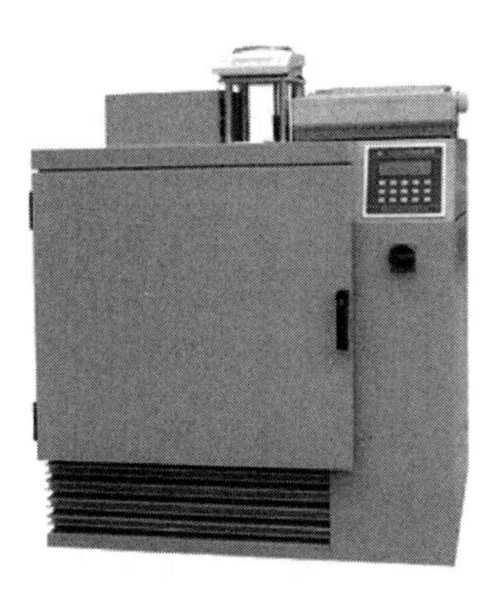

图 5-24　烘箱与电阻测试仪

量，采取相应的措施，使成纱疵点减少，条干均匀，提高成品质量，降低成本（图 5-25）。

图 5-25　YG041 型原棉杂质分析机

原棉含杂多少以含杂率表示。含杂率是指原棉中所含杂质的重量占原棉重量的百分率。其计算式如下：

$$I = G_i / G \times 100\%$$

式中：I——原棉含杂率，%；

G_i——杂质重量，g；

G——原棉重量，g。

我国规定原棉标准含杂率，皮辊棉为 3%，锯齿棉为 2.5%。实际含杂率不足或超过本标准时，实行补扣。原棉重量除应按标准回潮率折算外，还要同时按标准含杂率折算。其折算公式和顺序如下。

（1）计算净重（称见重量）。

$$\text{净重} = \text{毛重} - \text{包装物重}$$

（2）计算标准含杂重。

$$\text{标准含杂重} = \text{净重} \times \frac{1 - \text{含杂率}}{1 - \text{准含率}}$$

（3）计算公定重量（标准重量）。

$$\text{公定重量（标准重量）} = \text{标准含杂重量} \times \frac{1 + \text{公定回潮率}}{1 + \text{回潮率}}$$

8. 异性纤维（棉花“三丝”）检验　原棉中的异性纤维（棉花“三丝”）是指混入原棉中的对棉花及其制品质量有严重影响的非棉纤维和有色纤维，如化学纤维、麻丝、塑料膜、塑料丝、线绳、布块、纸片，人及狗、鼠、鸡、鸭等动物毛发羽绒类等。由于“三丝”具有与棉纤维同样轻、细、小的特点，纺纱时难以清除，往往被包卷或附着在纱条上，使条干不均匀，棉纱的棉结和杂质粒数增加，强力下降，断头率增加，降低生产效率；织布时，断头率增加，布面质量下降；染色时，因着色不同，印染效果不理想，影响外观。

棉花中的“三丝”现象是人为的。头发、动物毛发、羽毛、羽绒、其他纤维来源于敞开式的堆放、晾晒、搬运等；丙纶则来自于采摘和包装用袋，是完全可以在其发生的源头加以控制和杜绝的。

异性纤维主要用手工挑拣法来检验，检验时，对未开包棉花随机抽取5%的棉包，逐包开包挑拣。如发现异性纤维，则根据数量作降级处理。

9. 棉短绒率检验　原棉的短绒率对纺织加工和产品质量有着较大的破坏作用，因此，必须控制短绒含量。

图5-26　罗拉长度分析仪

棉纤维短绒规定如下：对细绒棉，是指16mm以下纤维；对长绒棉，是指20mm以下的棉纤维。国标规定，一级和二级棉花短绒率应不超过12%。

棉纤维短绒率的测试，采用罗拉长度分析仪(图5-26)来分离不同长度的纤维，称得的短绒重量与纤维总重量之比即为短绒率。

10. 原棉质量标识和刷唛格式

(1)质量标识。为了交接和使用的方便，每批原棉在品级、手扯长度等决定之后，规定将其以代号形式刷在棉包上，称为原棉质量标识或唛头代号。它是按棉花类型、品级、长度级、马克隆值级顺序表示。6、7级棉花不标马克隆值级。

类型代号：黄棉以Y标示；灰棉以G标示；白棉不做标示。

品级代号：一级至七级用1~7标示。

长度级代号：25~32mm用25~32标示。

马克隆值级代号：A、B、C级，分别用A、B、C标示。

皮辊棉、锯齿棉代号：皮辊棉在质量标识下方划横线，锯齿棉不做标示。

例如：

一级锯齿白棉，长度为29mm，马克隆值为A级，质量标识为：129A；

三级皮辊白棉，长度为28mm，马克隆值为B级，质量标识为：328B；

四级锯齿黄棉，长度为27mm，马克隆值为B级，质量标识为：Y427B；

五级锯齿白棉，长度为27mm，马克隆值为C级，质量标识为：527C；

六级锯齿灰棉，长度为25mm，质量标识为：G625。

(2)刷唛格式。棉包一般为重约220kg的大包，刷唛格式规定如下。

产地：刷省(区、市)、县(市)

加工单位：刷轧花厂全称。

质量标识：按国家规定标准执行。

批号：按规定的代码表示产地、产区、年份等。

包号：所在批次的棉包编号。

毛重：刷棉包实际称见重量，单位为公斤，精确到小数点后一位。

生产日期。

(四)彩色棉

彩色棉(图5-27)是指天然生长的非白色棉花。天然彩色棉自古就有，野生棉纤维常常带有棕褐色或其他颜色。采用现代生物工程技术，已培植出棕色、绿色、红色、黄色、蓝色、紫色、灰色等多个色泽品系,但色调偏深、暗。彩色棉制品有利于人体健康,在纺织过程中减少印染工序,迎合了人类提出的“绿色革命”口号,减少了对环境的污染;目前,彩色棉一般采用与白棉的混纺加工,以增加色泽、鲜艳度和可纺织加工性。

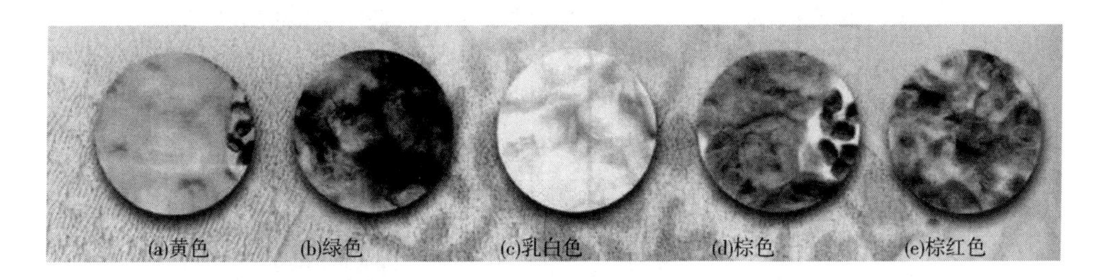

图 5-27　彩棉样品

1. *彩棉的特点*　彩色棉的环保特性和天然色泽非常符合现代人生活的品位需求,由于它未经任何化学处理,某些纱线、面料品种上还保留有一些棉籽壳,体现其回归自然的感觉。

舒适:亲和皮肤,对皮肤无刺激,符合环保及人体健康要求。

抗静电:由于棉纤维的回潮率较高,不起静电,不起球。

透汗性好:吸附人体皮肤上的汗水和微汗,使体温迅速恢复正常,真正达到透气、吸汗效果。

绿色环保:彩棉色泽天然长成,加工过程无需印染,织物不残留有害化学物质,保护环境,有利于人体健康。

由于棉花纤维表面有一层蜡质。普通白色棉花在印染和后整理过程中,使用各种化学物质消除了蜡质,加上染料的色泽鲜艳,视觉反差大,故而鲜亮。彩棉在加工过程中未使用化学物质处理,仍旧保留了天然纤维的特点,故而就产生一种朦朦胧胧的视觉效果,织物鲜亮度不及印染面料制作的服装。

2. *彩棉的鉴别*　一是看颜色。据了解,虽然目前彩棉品种有红色、黄色、绿色、棕色等十余种颜色,但由于技术原因,目前用于生产的彩棉只有淡绿色和淡棕色两种颜色。此外,将彩棉面料放入40℃的洗衣粉溶液中浸泡6h后(目的是为了去除纤维表面的蜡质层),用清水洗涤干净,待干燥后观察色泽变化。如色泽比之前加深,则为真品,否则属伪制品。

彩棉织物的洗涤:彩色棉的色彩源于天然色素,其中个别色素(如绿、灰、褐色)遇酸会发生变化,因此,洗涤彩色棉制品时,不能使用酸性洗涤剂,而应选用中性肥皂和洗涤剂,同时,注意将洗涤剂溶解均匀后再将衣服浸泡其中。

3. *彩棉的纺纱性能*

(1)彩色棉主要物理指标。长度偏短,强度偏低,马克隆值高低差异大,整齐度较差,短绒含量高,棉结高低不一致,均匀率低。

(2)外观方面。因纤维色素不稳定,纤维色泽不均匀,纤维经日晒后色泽变淡或褪色,水洗后色泽变深,部分彩色棉出现有色、白色和中间色纤维。

彩色棉的各项物理指标均差于白色棉花。因此,在其纺纱过程中,会出现飞花较多,精梳棉在相同工艺条件下,比白色棉花落棉大,粗纱、细纱断头率高。粗纱的相对捻度也要比白色棉花大,纺纱特数范围受到限制,一般范围:精梳 >14.5tex,普梳 >18.2tex,与白色棉所纺的同种特数相比,质量要差。

(五)木棉

木棉纤维(图5-28)是单细胞纤维,属果实纤维。纤维长8~32mm,直径为15~45μm,表面光滑、无转曲,截面为大中腔、圆形的管状物。中腔的中空率达80%~90%。

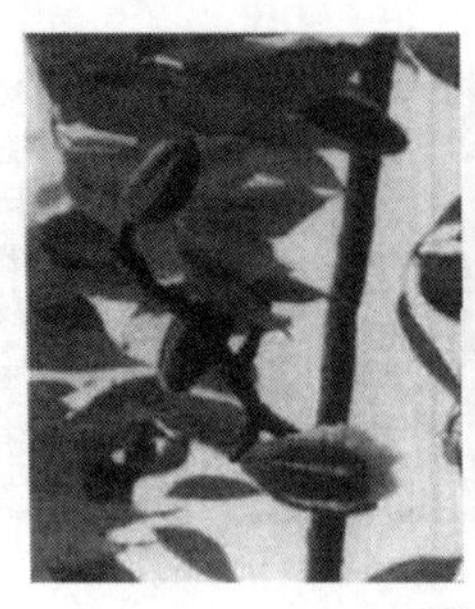

(a)开裂木棉果实

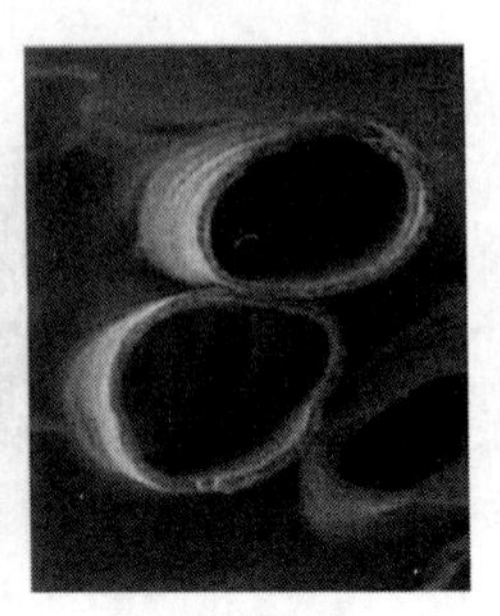

(b)纤维形态

图5-28 木棉纤维果实及纤维形态

目前,我国进口木棉的用途多数是木棉枕头,属于纯天然的枕头填充材料。木棉是木本植物攀枝花树果实中的天然野生纤维素,可祛风除湿、活血止痛。而木棉纤维中空度高达86%以上,远超化学纤维的25%~40%及其他任何天然材料。木棉纤维在业界是超高保暖、天然抗菌、不蛀不霉的纺织良材,木棉纤维超短超细超软。

(六)有机棉

有机棉是在农业生产中,以有机肥、生物防治病虫害、自然耕作管理为主,不许使用化学制品,从种子到农产品全天然无污染生产的棉花。并以各国或WTO/FAO颁布的《农产品安全质量标准》为衡量尺度,棉花中农药、重金属、硝酸盐、有害生物(包括微生物、寄生虫卵等)等有毒有害物质含量控制在标准规定限量范围内,并获得认证的商品棉花。有机棉的生产方面,不仅需要栽培棉花的光、热、水、土等必要条件,还对耕地土壤环境、灌溉水质、空气环境等的洁净程度有特定的要求。因此,有机棉花生产是可持续性农业的一个重要组成部分。它对保护生态环境、促进人类健康发展以及满足人们对绿色环保生态服装的消费需求具有重要意义。

(七)转基因棉

通过基因工程途径,将兔、羊毛的角蛋白基因导入棉花,使之在棉纤维中得到特异表达,从而达到改良棉纤维的目的,使得棉花既保持其原有的传统特性,又具有兔毛、羊毛的弹性好、保暖性强、纤维更加细长、手感及光泽更好等新特点。这是人类第一次用基因技术对棉花纤维进行改造。它标志着纺织品已由天然纤维时代、化学纤维时代进入转基因时代。

三、学习提高

(1)现有一批原棉根据其色泽特征、轧花质量、成熟度对其进行品级评定,编写实验报告。

(2)有一批327原棉,称见重量为2500kg。试设计一套实验方案,折算这批原棉的标准重量。实验方案应包括实验方法、实验仪器、实验步骤、结果处理及分析等(提示:所需仪器可为天平,烘箱或电阻测试仪,原棉杂质分析机)。

四、自我拓展

结合本任务所讲的棉纤维的种类,分析各种棉纤维的可纺性(表5-3)。

表 5-3　分析各种棉纤维的可纺性

棉纤维种类	长度	细度	强度	杂质和疵点	回潮率	卷曲、摩擦	附属物

任务二　了解麻类纤维的基本性能

一、学习内容引入

夏天,由于天气炎热,人们往往喜欢穿着麻纤维做的T恤衫,因为穿上纯麻的T恤衫,人们会感觉到凉爽、透气。自然界中麻纤维是另一种常见的天然纤维素纤维,它是从各类麻类植物取得的纤维的统称。种类繁多,应用广泛,它是如何获得的呢,究竟具有哪些性能,可纺性如何呢,产品适应性如何呢?

二、知识准备

(一)麻的种类

麻纤维分茎纤维和叶纤维两类。茎纤维是从麻类植物茎部取得的纤维。茎部自外向内由保护层、初生皮层和中柱层组成。中柱层由外向内又由韧皮部、形成层、木质层、髓和髓腔组成。茎纤维存在于茎的韧皮部中,所以又称韧皮纤维,绝大多数麻纤维属此类。纺织上使用较多的主要有苎麻、亚麻、黄麻、檀麻(又称红麻、洋麻)、大麻、苘麻(又称青麻)和罗布麻等。叶纤维是从麻类植物叶子或叶鞘中取得的纤维,如剑麻(西沙尔麻)、蕉麻(马尼拉麻)等。这类麻纤维比较粗硬,商业上称为硬质纤维。

(二)麻的初加工

从茎纤维的韧皮中制取麻纤维需经过脱胶等初加工。初加工的目的是使纤维片与植物的麻干、表皮或叶肉分离,除去周围的一些胶质和非纤维物质,从而得到适于纺织加工的麻纤维。脱胶的方法和要求根据各种麻纤维来源、性质、用途而不同。按脱胶的原理大致可分为化学脱胶、微生物脱胶和酶脱胶。化学脱胶是利用纤维素和胶质对碱的稳定性不同,在高温液碱的煮练下,将果胶和半纤维素水解,使纤维分离出来。微生物脱胶是将收获的麻茎或剥取的麻片放入池塘、河流中或露天雨淋后使麻茎发酵,利用微生物的生长繁殖,促使胶质分离。酶脱胶是采用果胶酶或纤维素酶在一定的温度及酸碱度下,与麻上果胶发生酶解,进而达到脱胶及分离纤维的目的,这种方法速度快、反应条件温和、环境污染小。根据脱胶程度又可分为全脱胶和半脱胶。全脱胶方法将胶质全部除去,得到的纤维呈单根状态,如苎麻。半脱胶方法仅脱除一部分胶质,最后获得的是束状纤维,如亚麻、黄麻、槿麻等因单纤维长度较短且不整齐的麻纤维。

1. 苎麻　苎麻的初加工包括三个过程:剥皮→刮青→脱胶,制成可纺用的精干麻(经脱胶后的麻纤维)(图5-29)。

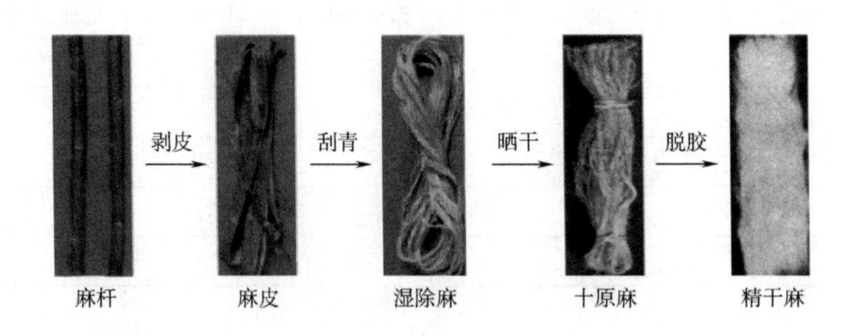

图5-29 苎麻纤维初加工过程

2. 黄、红麻　黄、红麻的初加工有两种方式:主要区分是剥皮法和带杆法。上述过程获得的麻,还不能直接纺纱,必须经过梳麻获得工艺纤维后,才能纺纱。

3. 亚麻　初加工主要步骤为:脱胶→干燥→碎茎→打麻。打成麻同样需经过梳麻分离成可纺用的工艺纤维,才能纺纱。

(三)麻纤维的组成和形态结构

1. 麻纤维的组成　麻纤维的主要组成物质是纤维素,其含量视麻的品种而定,一般占60%~80%。其中苎麻、亚麻的纤维素含量略高,黄麻、槿麻等则低些。除纤维素外还有木质素、果胶、脂肪及蜡质、灰分和糖类物质等(表5-4)。

表5-4 部分麻纤维的化学组成

名称	纤维素(%)	半纤维素(%)	果胶(%)	木质素(%)	其他(%)	单纤维细度(μm)	单纤维长度(mm)
苎麻	65~75	14~16	4~5	0.8~1.5	6.5~14	30~40	20~250
亚麻	70~80	12~15	1.4~5.7	2.5~5	5.5~9	12~17	17~25
黄麻	57~60	14~17	1.0~1.2	10~13	1.4~3.5	15~18	1.5~5
红麻	52~58	15~18	1.1~1.3	11~19	1.5~3	18~27	2~6
大麻	67~78	5.5~16.1	0.8~2.5	2.9~3.3	5.4	15~17	15~25
罗布麻	40.82	15.46	13.28	12.14	22.1	17~23	20~25

2. 麻纤维的形态结构　不同种类的麻纤维的截面形态不尽相同。苎麻大都呈腰圆形,有中腔,胞壁有裂纹。亚麻和黄麻的截面呈多角形,也有中腔。槿麻的截面呈多角形或圆形,有中腔。麻纤维的纵面大都较平直,有横节、竖纹。亚麻的横节呈"X"形(图5-30)。

(四)麻纤维的主要性能

1. 长度和线密度　麻纤维的长度整齐度、线密度均匀度都比较差,所以纺得的纱线条干均匀度也差,具有独特的粗节,形成麻织物粗犷的风格(表5-5)。

除苎麻外,其他麻类经初加工后得到的束纤维,在经过梳麻后,由于梳针的梳理作用,进一步分离,以适应纺纱工艺的要求。这时分离成的束纤维称为工艺纤维。工艺纤维的细度除与品种和生长情况有关外,还与脱胶程度和梳麻次数等情况有关。如黄麻工艺纤维的线密度一般为2~3.3tex(500~300公支);槿麻工艺纤维较黄麻为粗,线密度一般为3.6~4tex(280~250公支)。

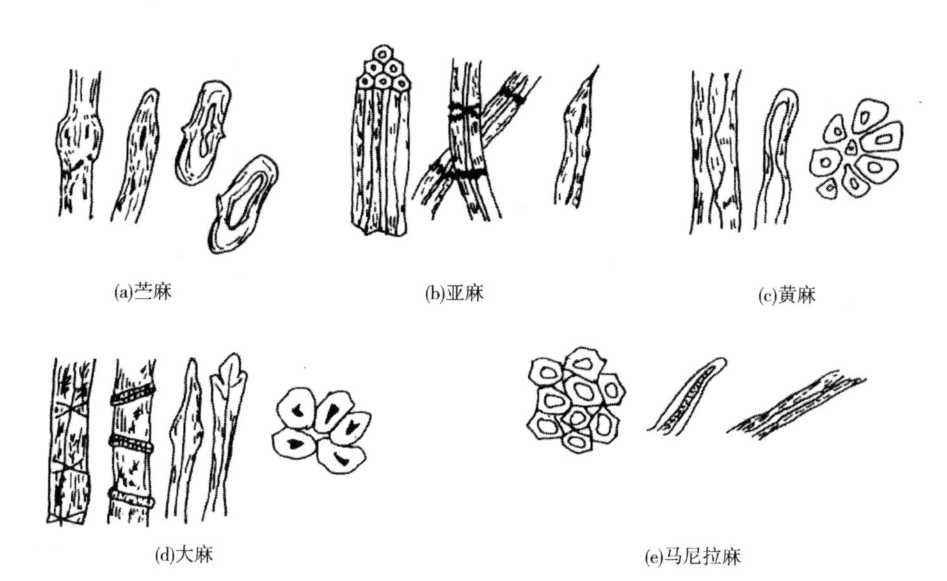

图5-30　麻纤维的纵向形态和截面形态

表5-5　主要麻纤维的单纤维长度和细度

麻类品种	长度(mm)	细度(μm)	麻类品种	长度(mm)	细度(μm)
苎麻	60~250	20~80	洋麻	3~6	14~30
亚麻	17~25	12~17	罗布麻	28~50	17~20
黄麻	2~4	10~28	蕉麻	3~12	16~32
大麻	15~25	16~50	剑麻	1~2	15~30

2. 吸湿性　麻纤维的吸湿能力比棉强,且吸湿与散湿的速度快,尤以黄麻吸湿能力更佳。一般大气条件下回潮率可达14%左右,故宜做粮食、糖类等包装材料,既通风透气又可保持物品不易受潮。

3. 强伸性　麻纤维是主要天然纤维中拉伸强度最大的纤维,如苎麻的单纤维强度为5.3~7.9cN/dtex,断裂长度可达40~55km,且湿强大于干强。亚麻、黄麻、槿麻等强度也较大。但麻纤维受拉伸后的伸长能力却是主要天然纤维中最小的,如苎麻、亚麻、黄麻的断裂伸长率分别为2%~3%、3%和0.8%左右。

4. 刚柔性　麻纤维的刚性是常见纤维中最大的,尤以黄麻、槿麻为甚,苎麻、亚麻则较好些。其刚柔性除与品种、生长条件有关外,还与脱胶程度和工艺纤维的细度有关。刚性强,不仅手感粗硬,也会导致纤维不易捻合,影响可纺性,成纱毛羽多;柔软度高的麻纤维可纺性能好,断头率低。

5. 弹性　麻纤维的弹性较差,用纯麻织物制成的衣服极易起皱。

6. 化学稳定性　麻纤维的化学稳定性与棉相似,较耐碱而不耐酸。

三、学习提高

(1)搜集各类麻纤维在日常生活、工业、农业等各方面的应用,并分析各自是利用麻纤维的哪一些性能?

(2)在超市或服装店寻找一些麻类织物的相关产品,通过手感目测感受一下麻类产品的特性,与纯棉织物的相关性能进行对比,看看各有何优劣?

四、自我拓展

结合本任务所讲的麻纤维的种类,分析各种麻纤维的可纺性(表5-6)。

表5-6 各种麻纤维的可纺性分析

纤维种类	长度	细度	强度	杂质和疵点	回潮率	卷曲、摩擦	附属物

任务三 掌握毛纤维的基本性能

一、学习内容引入

毛制品在日常生活中比较常见,如羊毛衫、西装、围巾、大衣呢等,羊毛纤维是日常生活中最常见的天然蛋白质纤维,它具有哪些优良的服用性能?可纺性如何?“羊毛出在羊身上”,不同类别的羊毛各有何特点呢?如何辨别服装面料是否是羊毛产品或纯毛产品?还有哪些动物蛋白纤维比较常见?

二、知识准备

羊毛是纺织工业的重要原料,它具有许多优良特性,如手感丰满、吸湿能力强、保暖性好、弹性好,不易沾污、光泽柔和、染色性优良,还具有独特的缩绒性等。因此,羊毛既可以织制风格各异的四季服装用织物,也可以织制具有特殊要求的工业呢绒、呢毡、衬垫材料,还可以织制壁毯、地毯等装饰品。

(一)羊毛纤维的生长

羊毛纤维是由羊皮肤上的细胞发育而成的。首先在生长羊毛处的细胞开始繁殖,形成突起物,向下伸展到皮肤1内,使皮肤在这里向内凹,成为毛囊2。处于皮肤内的羊毛叫毛根3,它的下端被毛乳头4所包覆。毛乳头供给养分,使细胞继续繁殖,向上生长,凸出皮肤,形成羊毛纤维5(图5-31)。

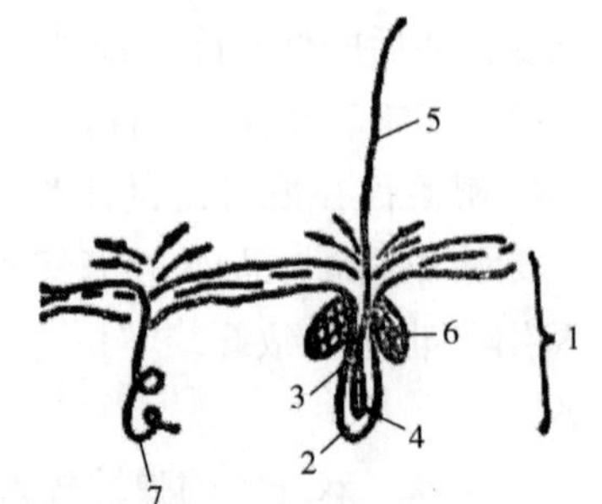

图5-31 羊毛纤维的生长

羊毛的初加工是去除非纤维类物质和不适于纺纱纤维的过程,包括从原毛到洗净毛的各个生产工序,其工艺过程为:原毛→选毛→开毛→洗毛→烘干→洗净毛(图5-32)。

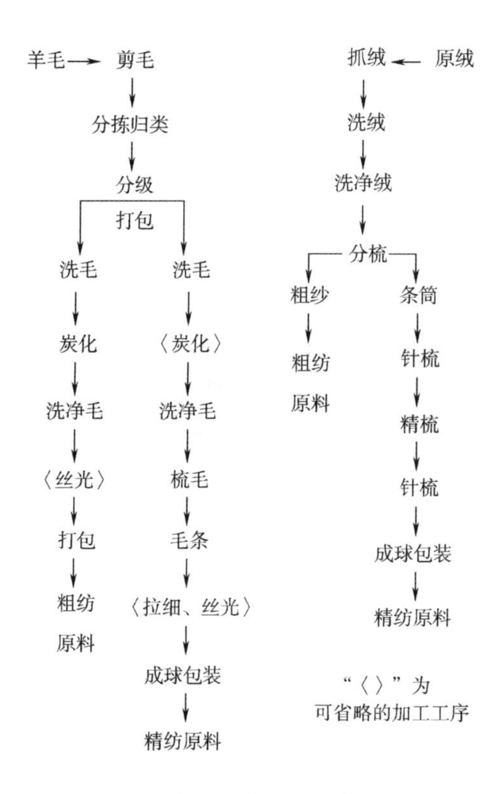

图5-32　毛类纤维的初加工内容及流程

(二)羊毛纤维的组成与形态结构

1. *羊毛纤维的主要组成物质*　羊毛纤维的主要组成物质是一种不溶性蛋白质,称为角朊。它由多种α-氨基酸缩合而成,组成元素除碳、氢、氧、氮外还有硫。由于羊毛纤维分子结构中含有大量的碱性侧基和酸性侧基,因此,其具有既呈酸性又呈碱性的两性性质。

2. *羊毛纤维的形态结构*

(1)羊毛纤维的纵向形态。羊毛纤维的纵面呈鳞片状覆盖的圆柱体,并带有天然卷曲(图5-33)。

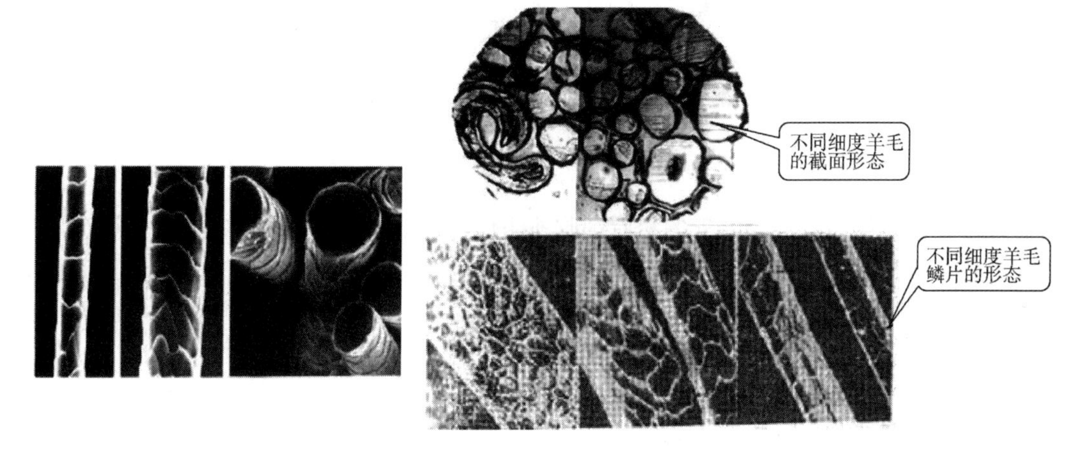

图5-33　羊毛纤维的纵向和横截面形态

(2)羊毛纤维的横截面形态结构。细羊毛纤维的横截面近似圆形,粗羊毛的横截面呈椭圆形,死毛的横截面呈扁圆形。羊毛纤维的横截面由外至内由表皮层、皮质层,有时还有髓质层组成(图5-34)。

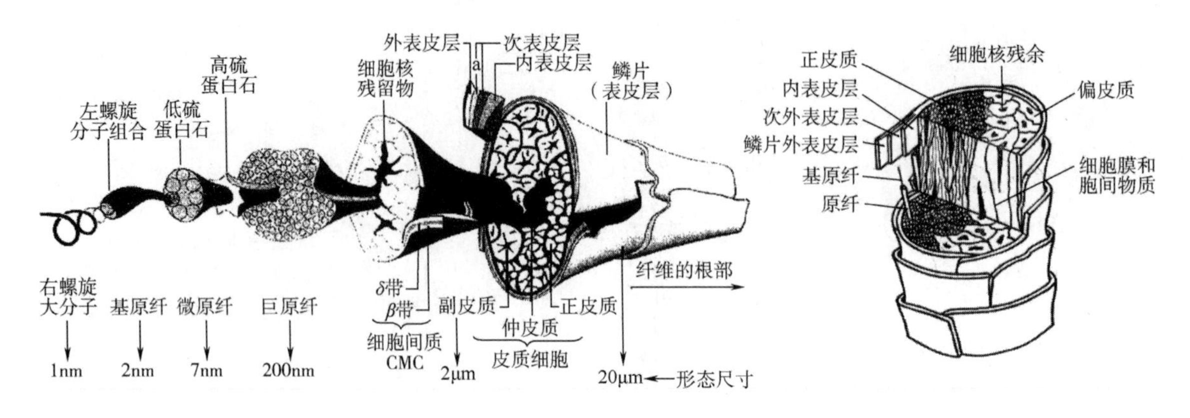

图5-34 羊毛结构

表皮层由片状角朊细胞组成,它像鱼鳞或瓦片一样重叠覆盖,包覆在羊毛纤维的表面,所以又称鳞片层。表皮层对羊毛纤维起保护作用,使羊毛不受外界条件的影响而引起性质变化。

皮质层是羊毛纤维的主要组成部分,由稍扁的角朊细胞所组成。它决定了羊毛纤维的物理性质。从纤维的横截面观察,皮质层有两种不同的皮质细胞,即结构疏松的正皮质和结构紧密的偏皮质(又称副皮质),它们的性质有所不同,在细羊毛中正皮质和偏皮质分别居于纤维的两侧,形成双侧结构,并在长度方向上不断改变。由于两种皮质层的物理性质不同引起的不平衡,形成了羊毛的卷曲。正皮质处于卷曲弧形的外侧,偏皮质处于卷曲弧形的内侧,如果羊毛正、偏皮质的比例差异很大或呈皮芯分布,则其卷曲就不明显(图5-35)。羊毛的皮质层发育越完善,所占比例越大,纤维的品质就越优良,表现为强度、卷曲、弹性等都较好。皮质层中还存在有天然色素,这也是有些羊毛的颜色难以去掉的原因。

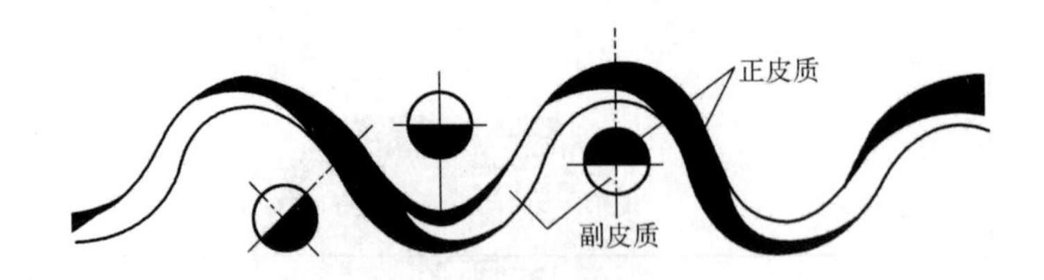

图5-35 羊毛的正、偏皮质

髓质层由结构松散和充满空气的角朊细胞所组成,细胞间相互联系较差且呈暗黑色。髓质层的存在使纤维的强度、卷曲、弹性、染色性等都变差,影响纤维的纺纱价值。一般羊毛越粗,髓质层的比例越大。必须指出,并不是所有的羊毛都有这一层,品质优良的羊毛纤维可以不具有髓质层,或只有断续的髓质层。

(三)羊毛的分类

1. 按毛被上的纤维类型分

(1)同质毛。羊体各毛丛由同一种类型毛纤维组成,纤维细度、长度基本一致。我国新疆细羊毛及各国的美利奴羊毛多属同质毛。同质毛质量较优。

(2)异质毛。羊体各毛丛由两种及以上类型毛纤维组成。土种毛和我国低代改良毛多属异质毛,质量不及同质毛。

(3)基本同质毛。在一个套毛上的各个毛丛,大部分为同质毛形态,少部分为异质毛形态。如改良一级毛。

2. 按纤维结构分类

(1)无髓毛。由鳞片层和皮质层组成。无髓质层的毛纤维主要指绒毛。这类纤维较细、卷曲多,颜色洁白,呈现银丝光,品质优良,纺纱性能好。

(2)有髓毛。由鳞片层、皮质层和髓质层组成,且髓质层是具有一定的连续长度和一定的宽度的毛纤维。这类纤维一般较粗长、无卷曲、无光泽,呈不透明白色。

(3)两型毛。同时具有无髓毛和有髓毛特征的毛纤维。纤维一端表现似无髓毛形态,而另一端又表现有髓毛形态,或交替出现。纤维粗细差异较大,纺纱性能较绒毛差。

(4)死毛。除鳞片层外,整根羊毛充满髓质。这类纤维呈扁带状,脆弱易断,枯白色,没有光泽,不易染色,无纺纱价值。

3. 按纤维粗细分

(1)细羊毛。品质支数在60支及以上。毛纤维平均直径在25.0μm即属这类。

(2)半细羊毛。品质支数为36~58支,毛纤维平均直径为25.1~55.1μm的同质毛。

4. 按取毛后原毛的形状分

(1)被毛。从羊身上剪得的羊毛是一片完整的羊毛集合体,称为毛被。

(2)散毛。从羊身上剪下的不成整片状的毛。

(3)抓毛。在脱毛季节用铁梳子将毛梳下来的毛。

此外,按剪毛季节分为春毛、秋毛、伏毛;按毛纤维在纺织工业中的用途可分为精梳用毛、粗梳用毛、地毯用毛和工业用毛。

(四)羊毛纤维的品质特征和性能

1. 羊毛纤维的长度　羊毛长度对毛纱品质也有很大影响。细度相同的毛,纤维长的可纺细特纱;当纱的细度一定时,纤维长的纺出的纱强度高、条干好、纺纱断头率低。羊毛长度即纤维两端的长度,由于天然卷曲的存在,羊毛纤维的长度可分为自然长度和伸直长度。纤维束在自然卷曲下,两端间的直线距离称为自然长度,一般用来表示毛丛长度。羊毛纤维除去卷曲,伸直后的长度称为伸直长度。伸直长度代表羊毛的真实长度,在毛纺生产中都采用伸直长度。

羊毛纤维的长度随羊的品种、年龄、性别、毛的生长部位、饲养条件、剪毛次数和季节等不同而差异很大。一般国产细羊毛的长度在5.5~12cm范围内,半细毛的长度可达7~15cm,粗羊毛则为6~40cm。在同一只羊身上,以肩部、颈部和背部的毛较长,头、腿、腹部的毛较短。

羊毛的长度指标有两种,一种是集中性指标,如毛丛长度、伸直长度、平均长度、有效长度、主体长度、中间长度等;另一种是离散性指标,如羊毛长度的均方差、变异系数、短毛率等。

2. 细度　羊毛纤维的细度与各项物理性能都有密切的关系。一般来说,羊毛越细,纵向就越均匀,且强度高、卷曲多、鳞片密、光泽柔和、脂汗含量高,但长度偏短。因此,细度是决定羊毛品质好坏的重要指标。

表示羊毛细度的常用指标有平均直径和品质支数。

羊毛的截面接近于圆形,可以直接采用直径来表示细度。由于羊毛直径差异较大,一般均用平均直径表示。

羊毛纤维的直径差异很大,最细的羊毛直径只有7μm,最粗的可达240μm。羊毛的直径主要取决于绵羊的品种,此外,绵羊的年龄、性别、生长部位、饲养条件、季节等因素对羊毛的直径也有很大的影响。绵羊的年龄在3~5岁时羊毛最粗,幼年和老年时都比较细。一般母羊的羊毛较细,公羊毛较粗。在同一只羊身上,以肩部的毛最细,体侧、颈部、背部的毛次之,前颈、臀部和腹部的毛较粗,喉部、小腿下部、尾部的毛最粗。

品质支数是毛纺织生产活动中长期沿用下来的指标。目前商业上交易、毛纺工业中的分级、制条工艺的制订,都以品质支数作为重要依据。早期羊毛的品质支数是用感观法评定的,根据当时纺纱设备和技术水平及毛纺品质要求,把各种直径的羊毛实际可能纺得的支数叫品质支数,以此来表示羊毛品质的好坏。随着科学技术的发展,纺纱方法的改进,对纺织品品质要求的不断提高和纤维性能研究工作的进展,羊毛的品质支数已失去原来的意义。目前,羊毛的品质支数仅表示羊毛直径在某一范围内(表5-7)。

表5-7 羊毛品质支数与平均直径之间的对应关系

品质支数	平均直径(μm)	品质支数	平均直径(μm)
70	18.1~20.0	48	31.1~34.0
66	20.1~21.5	46	34.1~37.0
64	21.6~23.0	44	37.1~40.0
60	23.1~25.0	40	40.1~43.0
58	25.1~27.0	36	43.1~55.0
56	27.1~29.0	32	55.1~67.0
50	29.1~31.0		

3. 羊毛的卷曲 羊毛的自然形态并非直线,而是沿长度方向有自然的周期性弯曲,称为卷曲。羊毛的卷曲形态有多种。根据卷曲的深浅即波高,以及长短即波宽不同,卷曲形状可以分为三类。如图5-36所示1为弱卷曲,这类卷曲的特点是卷曲的弧不到半个圆周,沿纤维的长度方向比较平直,卷曲数较少;半细毛的卷曲大多属于这一类型。2为常卷曲,它的特点是卷曲的波形近似半圆形,细毛的卷曲大多属于这一类型。3为强卷曲,它的特点是卷曲的波幅较高,卷曲数较多。细毛羊腹毛大多属于这一类型。羊毛纤维的卷曲与毛被形态、缩绒性等都有一定关系。卷曲对成纱质量和织物风格有很大影响。

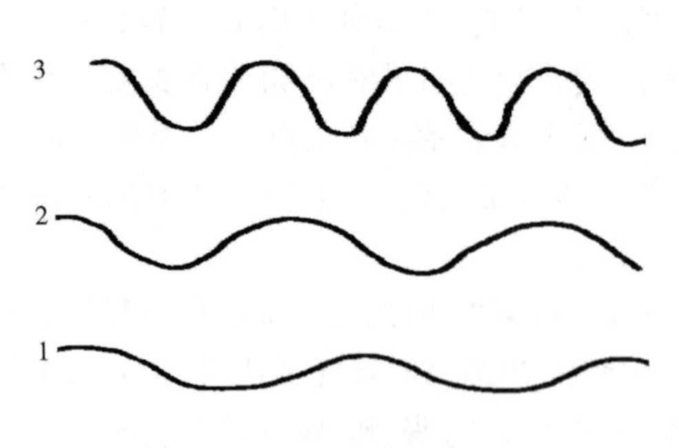

图5-36 羊毛的卷曲形态

1—弱卷曲 2—常卷曲 3—强卷曲

卷曲是羊毛的重要品质特征。羊毛卷曲排列越整齐,毛被越能形成紧密的毛丛结构,就越能预防外来杂质和气候的影响,羊毛的品质越好。常卷曲的羊毛具有正常的平面卷曲,手感柔软,可用于精梳毛纱,纺制有弹性的平滑光洁的纱线;强卷曲的羊毛可用于粗梳毛纺,纺制表面毛绒丰满、手感好、富有弹性的呢绒。

表示羊毛纤维卷曲多少的指标是卷曲数；表示卷曲深浅的指标是卷曲率；表示卷曲弹性的指标有卷曲回复率和卷曲弹性回复率。

4. 羊毛的摩擦性能和缩绒性

(1)羊毛的摩擦性能。由于鳞片的根部着生于毛干，梢部按不同程度伸出于纤维表面，向外张开，其伸出方向指向羊毛尖部，使羊毛纤维具有定向摩擦效应，即逆鳞片方向的摩擦系数大于顺鳞片方向的摩擦系数。

(2)羊毛的缩绒性。将洗净的羊毛纤维或织物给以湿热或化学试剂，鳞片就会张开，如同时加以反复摩擦挤压，则由于定向摩擦效应，使纤维保持根部向前运动的方向性。这样，各种纤维带着和它纠缠在一起的纤维按一定方向缓缓蠕动，就会使羊毛纤维啮合成毡，羊毛织物收缩紧密。这一性质称为羊毛的缩绒性或毡缩性。羊毛纤维优良的伸长能力和弹性回复性，能促使反复挤压时纤维的蠕动；羊毛纤维的天然卷曲能使纤维交叉穿插，这些都有助于缩绒。一方面，缩绒使毛织物具有独特的风格，显示了羊毛的优良特性；另一方面，缩绒使毛织物在穿着中容易产生尺寸收缩和变形，这种收缩和变形不是一次完成，每当织物洗涤时，收缩继续发生，只是收缩比例逐渐减小。在洗涤过程中，揉搓、水、温度及洗涤剂等都促进了羊毛的缩绒。绒线针织物在穿用过程中，汗渍和受摩擦较多的部位，易产生毡合、起毛、起球等现象，影响了穿用的舒适性及美观。大多数精纺毛织物和针织物，经过染整工艺要求纹路清晰、形状稳定，这些均要求减小羊毛的缩绒性。

羊毛防缩处理有两种方法。

①氧化法又称降解法(减法)：它是利用化学试剂使羊毛鳞片变形，以降低摩擦效应，减少纤维单向运动和纠缠能力。通常使用的化学试剂有次氯酸钠、氯气、氯胺、氢氧化钾、高锰酸钾等，其中以含氯氧化剂用得最多，所以又称为氯化。

羊毛的丝光：由于上述方法将羊毛表面鳞片部分或全部去掉，可以达到丝光的效果。

②树脂法也称添加法(加法)：在羊毛上涂以树脂薄膜，减少或消除羊毛纤维之间的摩擦效应，或使纤维的相互交叉处黏结，限制纤维的相互移动，失去缩绒性。使用的树脂有尿醛、密胺甲醛、硅酮、聚丙烯酸脂等。

5. 羊毛的脂汗与杂质

(1)脂汗。它由羊毛脂和汗质两部分组成，分别由绵羊皮肤内的皮脂腺和汗腺分泌出来，被覆于羊毛表面。脂汗可作为毛纤维的油脂涂料，可以保护羊毛免受日光和雨露的侵蚀。油汗能防止羊毛毡并，但能使纤维粘连成片，防止外界物质渗入套毛。脂汗不足的羊毛，手感发硬、粗糙，没有正常毛纤维的光泽，纤维耐风蚀能力差，易造成染色不匀。

(2)杂质与净毛率。原毛中除脂汗外，还含有很多杂质，如土沙、粪块、草杆、树叶、刺果等。原毛中所含的各类杂质的数量，因绵羊品种、饲养条件和当地气候环境的不同而有很大的差异。

净毛率是将原毛经过净洗，除去油脂、植物杂质、土沙、灰分等杂质后所剩纯净毛重量占原毛重量的百分比。对于洗净毛，规定允许含有一定的回潮率(公定回潮率)、含脂率和植物性含杂率，在计算净毛率时，要加以修正。净毛率是评定羊毛经济价值的一项重要指标，对核算和纺织品的用毛量有极为密切的关系。

6. 羊毛纤维的吸湿性　羊毛纤维的吸湿性用回潮率表示。羊毛的吸湿性是常见纤维中最强的，一般大气条件下回潮率为15%～17%。

7. 羊毛纤维的强伸性　羊毛纤维的拉伸强度是常用天然纤维中最低的，其断裂长度只有

9～18km。一般羊毛细度较细,髓质层越少,其强度越高。

羊毛纤维拉伸后的伸长能力却是常用天然纤维中最大的。断裂伸长率干态可达25%～35%,湿态可达25%～50%,去除外力后,伸长的弹性恢复能力也是常用天然纤维中最好的。所以用羊毛织成的织物不易产生皱纹,具有良好的服用性能。

8. 热稳定性(热塑性) 在一定的湿热条件和外力作用下,经过一定时间会使羊毛纤维及其制品的形状稳定下来,它是天然纤维中热定形性最好的纤维。

羊毛分子结构的特点是具有网状结构,羊毛角朊大分子的空间结构可以是直线状的曲折链(β型),也可以是螺旋链(α型),在一定条件下,拉伸羊毛纤维,可以使螺旋链伸展成曲折链,去除外力后仍可能回复。如果拉伸的同时结合一定的湿热条件,使二硫键拆开,大分子之间的结合力减弱,α、β型的转变就较充分,再回到常温条件时,形成新的结合点,外力去除后不再回复。这种性能称为热塑性,这一作用就是热定型。

根据上述原理,可对羊毛进行细化处理。羊毛拉伸细化在原理上以不破坏羊毛鳞片为前提,在热湿条件下,对毛条施以一定的拉伸,使其结构定形稳定,以达到改变纤维分子构象和分子间结构,并使纤维变细伸长的目的。

9. 密度 羊毛纤维的密度因其组织结构不同而略有差异,一般为1.30～1.32g/cm^3。

10. 羊毛纤维的化学稳定性 羊毛纤维较耐酸而不耐碱。较稀的酸和浓酸短时间作用对羊毛的损伤不大,所以常用酸去除原毛或呢坯中的草屑等植物性杂质。有机酸如醋酸、蚁酸是羊毛染色中的重要促染剂。碱会使羊毛变黄及溶解。

11. 耐微生物性能 羊毛纤维易被虫蛀,纯羊毛服装在保管时要多加小心。

(六)其他动物毛简介

1. 山羊绒 山羊绒是从山羊身上获取的纤维,其中以绒山羊所产羊绒质量最好。山羊多生长在高山严寒地区,全身长有粗毛的外层毛和细软的绒毛。从山羊身上抓取或剪取的纤维由粗毛、两型毛和绒毛组成,绒毛称为山羊绒,粗毛称为山羊毛。山羊绒在国际纺织市场上称为“开司米”,是一种珍贵的纺织原料。

(1)结构与性能。山羊绒纤维的结构与细羊毛近似,由鳞片层和皮质层组成,无髓质层。山羊绒的鳞片多呈环状覆盖,鳞片边缘光滑,间距比羊毛大。正偏皮质细胞不明显,卷曲较少且不规则,羊绒截面近似圆形。

羊绒的强度、弹性均优于细羊毛,摩擦效应较细羊毛小,但较少易缩绒,对酸碱的作用敏感。

(2)用途。山羊绒主要用于制作针织羊绒衫,也用于高级羊绒大衣呢、毛毯、高档精纺服装面料等。产品手感滑爽细腻,保暖性好。山羊毛比较粗硬,一般不适宜作纺织原料,多用于制造刷子、毛笔、捻线等。

2. 马海毛 马海毛是来自安哥拉山羊的一种纤维,故又称安哥拉山羊毛。安哥拉山羊适于牧场放牧,饲料以嫩叶为主,一般分春秋两次剪毛,成年羊每头通常可剪2～3kg,最高的可达10kg。毛色分白、褐两种。

(1)结构与性能。马海毛的鳞片扁平,大而光滑,光泽很强,紧抱在毛干上很少有重叠,呈现不规则的波形衔接。马海毛的皮质层几乎都是由正皮质细胞组成的纤维,很少卷曲。马海毛强度高,具有良好的弹性,不易毡缩,对化学药品的反应较绵羊毛敏感。

(2)用途。马海毛是制作提花毛毯、长毛绒、顺毛大衣呢、高光泽毛织物的理想原料,也可与其他纤维混纺制成火车和汽车的高级坐垫、衣边和帐幕等。

3. 兔毛　纺织工业用的兔毛主要是从安哥拉长毛兔上获取的。兔毛纤维分为30μm以下的绒毛和30μm以上的粗毛两种类型，我国兔毛的粗毛含量为10%～15%，最高可达30%以上。绒毛直径为5～30μm，平均直径为11.5～15.9μm，粗毛直径分布在30～130μm，每根纤维的直径变化很大。兔毛的颜色洁白，腿部和腹部的兔毛常有沾污和缠结。绒毛的卷曲程度较大，粗毛没有卷曲。

(1)结构与性能。兔毛由鳞片层、皮质层和髓质层组成，极少量的绒毛无髓质层。兔毛的鳞片形状比羊毛复杂，有的呈锐角三角形，有的类似水纹状，有的呈长斜状，有的与羊毛纤维接近，即使同一根兔毛纤维上的鳞片开头也不相同。兔毛皮质层所占比例比羊毛少得多，纤维越粗，皮质层的比例越少。兔毛的正副皮质细胞呈不均匀的混杂分布，以正皮细胞为主。兔毛的髓质层较发达，髓腔呈断续状或块状。兔毛的截面形状随纤维的细度而变化，细绒毛接近圆形或不规则的四边形，粗毛呈不规则的椭圆形，纤维越粗，截面形状越不规则。

兔毛的吸湿性比羊毛好，强度低于羊毛，具有一定的缩绒性，易毡缩，保暖性优良，在纺织加工中易产生静电。

(2)用途。兔毛纤维主要与羊毛或化学纤维混纺，生产针织绒线，织制兔毛衫、帽子、围巾等，还可织造兔毛大衣呢、花呢、女式呢等。

4. 牦牛毛　牦牛是生长在海拔为2100～6000m的高寒区的牲畜，被称为“高原之舟”。我国的牦牛主要分布在西藏、甘肃、青海、新疆、四川等地的高山草原上。牦牛的被毛由绒毛、两型毛和粗毛组成。

(1)结构与性能。牦牛绒由鳞片层和皮质层组成，少数纤维有点状的髓质层。粗毛纤维由鳞片层、皮质层和髓质层三部分组成。牦牛绒的鳞片呈环状，边缘整齐、覆盖间距比羊毛大，紧贴于毛干，光泽柔和，弹性好，手感柔软细腻。截面近似圆形，化学性质与羊毛相同，强度略高于山羊绒，断裂伸长率比山羊绒低。

(2)用途。牦牛绒不宜单独纺纱，要与绵羊毛或化学纤维混纺生产针织绒衫，还可与羊毛、化学纤维、绢丝等混纺制作粗纺面料，也可用来制作衬垫织物、帐篷及毛毡等。

5. 骆驼毛　骆驼毛分为双峰驼毛与单峰驼毛，其中双峰驼毛的品质较好，单峰驼毛的品质较差。我国骆驼毛多产于内蒙古、新疆、甘肃、青海、宁夏等地。骆驼毛的色泽有乳白色、浅黄色、黄褐色、棕褐色等。骆驼被毛中含有细毛和粗毛两大类纤维。

(1)结构与性能。骆驼毛主要由鳞片层和皮质层组成，有的纤维有髓质层。鳞片少，鳞片边缘光滑，皮质层是由带有规则条纹和含色素的细长细胞组成，髓质层较细，为间断型，驼毛的髓质层呈细窄条连续分布。

驼绒的平均直径为14～23μm，长度为40～135mm；驼毛的平均直径为50～209μm，长度为50～300mm。单根驼绒纤维的强力为6.86～24.5cN，驼毛强力为44.1～58.5cN。

(2)用途。去粗毛后的驼绒可织造高级粗纺织物、毛毯和针织品。粗毛可做填充料及工业用的传送带。

6. 羊驼(骆马、驼羊)毛　羊驼属于骆驼科，主要产于秘鲁。羊驼毛粗细毛混杂：粗毛长度达200mm，平均直径为150um左右；细毛长50mm左右，平均直径为20～25um。羊驼毛比马海毛更柔软而富有光泽，手感特别滑糯，毛的鳞片紧贴在毛干上，多用于织制夏季服装和衣里料等。

7. 羽毛纤维　羽毛是鸟类和禽类表皮细胞角质化的衍生物，占其体重的10%，据测定，羽毛角蛋白的粗蛋白含量在80%以上，氨基酸含量在70%以上。中国是世界上畜牧、家禽养殖最多的国家,角蛋白资源极其丰富,尤其在现代农业中,大规模的家禽养殖产生了大量的角蛋白废物,其中羽毛废弃物产量达100多万吨,这是一笔丰富的蛋白质资源,对这些废弃蛋白质的开发利用不仅能极大地减少环境污染,同时也能产生极大的经济效益和社会效益。

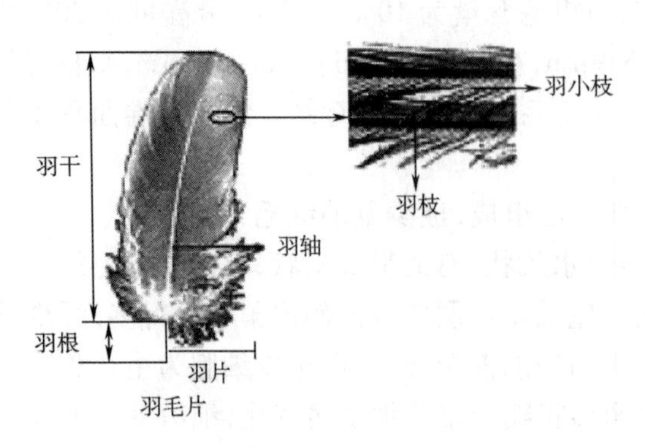

图5-37 羽毛

一支完整的羽毛由羽轴和羽片两部分构成,羽轴两边生着羽片,羽片由许多平行细长的羽枝组成,而每根羽枝又可看作一根小"羽毛",两侧密生精细的羽小枝。在显微镜下,羽小枝呈现更细微的羽小钩,整片羽毛由这些小钩编织联结而成(图5-37)。

目前,羽毛主要用于动物饲料、服装填料(特别是羽绒)、角蛋白膜,还可再生称为再生羽毛蛋白纤维,或将其做成纳米粉体混入其他纤维内部形成新的纤维。

三、学习提高

(1)常见羊毛产品有哪些?去服装超市搜集几种羊毛制品,对其进行手感目测或者试穿,并与其他材料产品对比?根据服装标识牌上所标纤维成分,有意识地进行手感目测,学会辨别真假羊毛产品。

(2)搜集其他动物蛋白纤维产品及应用?找一件兔毛制品(兔毛衫、手套),对其外观、服用性能进行主观评价,与羊毛制品进行对比,并能从结构上分析兔毛纤维的纺纱性能差的原因。

(3)羊毛纤维的长度、细度测量是如何实施的,有几种方法,对羊毛试样进行测试,写出详细的实验过程,并对这几种方法的置信度进行比较。

四、自我拓展

结合本任务所讲的毛纤维的种类,分析各种毛纤维的可纺性(表5-8)。

表5-8 各种毛纤维的可纺性分析

纤维种类	长度	细度	强度	杂质和疵点	回潮率	卷曲、摩擦	附属物

任务四 掌握丝纤维的基本性能

一、学习内容引入

蚕丝纤维是蚕吐丝而得到的天然蛋白质纤维。我国是蚕丝的发源地。近年来,对出土文物的考古研究指出,蚕丝在我国已有六千多年历史。柞蚕丝也起源于我国,根据历史记载,已有三千多年的历史。远在汉、唐时代,我国的丝绸就畅销于中亚和欧洲各国,在世界上享有盛名。丝绸产品一般都属于较高档的产品,特别是在古代。那么,蚕丝究竟有何特殊的性能使它如此受宠呢?

二、知识准备

蚕分为家蚕和野蚕两大类。家蚕即桑蚕,结的茧是生丝的原料,野蚕有柞蚕、蓖麻蚕、麻蚕、樗蚕、天蚕,柳蚕等,其中柞蚕结的茧可以缫丝,其他野蚕结的茧不易缫丝,一般将它们切成短纤维作为绢纺原料或制成丝绵(图 5-38)。

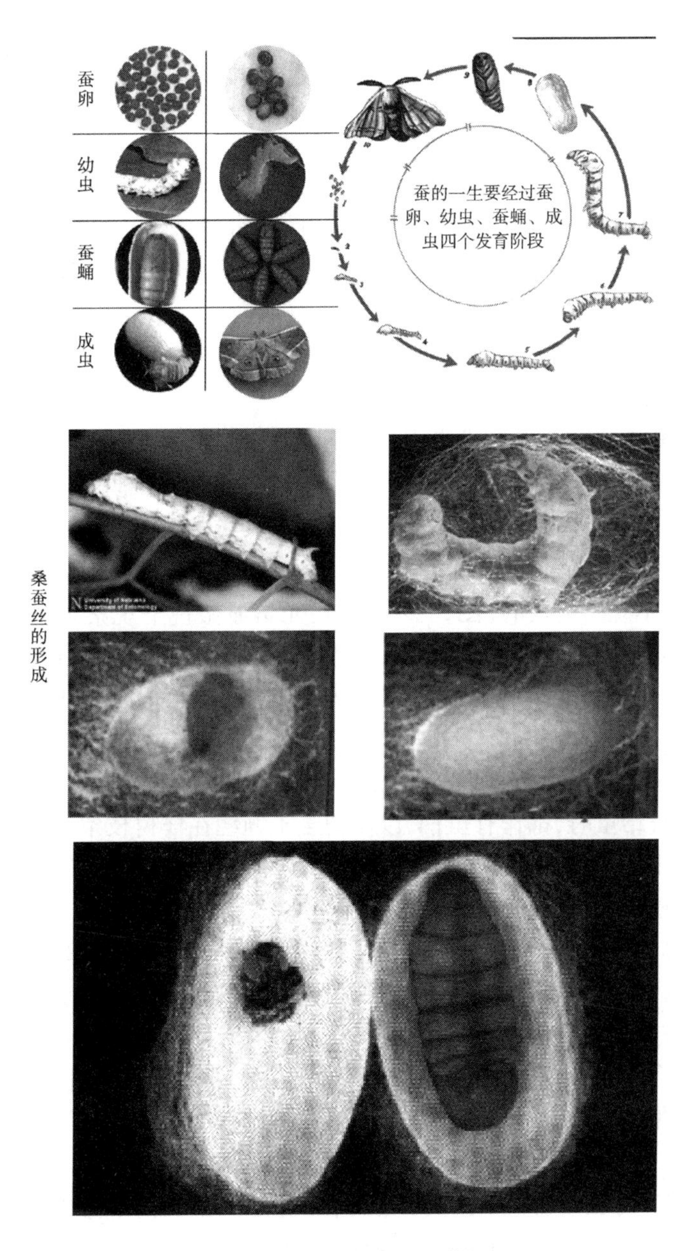

图 5-38　桑蚕结茧及桑蚕茧剖面

蚕丝是高级的纺织原料,有较好的强伸度,纤维细而柔软,平滑,富有弹性,光泽好,吸湿性好。采用不同组织结构,丝织物可以轻薄似纱,也可厚实丰满。丝织物除供衣着外,还可作日用及装饰品,在工业及国防上也有重要用途。柞蚕丝具有坚牢、耐晒、富有弹性、滑挺等优点,柞丝绸在我国丝绸产品中占有相当的地位。

(一)丝的形成和形态结构

1. 桑蚕丝

(1)蚕丝的形成。桑蚕丝是由蚕的丝腺分泌出的丝液凝固而成。丝腺是透明的管状器官,左右各一条,分别位于食管下面蚕体两侧,呈细而弯曲状,在蚕的头部内两管合并为一根吐丝管。绢丝腺(图5-39)分为吐丝口4,前部输丝管3、中部储丝管2和后面最长的泌丝部1,绢丝腺各部分的长度比例为1:2:6。泌丝部分泌出丝素和丝胶。丝胶包覆在丝素周围,起保护丝素的作用。储丝部2分泌出色素,使丝胶染色。丝素、丝胶一起并入输丝管。左右两条绢丝腺在头部合并,由吐丝口将丝液吐出体外。丝液由输丝管分泌出的酸性反应物质的作用而凝固成丝。

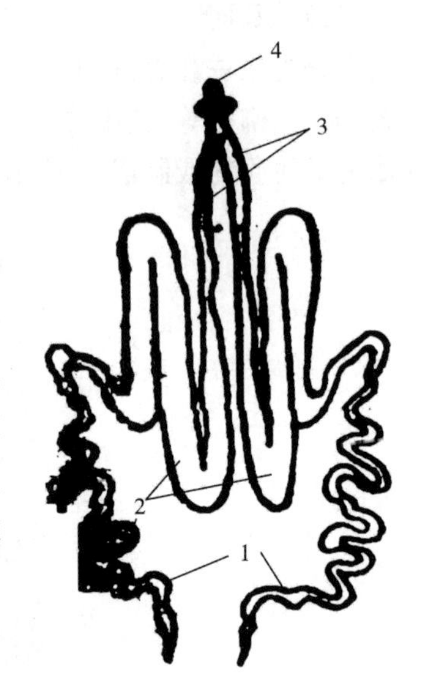

图5-39 桑蚕的丝腺

(2)蚕丝的形态结构。茧丝是由两根单丝平行黏合而成。中心是丝素,外围为丝胶。

茧丝的横截面形状呈半椭圆形或略成三角形。三角形的高度,从茧的外层到内层逐渐降低,因此,自茧层外层、中层至内层,茧丝横截面从圆钝渐趋扁平。

蚕丝的纵面比较光滑平直,没有除去丝胶的茧丝表面带有异状丝胶瘤节,这是由于蚕吐丝时因外界影响,吐丝不规则造成的(图5-40)。在光学显微镜下观察蚕丝,可以发现茧丝上有很多异状的颣节,如环颣,小糠颣、茸状颣、毛羽颣等,这是由于蚕吐丝结茧时温度变化,簇架振动,吐丝不规则等造成的。这些颣节的存在,不仅影响生丝的净度,同时在缫丝过程中容易切断,降低了生丝的匀度。

2. 柞蚕丝　柞蚕丝和桑蚕丝一样,也是由蚕的丝腺所集储的丝胶和丝素,通过吐丝口而分泌出来的物质。柞蚕结茧时,都作有茧柄,以便把茧子缠绕在柞树枝条上,防止茧子堕落。在茧柄下部留有细小的出蛾孔,这里的茧丝结构疏松,煮漂时易造成"破口茧",给缫丝造成困难。

柞蚕丝是由两根丝素合并组成的,丝素周围附有很多丝胶颗粒。柞蚕丝横截面(图5-41)基本上与桑蚕丝相同,只是更为扁平,一般长径约为65μm,短径约为12μm,长径为短径的5~6倍,越向内层,长短径差异越大,形态越为扁平。柞蚕丝内部有毛细孔,这些毛细孔越靠近纤维中心越粗,靠近纤维表面的则较细。

柞蚕丝的丝胶含量比桑蚕丝少,为12%~15%,它分布在丝素外围,并扩展到丝素的内部。柞蚕丝中还含有微量的单宁,它与丝胶或丝素呈化学结合,丝素内还含有色素,这些杂质较难除去。

3. 蜘蛛丝　蜘蛛与蚕一样,属于节肢动物,蜘蛛是八条腿的蛛形纲成虫。蜘蛛丝呈金黄色、透明,它的横截面呈圆形。蜘蛛丝的平均直径为6.9μm,大约是蚕丝的一半,是典型的超细、高性能天然纤维,与其他天然纤维和化学纤维的对比见表5-9。

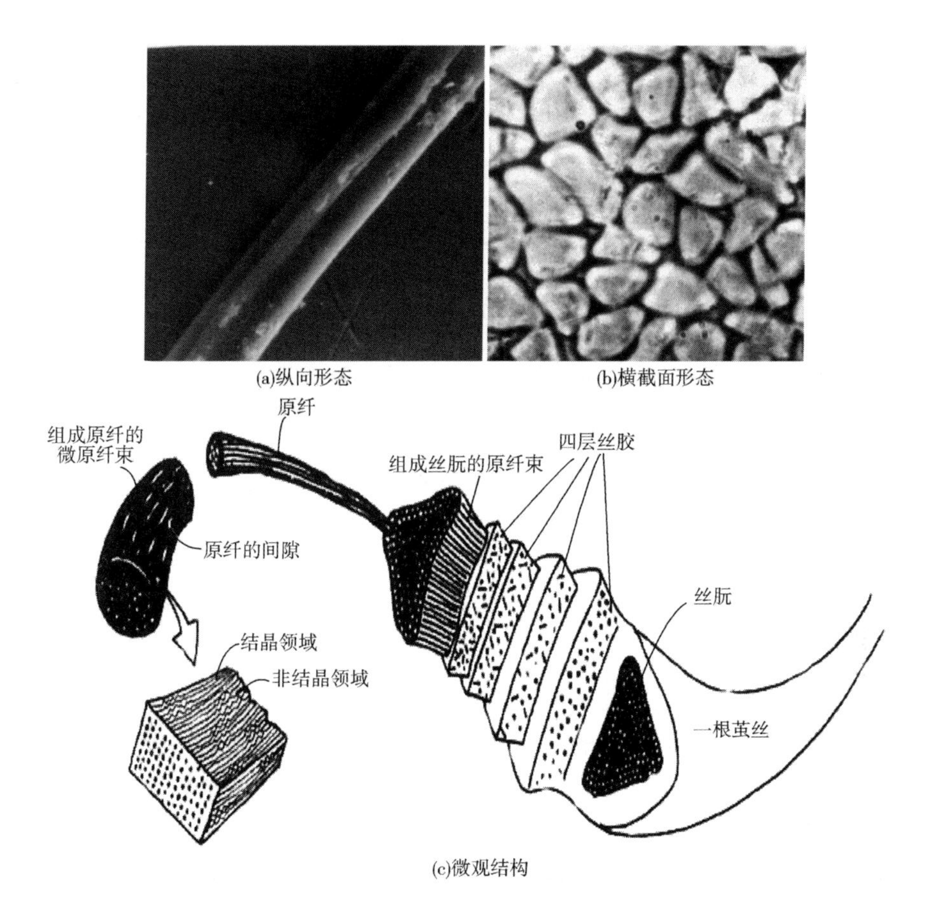

图 5－40　桑蚕丝的形态结构

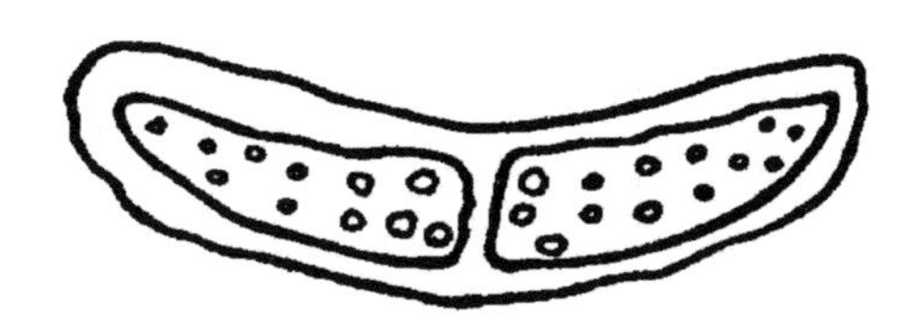

图 5－41　柞蚕丝的横截面

表 5－9　蜘蛛丝与部分纤维的性能对比

纤维	密度(g/cm^3)	模量(GPa)	强度(GPa)	韧度(MJ/m^3)	断裂伸长率(%)
蜘蛛丝	1.3	10	1.1	160	27
锦纶 66	1.1	5	0.95	80	18
凯夫拉 49	1.4	130	3.6	50	3
蚕丝	1.3	7	0.6	70	18
羊毛	1.3	0.5	0.2	60	50
钢丝	7.8	200	1.5	6	1

(二)蚕丝的组成和分子结构

1. 蚕丝的组成　蚕丝纤维主要是由丝素和丝胶两种蛋白质组成,此外,还有一些非蛋白质成分,如脂蜡物质、碳水化合物、色素和矿物质(灰分)等。蚕丝中物质的含量常随茧的品种和饲养情况而变化。一般桑蚕丝和柞蚕丝的物质组成情况可参见表5-10。

表5-10 蚕丝的物质组成

物质组成	桑蚕丝(%)	柞蚕丝(%)
丝素	70~75	80~85
丝胶	25~30	12~16
腊质、脂肪	0.70~1.50	0.50~1.30
灰分	0.50~0.80	2.50~3.20

2. 蚕丝的分子结构 蚕丝的主要成分为蛋白质,属于蛋白质纤维,是一种高分子化合物,蚕丝的大分子是由多种α-氨基酸剩基以酰胺键联结构成的长键大分子,又称肽链。在色素中,乙氨酸、丙氨酸、丝氨酸和酪氨酸含量占90%以上。其中乙氨酸和丙氨酸含量约占70%,含侧基小,因而使蚕丝分子结构较为简单,长链大分子的规整性好,呈β-折叠链形状,有较高的结晶性。

柞蚕丝与桑蚕丝略有差异,桑蚕丝中乙氨酸含量多于丙氨酸,而柞蚕丝中丙氨酸含量多于乙氨酸。此外,柞蚕丝含有较多支链的二氨基酸,如天门冬酸、精氨酸等,使其分子结构规整性差,结晶性也较差。

(三)茧的工艺加工

茧的工艺加工,一般指从剥茧到制取生丝的整个工艺过程,包括剥茧、选茧、煮茧、缫丝和复整等工序。

1. 剥茧 剥去蚕茧外围松乱而细弱的茧衣,以利于选茧、煮茧和缫丝工艺。剥茧时,不可剥得太光,以免损伤茧层表面的茧丝。一般茧衣量约占全茧量的2%,用它可作绢纺原料。

2. 选茧 选茧是选除各茧批中混有的下脚茧,如穿头茧、软绵茧、双宫茧、烂茧等。根据缫丝要求,将原料茧按茧层薄厚、茧形大小和色泽进行分选。

3. 煮茧 煮茧是利用水、热或药剂等的作用,使茧丝上的丝胶适当膨润和部分溶解,促使茧丝从茧层上依层不乱地退解下来,使缫丝顺利进行。

4. 缫丝 煮熟的茧子经过理绪,即把丝头理清,找出正绪,使茧丝由茧层离解,并以几根茧丝并合,借丝胶黏着,构成生丝(图5-42)。

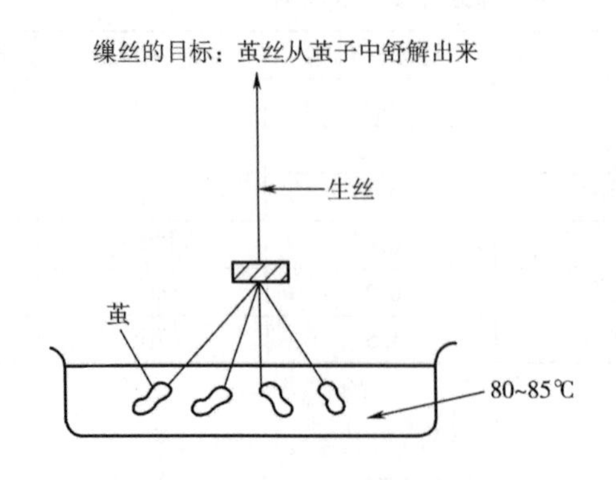

图5-42 缫丝示意图及生丝纵向形态

生丝的纤度由茧丝的并合数和茧丝的单根纤维来决定，如计划缫制 2. 3tex(20/22 旦)生丝时，一般以 7 ~9 根茧丝组成。由于每根茧丝各段粗细不同，缫丝并合时，要按规律搭配，保证丝条均匀。

5. *复整* 在复摇机上，把缫制的生丝，制成一定规格的丝绞，再经过整理打包，成为丝纺原料。

(四)蚕丝的性能

1. *长度* 从茧子上缫取的茧丝长度很长，经缫丝，数根茧丝合并可获得任意长度的连续长丝(生丝)，不需要纺纱即可织造。一粒茧子上的茧丝长度可达数百米至千米。也可将下脚茧丝、茧衣和缫丝中的废丝等经脱胶切成短纤维，经绢纺纺纱工艺获得绢丝供织造用。

2. *细度和均匀度* 把一定长度的生丝绕取在黑板上，通过光的反射，黑板上呈现各种深浅不同、宽度不同的条斑，根据这些条斑的变化，可以说明生丝细度的均匀程度。

生丝细度和匀度是生丝品质的重要指标，丝织物品种繁多，如绸、缎、纱、绉等。其中轻薄的丝织物，不仅要求生丝纤度细，而且对细度均匀度有很高的要求。细度不匀的生丝，将使丝织物表面出现色档、条档等疵点，严重影响织物外观，造成织物其他性质如强伸度的不匀。

影响生丝细度不匀的因素，是生丝截面内茧丝的根数和茧丝纤度的差异。此外，缫丝张力、缫丝速度等因素的变化，使生丝结构时而松散、时而紧密，也造成生丝细度不均匀。因此，提高蚕茧的解舒丝长，减少断头，认真进行选茧、配茧工作，减少茧丝纤度的差异，是改善生丝细度均匀度的重要途径。

3. *吸湿性* 无论是家蚕丝还是柞蚕丝都具有很好的吸湿本领，在温度为 20℃，相对湿度为 65% 的标准条件下，家蚕丝的吸湿率达 11% 左右，在纺织纤维中属于比较高的，如果含丝胶的数量多，纤维的含水量还会增加，因为丝胶比丝素更容易吸湿。比较起来，柞蚕丝因为本身内部结构的特点，吸湿性也高于家蚕丝。

4. *机械性质* 影响茧丝的力学性质的因素，有蚕品种、产地饲养条件、茧的舒解和茧丝纤度等。茧层部位的变化，对茧丝的性质影响更大。随着茧层部位不同，茧丝纤度的变化呈抛物线形状，茧丝的伸度、蠕变和缓弹性变形的变化，呈现相似的倾向。茧丝的初始模量，最外层小，中层、内层逐渐增大。

吸湿后，蚕丝的强伸度发生变化。家蚕丝湿强为干强的 80% ~90%，湿伸长增加约 45%。柞蚕丝湿强增加，约为干强的 110%，湿伸长约增 145%。

5. *化学性质* 蚕丝纤维的分子结构中，既含有酸性基团(—COOH)，又含有碱性基团(—NH_2—OH)，呈两性性质。其中酸性氨基酸含量大于碱性氨基酸含量，因此，蚕丝纤维的酸性大于碱性，是一种弱酸性物质。

酸和碱都会促使蚕丝纤维水解，水解的程度与溶液的 pH、处理的温度、时间和溶液的浓度有很大关系。丝胶的结构比较疏松，因此，水解程度比较剧烈，抵抗酸、碱和酶的水解能力比丝素弱。

酸对丝素的作用较碱为弱。弱的无机酸和有机酸对丝素作用更为稳定。在浓度低的强无机酸中加热，丝的光泽和手感均受到损害，强伸度有所降低，特别是在储藏后更为明显。高浓度的无机酸，如浓硫酸、浓盐酸、浓硝酸等的作用，丝素急剧膨润溶解呈淡黄色黏稠物。如在浓酸中浸渍极短时间，立即用水冲洗，丝素可收缩 30% ~40%，这种现象叫酸缩，能用于丝织物的缩皱处理。

在丝绸精练或染整工艺中,常用有机酸处理,以增加丝织物光泽,改善手感,丝绸的强伸度稍有降低。

碱可使丝素膨润溶解,其对丝素的水解作用,主要取决于碱的种类、电解质总浓度、溶液的pH及温度等。氢氧化钠等强碱对丝素的破坏最为严重,即使在稀溶液中,也能侵蚀丝素。碳酸钠、硅酸钠的作用较为缓和,一般在进行丝的精练时,多选用碳酸钠。

丝素中的酪氨酸、色氨酸与氧化剂或大气紫外线作用,生成有色物质,使蚕丝泛黄。含氯的氧化剂与丝素作用,能使丝素发生氧化裂解,而且还会发生氯化作用,使肽键断裂,丝素聚合度下降,强伸度降低,以致失去使用价值。因此,蚕丝纤维的漂白剂多用过氧化氢、过氧化钠,稀酸性的过硼酸钾溶液。

柞蚕丝耐酸耐碱性较桑蚕丝好。如以1g重的丝,用40mL的浓硝酸在常温下浸渍0.5h,柞蚕丝的破损率为14.3%,而桑蚕丝为51.7%,相差达3倍以上。

6. 其他性质

(1)密度。丝的密度较小,因此织成的丝绸轻薄。生丝的密度为1.30~1.37g/cm^3,精练丝的比重为1.25~1.30g/cm^3,这说明丝胶比重较丝素大。在分析一粒茧内、中、外三层茧丝比重情况时,同样说明,外层茧丝因丝胶含量多,故比重较内层大。据测定资料介绍,外层茧丝的比重为1.442g/cm^3,中层为1.4g/cm^3,内层为1.32g/cm^3。

(2)抱合。生丝依靠丝胶把各根茧丝黏着在一起,产生一定的抱合力,使丝条在加工过程中能承受各种摩擦。抱合不良的丝纤维受到机械摩擦和静电作用时,易引起纤维分裂、起毛、断头等,给生产带来困难。分裂出来的细小纤维使织物呈现"经毛"或"纬毛"疵点,影响织物外观,丝织生产,要求抱合试验中使丝条分裂的机械摩擦次数不低于60次。

(3)光学性质。丝的色泽包括颜色与光泽。丝的颜色因原料茧种类不同而不同,以白色、黄色茧为最常见。我国饲养的杂交种均为白色,有时有少量带深浅不同的淡红色。呈现这些颜色的色素大多包含在丝胶内,精练脱胶后成纯白色。丝的颜色反映了本身的内在质量;如丝色洁白,则丝身柔软,表面清洁,含胶量少,强度与耐磨性稍低,春茧丝多属于这种类型;如丝色稍黄,则光泽柔和,含胶量较多,丝的强度与耐磨性较好,秋茧丝多属于这种类型。

丝的光泽是丝反射的光所引起的感官感觉。茧丝具有多层丝胶、丝蛋白的层状结构,光线入射后,进行多层反射,反射光互相干涉,因而产生柔和的光泽,生丝的光泽与生丝的表面形态、生丝中的含茧丝数等有关,一般地说,生丝截面越接近圆形,光泽柔和均匀,表面越光滑,反射光越强。精练后的生丝,光泽更为优美。

蚕丝的耐光性较差,在日光照射下,蚕丝容易泛黄。在阳光曝晒之下,因日光中波段2900~3150A近紫外线,易使蚕丝中酪氨酸、色氨酸的残基氧化裂解,致使蚕丝强度显著下降。日照200h,蚕丝纤维强度损失50%左右。柞蚕丝耐光性比蚕丝好,在同样的日照条件下,柞蚕丝强度损失较小。

(4)热学性质。蚕丝耐干热性较强,能长时间承受100℃的高温。温度升至130℃,蚕丝会泛黄、发硬。其分解点在150℃左右,蚕丝是热的不良导体,导热率比棉还小。

(5)丝鸣。干燥的蚕丝相互摩擦或揉搓时发出特有的清晰微弱的声响,称为丝鸣。丝鸣成为蚕丝独特的风格。

(五)生丝的品质评定

生丝的品质,依生丝的结构和性质进行检验和分级评定。

1. 生丝的检验　生丝检验的项目，从性质上划分有品质检验与重量检验两种，从方法上划分有外观检验和器械检验两种，各种检验中包括有不同的项目（表 5－11）。

表 5－11　生丝检验的项目

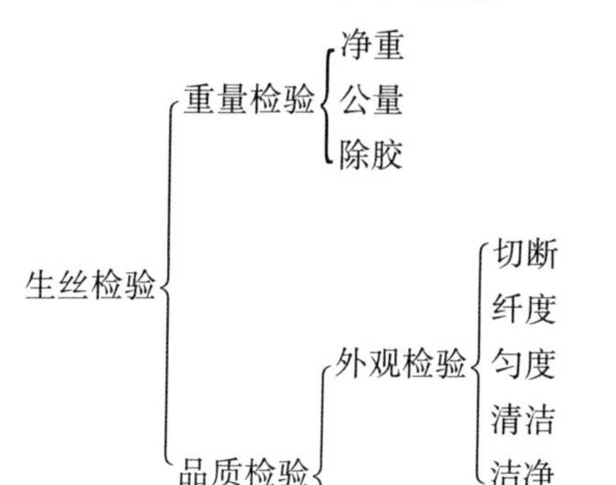

除胶和微绒两项检验未正式列为国家标准检验项目。

外观检验是通过肉眼观察和手感来检验生丝的整齐程度、整理状况和生丝的性状。

整齐检验：以颜色为主，光泽、手感为辅。

整理检验：检验丝胶、丝包的整理是否合乎要求以及整理方法的优劣等。

性状检验：检验生丝颜色的深淡、光泽的明暗和手感软硬等三方面，并区分它们的种类、性质和程度。

生丝的均匀、清洁洁净检验：以对照标准照片评定，切断、拉力、伸长、抱合力等为辅助检验。

2. 生丝的分级　生丝品质的优劣，依据检验生丝的物理指标和外观检验的综合成绩，进行分级。3. 63tex（33 旦）以下的生丝，根据纤度偏差、均匀度变化、洁净和清洁四项检验中最低一项成绩确定为基本等级。3. 74tex（34 旦）及以上的生丝。除按上述四项外，还需加上纤度最大偏差来决定基本等级。基本等级确定后，再依据该等级所属辅助检验的项目来进行调整，辅助检验中任何一项低于基本等级所属范围，应予降级。外观检验不符合要求时，也予以降级。

三、学习提高

（1）找几件丝织品或参加丝绸展览会，感受丝织品的魅力所在。并结合丝织品试样，分析其性能，并与羊毛制品对比分析：同样是蛋白质纤维，为何性能会有如此差异？

（2）在天然纤维中，单纤维最细的纤维是（ ①细绒棉　②蚕丝　③羊毛　④麻纤维 ）？并查找其细度范围，从而进行佐证。

四、自我拓展

结合本任务所讲的丝纤维的种类，分析各种丝纤维的可纺性（表 5－12）。

表5-12 各种丝纤维可纺性分析

纤维种类	长度	细度	强度	杂质和疵点	回潮率	卷曲、摩擦	附属物

项目六　化学纤维及性能检测

学习与考证要点

◇ 化学纤维的制造方法
◇ 再生纤维素纤维的基本性能及检测指标
◇ 再生蛋白质纤维的基本性能及检测指标
◇ 合成纤维基本性能及检测指标
◇ 差别化学纤维和功能纤维及性能指标
◇ 化学纤维的品质检验

本项目主要专业术语

人造纤维(man - made fibre)
纺丝浴(spinning bath)
凝固浴(coagulating bath)
纺丝液(spinning solution)
合成纤维(synthetic fiber)
干纺(dry - spinning)
湿纺(wet - spinning)
熔纺(meltspun)
切片(chip)
醋酯纤维(acetate)
聚丙烯纤维(acrylic)
芳纶(aramid)
双组分(bicomponent)
碳纤维(carbon)
玻璃纤维(glass fiber)
天丝(lyocell/tencel)
金属纤维(metallic)
锦纶(尼龙)(nylon)
聚烯烃纤维(olefin)
聚酯(polyester)
人造丝(rayon)
橡胶纤维(rubber)
氨纶(spandex)
聚酰胺纤维(polyamide fiber)

任务一　了解化学纤维的制造方法

一、学习内容引入

化学纤维的制造方法是人类从蚕吐丝过程中得到的启示，是纤维成形为目的的加工。那其制造过程具体是什么情形呢？如何加工生产出与天然纤维具有相同体征的适纺纤维呢？不同种类的化学纤维为何性能差异如此之大呢？

二、知识准备

化学纤维的制造

除无机纤维外,化学纤维一般都是高分子化合物,能制造纤维的高分子化合物称为成纤高聚物。成纤高聚物必须具备三个条件:线型分子结构,适当的分子量,可溶解性或可熔融性。

1. 纺丝液制备　将成纤高聚物用熔融或溶解的方法制成纺丝流体。分解温度高于熔点的成纤高聚物,可通过加热直接熔化成熔体,称为熔融法;分解温度低于熔点的成纤高聚物,必须选择适当的溶剂将其溶解制成纺丝溶液。

制得的纺丝液必须黏度均匀、适当,不含气泡和杂质,以保证纺丝的顺利进行,并纺得优质的纤维。因此,在纺丝前纺丝液必须经过过滤、脱泡等处理。

2. 纺丝　纺丝溶液或纺丝熔体通过计量装置定量供给喷丝头(图6-1),使其从纺丝细孔中流出,再在适当的介质中固化成细丝,这一过程称为纺丝。常规的纺丝方法分为熔体纺丝和溶液纺丝。按凝固条件或介质的不同,溶液纺丝又分为湿法纺丝和干法纺丝。

(1)熔体纺丝(图6-2)。将熔融的成纤高聚物熔体从喷丝孔中挤出,在周围空气中冷却固化成丝,称熔体纺丝。该纺丝法过程简单,纺丝速度高,污染小,但喷丝头孔数较少,长丝一般为数孔到数十孔,短纤维一般为300~1000孔,最多可达2200孔。涤纶、锦纶、丙纶等合成纤维生产都是采用熔体纺丝。

(2)湿法纺丝(图6-3)。用溶液法制备的纺丝液从喷丝孔中喷出后,在液体凝固浴中因溶剂扩散和凝固剂渗透而固化成丝称湿法纺丝。该纺丝法的特点是喷丝头的孔数多,可达5万孔以上,但纺丝速度慢。由于液体凝固剂的固化作用,纤维截面形状与喷丝孔的形状有较大差异,且有明显的皮芯结构。黏胶纤维、维纶、氯纶等的生产多采用此法。

(3)干法纺丝(图6-4)。将溶液法制备的纺丝液从喷丝孔中喷出后,在热空气中因溶剂迅速挥发而凝固成丝称干法纺丝。干法纺丝的溶剂必须具有优良的挥发性,纺丝耐热空气的温度高于溶剂的沸点。该方法纺丝速度高,喷丝头孔数较少,为300~600孔,易污染环境,成本较高。醋酯纤维、维纶等少数纤维生产采用此法(图6-4)。干湿法纺丝对比见表6-1。

图6-1　纺丝喷头

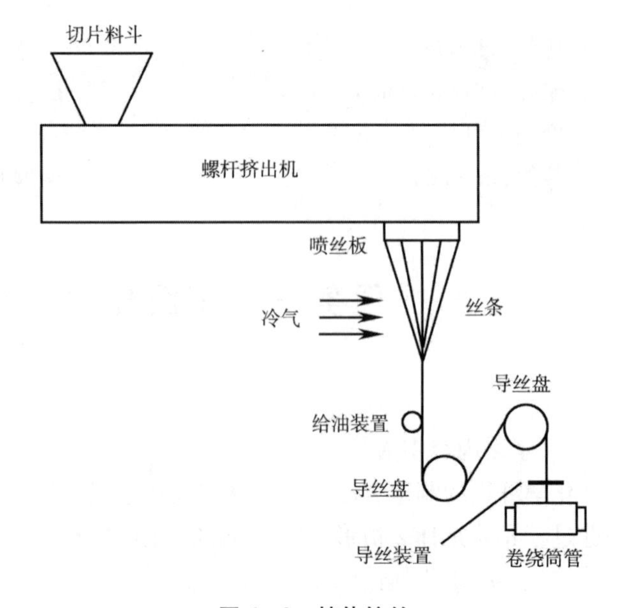

图6-2　熔体纺丝

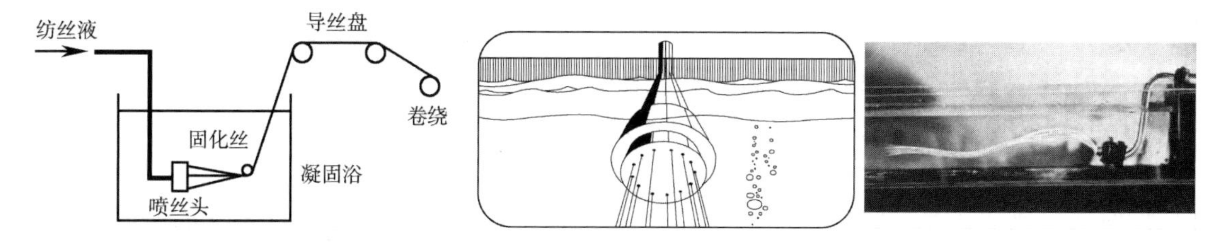

图6-3　溶液纺丝—湿法纺丝

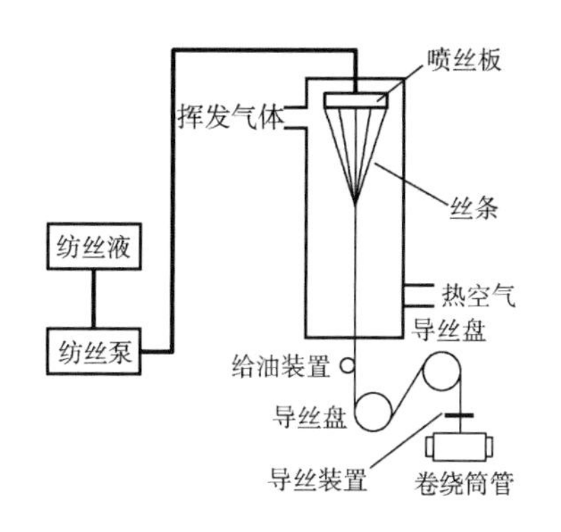

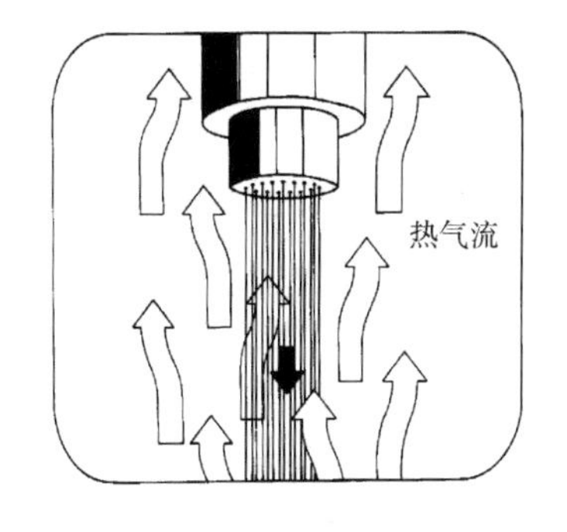

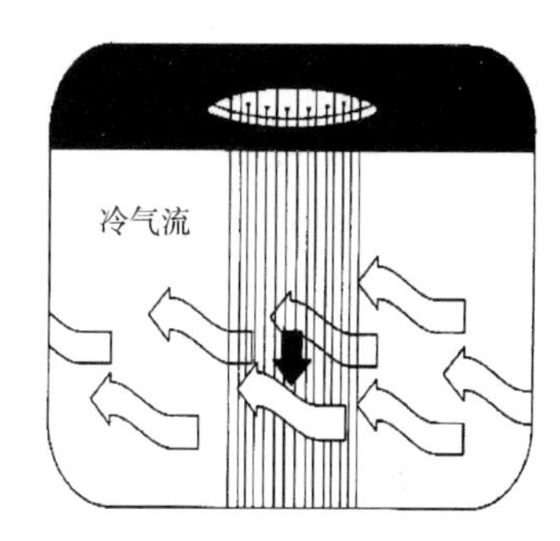

图6-4　溶液纺丝—干法纺丝

表6-1　干法、湿法纺丝对比

纺丝方法	概念	特点	常纺的纤维
湿法纺丝	将高聚物溶解所制得的纺丝液从喷丝孔中压出，在凝固液中固化成丝的方法	速度较低，但喷丝孔数较多（可达5万孔以上）。由于液体凝固剂的固化作用，虽然仍是常规的圆形喷丝孔，但纤维截面大多不呈圆形，且有较明显的皮芯结构	腈纶、维纶、氯纶、黏胶纤维等
干法纺丝	将用溶液法所制得的纺丝液从喷孔中压出，形成细流，在热空气中溶剂迅速挥发而凝固成丝的方法	纺速度较高，且可纺得较细的长丝。喷丝孔较少。由于溶剂挥发易污染环境，需回收溶剂，设备工艺复杂，成本高	醋酯纤维、腈纶、氯纶、维纶、氨纶等

3. *后加工*　从喷丝孔喷出后凝固的纤维称为初生纤维，初生纤维的强度低、缩率大，没有使用价值，必须进行一系列的后加工，以改善纤维的力学性能。后加工工序随长丝和短纤维及纤维品种而有所不同。短纤维的主要后加工工序如下。

（1）拉伸。将初生纤维集合成一定粗细的大股丝束，经多辊拉伸机进行一定倍数的拉伸。拉伸使纤维中大分子的排列改变，大分子沿纤维轴向伸直而有序排列，从而改善纤维的力学性能。若采用不同的拉伸倍数，可制得不同强度和伸长率的纤维。拉伸倍数小，制取的纤维强度较低，伸长率较大；拉伸倍数大，制取的纤维强度较高，伸长率较小。

（2）上油。将纤维丝束经过油浴，在纤维表面加上一层很薄的油膜，化学纤维上油的目的是减少纤维与纤维、纤维与机件之间的摩擦，提高纤维间的抱合力，改善纤维的柔软润滑性，增强合成纤维的吸湿能力，减少纤维在纺织加工和使用过程中产生的静电现象。

化学纤维油剂是根据纤维的不同品种和不同要求来选择不同的配方，包括润滑剂、乳化剂、添加剂等组成成分。润滑剂是天然动植物油、矿物油或合成酯类，主要起平滑、柔软作用；乳化剂是指表面活性剂,起乳化、吸湿、抗静电、平滑渗透等作用;添加剂主要有抗静电剂、防氧化剂、防霉剂、消泡剂等,起抗静电、防氧化、防霉等作用。

化学纤维油剂就是按配方做成的一种乳化液。

(3)卷曲。使纤维具有一定的卷曲数,从而改善纤维之间的抱合力,使纺纱得以正常进行,同时提高成纱强力,改善织物的服用性。卷曲是将丝束送入具有一定温度的卷曲箱,经挤压后形成卷曲,该方法适用于具有热塑性的纤维,如涤纶、锦纶、丙纶等。其卷曲多呈波浪形,卷曲数较多,但卷曲牢度较差,容易在纺纱过程中逐渐消失。此外,还可利用纤维内部结构的不对称性,在热空气或热水中,使前段工序中的应力松弛,纤维产生收缩。由于内部结构的不对称及不均匀内应力的存在,收缩不匀,也能产生卷曲。黏胶纤维、维纶等属于这种卷曲,卷曲牢度好。

(4)干燥定形。一般在帘板式烘燥机上进行,目的是除去纤维中多余的水分,消除前段工序中产生的内应力,防止纤维在以后的加工和使用过程中产生收缩。

(5)切断。在沟轮式切断机上将丝束切断成规定的长度。用于一般纺纱工艺时,化学纤维的长度与细度之比可采用如下经验公式:

$$\frac{\text{长度(英寸)}}{\text{细度(旦)}} = 1$$

长丝的后加工主要包括牵伸、加捻、热定形、上油和成品包装等工序。图6-5为锦纶6弹力长丝加工流程。

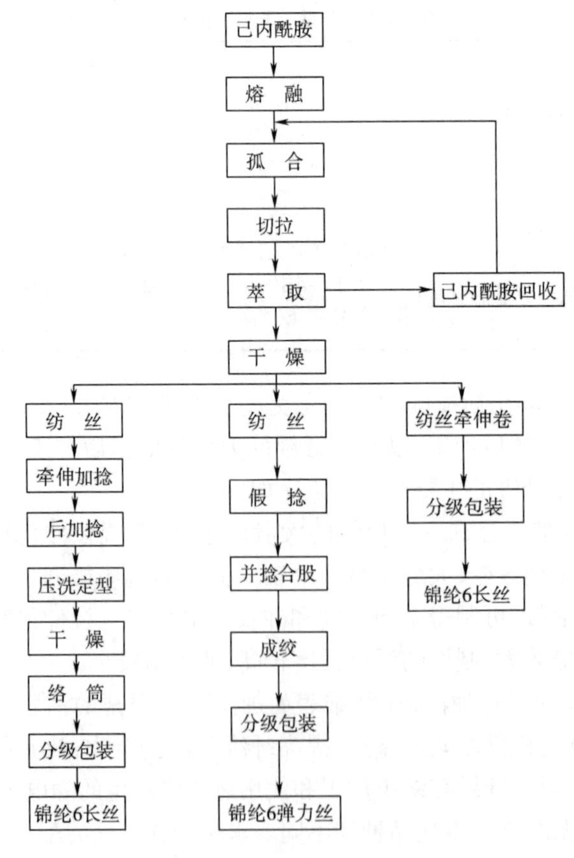

图6-5 锦纶6弹力长丝加工流程

三、学习提高

(1)蚕吐丝的过程类似化学纤维生产中的哪一种方法？为什么？

(2)熔体纺丝及溶液纺丝中的干法、湿法纺丝对化学纤维理化性能有何影响？分析一下原因？

四、自我拓展

去当地化学纤维厂进行参观学习，掌握纺丝液的制备方法及区别，熟悉化学纤维生产过程、后加工工艺，写一篇学习报告记录如下(表6－2)，并附图来进行描述？

表6－2　各种纺丝液的制备方法及区别

序号	化学纤维厂名称	地址	主营产品描述、品牌	纺丝方法	工艺流程	现场和产品贴图
1						
2						
3						
4						
5						

任务二　掌握再生纤维的基本性能及其指标

一、学习内容引入

再生纤维是化学纤维的一种，它是以天然高分子化合物为原料，经过化学处理和机械加工而制成的纤维。可以分为再生纤维素纤维和再生蛋白质纤维。哪些天然材料适合生产再生纤维呢，性能与天然纤维相比，能否“青出于蓝而胜于蓝”？

二、知识准备

单元一　再生纤维素纤维及性能分析

(一)黏胶纤维

黏胶纤维是再生纤维的主要品种，于1891年在英国研制成功，1905年投入工业化生产。黏胶纤维的原料来源广泛，成本低廉，从不能直接用于纺织加工的纤维素原料如棉短绒、木材、芦苇等中提取纯净纤维素。在纺织纤维中占有相当重要的地位。

1. 黏胶纤维的结构特征　黏胶纤维的主要组成物质是纤维素$(C_6H_{10}O_5)_n$，其分子结构式与棉纤维相同，聚合度低于棉，一般为250～550。黏胶纤维由湿法纺丝制成，其横截面边缘为不规则的锯齿形，有皮芯结构，纵向平直有不连续的条纹(图6－6)。

2. 黏胶纤维的主要性能

(1)吸湿性和染色性。黏胶纤维的吸湿性是化学纤维中最好的，标准大气条件下(温度为

图6-6　黏胶纤维的纵向和横向结构

20℃,相对湿度为65%),回潮率约为13%,相对湿度95%时的回潮率约为30%。纤维吸湿后,显著膨胀,截面积可增加50%以上,最高可达到140%,所以,一般的黏胶纤维织物下水后会手感发硬、收缩率大。黏胶纤维的染色性能良好,染色色谱全,色泽鲜艳,染色牢度也较好。

(2)力学性能。黏胶纤维的强度较低,一般为1.6~2.7cN/dtex,断裂伸长率为16%~22%。湿强下降多,为干强的40%~50%,所以,在剧烈的洗涤条件下,黏胶纤维织物易受损伤。黏胶纤维在小负荷下容易变形,且变形后不易恢复,弹性差,织物容易起皱,耐磨性差。

(3)其他性能。黏胶纤维耐碱不耐酸。耐热性较好,在180~200℃时产生热分解。

3. 黏胶纤维的种类和用途

(1)普通黏胶纤维。普通黏胶纤维有长丝(俗称人造丝)和短纤维(俗称人造棉)之分,黏胶短纤维有棉型、毛型和中长型,可与棉、毛等天然纤维混纺,也可与涤纶、腈纶等合成纤维混纺,还可纯纺,用于织制各种服装面料和家庭装饰织物及产业用纺织品。其特点是成本低、吸湿性好、抗静电性能优良。长丝可以纯织,也可与蚕丝、棉纱、合成纤维长丝等交织,用于制作服装面料、床上用品及装饰品等。

(2)富强纤维。富强纤维是通过改变普通黏胶纤维的纺丝工艺条件而开发的,其横截面近似圆形,结构近乎全芯层,强度高于普通黏胶纤维,湿态强度明显提高。

(3)强力黏胶丝。强力黏胶丝结构为全皮层,是一种高强度、耐疲劳性能良好的黏胶纤维,强度可达棉的两倍以上,广泛用于工业生产,可做汽车轮胎帘子布,也可以制作运输带、胶管、帆布等。

各种黏胶纤维的拉伸特征比较如图6-7所示。

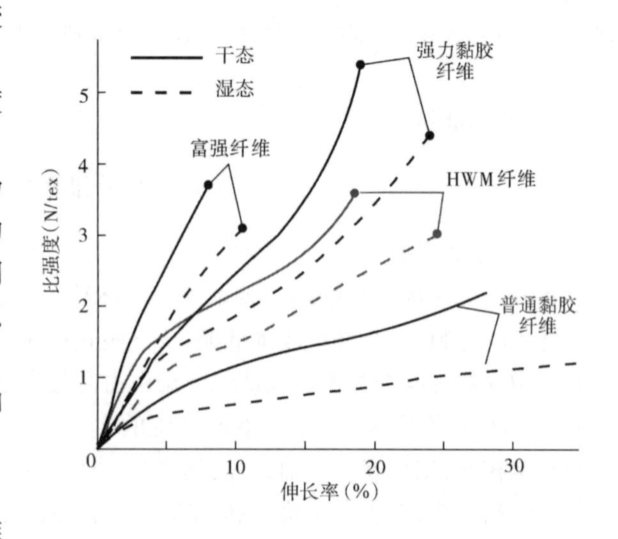

图6-7　各种黏胶纤维的拉伸特征比较

(二)醋酯纤维

醋酯纤维俗称醋酸纤维,它是以纤维素与醋酯酐等为原料,经干法或湿法纺丝制成,是一种半合成纤维。由于它是以纤维素为骨架,具备纤维素纤维的基本特征,但它的性能与再生纤维素纤维(如黏胶纤维)有所不同,又具有合成纤维的一些特性。

1. 醋酯纤维的结构特征 醋酯纤维有二醋酯纤维和三醋酯纤维。醋酯纤维无皮芯结构,横截面形状为多瓣形叶或耳状,如图6-8(a)所示为 二醋酯纤维,如图6-8(b)所示为三醋酯纤维。二醋酯纤维的聚合度为180~200,密度为1.32g/cm^{3}左右;三醋酯纤维的聚合度为280~300,密度为1.30g/cm^{3}左右。

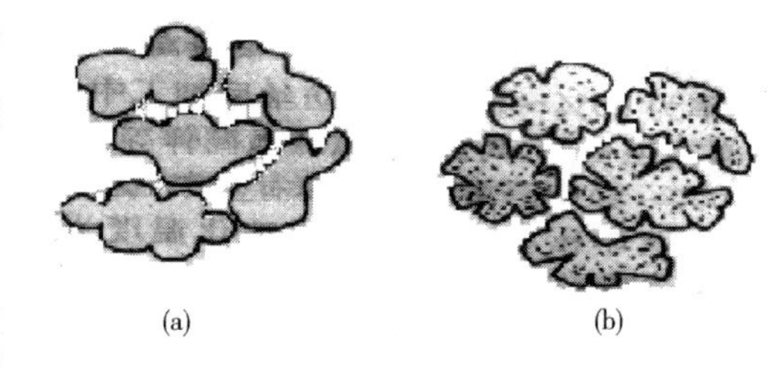

图6-8 醋酯纤维的截面形态

2. 醋醋纤维的主要性能

(1)吸湿性与染色性。醋酯纤维由于纤维素分子上的羟基被乙酰基所取代,因而吸湿性比黏胶纤维低得多,在标准大气条件下,二醋酯纤维的回潮率为6.5%。三醋酯纤维更低,为4.5%。染色性能较差,因此,必须用分散染料染色,才能获得良好的染色效果。

(2)力学性能。醋酯纤维强度较低,二醋酯纤维的干强度仅为1.1~1.2cN/dtex,三醋酯纤维为1.0~1.lcN/dtex,湿强为干强的67%~77%。醋酯纤维容易变形,也容易回复,不易起皱,柔软,具有蚕丝的风格。产生1.5%的伸长变形时,恢复率为100%。

(3)热学性能。醋酯纤维具有良好的热塑性能,在200~300℃时软化,260℃时熔融。这一特征使醋酯纤维与合成纤维类似,产生塑性变形后形状不再回复,具有持久压烫整理性能。

(4)其他性能。耐酸碱性都比较差,在稀溶液中比较稳定,但在浓碱的作用下,会逐渐皂化而成为再生纤维素,在浓酸溶液中会因皂化和水解而溶解。

3. 醋酯纤维的用途 醋酯纤维表面平滑,手感柔软滑爽,有弹性,有丝一般的光泽,适合于制作衬衣、领带、睡衣、高级女士服装、裙子。

(三)铜氨纤维

铜氨纤维是一种再生纤维素纤维,它是将棉短绒等天然纤维素原料溶解在氢氧化铜或碱性铜盐的浓氨溶液内,配成纺丝液,在凝固浴(湿法)中铜氨纤维素分子化学物分解再生出纤维素,生成的水合纤维素经后加工即得到铜氨纤维。

铜氨纤维的截面呈圆形,无皮芯结构,纤维可承受高度拉伸,制得的单丝较细,一般在1.33dtex以下(1.2旦),可达0.44dtex(0.4旦)。所以面料手感柔软,光泽柔和,有真丝感。

铜氨纤维的吸湿性与黏胶纤维接近,其公定回潮率为11%,在一般大气条件下回潮率可达到12%~13%,在相同的染色条件下,铜氨纤维的染色亲和力较黏胶纤维大,上色较深。

铜氨纤维的干强与黏胶纤维接近,但湿强高于黏胶纤维,耐磨性也优于黏胶纤维。

由于纤维细软,光泽适宜,常用作高档丝织或针织物。其服用性能较优良,吸湿性好,极具悬垂感,服用性能近似于丝绸,符合环保服饰潮流。

(四)莱赛尔纤维

用自然界广泛存在的纤维素纤维制造出来的黏胶纤维,已经有多年的历史了,虽然黏胶纤维具有独特的光泽、吸湿透气和抗静电性能,但它也有致命的弱点:湿强极低、易皱、缩水率高,且生产流程长,环境污染严重。莱赛尔(Lyocell)纤维是一种新型人造纤维素纤维,它来自树木内的纤维素,通过采用有机溶剂NMMO(*N*-甲基吗琳氧化物)纺丝工艺,在物理作用下完成,工艺及设备简单,生产周期短,消耗原材料少,整个制造过程无毒、无污染,以保护自然环境为本。它在泥土中能完全分解,对环境不会构成损害。它所用的树木主要在一些不能种植农作物及放牧的土地上种植,砍伐树木之后,会再种植同等数量的树木以保护自然生态。故其被誉为“21世纪的绿色纤维”。莱赛尔纤维自1993年起由英国考陶尔兹(Courtaldo)公司在美国生产,其商标为Tencel®(国内俗称天丝)。除了具有黏胶纤维的优点外,还具有合成纤维的强伸性,是目前世界上少数集合成纤维和天然纤维优点于一体的新纤维。

1. 莱赛尔纤维的结构特征　天丝纤维的制造是将纤维素直接溶解在化学溶剂中,得到纺丝液,再经喷丝、精练而成,所以它的组成成分主要是纤维素。

2. 莱赛尔纤维的性能

(1)吸湿性和染色性。莱赛尔纤维吸湿性强,标准状态下回潮率达11%,略低于黏胶,染色性能好而持久。

(2)力学性能。莱赛尔纤维的强力与合成纤维相近,干强为4.2cN/dtex,接近涤纶,湿强仅下降15%。尺寸稳定性好,织物缩水率低。

(3)其他性能。莱赛尔纤维在湿状态下,受机械力作用,纤维表面被拉出细小原纤,能改变织物性能,若通过酶处理,去掉较长原纤,可得到桃皮绒效果。

3. 莱赛尔纤维的用途　莱赛尔纤维由于具有棉的吸湿性能,丝的手感和光泽,化学纤维的强力,毛的挺爽等优良性能,可用来开发高附加值的机织和针织产品,可生产牛仔布、套装、休闲服、色织布、衬衫、内衣等。

(五)莫代尔(Modal)纤维

莫代尔(Modal)纤维是奥地利兰精(LENZIING)公司开发生产的一种人造纤维素纤维。它和莱赛尔纤维一样,纤维的生产加工过程清洁无毒,而且其纺织品的废弃物可生物降解,大大降低了对环境造成的破坏,具有良好的环保性能,被称为绿色纤维。该纤维湿强大大超过普通黏胶纤维,融合了天然纤维与人造纤维的长处,以其特殊的柔软、顺滑、丝般感觉成为一枝独秀,具有广阔的发展前景。其针织面料是目前国内外市场上颇为紧俏的内衣服装面料之一。

莫代尔纤维的原料采用欧洲的榉木,经打浆、纺丝而成,原料100%是天然的,对人体无害,能自然分解,对环境无害。莫代尔织物有以下的特点。

(1)莫代尔织物具有棉的柔软、丝的光泽、麻的滑爽,而且其吸水、透气性能都优于棉,具有较高的上染率,织物颜色鲜亮而饱满。

(2)莫代尔纤维可与其他纤维混纺,如棉、麻、丝、涤等以提升这些布料的品质,使面料能保持柔软、滑爽。

(3)莫代尔织物经过多次水洗后,依然保持原有的光滑及柔顺手感、柔软与明亮。

(4)由于莫代尔纤维的优良特性和环保性,已被纺织业一致公认为是21世纪最具有潜质的纤维。

用该纤维与棉、涤混纺、交织加工整理后的织物,具有丝绸般的光泽,悬垂性好,手感柔软、滑爽,有极好的尺寸稳定性和耐穿性,是制作高档服装、流行时装的首选面料。

(六)丽赛(Richcel)纤维

丽赛纤维是高湿模量纤维素纤维,生产原料主要来源于日本进口的天然针叶树精制专用木浆,生产技术采用日本东洋纺专有特种工艺纺丝技术,全程清洁生产,纤维及其制品可再生、可降解,故被誉为21世纪绿色环保纤维之一。丽赛纤维既具有传统黏胶纤维吸湿、透气、悬垂性好的服用性能，又有优异的湿态强力，并有良好的耐碱性，可以进行丝光处理。

（七）竹纤维

竹纤维可分为两大类：天然竹纤维—竹原纤维和化学竹纤维—竹浆纤维、竹炭纤维。

1. *竹原纤维*　竹原纤维是一种纯天然竹纤维，它是继麻纤维之后又一具有发展前景的生态功能性纤维，竹原纤维是将天然的竹材锯成生产上所需要的长度，然后通过机械、物理、化学相结合的方法去除竹子中的木质素、多戊糖、竹粉、果胶等杂质，从竹材中直接分离出来的纤维。其生产工艺与麻纤维相类似，是纯粹的天然绿色环保型纤维（图 6 -9）。

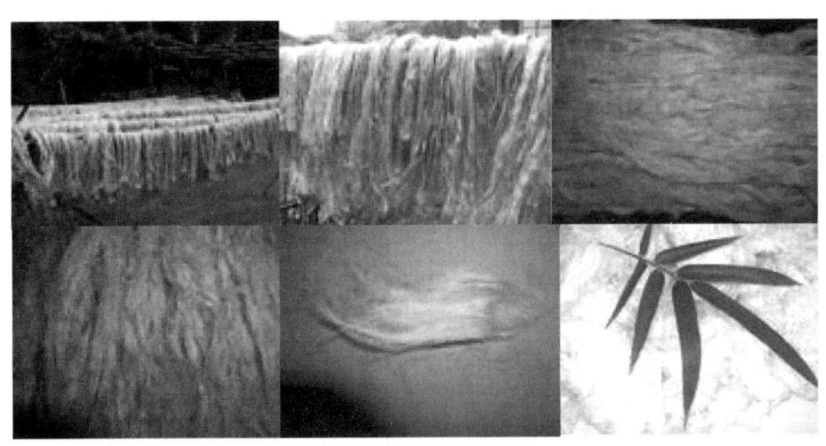

图 6 -9　竹原纤维

制取过程：竹材→制竹片→蒸竹片→压碎分解→生物酶脱胶→梳理纤维→纺织用纤维。

竹原纤维的研制成功标志着又一天然纤维的诞生，其符合国家产业发展政策。天然竹原纤维具有吸湿、透气、抗菌抑菌、除臭、防紫外线等良好的性能。

2. *竹浆纤维*　竹浆纤维则属于化学纤维中的再生纤维素纤维，先将竹子制成适合纺丝的竹浆粕，然后经湿法纺丝获得竹浆纤维。其生产工艺与黏胶相类似。是继大豆蛋白纤维之后又一种我国自行研制并成功投入生产的纺织纤维。这种纤维有明显的不同于棉、木型纤维素纤维的独特风格，强力好，耐磨性、吸湿性、悬垂性好，有丝质感觉，手感柔和光滑。

（1）竹浆纤维的形态结构。竹浆纤维纵向表面具有光滑、均一的特征，纤维的纵向表面有多条较浅的沟槽，横截面接近圆形，边缘具有不规则锯齿形。如图 6 -10 所示，竹纤维的表面结构与它的成型条件有关。这种表面结构使得纤维的表面具有一定的摩擦系数，纤维具有较好的抱合力，有利于纤维的成纱。

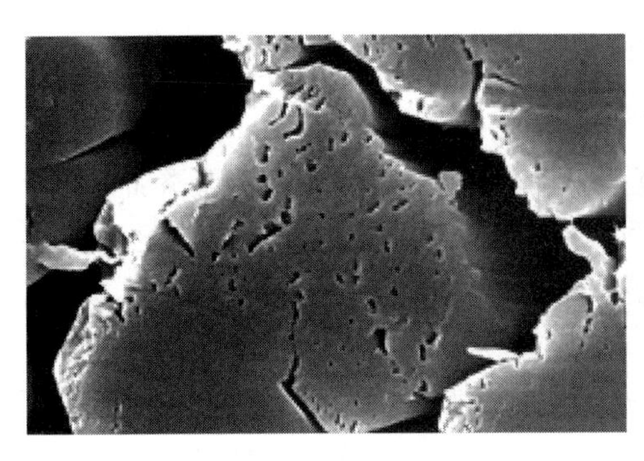

图 6 -10　竹浆纤维横向和纵向结构

(2)竹浆纤维的主要特性。竹浆纤维是以竹子为原料,经过人工催化将甲种纤维素含量在35%左右的竹纤维提纯到93%以上,采用水解—碱法及多段漂白精制成满足纤维生产要求的竹浆,再由化学纤维加工制成纤维。

①吸湿性和染色性:竹浆纤维在标准状态下的回潮率可达12%,与普通黏胶纤维的回潮率相接近。但在360℃、100%的相对湿度条件下,竹浆纤维的回潮率可高达45%,并且吸湿速度特别快,从8.75%的回潮率达到45%的回潮率仅用7h左右。相同条件下的其他纤维的回潮率和吸湿速度都不及竹浆纤维。因此,竹浆纤维比其他纤维更具有吸湿快干性能,更适合做夏季服装、运动服和贴身衣物。竹浆纤维染色性好且不易褪色。

②竹浆纤维的天然抗菌性能:竹浆纤维具有抗菌性,在加工过程中,可采用高新技术处理,使竹浆纤维的天然抗菌性能得以保持,即使经过洗涤、日晒也不会失去抗菌作用。另外,这种天然的抗菌作用对人体皮肤也不会造成过敏反应,大大优于后整理过程中加入抗菌剂的织物。

3. 竹炭纤维　竹炭是竹材资源开发的又一个全新的具有卓越性能的环保材料(图6-11)。竹炭素有“黑钻石”的美誉,在国际上被誉为“21世纪环保新卫士”。将竹子经过800℃高温纯氧及氮气阻隔延时的煅烧新工艺和新技术干燥炭化工艺处理后,形成竹炭,使得竹炭天生具有的微孔更细化和蜂窝化,竹炭具有很强的吸附分解能力,能吸湿干燥、消臭抗菌并具有负离子穿透等性能。竹炭纤维则是运用纳米技术,先将竹炭微粉化,再将纳米级竹炭微粉经过高科技工艺加工,然后采用传统的化学纤维制备工艺流程,与具有蜂窝状微孔结构趋势的聚酯改性切片熔融纺丝即可纺丝成型,制备出合格的竹炭纤维。

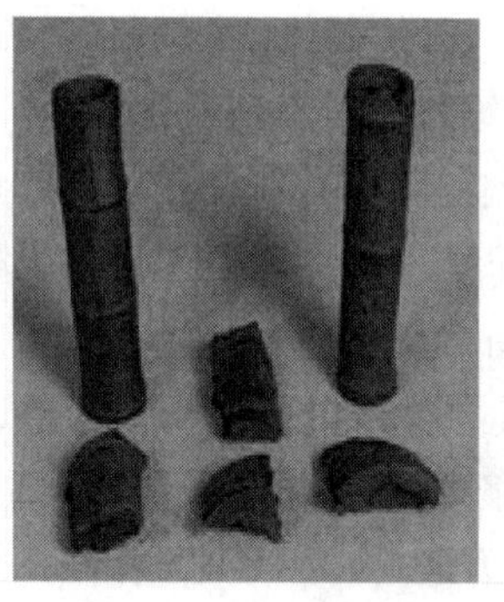

图6-11　竹炭纤维

单元二　再生蛋白质纤维及性能分析

(一)大豆纤维

大豆纤维是一种再生植物蛋白纤维,是从豆渣中提取球蛋白,辅之以特殊添加剂制成,主要成分与羊绒和真丝类似,是化学纤维史上第一种由中国自主开发并投入工业化生产、应用的纤维。

1. 大豆纤维的性能

(1)吸湿染色性。大豆纤维吸湿性好。大豆纤维本身为淡黄色,它可用酸性染料、活性染料染色。尤其是采用活性染料染色,颜色鲜艳而有光泽,同时耐日晒,汗渍牢度好。

(2)力学性能。大豆纤维力学性能好,单纤断裂强力为3.0cN/dtex,高于棉、毛纤维,仅次于涤纶。同时,沸水收缩率低,尺寸稳定性好,常规洗涤下不收缩,抗皱性好,易洗快干。

(3)其他性能。大豆纤维具有保健功能,因为大豆纤维和人体皮肤亲和性好,且含有多种人体所必须的氨基酸。在大豆纤维纺丝过程中加入一定量的具有杀菌消炎作用的中草药与蛋白质侧链以化学键相结合,药效显著而持久。

图6-12　大豆纤维

2. 大豆纤维的用途　大豆纤维(图6-12)具有细度细、密度小、强伸度高的特点,用它织成的面料具有羊绒般的手感,蚕丝般的光泽,羊毛般的保暖、吸湿透气,悬垂感好,可做高档衬衫、内衣。

(二)牛奶纤维

牛奶蛋白纤维(图6-13)是以牛奶为原料,经分离、提纯出来的蛋白质与聚乙烯醇缩甲醛聚合接枝而成的新型化学纤维,属蛋白质纤维,它与聚乙烯醇缩甲醛后,失去了蛋白质原有的可溶性,在高湿环境中,因为固化后的蛋白质分子结构紧密,水中软化点高而不溶于水,同时,由于蛋白质结构多肽链与多肽链之间以氢键结合,呈空间结构,大量的亲水基团易与水相结合,使纤维具有良好的吸湿性和透气性。

牛奶丝pH为6.80,呈微酸性,与皮肤保持一致,也不含致癌偶氮染料,完全符合欧共体提出的纺织品生化标准Oeko Tex Standard—100的规定。

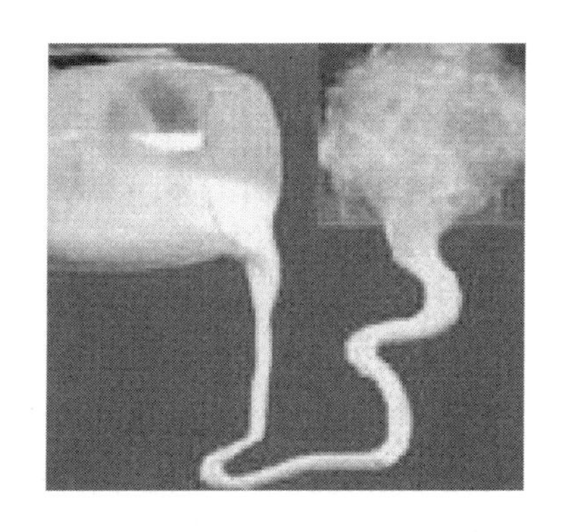

图6-13　牛奶纤维

牛奶蛋白纤维含有多种氨基酸。以牛奶丝织布制衣,贴身穿着有润肤养肤的功效。其面料有质地轻盈、柔软、穿着透气,导湿、爽身的特性,是制作儿童服饰和女士内衣的理想面料。

牛奶蛋白纤维的出现改变了动物蛋白纤维的传统定义,它是天然与科技的完美组合,更符合现代生活的高品质需要,具有生物保健功能和天然持久抑菌功效。牛奶纤维是将液状牛奶去水、脱脂,加上揉合剂制成牛奶浆,再经湿纺工艺及科技处理成牛奶长丝。

牛奶蛋白纤维的特殊性能在面料及服饰上显示出真实、瑰丽及持久的颜色,与染料的亲和性使颜色格外亮丽生动,只要在合适的条件下洗涤,即使布料经多次洗涤颜色仍能鲜艳如新。牛奶蛋白纤维不像其他的动物蛋白纤维,如羊毛、真丝那样容易霉蛀或老化,即使放置几年仍能保持亮丽如新,所以穿着方便、容易。

单元三　其他再生纤维及性能分析

(一)玉米纤维

聚乳酸纤维,也称PLA纤维。是以玉米等淀粉原料经发酵、聚合、抽丝而制成。有长丝、短丝、复合丝、单丝。该纤维原料来源于再生的天然植物,从生产到废弃完全是自然循环,对环境不会造成任何污染,废弃后可自然降解,是绿色环保型纤维(图6-14)。

图6-14 玉米纤维

聚乳酸纤维不但有高结晶性,还和聚酯、聚苯乙烯树脂有同样的透明性。因其具有高结晶性和高取向性,故具有良好的耐热性和高强度。聚乳酸纤维在透明性、强度、弹性率和耐热性四个方面尤为出众。

聚乳酸纤维具有高度耐热性,可以有复丝、单丝、长丝、切断纤维和非织造布等多种纤维形态,加工条件和设备也无需做大的变化。聚乳酸纤维适宜染色、后加工或树脂加工等,可做成流行、高性能生物降解的纤维制品。聚乳酸纤维属于脂肪族的聚酯,耐酸不耐碱。

聚乳酸纤维是以人体内含有的乳酸作原料合成的乳酸聚合物,对人体而言是非常安全的。经测试,用其制成的针织产品不会刺激皮肤,且对人体健康有益。

聚乳酸纤维性能优越,穿着舒适,有极好的悬垂性、滑爽性、吸湿透气性,有良好的耐热性及抗紫外线功能并富有光泽和弹性,可制作内衣、运动衣、时装等,由于聚乳酸纤维柔软、色泽艳丽,特别适合做女装。将聚乳酸纤维与棉、羊毛混纺,或将其长纤维与羊毛或黏胶纤维等生物分解性纤维混用,纺制成织物,生产具有丝感外观的T恤衫、茄克衫、长袜及礼服。这些产品有优良的形态稳定性。如与棉混纺,几乎与涤棉具有同等的性能,处理方便;光泽较涤纶更优良,且有蓬松的手感;与涤纶同样富有疏水性,对皮肤不发黏。如与棉混纺做内衣,有助于水分的转移,不仅接触皮肤时有干燥感,且可赋予其优良的形态稳定性和抗皱性。

除用作服饰以外,还可广泛应用土木、建筑物、农林业、水产业、造纸业、卫生医疗和家庭用品上,聚乳酸纤维也可用来生产可生物降解的包装材料。

聚乳酸纤维以价廉量多的淀粉作原料,又具完全自然循环和生物分解的特点,已被众多专家推荐为“21世纪的环境循环材料”,是一种极具发展潜质的生态性纤维。

(二)甲壳质和壳聚糖纤维

甲壳质是由虾、蟹、昆虫的外壳及菌类、藻类的细胞壁中提炼出的一种天然生物高聚物。壳聚糖是甲壳质经处理脱去乙酰基的产物。在自然界,甲壳质是一种仅次于纤维素的蕴藏量极为丰富的有机再生资源。甲壳质纤维和壳聚糖纤维,是用甲壳质或壳聚糖溶液经高科技加工纺制而成的纤维,是继纤维素之后的又一种天然高聚物纤维。

甲壳质作为低等动物中的纤维组分,兼具高等动物组织中的胶原和高等植物纤维中纤维素两者的生物功能,因此生物特性十分优异,其主要特征如下。

1. 生物相容性好　甲壳质及其衍生物是无毒副作用的天然聚合物,其化学性质和生物性质与人体组织相近,因此,其制品与人体不存在排斥问题。

2. 生物活性优异　甲壳质及其衍生物因本身所含的复杂的空间结构而表现出多种生物活性,其制品具有抑菌、降低血清和胆固醇含量、抑制有害细胞生长、直接抑制肿瘤细胞以及促进皮上细胞生长、促进体液免疫和细胞免疫等作用。

3. 保湿、保温性好　甲壳质纤维由于其独特的纤维分子结构,具有很强的保湿因子,因而有高保湿、保温功能,对皮肤有很好的滋润和养护作用。

4. 生物降解性好　甲壳质及其衍生物在酶的作用下会分解为低分子物质。因此,其制品用于一般的有机组织均能被生物降解而被肌体完全吸收。

甲壳质与壳聚糖纤维可纺成长丝或短纤维两大类。长丝用于捻制医用缝合线,免除病人拆线痛苦,或切成一定长度的短纤维纺成纱线用作纺织材料;短纤维以非织造布形式制作医用敷料,用于治疗各种创伤,如烧伤、烫伤、冻伤及其他外伤,有促进伤口愈合消炎抗菌作用。

甲壳质纤维经纺纱、织布加工成各种功能性产品,如保健针织内衣、防臭袜子、不黏毛巾、保健婴幼儿服、抗菌休闲服、抗菌防臭床上用品、抑菌医用护士服,也可加工成各种救护用品,如绷带、纱布、急救包等。

(三)海藻纤维

海藻炭是天然的海藻类(昆布、海带、马尾藻等)经过特殊窑烧成的灰烬物。海藻炭内含钠量少,含有丰富矿物质,化学成分多,也含有一些藻盐类成分。在抽出海藻炭内的藻盐类后,以特殊的制造程序将海藻炭烧成黑色,黑色化的海藻炭便具有良好的远红外线放射效果。

海藻炭纤维是海藻炭的碳化物,经过粉碎成为超微粒子后,再与聚酯溶液或聚酰氨溶液等混炼纺制予以抽丝、加工而成的纤维。这种纤维可以与天然棉或其他纤维混纺,纺成的纱线便具有远红外线放射机能。一般而言,只要使用15%～30%的海藻炭纤维就具有良好的远红外线放射效能,可以编织成具有远红外线放射机能的各种织物,应用在袜子以及内衣等产品上。

三、学习提高

(1)天然存在的蛋白质纤维均为动物蛋白,为何通过再生的方式可以生产出植物蛋白纤维,其性能与动物蛋白纤维有何区别?

(2)羽毛是自然界中又一种优质的动物蛋白,目前羽毛(鸭毛)一般仅作为一些服装填充材料。调查一下羽毛的其他开发利用情况。同时分析:能否通过再生的方式形成再生羽毛蛋白纤维,查阅相关文献资料,谈谈你的想法及思路。

(3)棉麻纤维的湿强力要大于干强力,而普通黏胶纤维的湿强力要远远小于干强力,甚至下降一半左右,同样是纤维素纤维,性能差异为何如此之大呢,如何通过实验进行验证,写出实验方案并进行实施。根据实验结果分析不同回潮率下其强力变化情况,查阅相关资料,分析一下其中原因。

四、自我拓展

去服装超市搜集天丝、莫代尔、黏胶纤维及棉制品,对其性能进行比较,写一份如表6-3所示性能比较报告。并调查一下其市场占有情况,探讨一下新型绿色纤维制品的发展前景。

表6-3 各天然纤维制品性能比较

序号	商场、地点	产品、品牌	原料	产品整体描述	价格	外观贴图
1						
2						
3						
4						

任务三 掌握合成纤维基本性能及其指标

一、学习内容引入

合成纤维是化学纤维的一种,其与再生纤维同属化学纤维,在生产方式及本质上有何不同?普通的合成纤维主要是指传统的六大纶,即涤纶、锦纶、腈纶、丙纶、维纶和氯纶。它们在结构与性能上有何异同,产品适应性如何?

二、知识准备

单元一 涤纶及其基本性能

涤纶(PET)是聚对苯二甲酸乙二酯纤维在我国的商品名称。英国商品名为Terylene,美国商品名为Dacron。涤纶1941年研制成功,1953年投入工业化生产。它是聚酯纤维的一种,由熔体纺丝法制得。其品种很多,有长丝和短纤;长丝又有普通长丝(包括帘子线)和变形丝;短纤又可分棉型、毛型和中长型等。涤纶是合成纤维的一大类属和主要品种,其产量居所有化学纤维之首。其分子结构为:

$$\left[\overset{\displaystyle O}{\overset{\|}{C}}-C_6H_4-\overset{\displaystyle O}{\overset{\|}{C}}-O-CH_2-CH_2-O\right]_n$$

(一)涤纶的物理化学性能

1. *形态结构* 普通涤纶的截面为圆形,纵向光滑平直(图6-15)。

2. *吸湿性及染色性* 涤纶吸湿性差,在一般大气条件下,回潮率只有0.4%左右,因而纯涤纶织物穿着有闷热感,但其织品易洗快干,具有"洗可穿"的美称,而且吸湿少对工业用纤维却是一个有利的特性。由于涤纶大分子不含亲水基团,结晶度高,分子排列紧密,分子间的空隙小,染料分子难以进入纤维内部,一般染料难以染色,现多采用分散性染料高温、高压染色。阳离子染料可染性涤纶的染色性得到了显著的改善。

3. *力学性质* 涤纶的断裂强度和断裂伸长率均大于棉纤维,但因品种和牵伸倍数而异。

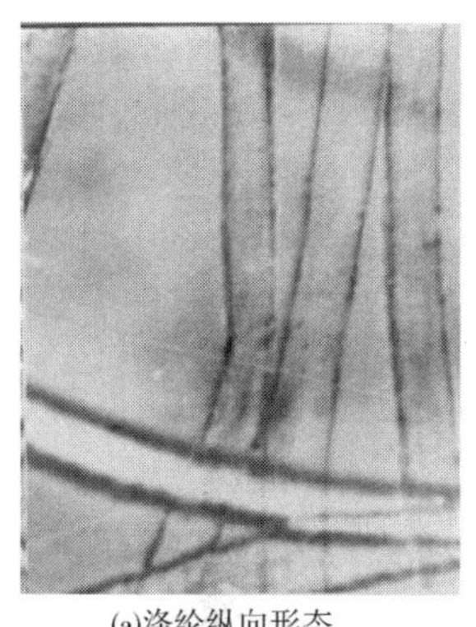
(a)涤纶纵向形态

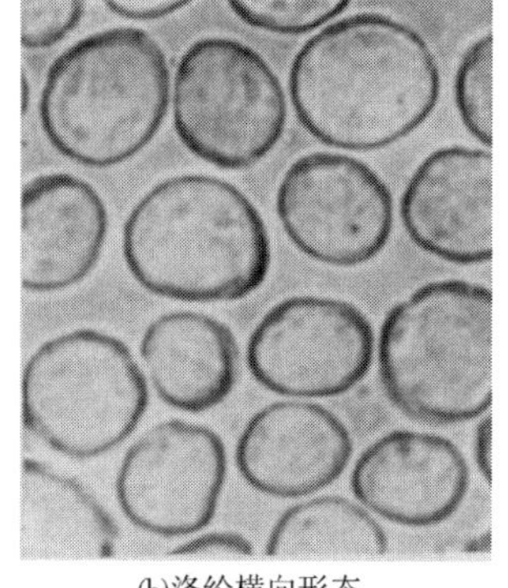
(b)涤纶横向形态

图6－15　涤纶的纵、横向形态

一般长丝较短纤强度高，牵伸倍数高的强度高、伸长小。涤纶的模量较高，仅次于麻纤维，弹性优良，所以织物挺括抗皱，尺寸稳定，保形性好。涤纶的耐磨性优良，仅次于锦纶，但易起毛起球，且毛球不易脱落。

4. 化学稳定性　涤纶对酸较稳定，尤其是有机酸，但涤纶只能耐弱碱，常温下与浓碱或高温下与稀碱作用会使纤维破坏。利用这一点，可以对涤纶进行碱减量处理，使涤纶产生"碱剥皮"的效果，改变涤纶纤维的光洁度，使其表面微孔增多。涤纶对一般有机溶剂、氧化剂、微生物的抵抗能力较强。

5. 热学性质　涤纶的耐热性优良，热稳定性较好。在150℃左右处理1000h也仅稍有变色，强度损失不超过50%，而其他常用纤维在该温度下200～300h即完全破坏。涤纶织物遇火种易熔成小孔，重则灼伤人体。

6. 电学性质　涤纶因吸湿性差，比电阻高，是优良的绝缘材料。但易积聚电荷产生静电，吸附灰尘。

7. 光学性质　涤纶的耐光性仅次于腈纶，经1000h曝晒，其强力仍能保持60%～70%。

8. 密度　涤纶的密度小于棉而大于羊毛，为1.39g/cm^3左右。

（二）涤纶产品开发和用途

尽管涤纶投入工业化生产较迟，但由于其许多优良性能，无论在服装、装饰还是工业中应用都相当广泛。短纤可与棉、毛、丝、麻或其他化学纤维混纺，用于衣着、装饰等。长丝，特别是变形丝用于针织、机织制成各种仿真型内外衣。长丝也因其良好的物理化学性能，广泛用于轮胎帘子线、工业绳索、传动带、滤布、绝缘材料、船帆、篷帐等工业制品。随着新技术、新工艺的不断应用，对涤纶进行改性制得了抗静电、抗起毛起球、阳离子可染等涤纶。涤纶以其发展速度快、产量高、应用广，堪称当今化学纤维之冠。

（三）PTT、PBT 纤维

1. PTT 纤维　PTT 纤维是聚对苯二甲酸1.3丙二醇酯（英文为 polytrimethylene－tereph－thalate）纤维的英文缩写，最早是由 Shell Chemical（壳牌化学公司）与美国杜邦公司分别从石油工艺路线及生物玉米工艺路线通过 PTA 与 PDO 聚合、纺丝制成的新型聚酯纤维，PTT 纤维与 PET（聚对苯二甲酸乙二醇酯）纤维、PBT（聚对苯二甲酸1.4丁二醇酯）纤维同属聚酯纤维。PTT 纤维兼有涤纶、锦纶、腈纶的特性，除防污性能好外，还易于染色、手感柔软、富有弹性，伸长性同氨纶一样好,与弹性纤维氨纶相比更易于加工,非常适合做纺织服装面料;以外,PTT 还具有干爽、挺括等特点。因此,在不久的将来,PTT 纤维将逐步替代涤纶和锦纶而成为 21 世纪大型纤维。

PTT 纤维具有涤纶的稳定性和锦纶的柔软性,其表现如下。

(1)PTT 织物柔软而且具有优异的垂性。

(2)PTT 织物具有舒适的弹性(优于涤纶 PET、聚对苯二甲酸丁二醇酯 PBT 及聚丙烯 PP 纤维,与锦纶 6 或锦纶 66 相当)。

(3)PTT 织物具有优异的伸长回复性(伸长 20% 仍可回复其原有的长度)。

(4)PTT 具有优异的染色及印花特性(98 ~ 110℃下一般分散染料可以染色);优越的染色牢度、日晒牢度及抗污性。

(5)PTT 织物具有鲜艳的颜色及免烫性。

(6)PTT 适应性比较广泛。PTT 适合纯纺或与纤维素纤维及天然纤维、合成纤维复合,生产地毯、便衣、时装、内衣、运动衣、泳装及袜子。

2. PBT 纤维　PBT 是工程塑料的骄子,PBT(Polybozothiazole)纤维,中文叫聚对苯二甲酸丁二酯纤维。它是由对苯二甲酸二甲酯(DMT)或对苯二甲酸(TPA)与丁二醇酯化后缩聚而成。这是近年来开发出来的一种新型聚酯纤维,由于 PBT 纤维具有弹性好、上染率高、色牢度好等特点,同时保持普通聚酯(PET)所具有的洗可穿、挺括、尺寸稳定性好等优良性能,因此,PBT 纤维近年来在国内外得到了飞速的发展。由于 PBT 大分子基本链节上的柔性部分较长,因而 PBT 纤维的熔点和玻璃化温度要比普通聚酯纤维低,纤维大分子链的柔性和弹性提高。

与普通聚酯纤维(PET)相比,PBT 纤维的强度较低,断裂伸长较大,初始模量明显低于普通聚酯纤维,但有很突出的弹性和优良的染色性,手感也比 PET 柔软。概括起来 PBT 具有以下几个特点。

(1) PBT 具有良好的尺寸稳定性和较高的弹性。

(2) PBT 的杨氏模量低于涤纶,与锦纶相似。

(3) PBT 比 PET 染色性能优良,它可用普通分散染料进行常压沸染,无需载体。在 100℃时染着率相当于 PET 在 120℃时的染着率。

(4)PBT 可与 PET 一起制成 PBT/PET 共混纤维和 PBT—PET 复合纤维等。复合纤维是理想的仿毛、仿羽绒原料。

由于以上特点,PBT 在弹性类织物中已得到了应用。如游泳衣、体操服、弹力牛仔服等,也可将 PBT 用于包芯纱制作弹力劳动布。

单元二　锦纶及其基本性能

锦纶(PA)是聚酰胺纤维的商品名(俗称尼龙)。1935 年,杜邦公司首次合成了聚酰胺纤维(锦纶 66),并于 1938 年开始工业化生产。它是世界上最早的合成纤维品种,由于性能优良,原料资源丰富,一直被广泛使用。其品种很多,目前主要有锦纶 6 和锦纶 66,前者的主要组成为聚己内酰胺,后者的主要组成物质是聚己二酰己二胺。锦纶以长丝为主,少量短纤维主要用于与棉、毛或其他化学纤维混纺。锦纶长丝大量用于变形加工制造弹力丝,作为机织或针织原料。化学结构式如下:

锦纶66：

$$\left[\begin{array}{c} H \\ | \\ N \end{array} - (CH_2)_6 - \begin{array}{c} H \\ | \\ N \end{array} - \begin{array}{c} O \\ \| \\ C \end{array} - (CH_2)_4 - \begin{array}{c} O \\ \| \\ C \end{array} \right]_n$$

锦纶6：

$$\left[\begin{array}{c} H \\ | \\ N \end{array} - (CH_2)_5 - \begin{array}{c} O \\ \| \\ C \end{array} \right]_n$$

(一)锦纶的形态结构与性能

1. 形态结构　锦纶为熔体纺丝法制得，其截面和纵面形态与涤纶相似。

2. 吸湿性和染色性　锦纶的吸湿能力是合成纤维中较好的。在一般大气条件下，回潮率可达4.5%左右，有些品种如锦纶6可达7%。锦纶的染色性虽不及天然纤维、黏胶纤维，但在合成纤维中是较易染色的一种纤维，可用酸性染料、分散染料及其他染料染色。

3. 力学性质　锦纶的强度高、伸长能力强，且弹性优良。伸长率为3%～6%时，弹性回复率接近100%；而相同条件下，涤纶为67%、腈纶为56%、黏胶纤维仅为32%～40%，耐磨性是强度、延伸度和弹性之间的一个综合效果，因此，锦纶的耐磨性是常用纤维中最好的。锦纶在小负荷下容易变形，其初始模量在常见纤维中是最低的，因此，手感柔软，但织物的保形性和硬挺性不及涤纶。

4. 热学性质　锦纶的耐热性差，随温度的升高使强力下降，收缩率增大。一般安全使用温度，锦纶6仅为93℃以下，锦纶66为130℃以下。遇火种易熔成小孔甚至灼伤人体。

5. 光学性质　锦纶的耐光性差。在光的长期照射下，会发黄发脆，强力下降。

6. 化学稳定性　锦纶的耐碱性优良，耐酸性较差，特别是对无机酸的抵抗能力很差。在95℃下用10%的NaOH溶液处理16h后的强度损失可忽略不计，但遇酸酰胺基易酸解，导致酰胺键断裂，使聚合度下降。

7. 密度　密度较小，为1.14g/cm^3左右。

(二)锦纶的用途

锦纶是合成纤维中工业化生产最早的品种。近年来，虽然涤纶的发展超过了它，但仍是合成纤维中的主要品种之一。锦纶生产以长丝为主，用于民用可织制袜子、围巾、衣料及用作牙刷鬃丝等，还可以织制地毯；用于工业可制造轮胎帘子线、绳索、渔网等；国防工业中用于织制降落伞等。锦纶短纤维可与棉、毛和黏胶纤维混纺，其混纺织物具有良好的耐磨性和强度。

单元三　腈纶及其基本性能

腈纶(PAN)主要由聚丙烯腈组成，1953年美国杜邦公司最先实现了腈纶的商品化。目前，其产量仅次于涤纶和锦纶。它是用85%以上的丙烯腈和不超过15%的第二、第三单体共聚而成，经湿法或干法纺丝制成短纤或长丝。腈纶的单基为：$—CH_2—CH(CN)—$。

(一)腈纶的形态结构与性能

1. 形态结构　腈纶的截面一般为圆形或哑铃形，纵向平滑或有1～2根沟槽，其内部存在空穴结构(图6-16)。

2. 吸湿性及染色性　腈纶的吸湿性优于涤纶但比锦纶差，在一般大气条件下，回潮率为2.0%左右，由于空穴结构的存在和第二、第三单体的引入，染色性较好。

3. 力学性质　腈纶的强度比涤纶、锦纶低，断裂伸长率与涤纶、锦纶相似。多次拉伸后，剩余伸长率较大，弹性低于涤纶、锦纶和羊毛，因此尺寸稳定性较差。在合成纤维中，耐磨性属较差的。

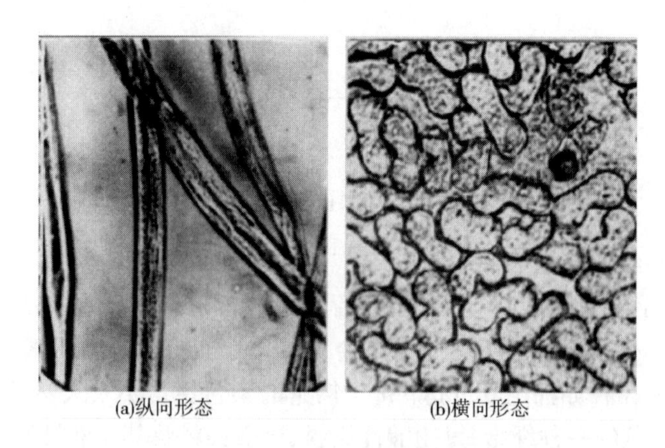

(a)纵向形态　　(b)横向形态

图6－16　腈纶的纵、横向形态

4. 光学性质　由于腈纶中含有氰基,使得腈纶的耐光性是常见纤维中最好的,腈纶经日晒1000h,强度损失不超过20%,所以适合作篷帐、炮衣、窗帘等户外用织物。

5. 热学性质　腈纶具有热弹性,将普通腈纶拉伸后骤冷得到的纤维,如果在松弛状态下受到高温处理,会发生大幅度的回缩,将这种高伸腈纶与普通腈纶混在一起纺成纱,经高温处理即成蓬松性好、毛型感强的膨体纱。腈纶不熔融,在200℃内不发生热分解和色变,但纤维开始软化,300℃时已接近分解点,颜色变黑且开始碳化。

6. 化学稳定性　腈纶的化学稳定性较好,但在浓硫酸、浓硝酸、浓磷酸中会溶解,在冷浓碱、热稀碱中会变黄,热浓碱能立即导致其破坏。

7. 密度　腈纶的密度较小,为1.14～1.17g/cm^3。腈纶的许多性能如蓬松、柔软与羊毛相似,故常制成短纤维与羊毛、棉或其他化学纤维混纺,织制毛型织物或纺成绒线,还可以制成毛毯、人造毛皮、絮制品等。

(二)腈纶的用途

腈纶具有许多优良性能,如手感柔软、弹性好,有“合成羊毛”之称。耐日光和耐气候性特别好,染色性较好,故较多地用于针织面料和毛衫。

单元四　丙纶、氯纶、维纶和氨纶及其基本性能

(一)丙纶(PP)/乙纶(PE)

1. 丙纶　丙纶是由聚丙烯经熔体纺丝制得的,产品主要有短纤维、长丝和膜裂纤维等。其截面与纵面形态与涤纶、锦纶等相似。丙纶的主要特性如下。

(1)丙纶几乎不吸湿,但有独特的芯吸作用,水蒸气可通过毛细管进行传递,因此,可制成运动服或过滤织物。丙纶的染色性较差,不易上染,可采用纺前染色法解决丙纶的染色问题,但染色色谱不全。

(2)丙纶的强伸性、弹性、耐磨性均较高,与涤纶相近;并可根据需要,制造出较柔软或较硬挺的纤维。

(3)丙纶的化学稳定性优良,耐酸碱的抵抗能力均较强,并有良好的耐腐蚀性。

(4)熔点(160～177℃)和软化点(140～165℃)较低,耐热性能较差,但耐湿热的性能较高。导热系数在常见纤维中是最低的,因此保温性能好。

（5）丙纶的密度仅为0.91g/cm³左右，是常见纤维中最低的，因此织物的盖覆性较高。

（6）丙纶的耐光性较差，易老化。在制造时常需添加化学防老剂。

丙纶是合成纤维中发展较迟的一个品种，生产以短纤维为主，丙纶短纤维可以纯纺或与棉、黏胶纤维等混纺，织制服装面料、地毯等装饰用织物、土工布、过滤布、人造草坪等；丙纶做成的纱布不黏伤口，故可用于医疗事业；长丝（包括变形丝）可用于针织或机织内衣裤、运动服等；等规聚丙烯熔体形成薄膜后，经10倍左右的热拉伸，还可膜裂成膜裂纤维，膜裂纤维生产成本低，为粗旦扁丝，大量用于包装材料、绳索等纺织品替代麻类纤维。近年来，丙纶还可用作土建用布和人工草坪的主要原料。

2. 乙纶　乙纶的化学名称为聚乙烯纤维，形态结构与涤纶、锦纶、丙纶相似。

（1）力学性质。其纤维强度和伸长与丙纶相接近。

（2）纤维密度。乙纶密度较小，为0.95g/cm³左右。

（3）吸湿性。乙纶的吸湿能力与丙纶相同，在通常大气条件下回潮率为0。

（4）染色性。乙纶的染色性很差。

（5）化学稳定性。乙纶具有较稳定的化学性质，有良好的耐化学药品性和耐腐蚀性。

（6）热学性质。乙纶的耐热性较差，但耐湿热性能较好，其熔点为110～120℃，较其他纤维低，抗熔孔性很差。

（7）电学性质。因其吸湿能力很差，故有良好的电绝缘性。

（8）光学性质。乙纶的耐光性与丙纶相同，在光的照射下极易产生老化。

（二）氯纶（PVC）

氯纶是聚氯乙烯纤维的商品名，它是由聚氯乙烯或聚氯乙烯占50%以上的共聚物经湿法或干法纺丝而制得。截面接近圆形，纵向平滑或有1～2根沟槽。其主要特性如下。

（1）氯纶的吸湿能力极小，几乎不吸湿，因此电绝缘性强。当积聚静电荷，产生的阴离子有助于关节炎的防治，可用于医疗。其染色性能较差，对染料的选择性较窄，常采用分散染料染色。

（2）氯纶具有难燃性，离开火焰自行熄灭，但氯纶的耐热性差，不到100℃甚至在60～70℃就会收缩。氯纶耐晒且保暖性较优良。

（3）氯纶的强度接近棉，约为2.65cN/dtex；断裂伸长率大于棉，弹性和耐磨性均较棉优良，但在合成纤维中属较差者。

（4）氯纶的化学稳定性好，耐酸耐碱性均优良。

（5）氯纶的密度为1.38～1.40g/cm³。

氯纶主要用于制作各种针织内衣、绒线、毯子、絮制品、防燃装饰用布等；还可做成鬃丝，用来编织窗纱、筛网、渔网、绳索；此外还可用于工业滤布、工作服、绝缘布、安全帐幕等。

（三）维纶（PVA）

维纶也称维尼纶，是聚乙烯醇缩甲醛纤维的商品名。维纶的主要组成部分聚乙烯醇的羟基经缩甲醛化处理被封闭，纤维大多为湿法纺丝制得，截面呈腰圆形，皮芯结构，纵向平直有1～2根沟槽。维纶的主要特性如下。

（1）维纶的吸湿能力是常见合成纤维中最好的，在一般大气条件下回潮率可达5%左右，有“合成棉花”之称。但由于皮芯结构和缩醛化处理，染色性能较差，染色色谱不全，不易染成鲜艳的色泽。

（2）维纶的强度、断裂伸长率、弹性等虽较其他合成纤维要差，但均优于棉纤维，且耐磨、耐光、抗老化性较好,较棉纤维经久耐用。密度较棉低,为1.26~1.30g/cm^3。

(3)维纶的耐碱性优良,但不耐强酸,对一般的有机溶剂抵抗力强,且不易腐蚀,不霉不蛀。维纶长期放在海水或土壤中均难以降解。

(4)维纶的耐热水性差,所以须经缩醛化处理以提高耐热水性,否则,在热水中剧烈收缩,甚至溶解。维纶的热传导率低,故保暖性良好。水溶性PVA的应用:利用粗特的羊毛与水溶性PVA纤维混纺,经纺纱、织造织成坯布后,再在后整理过程中除去PVA纤维,从而制得细特、轻薄的高档纯毛面料,开创了低成本高品质纯毛面料新纪元。我国也已采用国内水溶性PVA纤维生产成批高档麻织品和高支轻薄纯毛面料。

维纶的生产以短纤维为主,常与棉混纺。由于性质的限制,一般纺制较低档的民用织物,但维纶与橡胶有良好的黏着性能,故大量用于工业制品,如绳索、水龙带、渔网、帆布、帐篷等,此外,维纶还可做建筑增强材料。

(四)氨纶(PU,spandex)

氨纶是一种与其他高聚物嵌段共聚时,至少含有85%的氨基甲酸酯(或醚)的链节单元组成的线型大分子构成的弹性纤维。现多采用干法纺丝,纤维截面呈圆形、蚕豆形,纵向表面暗深、呈不清晰骨形条纹。氨纶的主要特性如下。

(1)吸湿性较差,在一般大气条件下回潮率为0.8%~1%。

(2)具有高伸长、高弹性,这也是氨纶的最大特点。其断裂伸长率可达450%~800%,在断裂伸长以内的伸长回复率都可达90%以上。而且回弹时的回缩力小于拉伸力,因此穿着舒适,没有像橡胶丝那样的压迫感。强度比橡胶丝高2~3倍,但与其他常见纺织纤维相比,则强度较低。

(3)氨纶具有较好的耐酸、耐碱、耐光、耐磨等性质。

(4)密度较橡胶丝低,为1.0~1.3g/cm^3。

氨纶主要用于纺制有弹性的织物,做紧身衣,还可做袜子。除了织造针织罗口外,很少直接使用氨纶裸丝。一般将氨纶丝与其他纤维的纱线一起做成包芯纱或加捻纱后使用。

单元五　差别化学纤维和功能纤维及其性能指标

(一)差别化学纤维

一、差别化学纤维改性方式

差别化学纤维泛指对常规化学纤维有所创新或具有某一特性的化学纤维。对于常规纤维如何实现差别化呢?按其改性方式可分为物理改性、化学改性、工艺改性及综合改性。若按其改性时期可分为在纺前对聚合物改性、在纺丝过程中改性、在成丝后再加工改性。一般经过化学改性或物理变形,使纤维的形态结构、物理化学性能与常规化学纤维有显著不同,从而取得仿生的效果或改善、提高化学纤维的性能。

1. *物理改性*　主要是改变高聚物的物理结构,使纤维性质发生变化,如聚合时添加新的组分,调整介质、浓度或改变纺丝时的温度、时间、纺丝速度,以改变纤维成型时的聚合度、结晶度;将常用的圆形喷丝板改成异形的;将两种以上不同的聚合物通过一套喷丝板组件喷出复合丝,从而将不同性质的丝组成一根或一束丝,达到改性的目的;也可将不同组分的单根丝在后加工中再分裂或溶解其中一种聚合物而形成超细丝;在纺丝成型后可利用后加工的方式对丝束进行射线处理,以改变表面形态;也可在纺丝前将某种或几种聚合物混合后再进行纺丝,如纺丝前在原料中加入消光剂、抗菌剂、耐老化剂、防紫外线剂、阻燃剂、抗静电剂及各种染色料等，使纤维具有新的性能。

2. *化学改性*　采用共聚、接枝或交联的方法使纤维内部的高分子结构改变，从而改变纤维的某些性能或增加新的特性。共聚是用两种以上的单体在特定条件下聚合的方法，由于每种单体性能各异，因而共聚后生成的纤维就包含了各单体的某些特性。如在常规的聚酯中加入易于染阳离子染料的第三单体后便改性成阳离子可染聚酯。加入其他单体还可改善纤维的吸湿性、阻燃性、防污性等。接枝是采用物理或化学的方法在纤维的大分子结构链上接入某种特殊的基团，接枝过程既可在聚合时进行，也可在纤维成型后甚至做成织物后进行。例如在某种纤维的分子链上接入抗菌基团，即可增加纤维的抗菌性。交联是在某种特定条件下使纤维中的大分子链相互交联起来，交联后的纤维成特大型或三维网状分子结构，由于纤维分子结构加大、加长、加厚，因而提高了它的强度、弹性、尺寸稳定性、耐热性和抗皱性等。

3. *工艺改性*　在纤维生产过程中改变生产工艺，其中包括物理改性和化学改性。表面物理化学改性主要是指如采用高能射线（γ 射线、β 射线）、强紫外辐射和低温等离子体对纤维进行表面蚀刻、活化、接枝、交联、涂覆等改性处理，是典型的清洁化加工方法。

二、差别化学纤维的种类

差别化学纤维的品种很多。在形态结构上发生变化的，有异形纤维、中空纤维、复合纤维、细特（旦）纤维、异纤度纤维等。在物理化学性能上较常规化学纤维有所改善或提高的，有抗静电纤维、导电纤维、高收缩纤维、阻燃纤维、抗起毛起球纤维、抗菌防臭纤维，下面介绍几种常用的差别化学纤维。

1. *形态各异的异形纤维*　指经一定几何形状（非圆形）喷丝孔纺制的具有特殊截面形状的化学纤维。根据所使用的喷丝孔的不同，可得三角形、哑铃形等（图 6－17、图 6－18）。

图 6－17　特殊截面形状的喷丝孔

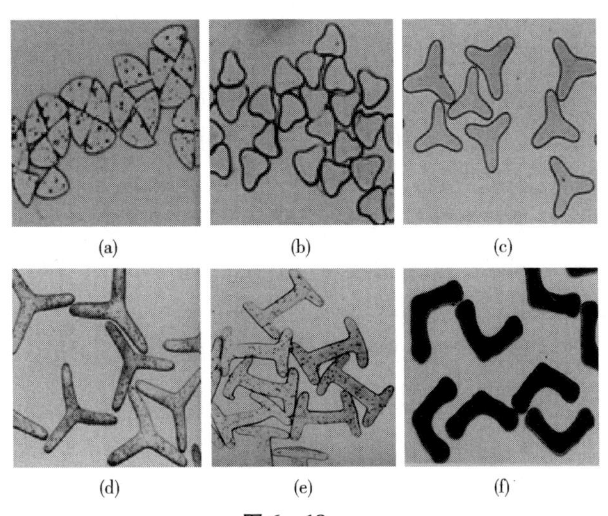

图 6－18

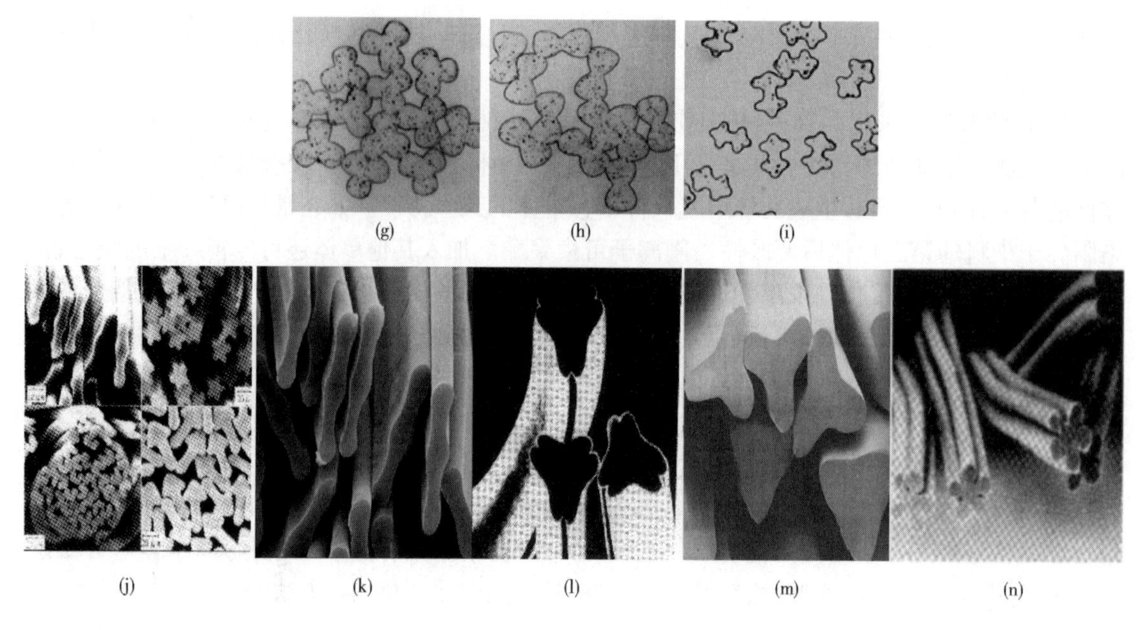

图6－18　几种异形纤维形态图

(1)异形纤维的性能。

①光泽和耐污性:纤维截面异形化后,最大的特征是光线照射后发生变化。常规圆形截面纤维当光线照射时或透明或有刺眼亮光。而呈三角形或多叶形后,纤维就像蚕丝一样不再透明,且有优雅的光泽,并随入射光的方向发生变化。这种多角形截面的纤维的光学效果就像三棱镜一样,可将入射光分解成多色光,再由纤维表面反射形成特殊光泽。其截面棱角越多,色泽越柔和。由于异形纤维的反射光增强,纤维的透光度减少,做成织物即使有轻微污染也不易觉察,因而提高了织物的耐污性。

②蓬松和透气性:多数异形纤维的蓬松性优于普通合成纤维,因为异形度、中空度越高,同等质量的纤维占有的空间就越多,其织物蓬松性和透气性也越好,最多可增加5%～8%。在织物每平方米克重相同时,异形纤维要比常规纤维蓬松、暖和、手感好、弹性大。

③抗起球性和耐磨性:普通圆形截面合成纤维,由于本身强度高,表面光滑,纤维间的抱合力差,其织物表面经强力摩擦后,易起毛,这些突出的纤维再次摩擦时将缠结成球,由于纤维球的根部仍与织物牢牢相连,因而不易脱落。对于异形纤维而言,由于纤维间的抱合力增大,织物经摩擦后不易起毛。即使起毛起球后,因单丝的强度异形化后相对降低,球的根部与织物间连接强度降低,小球容易脱落,不会长期附着在织物上。同时纤维异形化后,织物表面蓬松,摩擦时接触面积减少,耐磨性也随之提高。

④抗静电及吸湿性:纤维异形化后,其表面积和空隙增加,织物的回潮率增加,且截面越复杂,回潮率越高。如六叶形锦纶长丝回潮率可达5.2%,而圆形截面织物只有4.8%。由于异形纤维吸湿性增加,因而抗静电效果有所改善。

⑤抗折皱及抗抽丝性:异形纤维的弹性模量比圆形截面要高,因此抗变形能力较强,抗折皱效果好。就像同等长度、重量的工字钢要比圆形钢抗弯性好。但对多角(叶)形纤维,折皱回复能力比普通纤维低。

⑥染色性:异形纤维由于表面积大,因而上色速度快。但由于纤维表面对光的反射率增大,

颜色相对显得较浅,因而若要获得与圆形纤维同样深度的颜色,染料要多消耗10% ~20%。

(2)异形纤维的用途。异形纤维在衣着、装饰及产业用纺织品三大领域内有广阔的市场前景,也是非织造布及仿皮涂层的较理想原料。

2. 中空纤维　指贯通纤维轴向且有管状空腔的化学纤维。它可以通过改变喷丝孔的形状来获得。中空纤维的最大特点是密度小,保暖性强,适宜做羽绒型制品,如高档絮棉、仿羽绒服、睡袋等(图6-19)。

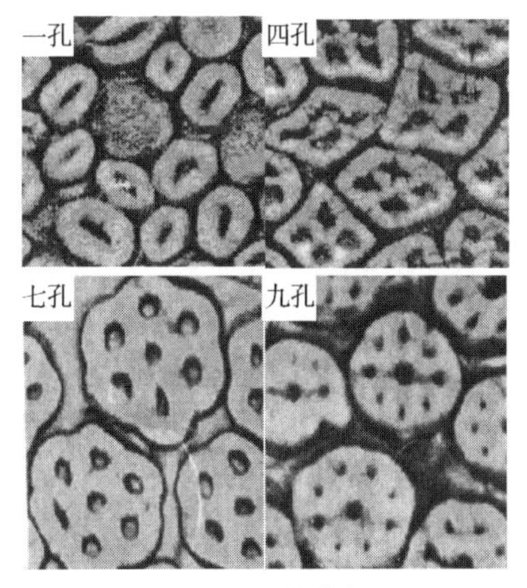

(a) 中空纤维横截面

(b) 异形中空纤维

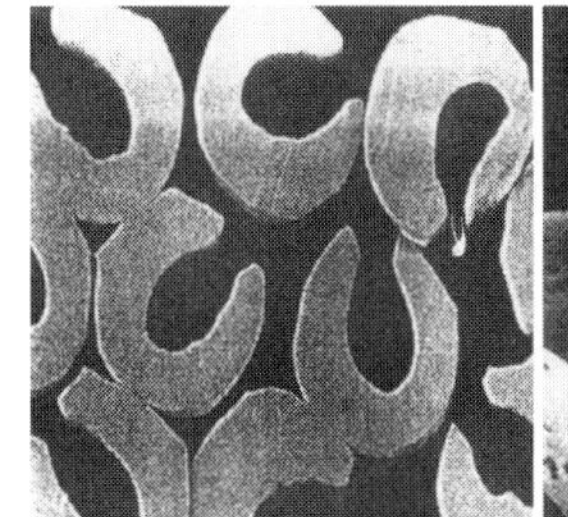

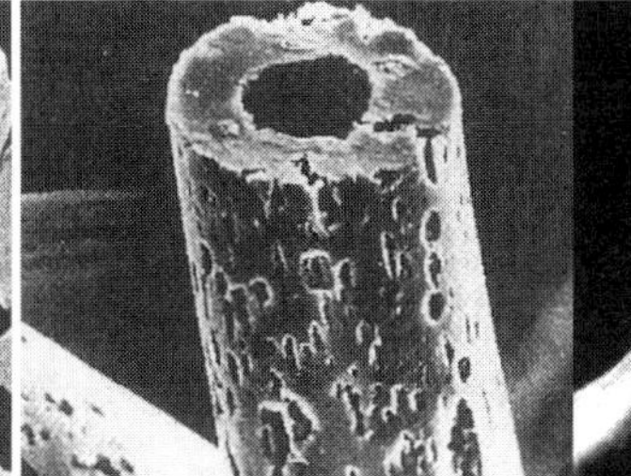

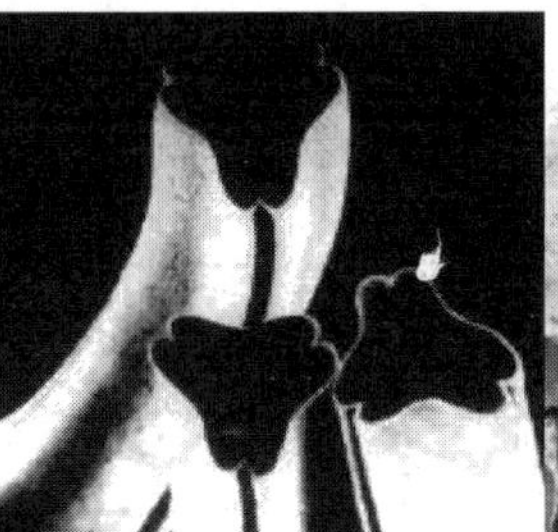

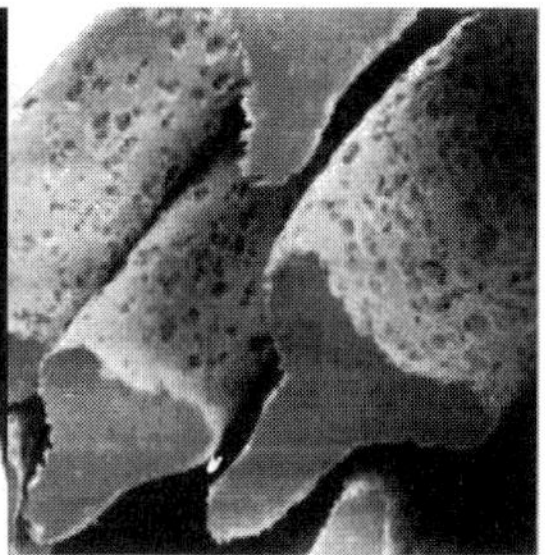

(c) 中空微孔纤维

图6-19　几种异形中空纤维形态结构

3. 复合纤维　由两种及两种以上聚合物,或具有不同性质的同一聚合物,经复合纺丝法纺制成的化学纤维。复合纤维又称共轭纤维,也有人称为聚合物的"合金"。

所谓复合纺丝法就是将不同的熔体,按一定的配比由同一喷丝头压出,在喷丝孔的适当部位相遇从而形成纤维。复合纤维如为两种聚合物制成,即为双组分纤维。根据不同组分在纤维截面上的分配位置,可分为并列型、皮芯型和海岛型等(图6-20)。

(1)并列型。两组分分列于纤维两侧,如图6-20中①、③所示。利用两组分在截面上的不对称分布,在后处理过程中产生收缩差异,可使纤维形成三维立体卷曲的效果。这类似于羊毛中紧密结合在一起的正皮质和偏皮质层会因干燥时收缩比不同而产生轴向环绕扭曲,扭曲度大的纤维,其制成的纱线和织物蓬松、保暖。

(2)皮芯型。两组分分别形成皮层和芯层,如图6-20中②、⑥所示。皮芯型复合纤维类似电话线,用橡胶或塑料外皮包着金属导线。皮芯复合纤维是以一种或多种高聚物组分为芯,

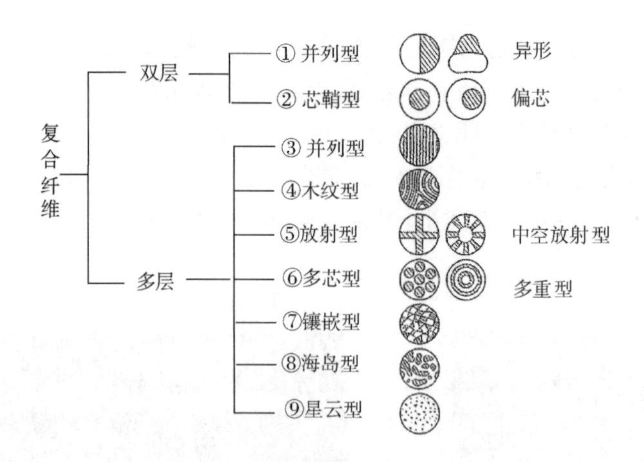

图6-20　复合纤维常见结构形式

另一高聚物为皮的溶液或溶液在喷丝孔前汇合,挤出后成为一体。利用皮芯不同组分,可得到兼有两种组分特性或突出一种组分特性的纤维。如锦纶为皮、涤纶为芯的复合纤维,兼有锦纶染色性好、耐磨,涤纶挺括、弹性好的优点。利用高折射率的芯层和低折射率的皮层,可制得光导纤维。

(3)海岛型。两组分的配置如图6-20中⑧所示。海岛复合纤维是两组高聚物通过同一纺丝组件,由同一喷丝孔挤出,成型后"海"的成分均匀地将"岛"的组分包围。利用纤维内两种不相容的组分,经物理或化学方法可制得中空纤维或细特(旦)、超细特(旦)纤维,用于纺制毛型、丝绸型织物、人造麂皮、填充料、防水透湿织物等。

4. *超细纤维*　国际上定义0.1~1.0dtex细度的合成纤维为超细纤维。低于0.1dtex的纤维为超超细纤维,一般讲细度低于天然丝细度的合成纤维被认为是超细纤维。超细纤维因其本身线密度较小,所以刚性小,纤维柔软易扭弯,其纤维间有微细组织,比表面积大,毛细管效应强,纤维长径比大,曲率半径小,回弹性低,集中应力分散,对生物有特异性,因而用途广泛,开发前景广阔。制得的织物细腻、柔软、悬垂性好,常用于仿麂皮、仿真丝织物、过滤材料及羽绒型制品等(图6-21)。

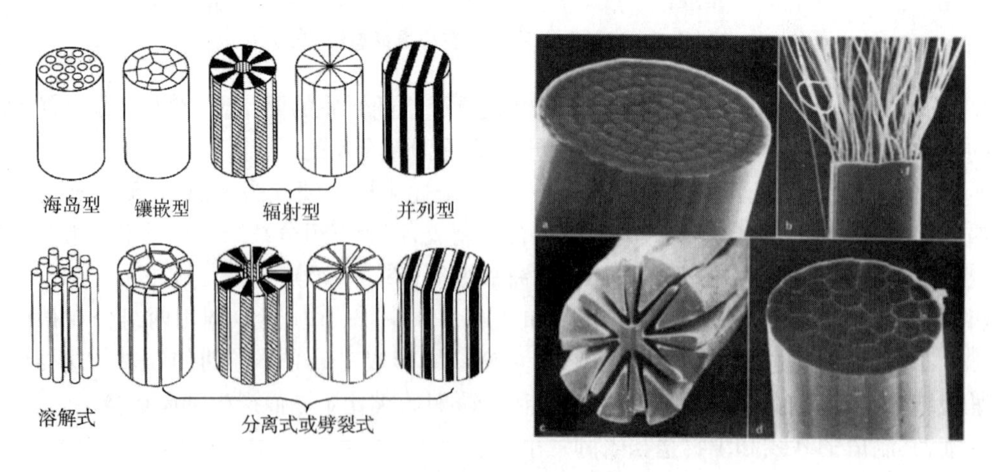

图6-21　典型超细纤维成形方法示意图

5. 色纺纤维　是通过对纺丝溶液、熔体或凝胶丝采用着色方法(加入色剂或有色母粒等)制成的有色化学纤维。又称着色纤维、纺前染色纤维。

化学纤维生产中,在聚合过程中或在纺丝时加入适当的着色剂,经纺丝成形后,着色剂即均匀地分散在纤维中,称纺前染色或原液着色,其纤维即色纺纤维。

此工艺属物理变化,其优点是着色、纺丝可连续进行、着色均匀、色牢度好、上染率高、生产周期短、成本低、污染少。并能使一些高取向度、非极性纤维如涤纶、丙纶等着色(图6-22)。

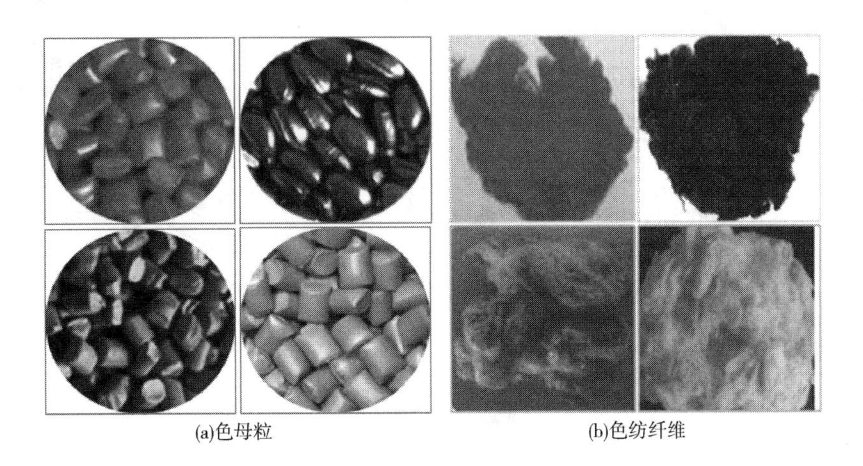

(a)色母粒　(b)色纺纤维

图6-22　色母粒和色纺纤维

(二)高性能纤维

高性能纤维(HPF)主要指高强、高模、耐高温和耐化学作用纤维,是高承载能力和高耐久性的功能纤维(表6-4)。

表6-4　主要高性能纤维的基本分类与构成

分类	高强高模纤维	耐高温纤维	耐化学作用纤维	无机类纤维
名称	对位芳纶(PPTA)、芳香族聚酯(PHBA)、聚苯并噁唑(PBO)、高性能聚乙烯(HPPE)纤维	聚苯并咪唑(PBI)、聚苯并噁唑(PBO)、氧化PAN纤维、间位芳纶(MPIA)纤维	聚四氟纤维(PTFE)、聚醚酮醚(PEEK)、聚醚酰亚胺(PEI)纤维	碳纤维(CF)、高性能玻璃纤维(HPGF)、陶瓷纤维(碳化硅、氧化铝等纤维)、高性能金属纤维
主要特征	高强(3~6GPa)、高模(50~600GPa)、耐较高的温度(120~300℃)的柔性高聚物	高极限氧指数,耐高温柔性高聚物	耐各种化学腐蚀,性能稳定,高极限氧指数,耐较高的温度(200~300℃)高聚物	高强、高模、低伸长性、脆性、耐高温(>600℃)无机物

1. 对位芳纶和间位芳纶　对位芳纶的中国学名为芳纶1414,1965年发明,1971年美国杜邦公司将其命名为Kevlar®;间位芳纶的中国学名为芳纶1313,是杜邦1967年商品化的芳香族聚醚胺纤维,商品名为Nomex®,由于苯环都以醚胺键连接,故得名芳香族聚酰胺纤维,统称芳纶(图6-23)。

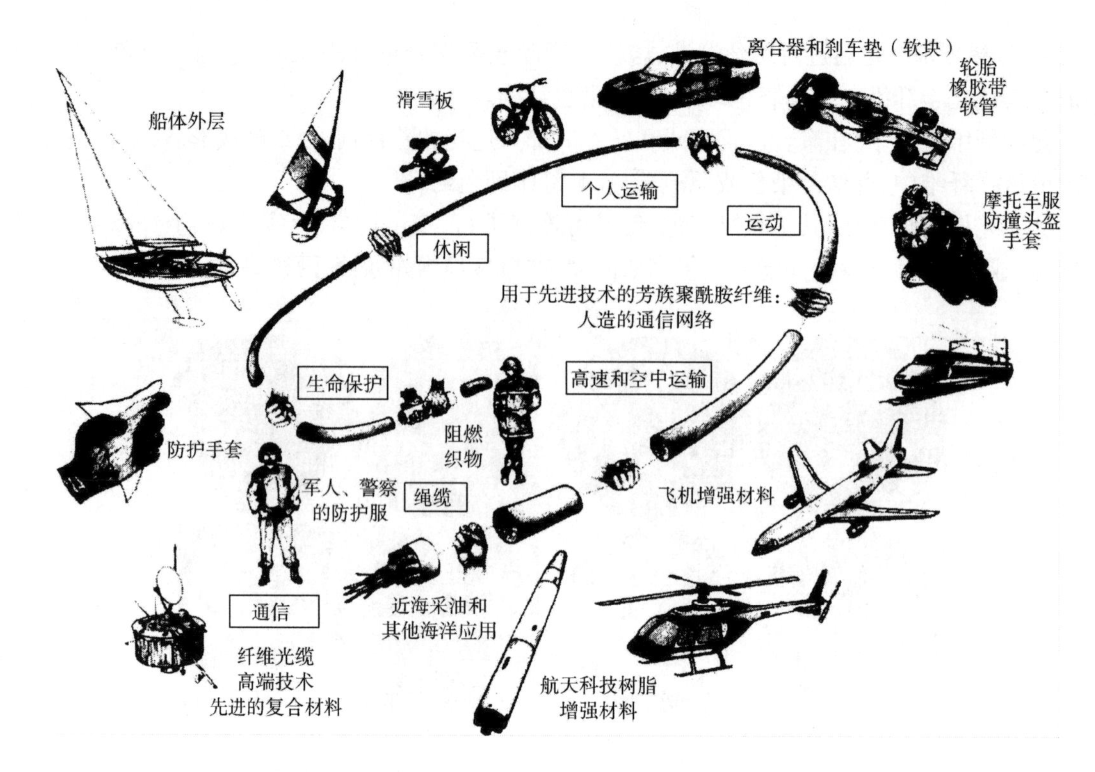

图6-23　芳纶的应用领域示意图

2. PBO纤维　PBO纤维是聚-p-亚苯丙二恶唑,简称聚苯并恶唑。有非常高的耐燃性,热稳定性相比芳纶纤维更高;非常好的抗蠕变、耐化学和耐磨性能;强度为4~7GPa、模量为180~360GPa;有很好的耐压缩破坏性能,不会出现无机纤维的脆性破坏(表6-5)。

表6-5　PBO纤维与其他高性能纤维的性能比较

性能指标 / 纤维品种	断裂强度	模量	断裂伸长率	密度	回潮率	LOI	裂解温度
	N/tex	GPa	%	g/cm^3	%	% O_2	℃
zylonHM	3.7	280	2.5	1.56	0.6	68	650
zylonAS	3.7	180	3.5	1.54	2	68	650
对位芳香族聚酰胺	1.95	109	2.4	1.45	4.5	29	550
同位芳香族聚酰胺	0.47	17	22	1.38	4.5	29	400
钢纤维	0.35	200	1.4	7.80	0	—	—
碳纤维	2.05	230	1.5	1.76	—	—	—
高模量聚酯	3.57	110	3.5	0.96	0	16.5	150
聚苯并咪唑(PBI)	0.28	5.6	30	1.40	1.5	41	550

3. PEEK纤维　PEEK统称为聚醚酮醚,是半结晶的芳香族热塑性聚合物,属聚醚酮类(PEK)(表6-6)。

表 6-6 PEEK 纤维的强度保持率及比较

温度(℃)	PEEK	芳纶 1313	涤纶
100	100	100	90
150	100	100	0
200	100	90	0
250	95	0	0
300	80	降解	降解

4. *聚四氟乙烯纤维* 聚四氟乙烯纤维(polytetrafluoroethylene fibre),中国称氟纶。由聚四氟乙烯为原料,经纺丝或制成薄膜后切割或原纤化而制得的一种合成纤维。聚四氟乙烯纤维强度为 17.7~18.5cN/dtex,延伸率为 25%~50%。化学稳定性极好,耐腐蚀性优于其他合成纤维品种;纤维表面有蜡感,摩擦系数小;实际使用温度为 120~180℃;还具有较好的耐气候性和抗挠曲性,但染色性与导热性差,耐磨性也不好,热膨胀系数大,易产生静电。聚四氟乙烯纤维主要用作高温粉尘滤袋、耐强腐蚀性的过滤气体或液体的滤材、泵和阀的填料、密封带、自润滑轴承、制碱用全氟离子交换膜的增强材料以及火箭发射台的苫布等。聚四氟乙烯纤维(PTFE)是已知最为稳定的耐化学作用和耐热的纤维材料(表 6-7)。

表 6-7 聚四氟乙烯纤维的基本特征值

纤维	Teflon	PTFE	PTFE
制造商	Dupont	Lenzing	Albany
强度(cN/dtex)	1.4	0.8~1.3	1.3
断裂伸长率(%)	20	25	50
熔融温度(℃)	347	327	375
软化温度(℃)	177	200	93
最高使用温度(℃)	290	280	260
极限氧指数(% O_2)	98	98	98

5. *碳纤维* 碳纤维是指纤维化学组成中碳元素占总质量 95% 以上的高强度、高模量纤维。它是由片状石墨微晶等有机纤维沿纤维轴向方向堆砌而成,经碳化及石墨化处理而得到的微晶石墨材料。碳纤维"外柔内刚",质量比金属铝轻,但强度却高于钢铁,并且具有耐腐蚀、高模量的特性,在国防军工和民用方面都是重要材料。它不仅具有碳材料的固有本征特性,又兼备纺织纤维的柔软可加工性,是新一代增强纤维。

碳纤维可分别用聚丙烯腈纤维、沥青纤维、黏胶丝或酚醛纤维经碳化制得。应用较普遍的碳纤维主要是聚丙烯腈碳纤维和沥青碳纤维。碳纤维的制造包括纤维纺丝、热稳定化(预氧化)、碳化、石墨化 4 个过程。其间伴随的化学变化包括脱氢、环化、预氧化、氧化及脱氧等。

在没有氧气存在的情况下,碳纤维能够耐受 3000℃ 的高温,这是其他任何纤维无法与之相比的。碳纤维对一般的酸、碱有良好的耐腐蚀作用。碳纤维主要用于制作增强复合材料,可用于航空、航天和国防军工、体育器材及各种产业用途。

6. 玻璃纤维　玻璃纤维是一种性能优异的无机非金属材料。成分为二氧化硅、氧化铝、氧化钙、氧化硼、氧化镁、氧化钠等。它是以玻璃球或废旧玻璃为原料经高温熔制、拉丝、络纱、织布等工艺制成。玻璃纤维按形态和长度,可分为连续纤维、定长纤维和玻璃棉;按玻璃成分,可分为无碱、耐化学、高碱、中碱、高强度、高弹性模量和抗碱玻璃纤维等。最后形成各类产品,玻璃纤维单丝的直径从几个微米到二十几个微米,相当于一根头发丝的 1/20～1/5,每束纤维原丝都由数百根甚至上千根单丝组成,通常作为复合材料中的增强材料,电绝缘材料和绝热保温材料,电路基板等,广泛应用于国民经济各个领域(图 6－24)。

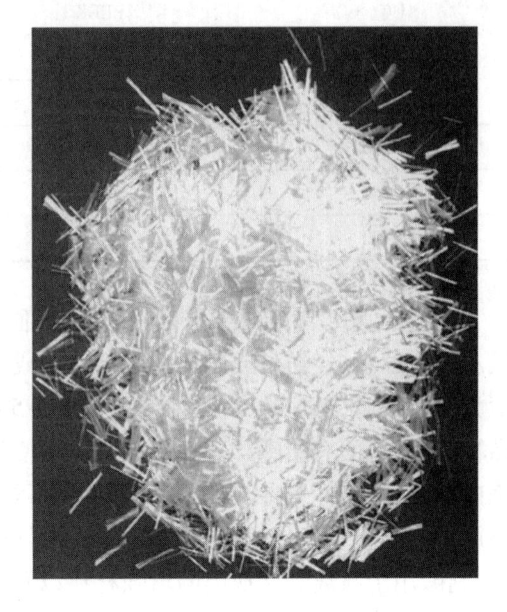

图 6－24　玻璃纤维

玻璃纤维随其直径变小其强度增高。作为补强材的玻璃纤维具有以下特点,这些特点使玻璃纤维的使用远较其他种类纤维要广泛,发展速度也遥遥领先,其特性列举如下。

(1)拉伸强度高,伸长小(3%)。

(2)弹性系数高,刚性佳。

(3)弹性限度内伸长量大且拉伸强度高,故吸收冲击能量大。

(4)为无机纤维,具不燃性,耐化学性佳。

(5)吸水性小。

(6)尺度安定性、耐热性均佳。

(7)加工性佳,可做成股、束、毡、织布等不同形态产品。

(8)透明可透过光线。

(9)与树脂接着性良好的表面处理剂的开发完成。

(10)价格便宜。

(11)不易燃烧,高温下可熔成玻璃状小珠。

7. 金属纤维　由金属造成的无机纤维。以金属或其他合金制成的纤维。早期采用拉细金属丝或切割滚卷的金属箔来制造,现已采用熔体纺丝法制取。金属纤维比重大、质硬、不吸汗、易生锈,所以不适宜作衣着之用。但可作室内装饰品、帷帐、挂景等。工业上用作轮胎帘子线、带电工作服、电工材料等。

目前使用的金属纤维可分为三类。即金属箔与有机纤维复合丝、金属化学纤维、纯金属纤维。

(三)功能纤维

功能纤维是满足某种特殊要求和用途的纤维,即纤维具有某些特定的物理和化学性质。不仅可以被动响应和作用,甚至可以主动响应和记忆,后者更多的时候被称为智能纤维。

1. 抗静电和导电纤维

(1)抗静电纤维。是指不易积聚静电荷的化学纤维。在抗静电试验的标准条件下(温度为20℃ ±2℃,相对湿度为50% ±5%),未上油纤维的比电阻值小于 $10^{10}\Omega \cdot cm$。导电纤维是指在聚合体中混有导电介质所纺制成的化学纤维，其比电阻值小于 $10^6\Omega \cdot cm$。以上两种纤维的物理性能、产品风格等应与同类常规纤维接近。抗静电纤维主要用于制成无尘无菌服、防爆工作服、地毯、口罩等纺织品，导电纤维可制成特种工作服、防尘刷等。

抗静电纤维主要是指通过提高纤维表面的吸湿性能来改善其导电性的纤维。

(2)导电纤维。其包括金属纤维，金属镀层纤维，炭粉、金属氧化、硫化、碘化物掺杂纤维，络合物导电纤维，导电性树脂涂层与复合纤维，甚至是本征导电高聚物纤维等。

对环芯多层结构的夹层大量掺入碳黑，在纤维主体中也掺入碳黑，制成耐久性抗静电、导电纤维。

2. 蓄热保暖纤维　人们把陶瓷微粉应用于功能纤维之初就是为了获得蓄热保温效果，以得到储能纤维。根据所采用陶瓷粉体种类的不同，有两种蓄热保温机理。一种是将阳光转换为远红外线的纤维，称之为阳光纤维；另一种是低温（接近体温）下辐射远红外线纤维，称之为远红外纤维。低温辐射远红外线的波长为 4 ~ 14μm，其射线重返人体不仅可以起保温作用，而且可进入皮下深层，具有使血管扩张、促进血液流动、改善新陈代谢等功效。从发展趋势看，远红外纤维的主要应用将转向保健型纤维。

3. 阻燃纤维　纤维阻燃可以从提高纤维材料的热稳定性、改变纤维的热分解产物、阻隔和稀释氧气、吸收或降低燃烧热等方面着手来达到阻燃目的。

阻燃作用的机理有物理的，也有化学的，根据现有的研究结果，可归纳为以下几种。

(1)吸热作用。具有高热容量的阻燃剂，在高温下发生相变、脱水或脱卤化氢等吸热反应，降低纤维材料表面和火焰区的温度，减慢热裂解反应的速度，抑制可燃性气体的生成。

(2)覆盖保护作用。阻燃剂受热后，在纤维材料表面熔融形成玻璃状覆盖层，成为凝聚相和火焰之间的一个屏障。既隔绝氧气、阻止可燃性气体的扩散，又可阻挡热传导和热辐射，减少反馈给纤维材料的热量，从而抑制热裂解和燃烧反应。

(3)气体稀释作用。阻燃剂吸热分解释放出氮气、二氧化碳、二氧化硫和氨等不燃性气体，使纤维材料裂解处的可燃性气体浓度被稀释到燃烧极限以下。或使火焰中心处部分区域的氧气不足，阻止燃烧继续。此外，这种不燃性气体还有散热降温作用。它们的阻燃作用大小顺序是：$N_2 > CO_2 > SO_2 > NH_3$。

(4)凝聚相阻燃。通过阻燃剂的作用，在凝聚相反应区改变纤维大分子链的热裂解反应历程，促使发生脱水、缩合、环化、交联等反应，直至碳化，以增加炭碳残渣，减少可燃性气体的产生，使阻燃剂在凝聚相发挥阻燃作用。凝聚相阻燃作用的效果，与阻燃剂同纤维在化学结构上的匹配与否有密切关系。

(5)气相阻燃。添加少量抑制剂，在火焰区大量捕捉轻质自由基和氢自由基，降低自由基浓度，从而抑制或中断燃烧的连锁反应，在气相发挥阻燃作用。气相阻燃作用对纤维材料的化学结构并不敏感。

(6)微粒的表面效应。若在可燃气体中混有一定量的惰性微粒，它不仅能吸收燃烧热，降低火焰温度，而且，会如同容器的壁面那样，在微粒的表面上，将气相燃烧反应中大量的高能量氢自由基，转变成低能量的氢过氧基自由基，从而抑制气相燃烧。

(7)熔滴效应。某些热塑性合成纤维，如聚酰胺、聚酯，在加热时发生收缩熔滴，与空气的接触面积减少，甚至发生熔滴下落而离开火源，使燃烧受到一定的阻碍。

4. 光导纤维　光导纤维（图 6 - 25）是一种透明的玻璃纤维丝（主要成分是二氧化硅），直径只有1～100μm。它是由内芯和外套两层组成,内芯的折射率大于外套的折射率,光由一端进入,在内芯和外套的界面上经多次全反射,从另一端射出。可将各种信号转变成光信号进行传递的载体,是当今信息通信中最具发展前景的材料。

图6-25　光导纤维

5. 弹性纤维　弹性纤维是指具有400%～700%的断裂伸长率,有接近100%的弹性回复能力,初始模量很低的纤维。弹性纤维分为橡胶弹性纤维和聚氨酯弹性纤维。

橡胶弹性纤维由橡胶乳液纺丝或橡胶膜切割制得,只有单丝有极好的弹性回复能力。聚氨酯弹性纤维是指以聚氨基甲酸酯为主要成分的一种嵌段共聚物制成的纤维,我国简称氨纶。国外商品名为Lycra(莱卡)等。

6. 高收缩纤维　高收缩性纤维同样是差别化学纤维中的重要品种之一。合成纤维中一般的短纤维沸水收缩率不超过5%,长丝为7%～9%。通常把沸水收缩率在20%左右的纤维称一般收缩纤维,把沸水收缩率大于35%的纤维称高收缩性纤维。将具有不同热收缩性能的纤维进行交并、交织等纺织加工,当进行热处理时,高收缩纤维将发生较大的收缩,而普通纤维将被迫形成弧形卷曲,这样可以得到永久性卷曲的纤维和纱线,使织物具有好的蓬松性和舒适性。如收缩率为35%～50%的高收缩涤纶,用于合成革、人造虎皮等。

目前,常见的有高收缩型聚丙烯腈纤维(腈纶)和聚酯纤维(涤纶)两种。与结晶性高聚物纤维相比,聚丙烯腈纤维具有独特的结构,不存在严格意义上的结晶区和无定形区,而只有准晶态高序区和非晶态的中序区或低序区。这种独特的结构,使它具有独特的热弹性,可以制成高收缩腈纶,用于腈纶膨体纱的生产。

制造高收缩聚丙烯腈纤维,常采用下列方法。

(1)在高于腈纶玻璃化转变点的温度下,进行多次热拉伸,使纤维中的大分子链舒展,并沿纤维轴向取向,然后骤冷,使纤维的大分子链的形态和张力暂时被固定下来。在松弛状态下对成纱进行湿热处理,此时大分子链因热运动而卷缩,于是引起纤维在长度方向的显著收缩。

(2)增加第二单体丙烯酸甲酯的含量,可大幅度地提高腈纶的收缩率。

(3)采用热塑性的第二单体与丙烯腈共聚,能明显地提高纤维的收缩率。

高收缩型聚酯纤维一般是通过对结晶性聚酯的改性而获得。主要通过两条途径来生产高收缩涤纶:一是采用特殊的纺丝与拉伸工艺,如用市售的POY丝经低温拉伸、低温定形等工艺可制得沸水收缩为15%～50%的高收缩性涤纶;二是采用化学变性的方法,如以新戊二醇制取共聚聚酯纺丝,以这种纤维制成精梳毛条或纺成纱线进行染色,制成织物后在180℃左右的温度下,使其收缩,收缩率可达40%。

7. 防紫外线纤维 防紫外线纤维又称耐光性纤维。本身具有抗紫外线破坏能力的纤维或加入抗紫外线添加剂的纤维。紫外线会引起纤维强度的下降,甚至分解。各种纤维对紫外线的破坏作用反应不同,在生产过程中要添加抗紫外线添加剂或光稳定剂。用于锦纶的添加剂如锰盐、次磷酸、硼酸锰、硅酸铝以及锰盐—铈盐混合物等。用于丙纶添加剂主要是受阻胺类,如PDS稳定剂即苯乙烯-甲基丙烯酸2,2,6,6-四甲基哌啶醇酯共聚物。抗紫外线纤维主要用于织造户外用品如遮阳棚等,但会影响织物的风格和手感。采用防紫外纤维可克服这一缺陷,其方法是在纤维表面涂层、接枝,或在纤维中掺入防紫外或紫外高吸收性物质,制得防紫外线纤维。

8. 抗菌防臭纤维 所谓抗菌防臭纤维是指对微生物具有灭杀或抑制其生长作用的纤维。它不仅能抑制致病的细菌和霉菌,而且还能防止因细菌分解人体的分泌物而产生的臭气。在人们的生活环境中,细菌无处不在,人体皮肤及衣物都是细菌滋生繁衍的场所。这些细菌以汗水等人体排泄物为营养源,不断进行繁殖,同时排放出臭味很浓的氨气。因此,在生活领域使用抗菌防臭纤维就显得很有必要。

抗菌纤维大致有两类。一种是本身带有抗菌抑菌作用的纤维,如大麻(汉麻)、竹纤维、罗布麻、甲壳素纤维及金属纤维等;另一类是借助螯合技术、纳米技术、粉末添加技术等,将抗菌剂在化学纤维纺丝或改性时加到纤维中而制成的抗菌纤维。

9. 变色纤维 变色纤维是一种具有特殊组成或结构的、在受到光、热、水分或辐射等外界条件刺激后可以自动改变颜色的纤维。目前,变色纤维主要品种有光致变色和温致变色两种。前者指某些物质在一定波长的光线照射下可以产生变色现象,而在另外一种波长的光线照射下(或热的作用),又会发生可逆变化回到原来的颜色;后者则是指通过在织物表面黏附特殊微胶囊,利用这种微胶囊可以随温度变化而颜色变化的功能,而使纤维产生相应的色彩变化,并且这种变化也是可逆的。在民用领域,光敏变色纤维主要运用于娱乐服装、安全服和装饰品以及防伪标识上。

10. 香味纤维 香味纤维是在纤维中添加香料,使纤维具有香味的纤维。是先将天然或合成的各种芳香剂制成香味母粒或微胶囊,采用浸渍、喷雾、共混纺丝、接枝纺丝等不同的方式,将其添加在纺丝溶液或熔体中,或附着在纤维上所制得的一种具有香味的功能性纤维。根据芳香纤维的附香加工工艺的不同,芳香纤维的制备方法主要有共混熔融纺丝法、复合纺丝法、微胶囊法和接枝法等。

11. 相变纤维 相变纤维是利用物质相变过程中释放或吸收潜热、温度保持不变的特性开发出来的一种蓄热调温功能纤维。相变即表现在气、固、液三态的变化以及结晶、晶型转烃、晶体熔融等物理过程,伴随着分子聚集态结构的变化,将相变物质PCM加入到纤维中,利用其固—液、固—固态的相变,在不同环境温度下表现出不同的吸、放热功能,并且保持温度相对恒定的特性,制得相变纤维,也称空调纤维。PCM有无机、有机、复合之分。

目前,相变纤维制备方法主要有共混法、复合纺丝法。在服装填充、坐垫、汽车靠垫等方面有较好应用前景。

三、学习提高

(1)进行市场调研,调查常见合成纤维的市场占有率及应用领域,在商场或者服装卖场对服装或其他纺织品所使用的原料进行分析,确定服装哪些部分使用何种纤维,并进一步分析原因?

(2)找一些常见的功能性面料,分析它的功能性,比如防电磁辐射面料,如何用最快捷的方法进行鉴别?

(3)假如你是零售商店的采购员,现在从两种外观类似的运动服选购一种,一种是100%羊毛制品,另一种是100%聚丙烯腈纤维制品。根据纤维的性能你打算给哪一家下订单?请陈述理由。

(4)为什么腈纶具有优良的耐光性?为什么维纶要进行缩甲醛处理?根据这一点,你对合成纤维生产及开发有什么新的认识?

(5)参加纺织品博览会和面料展销会,列出新型纤维材料,预测其服用性能如何?

(6)根据着装经验,列出不同季节穿着的不同类型服装所用的纤维成分,并评述使用这些纤维成分的原因及优缺点。

(7)根据本节所学内容,试设计开发一种差别化或功能性纤维材料,阐述你的设计思路,并说明该种纤维所具有的性能及应用领域。

四、自我拓展

对于表6-8中每种纤维,注明为何可以作为对应最终用途产品的理由,阐述你的观点。

表6-8 各种纤维的最终用途及其理由

纤维名称	最终用途	主要理由
黏胶纤维	厨房清洁用品	
羊毛纤维	冬季大衣	
锦纶	软箱包	
亚麻纤维	夏装外衣	
聚丙烯腈纤维	户外用品(旗类)	
改性聚丙烯腈纤维	仿毛皮夹克衫	
高湿模量黏胶纤维	可水洗的童装	
聚酯纤维	与棉混纺的毛巾类用品	
醋酯纤维	晚礼服	
棉纤维	医院床、被单	
蚕丝纤维	围巾	
玻璃纤维	绝缘电线	
烯烃纤维	汗衫(疏水型)	
聚苯并咪唑(PBI)	消防衣	

任务四 了解化学纤维的品质检验

一、学习内容引入

由于生产加工方式、方法的差异,化学纤维的品质也各有差异,那么不同类别化学纤维是如何进行品质评定的呢？各项评定指标与天然纤维（棉纤维）品级评定有何异同，如何实施？

二、知识准备

化学短纤维根据物理、化学性能与外观疵点进行品质评定。一般分为优等、一等、二等、三等。各种化学纤维的分等项目和具体指标有所不同，在有关标准中均有具体规定。物理、化学性能，一般包括断裂强度及其变异系数、断裂伸长率、线密度偏差、长度偏差、超长纤维率、倍长纤维含量、卷曲数、含油率等。根据化学纤维不同品种的特点需对其他指标进行检验，如黏胶纤维增加湿断裂强度、残硫量、白度和油污黄纤维等。对合成纤维常需要检验卷曲率、比电阻、干热或沸水收缩率等。涤纶需检验10%定伸长强度。腈纶要检验上色率、硫氰酸钠含量、钩接强度。维纶要检验缩甲醛化度、水中软化点等。锦纶要检验单体含量。此外，还要检验成包回潮率，要求在规定范围以内。疵点是指生产过程中形成的不正常异状纤维。

化学短纤维的品质检验按批随机抽样。同一批纤维的原料、工艺条件、产品规格相同。抽样数量根据批量大小按标准规定进行。

化学纤维物理性能检验，规定在标准温湿度条件（温度为20℃ ±2℃，相对湿度为65% ±3%）下进行。试样须先经一定时间的调湿平衡，对黏胶纤维来说，如果试样含湿太高，还须经预干燥处理后再行调湿平衡。

（一）长度检验

化学短纤维的长度检验通常采用中段称重法。

从经过调湿平衡的样品中，精确称取试样50g，再从试样中称取一定量的纤维作为平均长度和超长分析用（棉型称取30～40mg，中长型称取50～70mg，毛型称取100～150mg）。剩余试样用手扯松，拣出倍长纤维。将平均长度和超长分析用的纤维用手扯和限制器绒板整理成一端平齐的纤维束。从纤维束中取出长度超过名义长度5mm（中长型为10mm）并小于名义长度两倍的超长纤维称量后仍并入纤维束中。将长度在短纤维界限下（棉型为20mm，中长型为30mm）的纤维取出进行整理，量出最短纤维的长度。然后用切段器切取中段纤维（棉型和中长型切取20mm，有过短纤维的切10mm，毛型切30mm），将切下的中段纤维、两端纤维和过短纤维平衡后分别称量。在整理过程中发现倍长纤维，即长度超过名义长度的2倍及以上者，拣出后并入倍长纤维一起称量。根据所测数据计算各项长度指标。

1. 平均长度　平均长度按下式计算：

$$L = \frac{G_0}{\frac{G_C}{L_C} + \frac{2G_S}{L_S + L_{SS}}}$$

式中：L——平均长度，mm；

G_0——长度试样重量，mg；

G_C——中段纤维重量，mg；

L_C——中段纤维长度，mm；

G_S——短纤维界限以下纤维重量，mg；

L_S——短纤维界限，mm；

L_{SS}——最短纤维长度，mm。

2. 长度偏差　长度偏差是指实测平均长度与纤维名义长度差异的百分率。其计算式如下:

$$长度偏差 = \frac{L - L_b}{L_b} \times 100\%$$

式中:L_b——名义长度,mm。

3. 超长纤维率　超长纤维是指超长纤维重量占长度试样重量的百分率。其计算式如下:

$$超长纤维率 = \frac{G_{ov}}{G_o} \times 100\%$$

式中:G_{ov}——超长纤维重量,mg。

4. 倍长纤维含量　倍长纤维含量以100g纤维所含倍长纤维质量的毫克数表示。其计算式如下:

$$倍长纤维含量 B = \frac{G_{zz}}{G_z} \times 100\%$$

式中:B——倍长纤维含量,mg/100g;

G_{zz}——倍长纤维重量,mg;

G_z——试样总重量,g。

超长纤维和倍长纤维的存在,会使纺纱过程中发生绕打手、绕锡林、绕罗拉,出橡皮纱等现象,引起断头增多、纱线条干不匀等,严重影响纤维的可纺性和成品质量,其危害性更甚于短纤维。因此,要求超长纤维率和倍长纤维含量越低越好。

(二)线密度检验

化学短纤维的线密度按我国法定计量单位用特克斯(tex)表示,而以往大都用旦尼尔表示。线密度的检验大多采用中段称重法。从伸直的纤维束上切取一定长度的中段纤维,称取重量,并计数中段纤维根数。计数时,一般将纤维平行地排列在载玻片上,盖上盖玻片后,在投影仪中点数纤维根数,按下式计算线密度和线密度偏差。

1. 线密度　线密度计算式为:

$$\text{Tt} = 1000 \times \frac{G_c}{N_c \times L_c}$$

式中:Tt——线密度,dtex;

G_c——中段纤维重量,mg;

N_c——中段纤维根数;

L_c——切段长度,mm。

2. 线密度偏差　线密度偏差是指实测线密度与纤维名义线密度的差异的百分率。其计算式如下:

$$线密度偏差 = \frac{\text{Tt} - \text{Tt}_b}{\text{Tt}_b} \times 100\%$$

式中:Tt_b——名义线密度,dtex。

化学短纤维的线密度也可用气流式细度仪来测定,其原理同棉纤维式细度仪。

(三)强伸性检验

强伸性检验是测试化学纤维的拉伸性能,它的指标有如下几项。

1. 断裂强度　是用以比较不同粗细纤维的拉伸断裂性质的指标。化学纤维的断裂强度根据我国法定计量单位对力和线密度的规定,是指每特(或每旦)纤维所能承受的最大拉力,单位为 N/tex(或 N/旦),其计算式为:

$$p_t = \frac{P}{Tt} \quad p_{den} = \frac{P}{N_{den}}$$

式中:p_t——断裂强度,cN/dtex;

P——单纤维平均断裂强力,cN;

Tt——纤维线密度,dtex;

p_{den}——断裂强度;CN/旦;

N_{den}——纤维纤度,旦。

2. 断裂伸长率　纤维拉伸至断裂时的伸长率称为断裂伸长率(ε_p),它反映了纤维承受拉伸变形的能力,其公式为:

$$\varepsilon_p = \frac{L_a - L_0}{L_0} \times 100\%$$

式中:L_a——纤维断裂时的长度,mm;

L_0——纤维未拉伸时的长度,mm。

3. 断裂强力和断裂伸长的标准差和变异系数　按下式计算:

$$S = \sqrt{\frac{\sum (x_i - \bar{x})^2}{n - 1}}$$

$$CV = \frac{S}{\bar{x}} \times 100\%$$

式中:S——标准差;

x_i——各次测试数值;

$\bar{x}$——测试数据的平均值;

n——测试根数,一般为 50 根;

CV——变异系数。

(四)卷曲性能检验

化学纤维的表面比较光滑,又不如天然纤维棉具有天然转曲,羊毛具有卷曲,因此它们之间的抱合力很差,影响成纱强力,特别是使纺纱工程不能正常进行。为了改善纤维之间的抱合力并改善织物的服用性能,在化学纤维的制造过程中常使纤维具有一定的卷曲。

卷曲弹性检测使用 YG362 型卷曲弹性仪,检验时将逐根纤维一端加上轻负荷 0.0018cN/dtex,另一端置于卷曲仪的夹持器中,待轻负荷平衡后记下读数 L_0 并读取纤维上 25mm 内的全部卷曲峰和卷曲谷数 J_A;然后再加上重负荷(维纶、锦纶、丙纶、氯纶等为 0.05cN/dtex,涤纶、腈纶为 0.075cN/dtex)平衡后记下读数 L_1,待 30s 后去除全部负荷,2min 后,再加轻负荷平衡后记下读数 L_2。根据所测数值计算卷曲性能各项指标。

1. 卷曲数　卷曲数是指每厘米长纤维的卷曲个数,它是表示纤维卷曲多少的指标。其计算式如下:

$$卷曲数 = \frac{J_A}{2 \times 2.5}$$

式中:J_A——纤维在 25mm 内全部卷曲峰和卷曲谷个数。

卷曲数太少会发生清花纤维卷成形困难,黏卷严重;梳理纤维网下坠、成条差等弊病,甚至无法纺纱,所以对纤维的可纺性影响很大。如棉型涤纶的卷曲数不宜低于4个/cm,以5~7个/cm为佳。毛型涤纶的卷曲数以3~5个/cm为佳。

2. 卷曲率　其计算式如下:

$$卷曲率 = \frac{L_1 - L_0}{L_1} \times 100\%$$

式中:L_1——纤维在重负荷下测得的长度,mm;

L_0——纤维在轻负荷下测得的长度,mm。

卷曲率表示卷曲程度,卷曲率越大表示卷曲波纹越深,卷曲数多的卷曲率也大。

3. 卷曲回复率　其计算式如下:

$$卷曲回复率 = \frac{L_1 - L_2}{L_1} \times 100\%$$

式中:L_2为纤维在重负荷释放,经2min回复,再在轻负荷下测得的长度,mm。

卷曲回复率表示卷曲的牢度,其值越大,表示回缩后剩余的波纹越深,即波纹不易消失,卷曲耐久。

4. 卷曲弹性率　其计算式如下:

$$卷曲弹性率 = \frac{L_1 - L_2}{L_1 - L_0} \times 100\%$$

它表示卷曲弹性的好坏。卷曲弹性率越大,表示卷曲容易回复,卷曲弹性越好,卷曲耐久牢度也越好。

(五)疵点检验

疵点是指生产过程中形成的不正常异状纤维,包括僵丝、并丝、硬丝、注头丝、未牵伸丝、胶块、硬板丝、粗纤维等。疵点的存在会影响化学纤维的可纺性和成品质量。

疵点检验可称取一定重量的试样,在原棉杂质分析机上反复处理2次后,将落下物放在黑绒板上,用镊子拣出疵点,称重后折算成每100g纤维中含疵点的毫克数(mg/100g),也可采用手拣法,直接用手拣出称重后,折算成每100g纤维的疵点的毫克数,丙纶短纤维即采用此法。

(六)回潮率检验

化学纤维含水的多少,用回潮率来表示。化学纤维回潮率现都将一定重量的纤维(一般为50g)直接用恒温烘箱在一定温度(大多数化学纤维控制在105~110℃)下烘至不变重量后,用烘箱上的天平在箱内称取干量,然后计算而得。

(七)含油率检验

含油率是指化学纤维上含油干重占纤维干重的百分率。含油率的高低与纤维的可纺性能关系密切。含油率低的纤维容易产生静电现象;含油率过高则容易产生黏缠现象,都会影响纺织加工的正常进行。一般掌握在满足抗静电性、平滑性等要求的情况下,含油率以少些为好。目前,一般掌握棉型化学纤维的含油率:涤纶、丙纶为0.1%~0.2%,维纶为0.15%~0.25%,腈纶为0.3%~0.5%,锦纶为0.3%~0.4%。毛型化学纤维的含油率要稍高些,如毛型涤纶的含油率以0.2%~0.3%为宜,长丝一般掌握为0.8%~1.2%。此外,含油必须均匀。

由于含油率对纺织工艺加工关系密切,所以纺织厂常需对化学纤维进行含油率检验。含油率检验是用一定的有机溶剂处理化学纤维,使化学纤维上的油剂溶解,称得试样去油干重和油脂干重,或称得试样含油干重和试样去油干重来求得含油率。

含油率检验所用的有机溶剂要求其沸点要低些，对油剂的溶解性能要好些，并应无毒或少毒（表6－9）。

表6－9　化学纤维含油率检验所用溶剂

纤维种类	有机溶剂
涤纶	乙醚，四氯化碳，甲醇
腈纶	苯、乙醇混合液（容量比为2:1），乙醚
氯纶	乙醚
锦纶	四氯化碳
维纶	苯、甲醇混合液（容量比为2:1）
黏胶纤维	苯、乙醇混合液（容量比为2:1），乙醚

三、学习提高

用中段切断称重法测等长化学纤维，已测得中段切断长度为20mm，中段重量为15.8mg，两端重量为3.6mg。中段根数为2634根，求该纤维的平均长度和平均细度，并说明该纤维是属于毛型、棉型还是中长型？

四、自我拓展

现有涤纶、锦纶、腈纶、丙纶等纤维，对其进行品质评定，并对性能进行比较？说出其各项品质对成纱质量和纺织加工工艺有什么影响？分析各种化学纤维的可纺性（表6－10）。

表6－10　各种化学纤维的可纺性分析

纤维种类	长度	细度	强度	杂质和疵点	回潮率	卷曲、摩擦	附属物

项目七　纺织原料的鉴别

学习与考证要点

◇ 纺织纤维鉴别的原理
◇ 手感目测法鉴别纺织纤维
◇ 显微镜观察法鉴别纺织纤维
◇ 化学溶解法鉴别纺织纤维
◇ 着色法鉴别纺织纤维
◇ 其他方法鉴别纺织纤维

本项目主要专业术语

手感目测法(handle visual method)
显微镜(microscope)
化学溶解法(chemical dissolution)
着色法(staining method)
形态结构(morphological structure)
密度(density)
横截面(cross section)
纵向(longitudinal)

任务　掌握纺织纤维的鉴别

一、学习内容引入

王小姐到商场购买服装,商场里琳琅满目,品牌繁多,价格差异很大。如羊毛衫有50元一件,有80元一件,也有200元一件。王小姐对品牌、款式、颜色有自己的喜好,但对原料的判断上不能正确把握,害怕花了大价钱买了假羊毛衫,怎么办?

某公司业务员接到美国客户10万套内衣的订单,但内衣的标志牌上只注明了该内衣原料为纤维素,未指明是哪种具体纤维,那该业务员如何完成此项订单呢?

纺织纤维品种繁多,如何利用有效的方法把各种纤维区别开来?日常生活中,如何简单快捷地对一些常见纺织品进行材料的鉴别?对于一些混纺产品如何进行纤维含量的定量分析,从而进一步对产品进行分析评价?

二、知识准备

纺织纤维的鉴别一般根据纤维内部结构、外观形态、化学或物理性能上的差异鉴别,通常先判断纤维的大类,如区别天然纤维素纤维、天然蛋白质纤维和化学纤维,再具体分出品种,然后进行最后论证。常用的方法有手感目测法、燃烧法、显微镜观察法、溶解法、药品着色法等。

(一)手感目测法

手感目测法是纤维鉴别最简单的方法,它是根据呈散状的纤维的外观形态、手感、色泽及拉伸等特征来区别棉、麻、毛、丝及化学纤维。如棉、麻、毛是自然生长的短纤维,长短不一,整齐度差。棉纤维常附有各种杂质和疵点,纤维细而短;麻纤维手感粗硬;羊毛纤维柔软而富有弹性,有卷曲;蚕丝长而纤细,具有特殊的光泽。化学纤维一般长而整齐,有光泽,黏胶纤维干湿强力差异很大,氨纶弹性较好,其他合成纤维则需用其他方法加以鉴别。

(二)燃烧法

燃烧法是简单而常用的一种鉴别方法。它的基本原理是根据各种纤维的组成成分不同,其燃烧特征也不同的特点来粗略鉴别纤维种类。鉴别方法是用镊子夹住一小束纤维,慢慢移近火焰,仔细观察纤维靠近火焰,在火焰中以及离开火焰时所产生的各种不同现象(如燃烧难易、燃烧速度等)及燃烧时产生的气味,燃烧后留下的灰烬等特征(表7-1)。

表7-1　常见纤维的燃烧特征

纤维名称	燃烧状态				
	近火	触火	离火	气味	灰烬
棉、麻、黏胶等	不熔不缩	迅速燃烧	继续燃烧	烧纸味	少量灰白灰烬
羊毛、蚕丝等	熔缩	燃烧	不易延烧	烧毛发臭味	松脆黑灰
涤纶	熔缩	先熔后烧,冒烟、滴液	延烧	芳香甜味	黑褐色玻璃状硬球
锦纶	熔缩	先熔后烧、冒烟、滴液	延烧	氨臭味	黑褐色玻璃状硬球
腈纶	熔缩	熔融燃烧,有发光小火花	延烧	辛辣味	松脆黑色硬块
维纶	熔缩	燃烧	延烧	甜味	松脆黑色硬块
氯纶	熔缩	熔融燃烧、冒黑烟	不能延烧	刺鼻味	松脆黑色硬块
丙纶	熔缩	熔融燃烧	延烧	沥青味	黄褐色硬球
氨纶	熔缩	熔融燃烧	不能延烧	特殊气味	白色胶状

注　燃烧法只适用于未经防火、阻燃等方法处理的单一成分的纤维、纱线和织物。

(三)显微镜观察法

借助显微镜观察纤维的横向和纵向形态特征,是纤维鉴别中广泛采用的一种方法。

天然纤维有其独特的、固定的外观形态特征。如棉纤维纵向有天然转曲,横向有中腔、胞壁;毛纤维纵向有鳞片;麻纤维纵向有竖纹、横节;蚕丝呈三角形截面等。但化学纤维的截面大多为近似圆形,少数用湿法纺丝的化学纤维,因纺丝条件的影响,存在不规则的截面,如黏胶纤维为锯齿形,有皮芯结构;维纶为腰圆形,有皮芯结构,腈纶有哑铃形截面等。对于化学纤维,必须与其他方法加以结合才能鉴别。

随着化学纤维工业的不断发展,异形纤维品种繁多,仿真纤维更加逼真,在显微镜观察中必须注意,以免混淆(图7-1、表7-2)。

(a)棉纤维纵横向形态结构　(b)丝光棉纵横向形态结构　(c)苎麻纤维纵横向形态结构

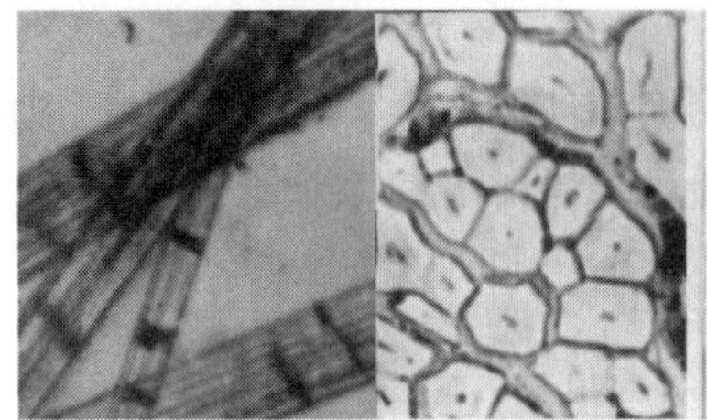

(d)亚麻纤维纵横向形态结构

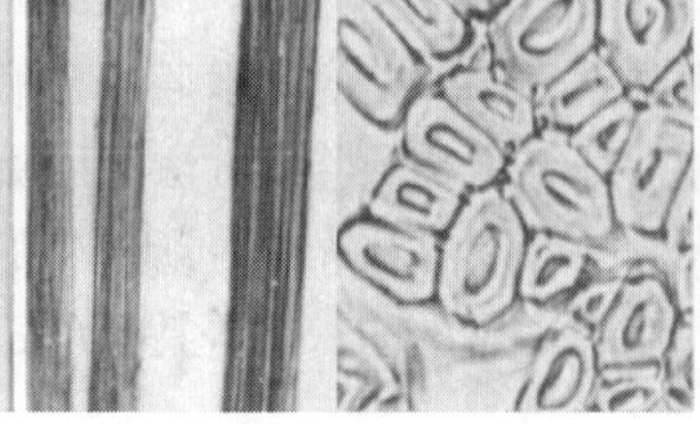

(e)黄麻纤维纵横向形态结构

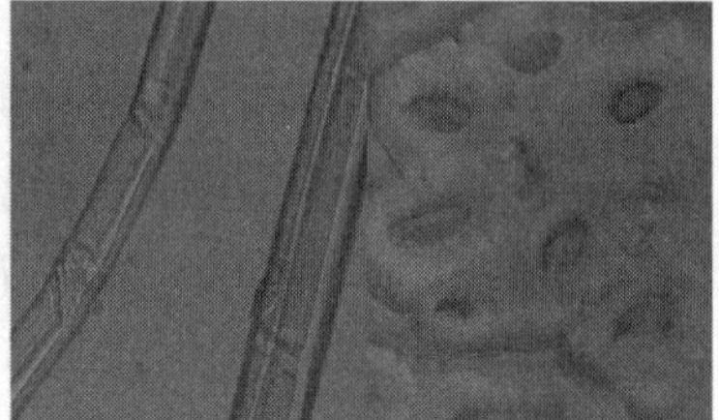

(f)红麻纤维纵横向形态结构

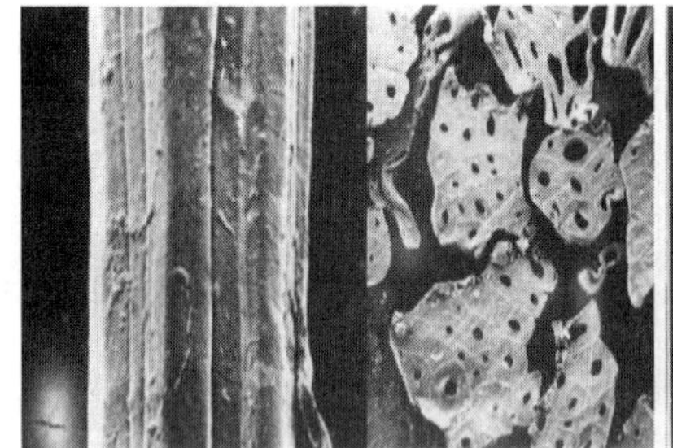

(g)大麻纤维纵横向形态结构

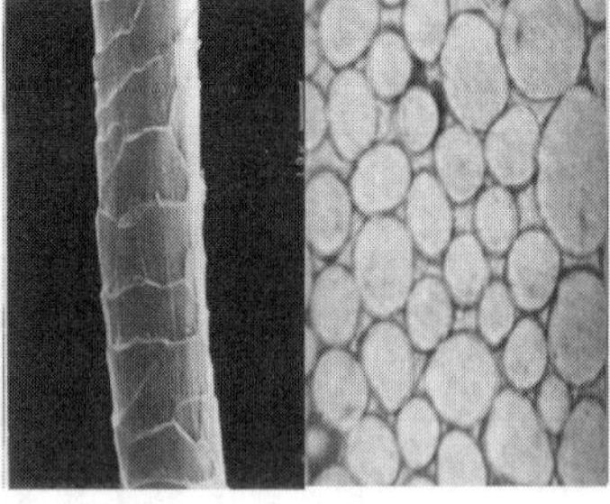

(h)绵羊毛纤维纵横向形态结构

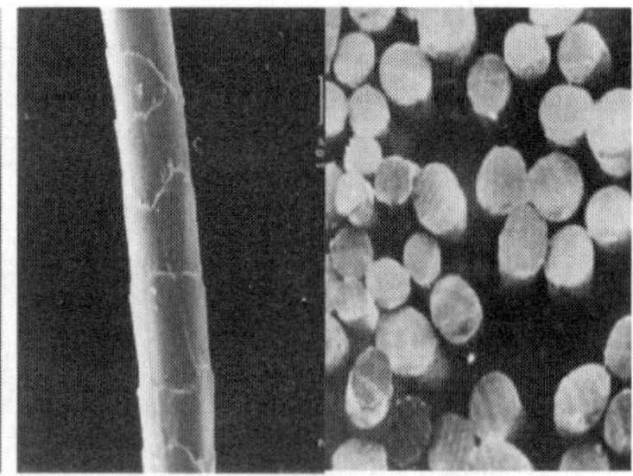

(i)山羊绒纤维纵横向形态结构

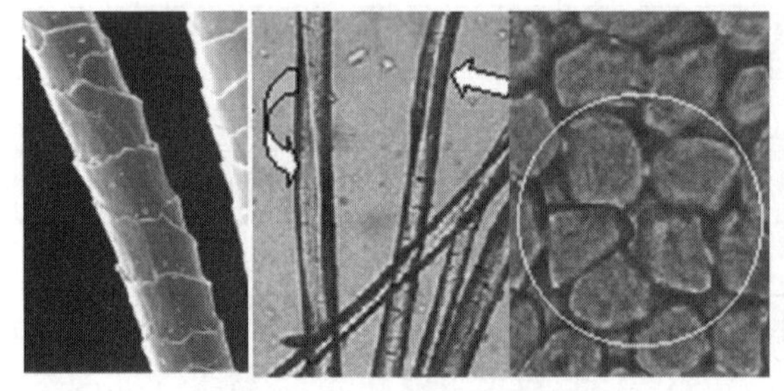

(j)丝光毛和细化毛纵横向形态结构

(k)牦牛毛和绒纵横向形态结构

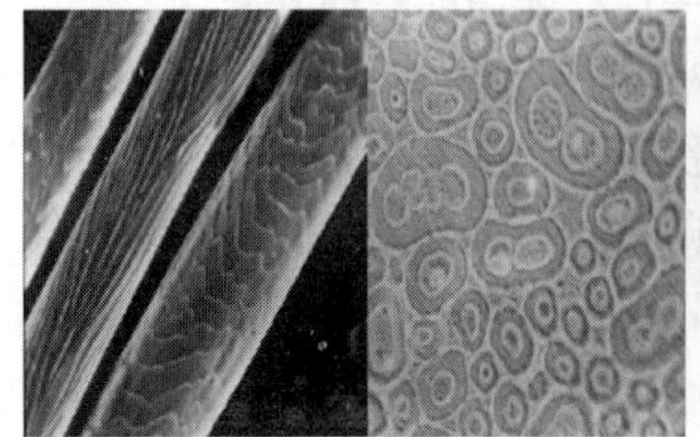

(l)兔毛纵横向形态结构

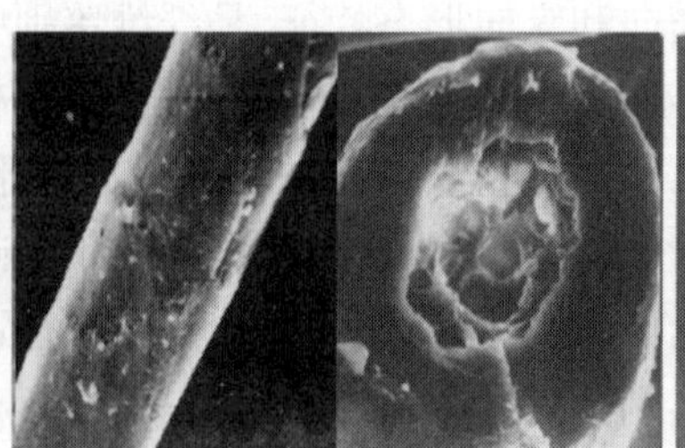

(m)骆驼毛纤维纵横向形态结构

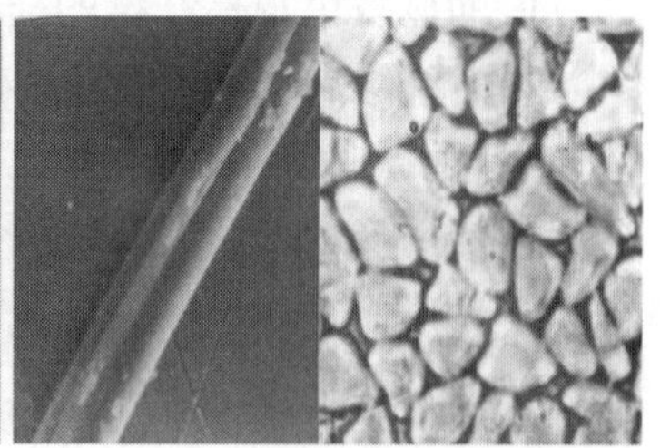

(n)桑蚕丝纤维纵横向形态结构

(o)柞蚕丝纤维纵横向形态结构　(p)黏胶纤维纵横向形态结构　(q)醋酯纤维纵横向形态结构

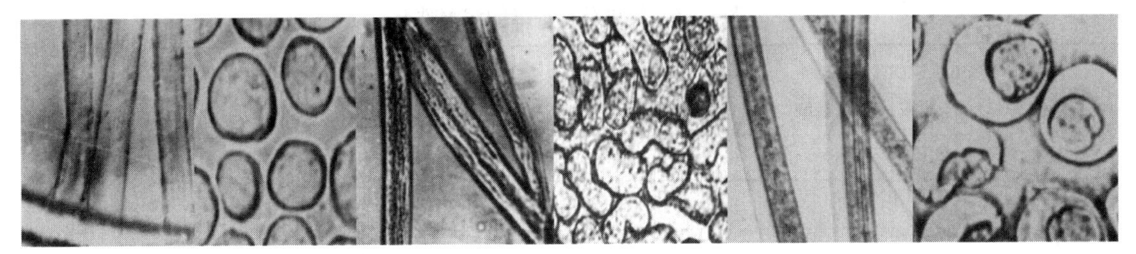

(r)涤纶纵横向形态结构　(s)腈纶纵横向形态结构　(t)涤/锦复合纤维纵横向形态结构

图 7－1　常见纺织纤维的纵横截面形态结构

表 7－2　常用纤维的纵横向形态特征

纤维	纵向形态	横截面形态
棉	天然转曲	腰圆形、有中腔
苎麻	横节竖纹	腰圆形，有中腔，胞壁有裂纹
亚麻	横节竖纹	多角形，中腔较小
黄麻	横节竖纹	多角形，中腔较大
大麻	横节竖纹	不规则圆形或多角形，内腔呈线形、椭圆形、扁平形
绵羊毛	鳞片大多呈环状或瓦状	近似圆或椭圆形，有的有毛髓
山羊绒	鳞片大多呈环状，边缘光滑，间距较大，张角较小	多为较规则的圆形
兔毛	鳞片大多呈斜条状，有单列或多列毛髓	绒毛为非圆形，有一个中腔；粗毛为腰圆形，有多个中腔
桑蚕丝	平滑	不规则三角形
柞蚕丝	平滑	扁平不规则三角形，内部有毛细孔
黏胶纤维	多根沟槽	锯齿形、有皮芯结构
富强纤维	平滑	较少齿形或圆形
醋酯纤维	1～2 根沟槽	梅花形
腈纶	平滑或 1～2 根沟槽	圆形或哑玲形
涤纶、锦纶、丙纶等	平　滑	圆　形
维纶	有条纹	腰圆形、有皮芯结构
氨纶	平滑	不规则圆或土豆形
复合纤维	一根纤维由两种高聚物组成，其截面呈皮芯形、双边形或海岛形等	
中空纤维	根据需要可制成单孔、四孔、七孔或九孔等	
异形纤维	可根据需要制成各种异形截面，如三角形、扁平形、哑铃形、L 形等	

(四)溶解法

利用各种纤维在不同的化学溶剂中的溶解性能来鉴别纤维,称为溶解法。根据手感目测法和显微镜观察法等方法初步鉴别后,再用溶解法加以证实,可以确定各种纤维的具体品种,也可定量分析纱线的混纺比。它比前面的几种方法更可靠。必须注意,纤维的溶解性能不仅与溶剂的品种有关,与溶剂的浓度、温度及作用时间也很有关系。测定时必须严格控制试验条件(表7-3)。

表7-3 常见纺织纤维的溶解性能

溶剂/温度/纤维种类	36%~38%盐酸		15%盐酸		70%硫酸		5%氢氧化钠		85%甲酸		99%冰醋酸		*M*-甲酚(间甲酚)		99%*N*-二甲基酰胺		二甲苯或间二甲苯	
	R	B	R	B	R	B	R	B	R	B	R	B	R	B	R	B	R	B
棉	I	P	I	P	S	So	I	I	I	I	I	I	I	I	I	I	I	I
羊毛	I	I	I	I		I	I	S	I	I	I	I	I	I	I	I	I	I
蚕丝	P	S	I	S	So		I	S	I	I	I	I	I	I	I	I	I	I
麻	I	P	I	P	S	So	I	I	I	I	I	I	I	I	I	I	I	I
黏胶纤维	S	So	I	P	S	So	I	I	I	I	I	I	I	I	I	I	I	I
二醋酯纤维	So	So	I	S	So		I	P	So		So		So		I	So	I	I
三醋酯纤维	P	S	I	I	So		I	I	So		So		So		P	So	I	I
聚酯纤维	I	I	I	I	I	I	I	I	I	I	I	I	I	So	I	PS	I	I
锦纶6	So		So		So		I	I			I	So	S	So	I	S	I	I
锦纶66	S		I	S	So	So	I	I	So		I	So	S	So	I	I	I	I
腈纶	I	I	I	I	I	S	I	I	I	I	I	I	I		SP	So	I	I
维纶	So		I	S	S	So	I	I	S	So	I	I	I	IP	I	I	I	I
聚丙烯纤维	I	I	I	I	I	~	I	I	I	I	I	I	I	I	I	I	I	S
聚乙烯纤维	I	I	I	I	I	~	I	I	I	I	I	I	I	~	I	I	I	S
聚苯乙烯纤维	I	I	I	I	I	~	I	I	I	~	I	~	S	So	I	I	So	
氨纶	I	I	I	I	S	S	I	I	I	So	I	S	P	S	I	So	I	I
聚砜酰胺纤维	I	I	I	I	I	S	I	I	I	I	I	I	I	I	So		I	I
聚氯乙稀	I	I	I	I	I	I	I	I	I	I	I	I	P	So	So		I	I
聚偏氯乙烯	I	I	I	I	I	I	I	I	I	I	I	I	I	P	I	So	I	S

注 So—立即溶解;S—溶解;P—部分溶解;I—不溶解。溶解时间:以常温(R)5min、煮沸(B)3min为准。

(五)药品着色法

药品着色法是根据各种纤维对某种化学药品的着色性能不同来迅速鉴别的方法。它适用于未染色的纤维、纯纺纱线或织物(表7-4)。通常采用的着色剂有碘—碘化钾溶液和HI纤维鉴别着色剂。

碘—碘化钾溶液是将碘 20g 溶解于 100mL 的碘化钾饱和溶液中，把纤维浸入其中 0.5～1min，取出后水洗干净，根据着色不同，判别纤维的品种。

HI 纤维鉴别着色剂是东华大学和上海印染公司共同研制的一种着色剂。鉴别时可将试样放入微沸的着色溶液中，浸染 1min（羊毛、蚕丝和锦纶为 3min），染完后倒去染液，冷水清洗，晾干，与标准样照对照，根据色相确定纤维类别。

表 7－4　几种纺织纤维的着色反应

纤维种类	碘—碘化钾溶液	HI 着色剂	纤维种类	碘—碘化钾溶液	HI 着色剂
棉	不染色	灰	醋酯纤维	黄褐	桔红
麻（苎麻）	不染色	青莲	涤纶	不染色	红玉
竹纤维	黑蓝青	—	锦纶	黑褐	酱红
羊毛	淡黄	红莲	腈纶	褐色	桃红
蚕丝	淡黄	深紫	维纶	蓝灰	玫红
黏胶纤维	黑蓝青	绿	氯纶	不染色	—
莫代尔纤维	黑蓝青	—	丙纶	不染色	鹅黄
莱赛尔纤维	黑蓝青	—	氨纶	—	姜黄
铜氨纤维	黑蓝青	—			

注　1. 碘—碘化钾溶液是将 20g 碘溶解于 100mL 饱和碘化钾溶液中制得；
2. HI 着色剂配方是：分散黄（SE－6GFL）3.0g，阳离子红（X－GFL）2.0g，直接耐晒蓝（B_2RL）8.0g，蒸馏水 1000g，使用时稀释 5 倍。

（六）其他鉴别方法

纺织纤维的鉴别方法还有化学熔点法、红外光谱法、荧光法、密度梯度法等（表 7－5、表 7－6）。

表 7－5　常用纺织纤维的熔点

纤维名称	熔点（℃）
二醋酯	255～260
三醋酯	280～300
涤纶	255～260
锦纶 6	215～220
锦纶 66	250～260
腈纶	不明显
维纶	不明显
丙纶	165～173
氯纶	200～210
氨纶	228～

表 7－6　纺织纤维的荧光颜色

纤维种类	荧光颜色
棉	淡黄色
丝光棉	淡红色
黄麻（生）	紫褐色
黄麻	淡蓝色
羊毛	淡黄色
蚕丝（脱胶）	淡蓝色
普通黏胶纤维	白色紫阴影
有光黏胶纤维	淡黄色紫阴影
涤纶	白色青光很亮
锦纶	淡蓝色
维纶、涤纶	淡黄色紫阴影

(七)一般鉴别过程

对纺织纤维鉴别的原则是快速、准确。一般我们所接触到的纺织材料鉴别大多为成品(面料)或半成品(纱线等),因此,在鉴别前应首先从面料中拆解出足量的、有代表性的纱线,然后再将纱线退解成纤维,将纤维整理成符合条件的样品再进行试验。

在实际鉴别时一般不能使用单一方法,须将几种方法综合使用,才能得出正确结论。随着新型纤维的不断出现,纤维鉴别的方法也会不断地更新。

三、学习提高

(1)对几种不同的纯纺面料进行拆分,采用本节所学内容对其所使用纤维材料进行鉴别。

(2)取几种混纺纱线,首先定性分析出纱线所用纤维材料,对每种材料的使用比例进行定量分析。

(3)棉、黏胶、天丝、莫代尔同属纤维素纤维,应如何鉴别? 查阅相关资料写出详细的鉴别过程?

(4)调查一下市场上羽绒服填充物,除了羽绒以外还有哪些材料,其他的填充物有何特征? 已知一件羽绒服填充物为鸭绒、中空涤纶、三叶形丙纶,试设计一套实验方案,确定该羽绒服的含绒率。

四、自我拓展

对给定的机织物经纬纱线原料进行定性分析,完成表7-7。

表7-7 机织物经纬纱线原料定性分析

<table>
<tr><td>项目</td><td></td><td colspan="2">在采用鉴别方法栏打勾</td><td colspan="4">简述观察特征</td><td>鉴定结果</td><td>备注</td></tr>
<tr><td rowspan="17">织物原料定性检测</td><td rowspan="9">经纱</td><td>手感目测法</td><td></td><td colspan="4"></td><td rowspan="9"></td><td rowspan="17"></td></tr>
<tr><td>燃烧法</td><td></td><td colspan="4"></td></tr>
<tr><td>显微镜观察法</td><td></td><td colspan="4"></td></tr>
<tr><td colspan="2" rowspan="2">着色法</td><td colspan="3">试剂</td><td>色泽</td></tr>
<tr><td colspan="3"></td><td></td></tr>
<tr><td rowspan="4">化学溶解法</td><td rowspan="4"></td><td>试剂</td><td>温度</td><td>时间</td><td>观察特征</td></tr>
<tr><td></td><td></td><td></td><td></td></tr>
<tr><td></td><td></td><td></td><td></td></tr>
<tr><td></td><td></td><td></td><td></td></tr>
<tr><td rowspan="7">纬纱</td><td>手感目测法</td><td></td><td colspan="4"></td><td rowspan="7"></td></tr>
<tr><td>燃烧法</td><td></td><td colspan="4"></td></tr>
<tr><td>显微镜观察法</td><td></td><td colspan="4"></td></tr>
<tr><td rowspan="4">化学溶解法</td><td rowspan="4"></td><td>试剂</td><td>温度</td><td>时间</td><td>观察特征</td></tr>
<tr><td></td><td></td><td></td><td></td></tr>
<tr><td></td><td></td><td></td><td></td></tr>
<tr><td></td><td></td><td></td><td></td></tr>
<tr><td colspan="8">说明:1. 在需要的鉴别方法上打勾
2. 当织物同一方向不同原料纱线较多时,只需测2种纱线,表格可另附
3. 将被测纱线粘贴在备注栏,并标明</td></tr>
</table>

项目八　纺织材料的性质及检测

学习与考证要点

◇ 吸湿指标和检测方法
◇ 纺织材料的吸湿机理
◇ 吸湿对材料性质和纺织工艺的影响
◇ 纺织材料的力学性质及检测
◇ 纺织材料的热学性质、电学性质和光学性质
◇ 织物的外观保持性及检测
◇ 织物的舒适性及检测
◇ 纺织品的生态性及检测

本项目主要专业术语

吸湿(absorbing moisture)
悬垂性(drape)
色牢度(colorfastness)
舒适性(comfort of textiles)
可燃性(flammability)
断裂强力(breaking strength)
顶破强力(bursting strength)
撕破强力(tearing strength)
耐磨性(abrasion resistance)
尺寸稳定性(dimensional change)
透气性(air permeability)
调湿(conditioning)
功能性测试(functional tests)
起球性(pilling propensity)
刚柔性(stiffness)
抗皱性(wrinkle resistance)
织物密度(yarns per inch)
表面摩擦测试(surface friction tests)

任务一　纺织材料的吸湿性及指标检测

纺织材料在空气中吸收水蒸气的能力称为吸湿性。纺织材料吸湿性是关系到材料性能和纺织加工工艺的一项重要特性。纺织材料吸湿多少不仅影响材料的重量、强力等许多物理性能，而且影响其工艺加工和使用性能，同时纺织材料的吸湿性，还影响织物的服用性能。

单元一　掌握吸湿指标和检测方法

一、学习内容引入

吸湿能对纺织材料性能及纺织生产工艺产生很大的影响,如何对吸湿性能进行衡量并测试呢?

二、知识准备

(一)吸湿指标

1. 回潮率与含水率　表示纺织材料吸湿性的指标有回潮率与含水率。

(1)回潮率 W。是指纺织材料中所含水分重量对纺织材料干重的百分比。用公式表示为:

$$W = \frac{G_a - G_0}{G_0} \times 100$$

式中:W——纺织材料的回潮率;

G_a——纺织材料的湿重,g;

G_0——纺织材料的干重,g。

(2)含水率 M。纺织材料中所含水分重量对纺织材料湿重的百分比。

$$M = \frac{G_a - G_0}{G_a} \times 100\%$$

回潮率与含水率之间的相互关系为:

$$W = \frac{M}{1 - M} \text{或} M = \frac{W}{1 + W}$$

目前基本上采用回潮率这一指标。

由此可见,存在于相同空气条件下的纺织材料,回潮率越大的材料,表明其中水分越多,即可认为其吸湿能力越强,吸湿性越好。必须强调的是,同一纺织材料的回潮率在不同的空气状态下也是有差异的。

2. 标准大气状态下的回潮率　纺织材料在标准大气条件下,从吸湿达到平衡时测得的平衡回潮率。通常在标准大气条件下调湿24h以上,合成纤维调湿4h以上(表8-1)。

表8-1　几种常见纤维在标准状态下的回潮率

纤维种类	标准状态下的回潮率(%)	纤维种类	标准状态下的回潮率(%)
原棉	7~8	醋酯纤维	4~7
苎麻	12~13	锦纶6	3.5~5
细羊毛	15~17	锦纶66	4.2~4.5
桑蚕丝	8~9	涤纶	0.4~0.5
黏胶纤维	13~15	腈纶	1.2~2
铜氨纤维	11~14	丙纶	0

3. 公定回潮率　各国对于纺织材料公定回潮率的规定，并不一致（表8－2）。

表8－2　几种纤维的公定回潮率

纤维种类	公定回潮率（%）	纤维种类	公定回潮率（%）	纤维种类	公定回潮率（%）
原棉	8.5	桑蚕丝	11	聚酯纤维	0.4
棉纱	8.5	柞蚕丝	11	锦纶6/66/11	4.5
洗净毛同质	16	亚麻	12	聚丙烯腈纤维	2.0
异质	15	苎麻	12	聚乙烯醇纤维	5.0
毛条（干梳）	18.25	洋麻	14.94	含氯纤维	0
油梳	19	黄麻、生麻	14	聚丙烯纤维	0
精梳落毛	16	大麻、熟麻	12	醋酯纤维	7.0
山羊绒	15	黏胶纤维	13	铜氨纤维	13.0
兔毛	15	玻璃纤维	0	氨纶	1.3

混纺纱的公定回潮率可按各组分纤维的纱线公定回潮率和混纺比来加权平均计算，计算公式为：

$$\text{混纺纱的公定回潮率} = \frac{\sum W_i P_i}{100}$$

式中：W_i——混纺材料中第 i 种纤维的公定回潮率；

P_i——混纺材料中第 i 种纤维的干重混纺比。

例如：涤棉混纺纱（65/35），其混纺比：涤纶为65%、棉为35%，按公式计算：

$$\text{涤棉混纺纱的公定回潮率} = \frac{65 \times 0.4 + 35 \times 8.5}{100} = 3.2\%$$

（二）吸湿指标的测试方法

纺织材料吸湿性指标的测试方法，可分为直接测试法和间接测试法两大类。

1. 直接测试法　先称得纺织材料的湿重，然后除去纺织材料中的水分后称得干重，最后按公式计算纺织材料的回潮率。

根据除去纺织材料中水分的方法不同，可分为以下几种测试方法。

（1）烘箱烘干法。烘箱用电热丝加热，并可根据需要调至恒定的温度。温度设定的依据是能使水分蒸发而不使纤维分解变质这一原则。目前规定：棉为（105±3）℃，毛和大多数化学纤维为105～110℃，丝为140～145℃。早期恒温调节利用水银触点式温度控制器来进行。将水银温度计中的导线位置调节到所需温度处，当烘箱升温到这一温度时，温度计中的水银与导线接触，切断电热丝电流，接通鼓风机电流，排出箱内湿空气，使箱内温度下降。当箱内温度下降后，水银温度计中的水银与导线分开，电热丝再加热，鼓风机电流则被切断。如此反复，直到烘干至不变重量，即可称取干重。现常用温控开关来进行恒温控制。常用的烘箱为Y802A型烘箱。

称取干重的方法有以下三种。

①箱内热称：用钩子钩住试样烘篮，用烘箱上的天平称量。由于箱内深度高，空气密度小，对试样的浮力小，故称得的干重偏重，算得的回潮率值偏小，但操作比较简便，目前大多采用箱

内热称法。

②箱外热称:将试样烘一定时间后,取出迅速在空气中称量。一方面,它与湿量称量在同环境中进行,但是试样纤维间仍为热空气,其密度小于周围空气,称量时有上浮托力,故称得的干重偏轻,算得的回潮率值偏大;另一方面,纤维在空气中要吸湿,会使称得重量偏大,并与称量快慢有关,因此计算结果稳定性较差。

③箱外冷称:将烘干后的试样放在铝制或玻璃容器中,密闭后在干燥器中冷却30min后进行称量。此法称量条件与称湿重时相同,因此比较精确,但费时较多。当试样较小,要求较精确,如测试含油率、混纺比等,须采用箱外冷称法。

烘箱法不可能完全除去纺织材料中水分,测得的回潮率要比实际的小些;但是,烘干水分的同时,又可能挥发掉纤维中的一些其他物质,如油脂等,使测得的回潮率要比实际的大些,所以,测试结果往往与实际回潮率之间存在一定误差。但总的说来,烘箱法测得的结果比较稳定,准确性较高,虽费时较多,耗电量较大,目前仍不失为主要的测试方法,并用来核对其他测试方法的准确性。

(2)红外线法。用红外线灯泡(发出的一般是近红外线)照射试样。红外线辐射出的能量高,穿透力强,在纺织材料内部能在短时间内达到很高的温度,将水分去除,一般情况下只要5~20min即可烘干。此法烘干迅速,耗电量比烘箱法节省,设备简单,但温度无法控制,照射的能量分布也不均匀,往往使局部过热,照射时间长的会使材料烘焦变质,使试验结果难以稳定。常用烘箱法核验所需烘干的时间。过去取其快速,多用于半制品的回潮率测试,以及时调整工艺,控制定量。

近年来,采用远红外线代替近红外线辐射烘干,使它既有烘箱法的优点又可以省时节电。远红外线辐射源的获得,只需在原有的加热设备上涂上一层能辐射远红外线的物质(如各种金属氧化物、氯化物、硫化物、硼化物等)即可。

(3)其他干燥法。

①真空干燥法:将试样放在密闭的容器内,抽成真空进行加热烘干。由于气压低,水的沸点降低,在较低温度(60~70℃)时就能将试样中的水分除去,烘干时间缩短。此法特别适用于不耐高温的合成纤维,如氨纶等的测湿。

②高频加热干燥法:将试样放在高频电场中,利用高频电磁波在纤维内部引起介质损耗产生热量,以除去水分。依据所用的频率可分为两类:一类是电容加热法,所用频率范围为1~100MHz(兆赫);另一类是微波加热法,所用频率范围为800~3000MHz。在加热器内吸收热量的多少,是由物质的介质损耗所决定的。水的介质损耗比纤维约大20倍,因此纤维内部水分吸收的能量很大,产生高热,使水分迅速蒸发。纤维内部含水分最多的地方,吸收的能量也最高,反之则低,所以烘干也比较均匀。但是,试样中不能含有高浓度的无机盐或夹有金属等物质,否则会引起燃烧。微波对人体有害,必须加以很好的防护。

③吸湿剂干燥法:将纺织材料和强烈的吸湿剂放在同一密闭的容器内,利用吸湿剂吸收空气中的水分,使容器内空气的相对湿度达到0,纤维在这样的条件下就得以充分脱湿。效果最好的吸湿剂是干燥的五氧化二磷的粉末,最常用的是干燥颗粒状氯化钙,也可用干燥的、热的、惰性气体如氮气等以一定的速度流经试样,以带走试样中的水分。此法只适用于小量试样,否则吸不干,且达到干燥的时间很长(一般在室温下达到真正吸干需4~6周的时间)。故此法虽然精确,但成本高,费时长,实用价值不大,仅用于特殊精密的试验研究中。

2. 间接测试法　利用纺织材料中含水多少与某些性质密切相关的原理,通过测试这些性质来推测含水率或回潮率。这类方法测试迅速,不损伤试样,但影响因素较多,使测试结果的稳定性和准确性受到一定的影响。这类方法有的不接触试样，可用于生产中的连续调试，因此对水分自动监控有很大的优越性。根据测试工作原理的不同，可分为以下几种测试方法。

(1)电阻测湿法。电阻式测湿仪，是利用纤维在不同的回潮率下具有不同的电阻值来进行测定。在纤维的数量、松紧程度、温度和电压等试验条件一定的情况下，通过纤维的电流与它的回潮率形成某种相关因素，因此根据电流的大小，即可得知回潮率的大小。电阻测湿仪是间接测定法中应用最多的仪器，根据测定的对象和应用的场合，有多种设计形式，如极板式、插针式和罗拉式等。近年来随着电子技术的发展，从采用电子管到采用半导体，结构更加精巧，使用简便，便于携带，应用比较普遍，这种仪器在测定时要接触试样，因此测试部件与试样接触的松紧程度有相当的影响，温度也是一个影响因素，需要进行修正。测试时室内的相对湿度也有一定的影响，不能相差太大。这类仪器的最大缺点，是它测得的回潮率是材料中电阻值最低处的情况，例如浆纱长辊法测温时，就表现比较明显。对不同的纤维、不同的仪器有一定的适用范围，例如，Y412 型晶体管原棉水分测湿仪的表头只适用于棉纤维而不能适用于其他纤维。材料中的伴生物、杂质、油剂、浆料以及静电的积聚，也会影响测试结果；即使同一种纤维，如果品质相差较大，测试也会有一定的误差。

(2)电容式测湿法。将纺织材料放在电容器中，由于水的介电常数大于纤维的，所以随着材料中水分含量的变化，电容量也随之变化，据此来推测纺织材料的回潮率。电容式测湿仪的结构比电阻式测量仪复杂，稳定性也比较差，目前使用较少。但电容式测湿法可以不接触试样，便于连续测定，同时对速度的限制也比较小，因此常用作自动仪器监控信号的第一级。

(3)微波吸收法。水和纤维对微波的吸收和衰减程度不同，根据微波通过试样后的衰减情况，可据此推测得纤维的回潮率。微波测湿法不必接触试样，快捷方便，分辨能力高，可以测出纤维中的绝对含湿量，并可以连续测定，便于生产上进行自动控制。

(4)红外光谱法。水对红外线不同的波长有不同的吸收率，而吸水量又与纤维中水分的含量有关，据此根据试样对红外线的吸收图谱，从而推测纤维的回潮率。

三、学习提高

对几种常见纺织纤维的回潮率采用不同方法进行测试，对测试结果进行比较分析，找出测试结果出现差异的原因？列表记录测试结果。

四、自我拓展

对于纱线或织物的回潮率如何进行测试，列举几种可行的方法，并简述实施过程，并能分析纱线或织物的回潮率与所用纤维回潮率存在差异的原因？对纱线或织物进行回潮率测试有何实际意义？测试结果填入表 8－3 中。

表 8－3　回潮率测试结果

纤　　维					
	纤维 1	纤维 2	纤维 3	纤维 4	纤维 5
烘箱					
电阻测湿					

续表

纱　线					
烘箱	纱线1	纱线2	纱线3	纱线4	纱线5
纱线测湿仪					
织　物					
烘箱	织物1	织物2	织物3	织物4	织物5
快速测试仪					

单元二　了解纺织材料的吸湿机理

一、学习内容引入

夏天,穿纯棉T恤衫和纯化学纤维T恤衫会产生截然不同的感觉,特别是在出汗时,两种不同材料的服装在吸汗排湿性能上面差异很大,这是什么原因呢?同一种材料在相同大气条件下的实际回潮率一定相同吗?纤维材料的吸湿过程如何?为何不同纤维的回潮率会有如此大的差异?

二、知识准备

(一)纤维的吸湿机理

纤维的吸湿是比较复杂的物理化学现象。有关吸湿的理论很多,例如棉纤维吸湿的两相理论、羊毛吸湿的三相理论、多层吸附理论、溶解理论等。

一般认为,吸湿时,水分子先停留在纤维表面,称为吸附。产生吸附现象的条件是纤维表面存在着分子相互作用的自由能。吸附水的数量与纤维的物质结构特性、吸附表面积的大小、周围环境的条件有关。吸附过程很快,只需数秒钟甚至不到1s便达到平衡状态。以后水蒸气向纤维内部扩散,与纤维内大分子上的亲水性基团结合,由于纤维中极性基团的极化作用而吸着的水分称为吸收水。吸收水与纤维的结合力比较大,吸收过程相当缓慢,有时需要数小时才能达到平衡状态。然后水蒸气在纤维的毛细管壁凝聚,便形成毛细凝聚作用,称为毛细管凝结水。这种毛细凝聚过程,即便是在相对湿度较高的情况下,也要持续数十分钟,甚至数小时。

从纺织材料吸着水分的本质上来划分,吸附水和毛细管凝结水属于物理吸着水,吸收水则属于化学吸着水。在物理吸着中,吸着水分的吸着力只是范德华力,吸着时没有明显的热反应,吸附也比较快。在化学吸着中,水分与纤维大分子之间的吸着力与一般原子之间的作用力很相似,即是一种化学键力,因此必然有放热反应。

(二)平衡回潮率与条件平衡回潮率

纺织材料在空气中,会不断地和空气进行水蒸气的交换,在大气里的水分子进入纤维内部的同时,水分子又因热运动而从纤维内逸出,这是一种可逆过程。当进入纤维内的水分子数多于从纤维内逸出的水分子数时,纤维即吸湿;反之,当进入纤维内的水分子数少于从纤维内逸出的水分子数时,纤维即放湿。

当大气条件一定时，经过一段时间后，单位时间内纤维吸收的水分子数等于脱离纤维内返回大气的水分子数时，纤维的回潮率会趋于一个稳定的值。吸湿到达的这种状态称为吸湿平衡状态，放湿到达的这种状态称为放湿平衡状态。处于平衡状态时的纤维回潮率就称为平衡回潮率。需要进一步指出，纤维的吸湿与放湿是比较敏感的，一旦大气条件发生变化，则其平衡状态即被打破，因此，平衡状态是相对的。平衡状态打破后，纤维会继续吸（放）湿，最终到达新的平衡状态。

图 8－1 所示为纤维吸湿、放湿过程中的回潮率—时间曲线。由图可见，开始时回潮率变化速度很快，回潮率变动幅度也较大，但随着时间的增加，回潮率变化逐渐缓慢下来。纤维开始吸湿或放湿达到平衡状态时所需的时间称为平衡时间。平衡时间与纤维的吸湿能力和纤维集合体的紧密程度有关。吸湿性强的纤维比吸湿性弱的纤维所需时间长，纤维集合体越紧密，体积越大，平衡时间越长。据试验，一根纤维吸（放）湿达到平衡回潮率的 90% 所需时间约为 3. 5min；单层厚型紧密织物需要 24h；而管纱由于卷绕紧密，需要 5 ~6 天；一只紧棉包需要数月甚至几年。

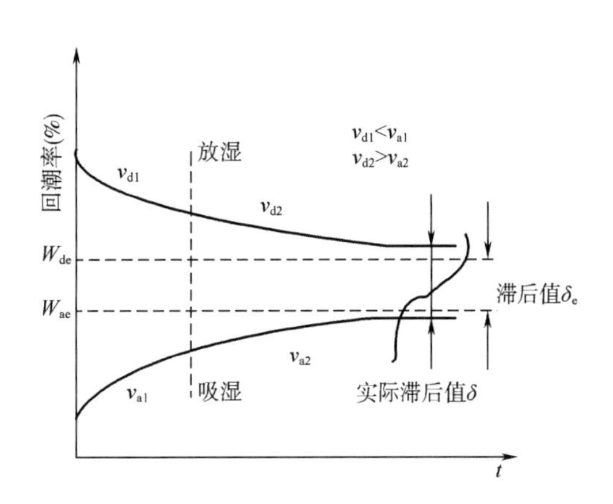

图 8－1　纤维吸湿、放湿的回潮率—时间曲线

从实际需要的精确度来说，纤维材料经过 6 ~8h 或稍长时间的放置，即可认为已达到平衡状态，经过这段时间之后回潮率—时间曲线的变化已很微小，这种状态称为条件平衡状态，这时的回潮率就称为条件平衡回潮率。

（三）吸湿等温线

在一定的温度条件下，纤维材料因吸湿达到的平衡回潮率和大气相对湿度的关系曲线，称为纤维材料的吸湿等温线；由放湿达到的平衡回潮率和大气相对湿度的关系曲线，称为纤维材料的放湿等温线。

图 8－2 所示为一些纤维材料的吸湿等温线。由图可见，在相同的温度条件下，不同纤维的吸湿平衡回潮率是不相同的。羊毛和黏胶纤维的吸湿能力最强；其次是蚕丝、棉；合成纤维的吸湿能力都比较弱，其中维纶、锦纶的吸湿能力稍好些，腈纶差些，涤纶更差，丙纶和氨纶则几乎不吸湿。麻纤维中有果胶存在，所以它的吸湿能力比棉强。

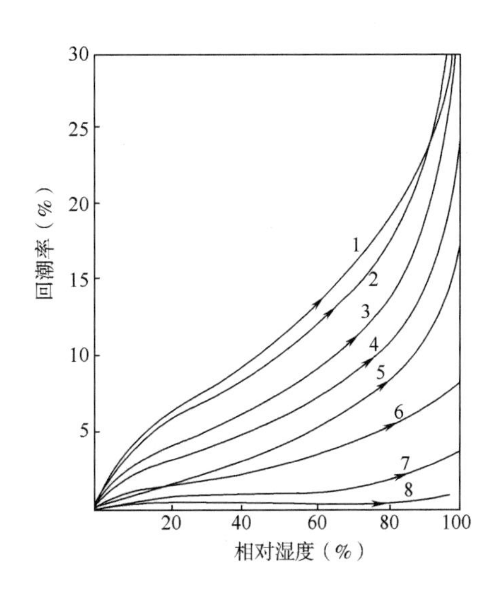

图 8－2　常见纤维的吸湿等温线

1—羊毛　2—黏胶纤维　3—蚕丝　4—棉
5—醋酯纤维　6—锦纶　7—腈纶　8—涤纶

虽然不同纤维的吸湿等温线不一致，但曲线的形状都呈反 S 形，这说明它们的吸湿机理基本上是一致的，即在相对湿度很小时，回潮率增加率较大;相对湿度很大时,回潮率增加率也大;但在相对湿度为10% ~70%范围内,回潮率的增加率则较小。

(四)吸湿滞后性

实际试验发现,当把干、湿两种含湿量不同的同种纺织材料放在同一个大气条件下时,原来含湿量高的纤维,将通过放湿过程达到与大气条件相适应的平衡回潮率;而原来含湿量低的纤维,则将通过吸湿过程达到同一大气条件下的平衡回潮率。如图8-1所示,在相同大气条件下,放湿的回潮率—时间曲线和吸湿的回潮率—时间曲线最后并不重叠,存在差值,从吸湿得到的平衡回潮率总是小于从放湿得到的平衡回潮率,这种现象,就称为纺织材料的吸湿滞后性或称为吸湿保守性。

纤维的回潮率因吸湿滞后性造成的差值称为吸湿滞后值,它取决于纤维的吸湿能力及大气的相对湿度。在同一相对湿度条件下,吸湿能力大的纤维,吸湿滞后值也大。同一种纤维,相对湿度较小或较大时,吸湿滞后值都较小,而在中等相对湿度时,吸湿滞后值则较大。如图8-3所示,在标准大气条件下,吸湿滞后值:蚕丝为1.2%,羊毛为2.0%,黏胶纤维为1.8% ~2.0%,棉为0.9%,锦纶为0.25%,而涤纶等吸湿性差的合成纤维,吸湿等温线与放湿等温线则基本重合。

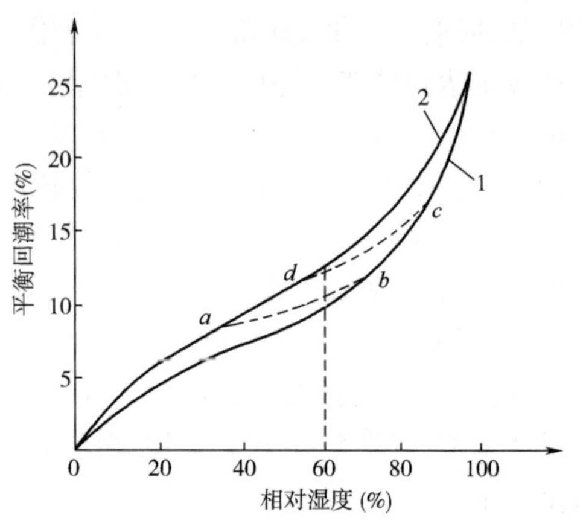

图8-3 吸湿滞后性在吸湿放湿等温线上的表现

1—吸湿等温线 2—放湿等温线

纤维的吸湿滞后值还与纤维吸湿或放湿前的原有回潮率有关,如图8-3所示,在纤维正常的吸湿、放湿滞后圈中,若纤维在放湿过程中达到 *a* 点,平衡后再施行吸湿,其吸湿曲线是沿着虚线 *ab* 而变化;同样,若纤维沿吸湿过程到达 *c* 点平衡后,再施行放湿,则其放湿曲线是沿着虚线 *cd* 而变化。

由此可见,为了得到准确的回潮率指标,应避免试样历史条件不同造成误差。在检验纺织材料的各项物理性能时,要对材料进行调湿或预调湿。调湿:纺织材料具有一定的吸湿性,故实验前,需要将试样统一在标准状态下放置一定时间,使达到平衡回潮率。预调湿:为避免纤维因吸湿滞后性所造成的误差,并考虑到吸湿平衡速率快而较稳定,需预先将材料在较低的温度下烘燥(一般为40~50℃去湿0.5~1h),使纤维的回潮率远低于测试所要求的回潮率。然后再在标准状态下,使达到平衡回潮率。

在生产中,车间温湿度的调节,也要考虑这一因素,如果纤维处于放湿状态,车间的相对湿度应该调节得比规定值略低一些;反之,如果纤维处于吸湿状态,车间的相对湿度应该调节得比规定值略高一些,这样才能使纤维得到比较合适的平衡回潮率。

(五)影响回潮率的因素

影响纤维回潮率的因素有内因和外因两个方面,而外因也是通过内因起作用的。纤维在空气中吸湿能力的强弱,主要决定于它的内因。

1. *纤维内在因素*　纤维内在因素包括纤维大分子亲水基因的多少和亲水性的强弱、纤维的结晶度、纤维内孔隙的大小和多少、纤维比表面积的大小以及纤维伴生物的性质和含量等,它们对纤维回潮率的大小均有影响。

(1)亲水基团的作用。纤维大分子中,亲水基团的多少和亲水性的强弱均能影响其吸湿能力的大小。

(2)纤维的结晶度。在纤维内部结构中,大分子的存在形式非常复杂,但基本上可分为规则部分和不规则部分。规则部分大分子结合紧密,空隙小且少,不规则部分则相反。纤维内部结构中规则部分占纤维总体的百分比称为纤维的结晶度。显然,纤维的吸湿主要产生在不规则部分,因此,纤维的结晶度越低,吸湿能力就越强。例如,棉和黏胶纤维,虽然它们都含有羟基,但由于棉纤维的结晶度为70%左右,而黏胶纤维仅占30%左右,所以黏胶纤维的吸湿能力比棉纤维高得多。

(3)纤维的比表面积和内部空隙。单位重量的纤维所具有的表面积,称为比表面积。纤维的比表面积越大,纤维接触空气中水分子的机会也越多,表面吸附的水分子数就越多,表现为吸湿性越好。所以细纤维要较粗纤维的回潮率偏大些。

纤维内的孔隙越多越大,水分子越容易进入,毛细管凝结水增加,使纤维吸湿能力越强。黏胶纤维结构比棉纤维疏松,黏胶纤维吸湿能力远高于棉,这也是原因之一。合成纤维结构一般比较致密,而天然纤维组织中有微隙,天然纤维吸湿能力远大于合成纤维,这也是原因之一。

(4)纤维内的伴生物和杂质。纤维的各种伴生物和杂质对吸湿能力也有影响。例如,棉纤维中有含氮物质、棉蜡、果胶、脂肪等,其中含氮物质、果胶较其主要成分更能吸着水分,而蜡质、脂肪不易吸着水分。因此,棉纤维脱脂程度越高,其吸湿能力越好。羊毛表面油脂是拒水性物质,它的存在使吸湿能力减弱。麻纤维的果胶和蚕丝中的丝胶有利于吸湿。化学纤维表面的油剂,其性质会引起吸湿能力的变化,当油剂表面活性剂的亲水基团向着空气定向排列时,纤维吸湿量变大。纤维经过染色、上油或其他化学处理,都会使吸湿量发生一定的变化。

2. 外界因素

(1)相对湿度的影响。在一定温度条件下,相对湿度越高,空气中水蒸气分压力越大,单位体积空气内的水分子数目越多,水分子到达纤维表面的机会越多,纤维的吸湿也就较多。纤维的吸湿等温线呈反S形,合成纤维由于大分子上缺乏亲水性基团,结构又较紧密,因此吸湿性差,吸湿等温线反S形也不明显。

(2)温度的影响。在温度和湿度这两个影响纤维回潮率的因素中,对亲水性纤维来说,相对湿度对回潮率的影响是主要的;而对疏水性的合成纤维来说,温度对回潮率的影响也很明显。

在相对湿度相同的条件下,空气温度低时,水分子活动能量小,一旦水分子与纤维亲水基团结合后就不易再分离。空气温度高时,水分子活动能量大,纤维分子的热振动能也随之增大,会削弱水分子与纤维大分子中亲水基因的结合力,使水分子易于从纤维内逸出。同时,存在于纤维内部空隙中的液态水蒸发的蒸汽压也随之上升。因此,在一般的情况下,随着空气和纤维材料温度的提高,纤维的平衡回潮率将会下降。图8-4、图8-5分别为毛纤维、棉纤维在不同温度时的吸湿等湿线,图8-6是棉纤维在不同温度下的吸湿等温线。

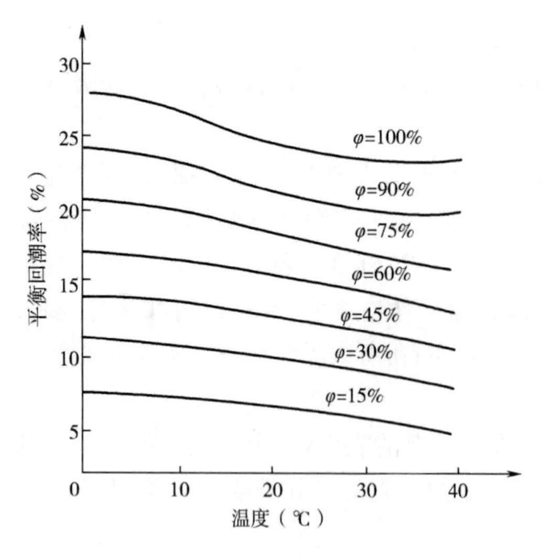

图8-4 羊毛的吸湿等湿线

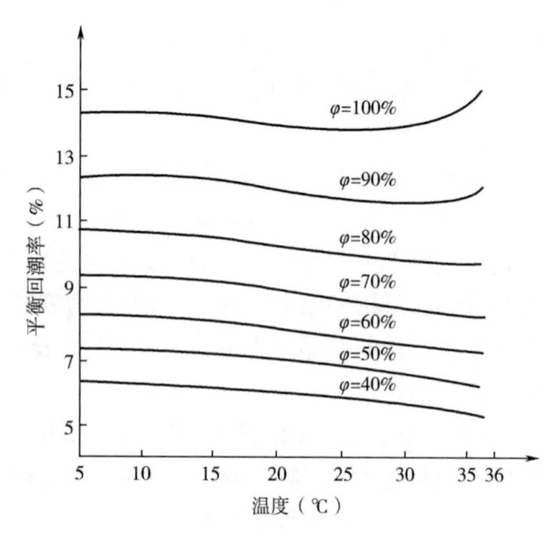

图8-5 棉的吸湿等湿线

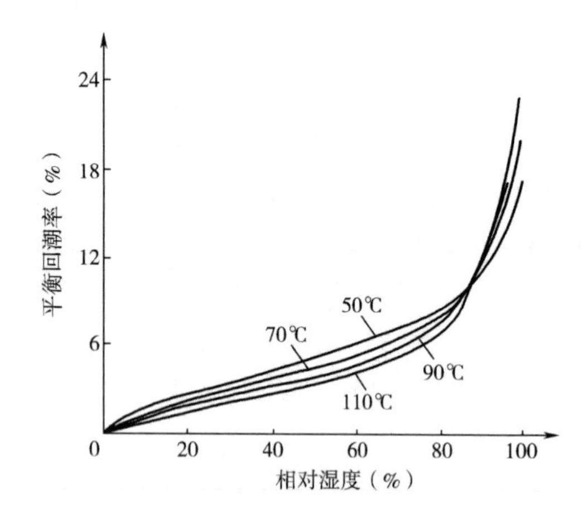

图8-6 温度对棉吸湿等温线的影响

由图8-6可见,棉纤维在不同温度时的吸湿等温线,在相对湿度为80%~100%区间出现了尾部相交的现象。这是由于棉纤维在高温高湿时纤维发生热膨胀,其回潮率随着温度的提高会略有提高的缘故。

(3)气压的影响。集中体现在纤维表面的凝水和纤维间的毛细吸水。

(4)纤维原来回潮率大小的影响。由吸湿滞后性可知,当纤维材料置于一新的大气条件下时,其从放湿达到平衡时的回潮率要高于从吸湿达到的回潮率。故纤维原来回潮率大小也有一定的影响。

(5)空气流速的影响。当纤维材料周围空气流速快时,有助于纤维表面吸附水分的蒸发,纤维的平衡回潮率会降低。

三、学习提高

(1)干燥的纤维放在一般大气中后,其吸湿速度会呈现什么样的变化?通过设计实验验证结论,并作出变化曲线,且解释出现这种现象的原因?是不是所有的纤维材料都会呈现这样的变化?编写实验报告并进行实验记录。

(2)吸湿滞后值的大小与哪些因素有关系?吸湿性大的纤维与吸湿性小的纤维相比,因吸湿滞后造成的差值是大还是小?试通过试验证明你的结论。

(3)同一种材料在相同的大气条件下,其回潮率是否一定相等?为什么?

四、自我拓展

确定不同材质织物的芯吸作用,分析其原理(表8-4)。

表 8－4　不同材质织物的芯吸作用原理分析

样品编号	织物名称	织物规格、组成	芯吸高度	原理分析

单元三　了解吸湿对材料性质和纺织工艺的影响

一、学习内容引入

纺织生产过程主要包含纺纱和织造，纤维材料作为纺织的加工对象，其吸湿性能对纺织加工会产生很大影响，主要体现在哪些方面呢？回潮率是纺织材料的重要性质，它对材料性质及纺织工艺会有哪些影响呢？

二、知识准备

（一）吸湿对材料性质的影响

1. 对重量的影响　纺织材料的重量，实际上都是一定回潮率下的重量。为了统一起见，在计算纺织材料重量时，必须折算成公定回潮率时的重量。公定回潮率时的重量称为公定重量（简称公量、标准重量）。其计算式如下：

$$G_k = G_a \times \frac{1 + W_k}{1 + W_a}$$

$$G_k = G_0 \times (1 + W_k)$$

式中：G_k——纺织材料的公量；

G_a——纺织材料的湿量；

G_0——纺织材料的干量；

W_k——纺织材料的公定回潮率；

W_a——纺织材料的实际回潮率。

2. 吸湿后的膨胀　纤维吸湿后体积膨胀，其中横向膨胀大而纵向膨胀小，称为各向异性。纤维吸湿膨胀，使纱线的直径变粗，织物中纱线的弯曲程度增大，互相挤紧，所以，虽然纤维长度增加，但织物的长度反而缩短，如图 8－7 所示。这是造成织物缩水的原因之一；同时，纱线的变粗会造成织物空隙堵塞，使疏松的织物增加弹性。

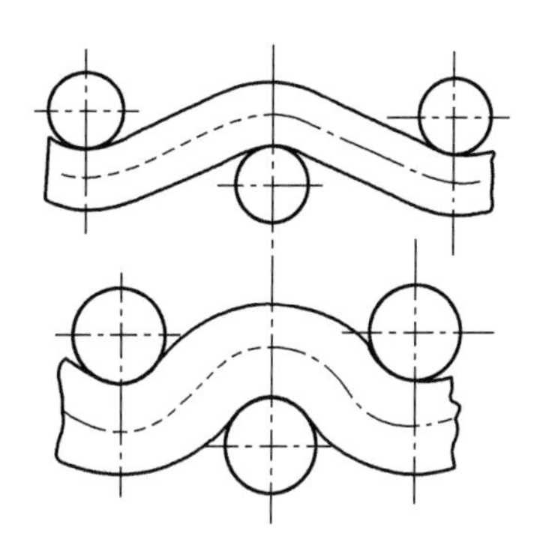

图 8－7　纱线吸湿膨胀引起织物收缩示意图

3. 对密度的影响　纤维在吸着少量的水分时，水分子只进入到纤维内部的微小间隙内，尚没有引起纤维的膨胀或膨胀很小，故其体积变化不大，单位体积重量随吸湿量的增加而增加，使纤维密度增加，大多数纤

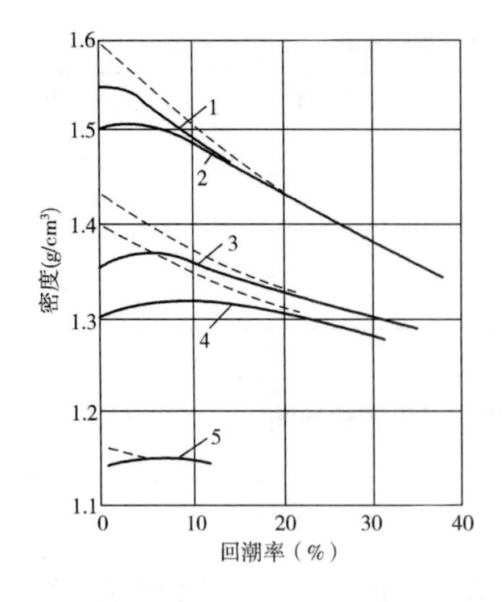

图8-8 纤维密度随回潮率变化而变化的情况

1—棉 2—黏胶纤维 3—蚕丝 4—羊毛 5—锦纶

维在回潮率为4%～6%时密度最大。待水分充满孔隙后再吸湿,则纤维体积显著膨胀,而水的比重小于纤维,所以纤维密度逐渐变小。图8-8表示几种纤维密度随回潮率变化而变化的情况。

4. 对力学性质的影响　纤维材料吸湿后,对力学性质影响的一般规律是:绝大多数纤维随着回潮率的增加,其强度是下降的,特别是黏胶纤维尤为突出;但棉、麻等天然纤维素纤维则随着回潮率的上升,它们的强力反而增加。所有纤维的断裂伸长都随回潮率的增加而增加。吸湿后,纤维的脆性、硬性有所减小,塑性变形增加,摩擦系数有所增加。

常见的几种纤维在润湿状态下强伸度变化的情况见表8-5。

表8-5 常见纤维在润湿状态下的强伸度变化

纤维种类	湿干强度比(%)	湿干断裂伸长比(%)
棉	110～130	106～110
羊毛	76～94	110～140
麻	110～130	122
桑蚕丝	80	145
黏胶纤维	40～60	125～135
锦纶	80～90	105～110
涤纶	100	100
腈纶	90～95	125左右

5. 对电学性能的影响　干燥纤维的电阻很大,是优良的绝缘体,水是电的良导体,所以,吸湿与纤维的导电性关系密切。在相同的相对湿度条件下,各种天然和再生纤维素纤维,其质量比电阻(纤维长1cm、重为1g时的电阻值)数值相当接近;蛋白质纤维的质量比电阻大于纤维素纤维,蚕丝则大于毛;合成纤维由于吸湿性很小,所以质量比电阻更大,尤其是涤纶、氨纶、丙纶等。纤维的质量比电阻随大气相对湿度升高而下降,其下降的比率在相对湿度达到80%以上时将很大,因此,纤维的回潮率增加,其导电性能增强,绝缘性能下降。由于纤维的绝缘性,在纺织加工过程中纤维之间、纤维与机件之间的摩擦会产生静电,且不易消失,给加工和成纱质量带来问题。一般可通过提高车间相对湿度或对纤维进行给湿,使纤维回潮率增加,电阻下降,导电性提高,电荷不易积聚,以减少静电现象。

6. 吸湿放热　纤维在吸湿时会放出热量,这是由于空气中的水分子被纤维大分子上的极性基团所吸引而与之结合,分子的动能降低而转换为热能被释放出来所致(表8-6)。

纺织纤维吸湿和放湿的速率以及吸湿放热量对衣着的舒适性有影响。纤维吸湿达到最后平衡,需要一定的时间,这样吸湿热的变化有助于延缓温度的迅速变化。这对人体生理上的体温调节有利。但这一特性对纤维材料的储存是不利的，库存时如果空气潮湿，通风不良，就会导致纤维吸湿放热而引起霉变，甚至会引起火灾。

（1）吸湿微分热。纤维在给定回潮率时吸着1g水放出的热量。单位为J/g（水），各种干燥纤维的吸湿微分热大致接近，为837.4～1256J。

（2）吸湿积分热。在一定的温度下，1g干燥纤维从某一回潮率吸湿到达完全润湿，所放出的总热量，单位为J/g（干纤维）。吸湿能力强的纤维，其吸湿积分热也大（表8－6）。

表8－6　各种纤维的吸湿积分热

纤维种类	吸湿积分热（J/g 干纤维）	纤维种类	吸湿积分热（J/g 干纤维）
棉	46.1	醋酯纤维	34.3
苎麻	46.5	涤纶	3.4
羊毛	112.6	锦纶	30.6
蚕丝	69.1	腈纶	7.1
黏胶纤维	105.5	维纶	35.2

7. *对光学性质的影响*　吸湿会影响纤维的折射、反射、透射和吸收性质，进而影响纤维的光泽、颜色，以及光降解和老化性能。当纤维的回潮率升高时，纤维的光折射率、透射率和光泽会下降，光的吸收会增加，颜色会变深，光降解和老化会加剧等。这些变化都是由于水分子进入纤维后，引起纤维结构的改变所造成。

（二）吸湿对纺织工艺的影响

由于纤维吸湿后，其物理性能会发生相应的变化，所以，生产中必须保持车间的适当温湿度，以创造有利于生产的条件。

1. *纺纱工艺方面*　一般当湿度太高、纤维回潮率太大时，不易开松，杂质不易去除，纤维容易相互扭结使成纱外观疵点增多。在并条、粗纱、细纱工序中容易绕胶辊、绕胶圈，增加回花，降低生产率，影响产品质量。反之，当湿度太低、纤维回潮率太小时，会产生静电现象，特别是合成纤维更为严重。这时纤维蓬松，飞花增多；清花容易黏卷，成卷不良；梳棉机纤维网上飘，圈条斜管堵塞，绕斩刀；并条、粗纱、细纱绕胶辊、胶圈，绕罗拉，使纱条紊乱，条干不匀，纱发毛等。棉纤维回潮率太小，纺纱过程中容易拉断，对成纱强力不利，断头增加。

2. *织造工艺方面*　棉织生产中，一般当温度太低、纱线回潮率太小时，纱线较毛，影响对综眼和筘齿的顺利通过，使经纱断头增多、开口不清而形成跳花、跳纱和星形跳等疵点，还会影响织纹的清晰度，特别当有带电现象时尤为严重。棉纱回潮率太小时，还会增加布机上的脆断头。所以，棉织车间的相对湿度一般控制较高，合纤织造车间更要偏高些。但也不应太高，否则纱线塑性伸长大，荡纱而导致三跳；纱线吸湿膨胀导致狭幅长码；纱线与机件摩擦增加，引起纱线起毛、断头和机件的磨损。丝织生产中，使用的原料大多数是回潮率增加后强力下降、模量减小和伸长增加的材料。一般在车间温度偏大或温度偏低时，应适当降低加工张力，否则会在织物表面出现急纡、亮丝、罗纹纡等疵点。如果回潮率过小，丝线在同样张力下伸长本领就会减小，在同样伸长下的应力就会增加，对于单丝应力分布不均匀的丝线来说，就会引起某些单丝的断裂而形成丝线起毛的疵点。

3. *针织工艺方面*　如果湿度太低，纱线回潮率太小，纱线发硬发毛，成圈时就易轧碎，增加断头,织物眼子也不清晰,漏针疵点增多。合成纤维还会由于静电现象严重,造成布面稀密路疵点以及坏针。如果湿度太高,纱线回潮率太大,纱线与织针和机件之间的摩擦增大,张力增大,织出的织物就较紧,有时可能在布面上出现花针等疵点。

4. 纤维、半制品和成品检验方面　为了使检验结果具有可比性,试验室的试验条件应有统一的规定,各项力学性能指标都应在标准大气条件下测得,否则测试数据将因温湿度的影响而不正确。

三、学习提高

(1)计算 50/30/20 T/C/R 混纺纱在公定回潮率时的混纺百分比?

(2)为什么必须将纤维放在标准温湿度条件下调湿一定时间后才可进行物理性能的测试?当纤维含水较多时,为什么还需先经预调湿?

(3)某棉纺厂生产纯棉 OE32S 纱 10t,测得其回潮率为 10%,2011 年 1 月份,该种纱线在国内市场价为 3 万元/t,这批棉纱可卖多少万元?

四、自我拓展

为什么绝大多数种类的纤维,随着回潮率的增加,其强度是下降的,而棉、麻、柞蚕丝却相反?通过实验来验证这一结论,并解释这一现象(表 8-7)。

表 8-7　回潮率测试验证

纤维原料	纤维线密度(dtex)	回潮率(0%)时强力值	回潮率(2%)时强力值	回潮率(4%)时强力值	回潮率(6%)时强力值
棉					
麻					
蚕丝					
羊毛					
维纶					
腈纶					

任务二　掌握纺织材料的力学性质及检测

一、学习内容引入

生活中,不同材质的纺织品在服用时其耐用性差异较大,比如袜子,有的耐穿次数达数百次,有的几十次便会出现破损的现象,这些现象的出现说明了其力学性能的差异,但袜子脚后跟的磨损和指头的破损其原理是完全不同的,区别在什么地方呢?力学性能是纺织材料非常重要的性能,从纤维原料到半制品、成品,它们之间是环环相扣的,其力学指标及其测试有何异同呢?对最终织物的耐用性能有何影响呢?

二、知识准备

单元一　纤维的力学性质及检测

（一）纤维的拉伸性质

纺织纤维在纺织加工和纺织品使用过程中，会受到各种外力的作用，出现伸长、断裂等现象，同时，纤维有一定的抵抗外力作用的能力，会表现为弹性回复、塑性变形等。纤维和纱线承受各种作用力所呈现的特性称为力学性质。纤维和纱线的力学性质取决于组成物质及其结构特征。拉伸曲线及有关指标如下。

（1）拉伸曲线特征。表示纤维在拉伸过程中的拉伸力和纤维伸长变形之间的关系曲线称为纤维的拉伸曲线。它分为两种，负荷—伸长曲线和应力—应变曲线，两者图形完全相同，仅坐标标尺不同。图 8－9 为纤维的负荷—伸长曲线。

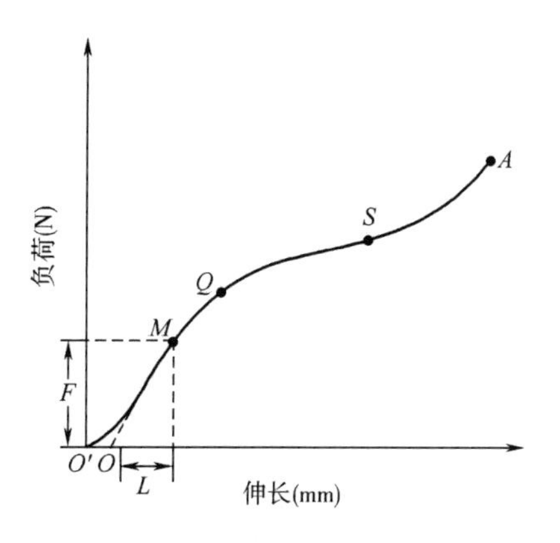

图 8－9　纤维的负荷—伸长曲线

$O' \sim O$ 表示拉伸初期未能伸直的纤维由卷曲逐渐伸直；$O \sim M$ 表示变形需要的外力较大，模量增高，此阶段应力与应变的关系基本符合胡克定律，为线性区；Q 为屈服点，对应的应力为屈服应力；$Q \sim S$ 表示负荷上升缓慢，变形比较显著，此阶段为屈服区；$S \sim A$ 为强化区，表示增加较慢，负荷上升很快，直至纤维断裂。

（2）拉伸性能指标。

①断裂强力（P）：是纤维能够承受的最大拉伸外力，单位为牛顿（N），此外还有 cN，gf，（1N＝100cN，1gf＝0.98cN）。各种强力机上测得的读数都是强力，例如单纤维、束纤维强力分别为拉伸一根纤维、一束纤维拉伸断裂时所需的力。强力与纤维的粗细有关，所以对不同粗细的纤维，强力没有可比性。

②断裂强度：是用以比较不同粗细纤维的拉伸断裂性质的指标。根据采用的线密度指标不同，强度指标有以下几种。

a. 断裂应力（σ）：是指纤维单位截面上能承受的最大拉力，单位为 N/mm^2（MPa），其计算式为：

$$\sigma = \frac{P}{S}$$

式中：σ——断裂应力，N/mm^2；

P——纤维断裂强力，N；

S——纤维截面积，mm^2。

由于纤维的截面积很难测定，故生产上均不采用这一指标。

b. 断裂比强度（相对强度）P_{tex}：是指每特（或每旦）纤维所能承受的最大拉力，单位为 N/tex（或 N/旦），其计算式为：

$$P_{tex} = \frac{P}{\mathrm{Tt}}$$

$$P_{den} = \frac{P}{N_{den}}$$

③断裂长度 L_p:它是设想将纤维连续地悬吊起来,直到它因本身重力而断裂时的长度,也就是纤维自重等于其断裂强力时的纤维长度,单位为 km,其计算公式为:

$$L_p = \frac{P}{g} \times N_m$$

纤维强度三个指标之间的换算关系为:

$$\sigma = \gamma \times P_{tex} = 9 \times \gamma \times P_{den};\ P_{tex} = 9 \times P_{den};\ L_p = \frac{P_{tex}}{g} = 9 \times \frac{P_{den}}{g}$$

纤维材料,因其密度小而具有较大的强度和断裂长度,这是纤维材料相对于金属材料具有的一大优势(一般合成纤维的断裂长度可达 60 ~ 70km,是优质合金钢的 5 倍左右;高性能纤维的断裂长度更在 150km 以上)。

④断裂伸长率 ε_p:纤维拉伸至断裂时的伸长率称为断裂伸长率,它反映了纤维承受拉伸变形的能力,其公式为:

$$\varepsilon_p = \frac{L_a - L_0}{L_0} \times 100\%$$

式中:L_a——纤维断裂时的长度,mm;

L_0——纤维未拉伸时长度,mm。

⑤初始模量:初始模量是指纤维应力—应变曲线上起始一段直线部分的应力与应变的比值。其大小表示纤维在小负荷作用下变形的难易程度,它反映了纤维的刚性。初始模量大,表示纤维在小负荷作用下不易变形,刚性较好,其制品比较挺括;反之,初始模量小,表示纤维在小负荷作用下容易变形,刚性较差,其制品比较软。涤纶的初始模量高,湿态时几乎与干态时相同,所以涤纶织物挺括,而且免烫性能好。富纤初始模量干态时虽也较高,但湿态时下降较多,所以免烫性能差。锦纶初始模量低,所以织物较软,没有身骨。羊毛的初始模量比较低,故具有柔软的手感;棉的初始模量较高,而麻纤维更高,所以具有手感刚硬的特征。

⑥断裂功:它是指拉断纤维所做的功,也就是纤维受拉伸到断裂时所吸收的能量。在负荷—伸长曲线上,断裂功就是曲线下所包含的面积,根据定积分公式,可以求得。断裂功可在强力机测得的拉伸图上用求积仪求得,也可用匀质纸张将拉伸图剪下称量来求断裂功。新型电子强力仪可直接显示或打印断裂功的数值。断裂功的大小与试样粗细和试样长度有关,没有可比性。而断裂比功是指拉断单位细度(1tex)、单位长度(1m)纤维材料所需能量(N·cm)。

$$W_r = \frac{W}{\text{Tt} \times L}$$

拉伸应力—应变曲线可以为纺织材料的选择提供理论依据,通常描述织物性能的术语与模量、屈服点应力、断裂应力和伸长等指标对应关系为:软与硬用于模量的高与低,弱与强是指强度的大小,脆是指无屈服现象而且断裂伸长很小,而韧是指其断裂伸长和断裂应力都较高的情况。羊毛的断裂强度、初始模量与断裂功的数值均较低,而断裂伸长中等,纤维表现为柔而弱;棉花的初始模量较高,断裂强度中等,而断裂伸长与断裂功较低,纤维表现为刚而脆;蚕丝的断裂强度与初始模量较高,断裂伸长与断裂功中等,纤维表现为刚而强;锦纶的初始模量较低,而断裂强度、断裂伸长、断裂功均较高,纤维表现为柔软而具有韧性;涤纶初始模量、断裂强度、断裂伸长与断裂功等均较高,纤维表现为刚韧。

（二）纤维的拉伸断裂机理及影响纤维强伸度的因素

1. 纤维的拉伸破坏机理　纤维开始受力时，其变形主要是纤维大分子链本身的拉伸，即键长、键角的变形。拉伸曲线接近直线，基本符合胡克定律。当外力进一步增加，无定型区中大分子链克服分子链间次价键力而进一步伸展和取向，这时一部分大分子链伸直，紧张得可能被拉断，也有可能从不规则的结晶部分中抽拔出来。次价键的断裂使非结晶区中的大分子逐渐产生错位滑移，纤维变形比较显著，模量相应逐渐减小，纤维进入屈服区。当错位滑移的纤维大分子链基本伸直平行时，大分子间距就靠近，分子链间可能形成新的次价键。这时继续拉伸纤维，产生的变形主要又是分子链的键长、键角的改变和次价键的破坏，进入强化区，表现为纤维模量再次提高，直至达到纤维大分子主链和大多次价键的断裂，致使纤维解体（图 8 – 10）。

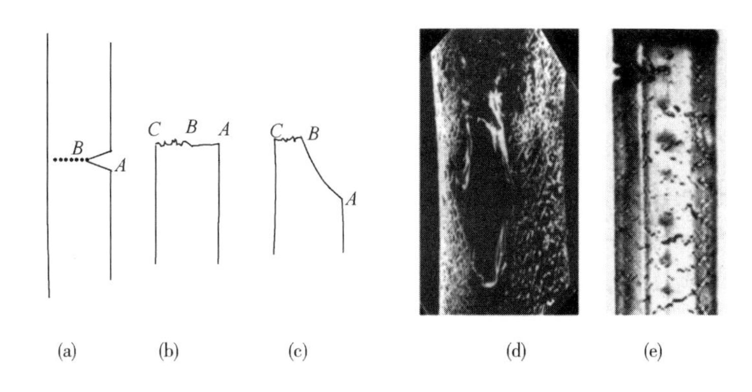

图 8 – 10　纤维拉伸断裂时的裂缝和断裂面

2. 影响纤维强伸度的因素　影响纤维强度、伸度的因素有内因和外因两个方面。内因包括大分子结构（大分子的柔曲性、大分子的聚合度）、超分子结构（取向度、结晶度）和形态结构（裂缝孔洞缺陷、形态结构、不均一性）等因素；外因主要是温度、湿度和强力仪上的测试条件（主要是试样长度、试样根数、拉伸速度）。

（三）纤维的蠕变、松弛和疲劳

纺织材料加工和使用过程中受拉伸作用，但很少出现拉断的情况。在大多数情况下，纤维会承受一定时间的外力作用，而后释去负荷。因此，纤维在加负荷—去负荷—休息的多次循环中表现的特性对纺织加工和使用影响极大。

纤维受拉伸后产生变形，去除外力后变形并不能全部恢复。这就是说纤维的变形包括可复的弹性变形和不可复的塑性变形两个组成部分。而纤维可回复的弹性变形又可分为急弹性（外力去除后能迅速消失的部分）和缓弹性（外力去除后需经一定时间后才能逐渐消失的部分）变形两部分。纤维的变形能力与纤维的内部结构关系密切。

急弹性变形的绝对值最大的是羊毛、锦纶 6 和涤纶。亚麻纤维的急弹性变形率也较高，但它的完全变形率相当小，因此弹性变形率的绝对值不大，小于其他纤维素纤维，如棉纤维、黏胶纤维等，这是亚麻制品抗皱性较差的原因之一。

大多数纺织纤维在外力作用下变形时，其变形不仅与外力的大小有关，同时也与外力作用的延续时间有关。它具有蠕变和应力松弛两种现象。

（四）纤维的弯曲、扭转和压缩

1. 纤维的弯曲　纤维在纺织加工和使用过程中都会遇到弯曲。纤维抵抗弯曲作用的能力较小,具有非常突出的柔顺性(图8-11)。纺织纤维具有良好的弯曲性能,一方面要耐弯曲而不被破坏;另一方面要求具有一定的抗弯刚度。抗弯刚度小的纤维制成的织物柔软贴身,软糯舒适,但织物容易起球,而刚度大的纤维制成的织物比较挺爽。在天然纤维中,羊毛是最柔软的纤维,而麻纤维是最刚硬的纤维;在最常用的化学纤维中,锦纶是最柔软的,而涤纶是刚硬的。用过细的羊毛做成的羊毛衫,其抗弯刚度小,在受到摩擦时纤维就容易弯曲成球。异形截面或中空截面的化学纤维,与圆形截面的化学纤维相比,不容易起球。内衣织物一般要求采用抗弯刚度小的纤维来织制,针织物要求用既易弯又耐弯的纤维来织造。纤维的耐弯性能在生产中常用钩接强度或打结强度来反映。钩接强度或打结强度大的,耐弯曲性能就好,不易损坏。抗弯刚度高而断裂伸长率大的纤维,钩接强度或打结强度可能较大。

2. *纤维的扭转* 纤维在垂直于其轴线的平面内受到外力矩的作用就产生扭转变形和剪切应力(图8-12)。扭转变形也有急弹性、缓弹性和塑性之分,弹性扭转变形有使纱线捻度有退解的趋势,这样,纱线捻度不稳定,在张力小的情况下就会缩短甚至形成小辫子,所以对弹性好的纤维纺成的纱,如涤纶纱等,特别需要进行纬纱蒸纱或给湿处理,以达到消除内应力,稳定捻度,防止织物中产生纬缩或小辫子而造成疵布。此外,纤维的抗扭刚度影响纱线的加捻效率,工艺设计时应该予以考虑。

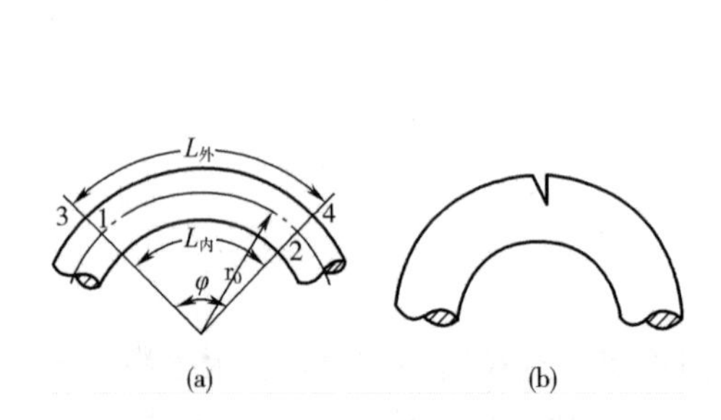

图8-11 纤维弯曲时的变形与破坏

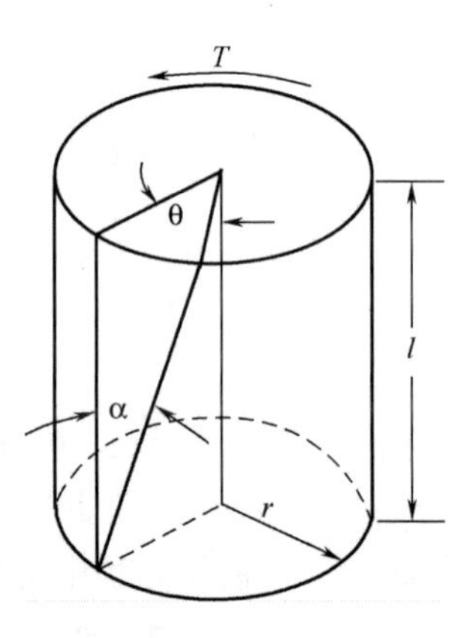

图8-12 扭转变形示意图

(五)纤维的摩擦和抱合

纤维的摩擦与抱合性质,在纺纱与织造过程中,或纺织品的使用过程中都起着很大的作用。在纺纱过程中,靠纤维间的摩擦力、抱合力,纤维才能成网、成条。纤维之间有摩擦力与抱合力,纱线才具有一定的强力;织物中各根纤维或纱线才能保持一定的相互位置。因此,摩擦力与抱合力是纤维材料的重要性质之一。

1. *摩擦抱合性质的指标* 摩擦力与摩擦系数按照一般物理学的理论,纤维在一定压力作用下,相互滑动时有切向阻力,这个切向阻力称摩擦力,摩擦力与正压力成正比。

抱合力和抱合系数是指相互接触的纤维材料,在正压力为零时仍存在切向阻力。将正压力为零时的阻力称抱合力。由于纤维细软、有转曲、卷曲和弹性,抱合力对纤维运动的阻抗作用是不可忽视的。

2. *摩擦力的测试方法*　将纤维制成一定规格没有正压力的棉条，在强力机上拉断，上下夹头之间的距离大于纤维长度，测出强力。

摩擦效应对于有些表面结构特殊的纤维，摩擦系数有明显的方向性，这一现象称定向摩擦效应或摩擦差异系数。羊毛纤维顺鳞片方向的摩擦系数小于逆鳞片方向的摩擦系数，存在明显的摩擦效应。摩擦效应与羊毛纤维的缩绒性关系密切，对呢绒织物的缩水性也有一定影响。

3. *纤维摩擦抱合与可纺性的关系*　纤维的摩擦抱合性是纤维的重要的工艺性之一，纤维的摩擦抱合性与纺纱生产过程中纤维的梳理、牵伸、卷绕等关系很大。纤维的摩擦抱合力小，纺纱过程中易出现黏卷、条子发毛、棉网下坠或破边等现象，但有利于纤维开松除杂。纤维与金属间的摩擦系数太大，又易造成绕罗拉、绕胶辊，梳理过程中纤维易断裂和出现棉结等现象，而且静电现象严重不利于纺纱过程的正常进行。化学纤维在纺纱过程中易出现绕罗拉、绕胶辊、静电严重、破网现象，原因之一是化学纤维的抱合性小，与金属之间的摩擦力大所造成的。总之为了使纺纱能顺利进行，某些情况需要增加纤维间的摩擦力，如罗拉加压。另一些场合则需减少纤维的摩擦力，如使纤维通道光滑，化学纤维表面加上适当的卷曲，以提高可纺性。纤维摩擦抱合性还直接影响纱线强力。纱线加捻，提高纤维间的摩擦力，使纱线具有一定的强力。

单元二　纱线的力学性质及检测

与纤维一样，纱线在受到外力作用以后也会产生相应的变形，并在达到一定程度以后发生破坏。纱线的机械性能除取决于组成纱线的纤维的性能外，同时也取决于成纱的结构。

1. *测试方法及指标*　利用外力拉伸试样，不断地增大外力，结果在较短的时间（正常在几分之一秒或在几十秒之间）内试样内应力迅速增大，直到断裂。然后求出断裂时的特性指标（强力、伸长率等）。有时，可根据记录的拉伸过程的伸长—负荷曲线图，求出初始模量和一些不将试样拉断的其他特性指标。常用测试仪器如图 8－13 所示。

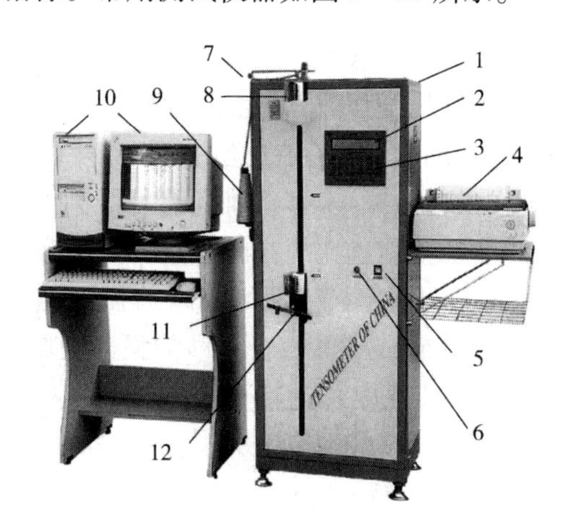

图 8－13　YG061F 型电子单纱强力

1—主机　2—显示屏　3—键盘　4—打印机　5—电源开关　6—拉伸开关　7—导纱器
8—上夹持器　9—纱管支架　10—电脑组件　11—下夹持器　12—预张力器

(1)平均断裂强力和平均断裂强度。测量与计算过程用四位有效数字,最后结果取三位有效数字。

$$平均断裂强力=\frac{断裂强力值和}{次数}$$

$$平均断裂强度=\frac{平均断裂强力}{平均密度}$$

(2)平均伸长率和断裂长度。

$$平均伸长率=\frac{伸长率值和}{次数}$$

$$=\frac{伸值和}{次数\times名隔矩度}$$

平均伸长率在10%以下时,舍入到最邻近的0.2%;平均伸长率在10%~50%时,舍入到最邻近的0.5%;平均伸长率等于或大于50%时,舍入到最邻近的1.0%。

$$断裂长度(km)=\frac{平均断裂强力(cN)}{平均密度(tex)}\times\frac{1}{0.98}$$

2. 纱线一次拉伸断裂的机理

(1)长丝纱的拉伸断裂机理。长丝纱受拉伸外力作用时,较伸直和紧张的纤维先承受外力而断裂,然后再由其他纤维承受外力,直至断裂,即存在着断裂不同时性。一般在加捻情况下,外层纤维由于最为倾斜,所以是比较伸直和紧张的,因此外层纤维先被拉断,然后逐渐由内层纤维承受拉力,直至断裂。纱中纤维伸长能力、强力不一致也会造成断裂的不同时性。

(2)短纤维纱的拉伸断裂机理。短纤维纱承受外力拉伸作用时,除存在上述情况外,还有一个纤维间相互滑移的问题。由于加捻后纤维倾斜,纱线受拉后产生向心压力,使纤维间有一定摩擦阻力。当摩擦阻力很小时,纱线可能由于纤维间滑脱而断裂,此时纤维本身并不一定断裂。由于断裂不同时性,一般外层纤维先断裂,此时向心压力减小,纤维间摩擦阻力减小,纤维更易滑脱而使纱线断裂。一般纱线断裂的原因既有纤维的断裂又有纤维的滑脱,两项同时存在,纱线的断口是不整齐的,呈毛笔头状。纱线断裂时,断裂截面的纤维是断裂还是滑脱,要视断裂两端周围纤维对这根纤维摩擦阻力的大小而定。如果摩擦阻力大于纤维的强力,这根纤维就断裂。如果摩擦阻力小于纤维的强力,这根纤维就滑脱。而摩擦阻力与纤维在纱线断裂而两端伸出长度有关。因此,为了保证纱线的强力,应控制短纤维含量。

由于纱线在拉伸时纤维断裂不同时性的存在,还由于加捻使纤维产生了张力、伸长,并由于纤维倾斜使纤维强力在纱轴方向的分力减小,短纤维还有纤维间的滑脱以及纱线条干不匀、结构不匀从而形成弱环等原因,纱线的强度远比纤维的总强度要小。纱线强度与组成该纱线的纤维总强度之比以百分率表示为强力利用率。一般纯棉纱的强力利用率为40%~50%,精梳毛纱为25%~30%,黏胶短纤维纱为65%~70%;长丝纱的强力利用率要比短纤维纱大,如锦纶丝的强力利用率为80%~90%。缕纱强度总是小于缕纱中各根单纱强度之和,两者的比值称为缕比,一般棉纱为0.7~0.78,毛纱则为0.4~0.82;合股反向加捻时的股线强度一般高于各股单纱强度之和,其比值双股棉线为0.95~1.35。

纱线伸长的原因包括以下几个方面,即纤维的伸直、伸长;倾斜纤维拉伸后沿纱线轴向排列,增加了纱线长度以及纤维间的滑移。捻丝的伸长一般大于组成纤维的伸长,如锦纶捻丝与锦纶单丝断裂伸长率的比值一般为1.1~1.2;而短纤纱的伸长则小于纤维的伸长,如棉纱断裂伸长率与纤维断裂伸长率的比值一般为0.85~0.95。

3. 影响纱线一次拉伸断裂特性指标的因素　影响纱线强伸度的因素主要是组成纱线的纤维性质和纱线结构两个方面。对混纺纱来说，它的强伸度还与混纺纤维的性质差异和混纺比密切有关。至于温、湿度和强力机测试条件等外因对纱线强伸度的影响基本上与纤维相同。

(1)纤维性质。当纤维长度较长、纤维较细时，成纱中纤维间的摩擦阻力较大，不易滑脱，所以成纱强度较高。当纤维长度整齐度较好，纤维细而均匀时，成纱条干均匀，弱环少而不显著，有利于成纱强力的提高。纤维的强伸度大，则成纱的强伸度也较大；纤维强伸度不匀率小，则成纱强度高。纤维的表面性质对纤维间的摩擦阻力有直接影响，所以与成纱强度类指标的关系也很密切。

(2)纱线结构。短纤维纱结构对其强伸度的影响，主要反映在捻度上。纱线捻度对强伸度的影响已在加捻对纱线性质的影响中述及。传统纺纱纱线加捻对断裂伸长率的影响如图 8－14所示。当纱线条干不匀、结构不匀时会使纱线的强度下降。

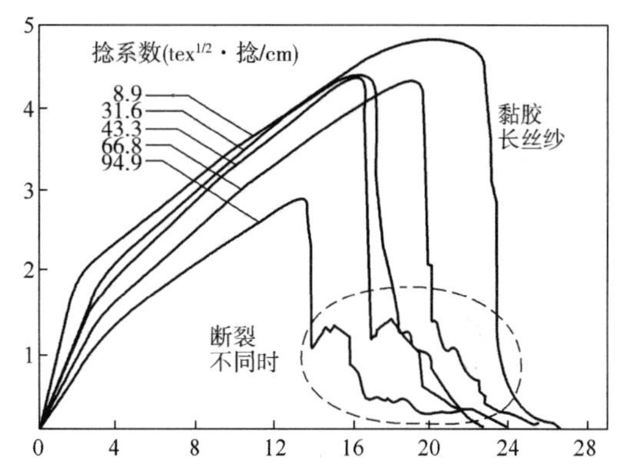

图 8－14　不同捻系数对负荷—伸长曲线的影响

有捻长丝纱的拉伸断裂特征，随所加捻度的多少而异。不论哪一种长丝纱，其断裂强力都有随加捻程度的增加而减小的倾向。低捻长丝纱与高捻长丝纱的断裂破坏过程有很大的差别。低捻长丝纱断裂时，各根单丝之间的关联很小，它们分别在各自到达自身的断裂伸长值时断裂。但各根单丝之间断裂伸长值的差别不会很大，所以长丝纱中单丝的断裂几乎是同时发生的。而高捻长丝纱却不是这样，长丝纱中单丝断裂不是同时发生的，整个断裂破坏过程是在一个较长的伸长区间中完成的。它的断裂强力随捻度的增加而下降，它的断裂必小于低捻长丝纱。

(3)混纺纱的混纺比。混纺纱的强度与混纺比有很大关系，而且这个关系比较复杂。它与混纺纤维的性质差异，特别是伸长能力的差异密切相关。

混纺纱的强度与纯纺纱的强度不同，不完全取决于纤维本身的强度。当用两种纤维进行混纺时，由于两种纤维的强度和伸长率不同，从而影响了混纺纱和织物的强度。为了简化问题的分析，假定只考虑纱的断裂是由于纤维断裂而引起的，混纺纱中纤维的混合是均匀的，并假设混纺在一起的纤维粗细相同。双组分混纺纱可能出现以下两种典型情况。

①当混纺在一起的两种纤维断裂伸长率接近时，两种纤维的断裂不同时性不明显，基本是同时断裂的。当两种纤维同时断裂时，混纺纱的断裂长度由下式计算：

$$L = \frac{X}{100}L_1 + \frac{100 - X}{100}L_2$$

式中：L_1——由纤维 1 纯纺时的细纱断裂长度；

L_2——由纤维 2 纯纺时的细纱断裂长度；

X——混纺纱中纤维 1 的含量(按重量百分比计算)。

如果纤维 1 和纤维 2，其断裂伸长率相近。而断裂强度 $P_1 < P_2$。由公式及图 8－15 可知，混纺纱的强度就是两种纤维同时断裂时的强度，混纺纱的断裂长度 L 按 AB 直线变化。随着强度低的纤维 1 含量的减少，混纺纱强度也增大。

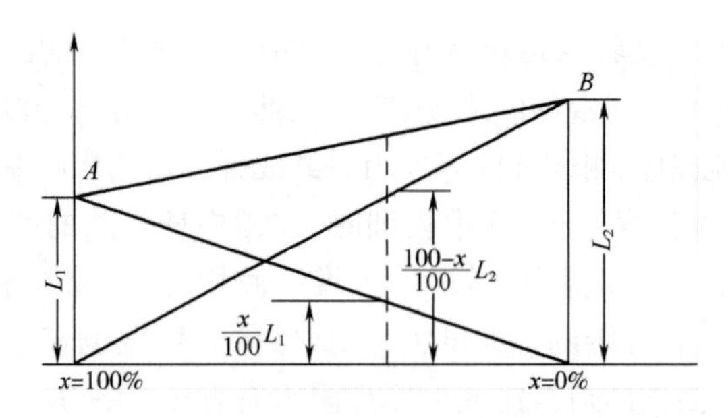

图8-15 双组分纤维混纺纱的断裂长度与混纺比的关系

以涤毛混纺纱为例，毛纱的强力低于涤纶，而伸长率与涤纶接近。因此，当拉伸到伸长为涤、毛的断裂伸长时，两种纤维同时断裂。在这种情况下，随着强度大的纤维(涤纶)混纺含量的增加，混纺纱的断裂长度(或强度)也增大。

②当混纺在一起的两种纤维断裂伸长率差异大时，受拉伸后明显有两个断裂阶段。第一阶段是伸长能力小的纤维先断；第二阶段是伸长能力大的纤维断裂。当两种纤维不同时断裂时，混纺纱的断裂长度则由下式计算：

$$
\begin{aligned}
L_{AB} &= \frac{X}{100}L_1 + \frac{100-X}{100}NP_{\varepsilon 1} \\
&= \frac{X}{100}NP_1 + \frac{100-X}{100}NP_{\varepsilon 1} \\
&= N\left[\frac{X}{100}(P_1 - P_{\varepsilon 1}) + P_{\varepsilon 1}\right]
\end{aligned}
$$

$$
L_{BC} = \frac{100-X}{100}L_2
$$

混纺纱的断裂长度与混纺比的关系分为两种不同情况(图8-16)。

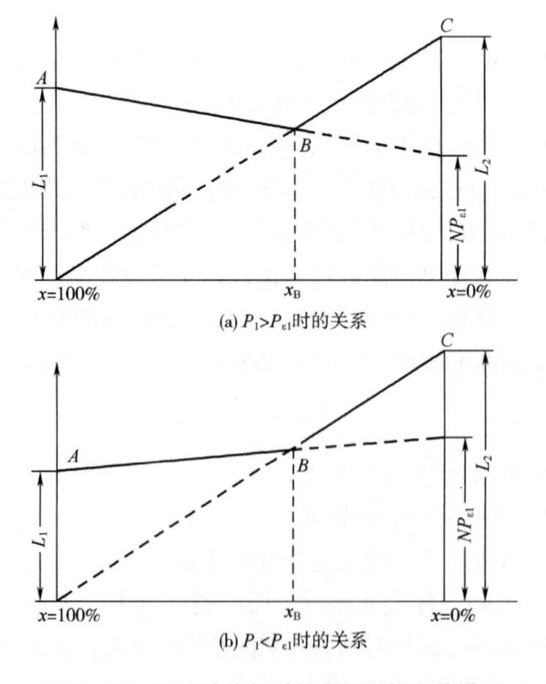

图8-16 混纺纱的断裂长度与混纺比的关系

a. 当用伸长小的纤维纺成的细纱断裂负荷 $P_1 > P_{\varepsilon1}$（纤维 2 伸长达到纤维 1 断裂伸长时的纤维强力），则随着其含量 X 在由 100% ~X_B范围内的减少，混纺纱的强度下降。棉纤维的强度较高，但其断裂伸长率远低于涤纶及锦纶，当棉与这类合成纤维混纺时，随着混纺纱中棉纤维含量的下降，混纺纱的强度也下降，直到其含量小于 X_B时，混纺纱的强度才逐渐增大。黏胶纤维与少量的涤纶或锦纶混纺时，也有类似的情况。

b. 当用伸长小的纤维纺成的细纱断裂负荷 $P_1 < P_{\varepsilon1}$ 时，则不论伸长率小的纤维的含量 X 是大于或小于临界混纺比 X_B，纱线的断裂长度都是随 X 的减小而增大。这种情况在羊毛与任何化学纤维混纺时都会出现。

单元三　织物的力学性质及检测

织物在使用过程中，受力破坏的最基本形式是拉伸断裂、撕裂和顶裂。因此，织物的拉伸断裂、撕裂和顶裂是织物的重要机械性质。它不仅关系织物的耐用性，而且与织物的装饰美学性关系也很密切。织物的力学性质包括拉伸、撕破、弯曲、压缩、摩擦、耐磨等，它与织物的耐用性直接相关。

织物具有一定的几何特征，如长度、宽度和厚度等。在不同方向上力学性质往往也不相同。因此要求至少从织物的长度、宽度即机织物从经向、纬向，针织物从纵向、横向两个方向分别来研究织物的力学性能。

（一）织物的拉伸性质

1. 拉伸试验的测定方法和指标

（1）织物拉伸试验方法。

①扯边条样法：扯边条样法是将 6cm 宽，长为 30 ~ 33cm 的布条扯去边纱成净宽 5cm 的布条，全部夹入强力机的上下夹钳内的一种测试方法，如图 8 - 17（a）所示。

②抓样法：将一规定尺寸的织物试样仅一部分宽度被夹头握持的方法，如图 8 - 17（b）所示。

③剪切条样法：对于针织物、缩绒织物、非织造布、涂层织物及不易拆边纱的织物采用剪切条样法。此方法剪成规定宽度的布条，全部夹入强力机的上下夹头内。

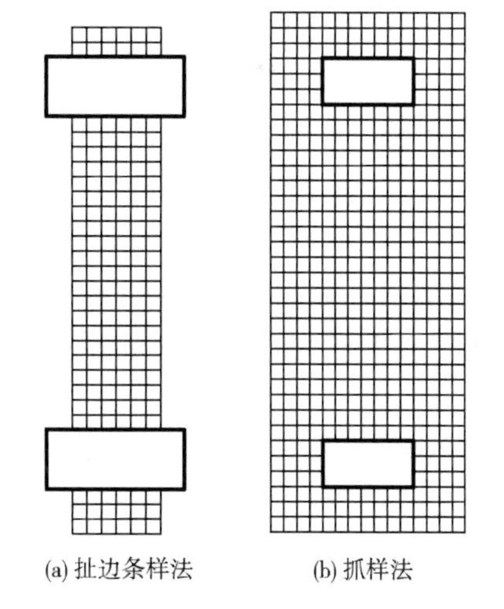

图 8 - 17　织物拉伸试验方法

与抓样法相比较，扯边条样法所测结果不匀率小，但准备试样较麻烦；抓样法所测强力，伸长偏高，但比较接近实际情况，试样准备快速，但用布较多。

④梯形、环形条样法：针织物采用矩形试条拉伸时，会在夹头附近出现明显的应力集中，横向收缩，造成试样多在夹头附近断裂，影响试验数据的正确性，采用梯形或环形试样可避免此类情况发生。梯形试样如图 8 - 18（a）所示，两端的梯形部分被夹头握持；环形试样如图 8 - 18（b）所示，虚线处为两端的缝合处。

(2)织物拉伸性质常用的指标。

①拉伸强力:是指织物受拉伸至断裂时所能承受的最大外力。它是评定织物内在质量的主要指标之一。拉伸强力还用来评定织物经磨损后的牢度,也用来评定日照、洗涤及各种整理对织物内在质量的影响。织物的强力,要以平均强力 $\overline{F_b}$ 来表示:

$$\overline{F_b} = \frac{\sum F_i}{n}$$

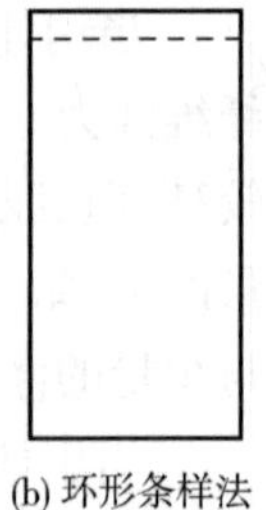

(a) 梯形条样法　(b) 环形条样法

图 8-18　梯形、环形条样法

式中: F_i——试样断裂强力,N;

n——试样个数。

根据织物宽度的不同,试样个数采取经向 3~5 块,纬向 4 块。试验应在标准条件下进行,对于非标准大气条件下测得的断裂强力,应根据实际环境的温度和湿度进行修正。修正后的强力认为是标准条件下的强力。如下式:

$$F_b = K\overline{F_b}$$

式中:K——修正系数,国家标准中有规定。

②断裂伸长率 ε:织物拉伸到断裂时的伸长率称为断裂伸长率。它与织物的耐用性也有关系,断裂伸长大的织物耐用性好。

$$\varepsilon = \frac{L - L_0}{L_0} \times 100\%$$

式中:ε——断裂伸长率;

L——断裂时织物长度;

L_0——试样长度。

③织物的拉伸曲线和有关指标:在附有绘图装置的织物强力机上,对织物进行拉伸时可以直接得到织物的拉伸曲线,如图 8-19 所示。根据拉伸曲线可以知道,织物的断裂强力、断裂伸长和断裂功,还可以了解在拉伸全过程中力与变形的关系。织物的拉伸曲线与组成织物的纱线和纤维的拉伸曲线相似。

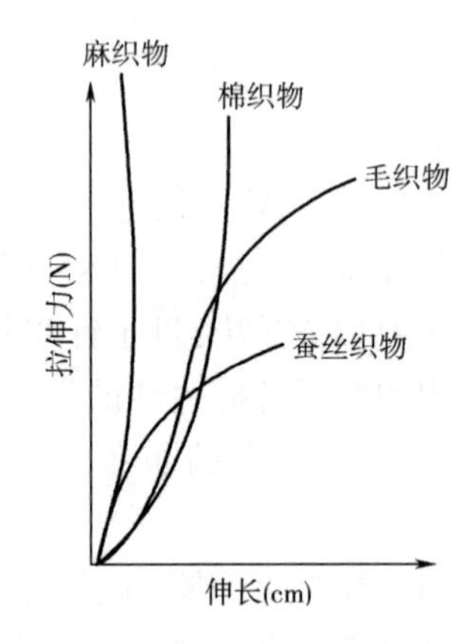

图 8-19　织物的拉伸曲线

断裂功是织物在外力作用下拉伸到断裂时外力所做的功。它反映了织物的坚牢程度。拉伸曲线下的面积为断裂功 W,为了对不同的织物进行比较,常用质量断裂比功,其计算式如下:

$$W_g = \frac{W}{G}$$

式中:W_g——织物的质量断裂比功,J/kg;

W——织物的断裂功,J;

G——织物测试部分的质量,kg。

根据织物的密度、织物中的纱线强力以及纱线的强力利用系数计算织物的强力,称计算强力:

$$P_f = \frac{M}{10} \times 5 \times P_y \times K$$

式中：P_f——织物计算强力，N；

M——织物密度，根/10cm；

P_y——织物中纱线强力，N；

K——纱线在织物中的强力利用系数，国家标准中有推荐值。

纱线在织物中的强力利用系数 K 的物理意义是指织物某一向的断裂强力与该向各根纱线强力之和的比值，K 一般大于 1，也可能小于 1，当织物紧度过大、纱线张力不匀和纱线捻度接近于临界捻系数时，K 会小于 1。

计算强力是织物强力的估计值，可用来作为衡量织物拉伸断裂强力高低的标准。

2. 影响织物拉伸强度的因素

(1)纤维原料。纤维的性质是织物性质的决定因素，在织物结构相同的条件下，纤维的强伸度是织物强伸度的决定因素。当纤维强伸度大时，织物强伸度也大。混纺织物的强伸性同混纺纱的强伸性一样受混纺比的影响。当混纺的纤维的伸长能力、初始模量接近时，织物强力随强度高的纤维混纺比的增加而增大。

(2)纱线粗细。由于粗的纱线强力大，所以织物强力也大。粗的纱线织成的织物紧度大，纱线间的摩擦阻力大，织物强力提高。纱线的细度不匀也会影响织物强力，细度不匀率高的纱线会降低织物强力。

(3)纱线加捻。纱线的捻度对织物强力的影响与捻度对纱线强力的影响相似，但纱线捻度接近临界捻系数时，织物的强力已开始下降。纱线的捻向对强力也有一定影响。当织物中经纬纱捻向相反配置与相同配置相比较，前者织物拉伸断裂强力较低，而后者拉伸断裂强力较高(图 8－20)。

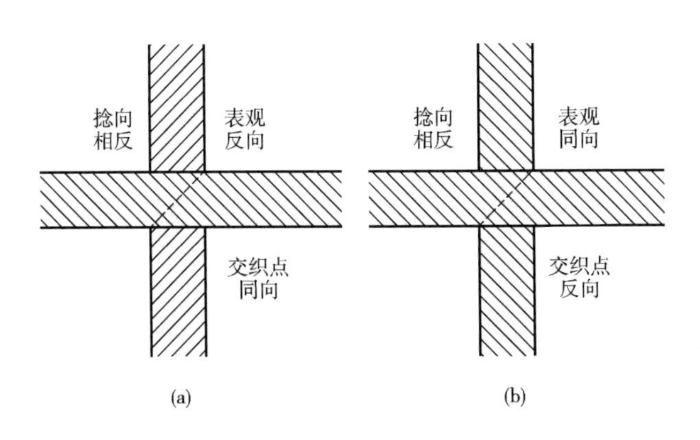

图 8－20　经纬纱不同捻向交织点表观

(4)纱线结构。环锭纱织物与转杯纱织物相比，环锭纱织物具有较高的强力、较低的伸长。这是由于相同粗细的环锭纱强力高于转杯纱强力的结果。线织物的强力高于相同粗细纱织物的强力。这是由于相同粗细时股线的强力高于单纱强力的结果。

(5)织物密度。机织物的经纬密度的改变对织物强度有显著的影响。若纬纱密度保持不变，增加经纱密度时，织物的经向拉伸断裂强力增大，纬向拉伸断裂强力也有增大的趋势。由于经密增加，承受拉伸的纱线的根数增多，经向强力增大；而经密的增加，使经纱与纬纱的交错次数增加,纬纱的切向摩擦阻力增大,结果使纬向强力也增大。若经密保持不变,纬密增加,织物纬向强力增大而经向强力有减小的趋势,这是由于纬密增加,经纱在织造过程中受反复拉伸的次数增加,经纱承受的摩擦次数增加,使经纱发生了不同程度的疲劳,引起织物经向强力下降。经纬向密度增加,织物强力的提高是有限的。因此对一个品种的织物来说,经纬向密度都有一极限值,超过一定极限值,纱线经受反复拉伸摩擦产生疲劳,织造时纱线所受张力大,这些对织物强力都带来不利影响。

(6)织物组织。织物在一定的长度内纱线的交错次数多,浮线长度短时,则织物的强力和伸长大。因此在其他条件相同时,平纹织物的强力和伸长最大;缎纹织物的强力和伸长最小;斜纹居中。

(7)后整理。棉、黏胶纤维织物缺乏弹性,受外力作用后容易起皱、变形。树脂整理可以改善织物的力学性能,增加织物弹性、折皱恢复性,减少变形,降低缩水率。但树脂整理后织物伸长能力明显降低,降低程度决定于树脂的浓度。

3. *拉伸弹性* 织物在使用过程中受到的是多次反复拉伸的力,而拉伸力往往不太大。因此评定织物的拉伸性质时,织物在小负荷反复作用下的拉伸弹性对织物的耐用性、保形性更具有实际意义。

织物的拉伸弹性可分为定伸长弹性和定负荷弹性两种。定伸长弹性是将试样做定伸长拉伸后,停顿一定时间(如1min),去负荷,再停顿一定时间(如3min)后,记录试样的伸长变化来计算定伸长弹性回复率。定负荷弹性是将试样限定负荷拉伸后,去负荷,再停顿一定时间(如3min)后,记录试样的伸长变化来计算出定负荷弹性回复率。

通过拉伸图还可计算织物的弹性回复功或回复功率。

织物中纤维弹性大、纱线结构良好、捻度适中,织物的拉伸弹性好。织物的组织点和织物紧度适中,也有利于织物的弹性。

(二)织物的撕破性

织物撕破也称撕裂,指织物边缘受到一集中负荷作用,使织物撕开的现象称为撕裂。织物在使用过程中,衣物被物体钩住,局部纱线受力拉断,使织物形成条形或三角形裂口,也是一种断裂现象。通常发生在军服、篷布、降落伞、吊床、雨伞等织物的使用过程中。撕裂强度性质能反映织物经整理后的脆化程度,因此目前我国对经树脂整理的棉型织物及毛型化学纤维纯纺或混纺的精梳织物要进行撕裂强力试验。针织物除特殊要求外,一般不进行撕破试验。

1. *测试方法* 织物的撕裂性质测试方法目前有三种:单缝法、梯形法、落锤法。

2. *织物撕破性质的指标* 织物撕破性质的指标有以下两种。

(1)最大撕破强力。最大撕破强力指撕裂过程中出现的最大负荷值。在单缝法、梯形法测试织物撕裂强力时采用。

(2)五峰平均撕破强力。指在单缝法撕裂过程中,在切口后方撕破长度5mm后,每隔12mm分为一个区,五个区的最高负荷值的平均值为五峰平均撕裂强力,简称平均撕裂强力。我国统一规定,经向撕裂是指撕裂过程中,经纱被拉断的试验;纬向撕裂是指撕裂过程中纬纱被拉断的试验。用单缝法测织物撕裂强力时,规定经纬向各测五块,以五块试样的平均值表示所测织物的经纬向撕裂强力;梯形法规定经纬向各测三块,以三块的平均值表示所测织物的经纬向撕破强力。

3. 影响织物撕裂强度的因素

(1)纱线性质。织物的撕裂强度与纱线的断裂强力大约成正比,与纱线的断裂伸长率关系密切。当纱线的断裂伸长率大时,受力三角区内同时承担撕裂强力的纱线根数多,因此织物的撕裂强力大。经纬纱线间的摩擦阻力对织物的撕裂强度有消极影响。当摩擦阻力大时,两系统的纱线不易滑动,受力三角区变小,同时承担外力的纱线根数少,因此织物撕裂强力小。同时,纱线的捻度、表面形状对织物的撕裂强力也有影响。

(2)织物结构。织物组织对织物撕裂强力有明显影响。在其他条件相同时,三原组织中,平纹组织的撕裂强力最低,缎纹最高,斜纹织物介于两者之间。织物密度对织物的撕裂强力的影响比较复杂,当纱线粗细相同时,密度小的织物撕裂强力高于密度大的织物。例如,纱布就不易撕裂。当经纬向密度接近时,经、纬向撕裂强度接近。而当经向密度大于纬向密度时,经向撕裂强力大于纬向撕裂强力。例如,府绸织物易出现经向裂口,是因为府绸织物纬密远小于经密,纬向撕裂强力远小于经向撕裂强力所致。

(3)树脂整理。对于棉织物,黏胶纤维织物经树脂整理后纱线伸长率降低,织物脆性增加,织物撕裂强力下降。下降的程度与使用树脂种类、加工工艺有关。

(4)试验方法。试验方法不同时,测试出的撕裂强力不同,无可比性。因为撕裂方法不同时,撕裂三角区有明显差异。此外,撕裂强力大小与拉伸力一样,受温湿度的影响。

(三)织物的纰裂

织物的纰裂是指织物在使用过程中受到外力作用后所产生的纱线横向滑移。

1. 织物纰裂产生的原因　容易产生纰裂的面料为长丝织物,如真丝、化学纤维仿毛织物、化学纤维仿真丝织物等,主要与纱线性质和织物风格有关,如经纬纱捻度、线密度,织物组织结构、紧度等。

(1)纱线捻度。为突出织物表面颗粒状的主体效果,有些织物采用了经向纱无捻、纬纱强捻的工艺设计,使经纬纱之间摩擦系数减少,纱线光滑,抱合力差,容易产生经纬纱在纬向滑移,如重磅真丝、花瑶等面料易产生纰裂,就是这种原因。

(2)纱线支数。经纬纱支数相差过大,交织点双方的接合面差异增大,摩擦面积减小,较粗的纱线易在较细的纱线上滑移。

(3)织物组织。在同等条件下,平纹组织较斜纹组织更易纰裂。

(4)织物紧度。轻薄松散性织物因织物紧度偏小,经纬纱排列松散,有外力作用时,纱线容易移位、纰裂或滑移。缝制质量影响纰裂主要因素是针距密度、包缝和缝边。对不同的面料应选用适宜的针迹密度。缝边太小是产生接缝滑脱的主要原因,由于缝边小或包缝少,处于松散状的边纱就极容易从接缝处滑脱开。

2. 防止织物纰裂的方法

(1)纤维方面。主要提高纤维的表面粗糙度和摩擦系数,增加纤维的卷曲,以改善纤维间的相互作用及机械锁结。

(2)纱线方面。主要取较低的捻系数,提高纱线径向可变形性,以增加接触与摩擦,减少滑移。

(3)织物方面。主要增大经纬密和经纬紧度;增加交织点,即改变织物组织,如取平纹或纱罗组织(直接扭结握持);增强交织点间的正压力,如提高经纱上机张力,增加纱线的屈曲等。

(4)服装制作。过程中要因材而异,提高接缝牢固性,避免滑脱;消费者应根据不同的面料选择适宜的款式,对轻薄型或易滑移的面料,应以宽松为宜,减少接缝处的接伸力。

(5)后整理方面。引入微量浸渍、超导涂层等技术,得到良好的固定与联接,可有效改善纰裂,同时,保证原织物的风格仍在。

(四)织物的顶破性质

织物顶破也称顶裂。在织物四周固定情况下,从织物的一面给予垂直作用力,使其破坏,称为织物顶破。它可反映织物多向强伸特征。织物在穿用过程中,顶破情况是少见的,但膝部肘部的受力情况与其类似;手套、袜子、鞋面用布在使用过程中也会受垂直作用力,对特殊用途的织物,如降落伞、滤尘袋以及三向织物、非织造布等也要考核其顶破性质。

1. *顶破试验方法* 目前,织物顶破试验常用的仪器是钢球式顶破试验机。另外一种顶破试验仪为气压式或油压式试验仪。它是用气体或油的压力来顶破织物的。这种仪器用来试验降落伞、滤尘袋织物最为合适,而且试验结果稳定。

2. *影响织物顶破强度的因素* 织物在垂直作用力下被顶破时,织物受力是多向的,因此织物会产生各向伸长。当沿织物经纬两方向的张力复合成的剪应力大到一定程度时,即等于织物最弱的一点上纱线的断裂强力时,此处纱线断裂。接着会以此处为缺口,出现应力集中,织物会沿经(直)向或纬(横)向撕裂,裂口呈直角形。由分析可知,影响织物顶裂强度的因素如下。

(1)纱线的断裂强力和断裂伸长。当织物中纱线的断裂强力大、伸长率大时,织物的顶破强力高,因为顶破的实质仍为织物中纱线产生伸长而断裂。

(2)织物厚度。在其他条件相同的情况下,当织物厚时,顶破强力大。

(3)机织物织缩的影响。当机织物中织缩大时而且经纬向的织缩差异并不大,在其他条件相同时,织物顶破强力大。因为经纬向纱线同时承担外力,其裂口为直角形。若经纬织缩差异大,在经纬纱线自身的断裂伸长率相同时,织物必沿织缩小的方向撕裂,裂口为直线形,织物顶破强力偏低。

(4)织物经纬向密度。当其他条件相同时,织物密度不同时,织物顶裂时必沿密度小的方向撕裂,织物顶破强力偏低,裂口呈直线形。

(5)纱线的钩接强度。在针织物中,纱线的钩接强度大时,织物的顶破强度高。此外,针织物中纱线的细度、线圈密度也影响针织物的顶破强力。提高纱线线密度和线圈密度,顶破强力有所提高。

(五)织物耐磨性

织物的耐磨性是指织物抵抗摩擦而不被损坏的性能。织物在使用过程中,经常要与接触物体之间发生摩擦。如外衣要与桌、椅物件摩擦;工作服经常与机器、机件摩擦;内衣与身体皮肤及外衣摩擦。其次,床单用布、袜子、鞋面用布在使用过程中也绝大多数是受磨损而破坏的。还可以举出一些织物在使用中受摩擦而损坏的例子。实践表明,织物的耐用性主要决定于织物的耐磨性。

1. *织物耐磨性的测试方法和指标* 织物在使用中因受摩擦而损坏的方式很多很复杂,而且在摩擦的同时还受其他物理的、化学的、生物的、热的以及气候的影响。因此,测试织物的耐磨性为了尽可能地接近织物使用中受摩擦而损坏的情况,测试方法有多种。

(1)平磨。平磨是模拟衣服袖部、臀部、袜底等处的磨损情况,使织物试样在平放状态下与磨料摩擦。按对织物的摩擦方向又分为往复式和回转式两种。对于毛织物,国际羊毛局规定用马丁代尔摩擦试验仪(Martindale abrasion tester),该仪器属于回转磨。

(2)曲磨。指织物试样在反复屈曲状态下与磨料摩擦所发生的磨损。它模拟上衣的肘部和裤子膝部等处的磨损。

(3)折边磨。是将织物试样对折,使织物折边部位与磨料摩擦而损坏的试验。它是模拟上衣领口、袖口、袋口、裤脚口及其他折边部位的磨损。

(4)动态磨。使织物试样在反复拉伸、弯曲状态下受反复摩擦而磨损。

(5)翻动磨。是使织物试样在任意翻动的拉伸、弯曲、压缩和撞击状态下经受摩擦而磨损。它模拟织物在洗衣机内洗涤时受到的摩擦磨损情况。

(6)穿着试验。穿着试验是将不同的织物试样分别做成衣裤、袜子等,组织适合的人员在不同工作环境下穿着,走出淘汰界限。例如,裤子的臀部或膝部易出现一定面积的破洞为不能继续穿用的淘汰界限。经穿用一定时间后,观察分析,根据限定的淘汰界限定出淘汰率。淘汰率是指超过淘汰界限的件数与试穿件数之比,以百分率表示。

$$淘汰率 = [(超过淘汰界限的件数)/(试穿件数)] \times 100\%$$

表示织物的耐磨性指标除实际穿用试验用淘汰率外,模拟试验时用织物外观、物理性能的变化来评定。如当织物上出现两根纱线断裂时的摩擦次数,经一定摩擦次数后,织物强力损失率、透光量、透气量增加率,还可用摩擦一定次数后与标准样照对比,观察试样起毛、起球、色泽的变化。评定织物的级别,一般分十个级,一级最差,十级最好。

表示织物耐磨性的指标有以下两类:

一类是单一性的,它又可分为两种。一种是规定摩擦次数后,试样的某些物理性质的变化,如摩擦若干次数后,织物强力或重量的损失;另一种是试样上某种物理性质达到规定变化时的摩擦次数,如摩到 2 根纱线断裂或出现破洞时,织物受摩擦次数。

另一类是综合性的,通常是将平磨、曲磨及折边磨的单一指标加以平均,进一步评价综合值,其计算式如下:

$$合耐磨值 = \frac{3}{\frac{1}{耐平磨值} + \frac{1}{耐曲磨值} + \frac{1}{耐折磨值}}$$

2. *磨损破坏的形式*　织物是由纤维组成的,所以织物的磨损是织物中纤维因摩擦损坏所造成的。在反复摩擦作用下,织物中纤维的基本破坏形式有以下几种。

(1)纤维断裂。纤维断裂是织物磨损破坏的主要原因。在反复摩擦作用下,纤维断裂的原因是纤维经受反复拉伸变形和弯曲变形,最后因疲劳而断裂。如果织物中纤维配置得非常紧密,磨料、磨粒又非常的细小而锐利,织物受到摩擦时,磨料对织物中纤维发生切割作用,纤维表面一旦发生切割损伤,其裂口在反复拉伸与弯曲作用下就会产生应力集中,裂口迅速扩大,纤维断裂。假如织物组织比较紧密、纱线捻度也较大,磨料比较光滑,作用比较缓和,纤维在反复摩擦情况下,可能出现表皮磨损现象。表皮磨损后纤维继续受到摩擦,使纤维微观结构破坏,纤维发生断裂。

(2)纤维从织物中抽拨。如果织物组织松散,纱线捻度较小,织物经受摩擦作用时,纤维在摩擦、碰撞作用下可做微量移动,摩擦反复进行,最后使纤维从纱线中抽拔出来,使织物变薄、强力下降。在受到某一突然的较大外力作用时,织物被损坏,失去使用价值。

(3)纤维受热使力学性能下降。织物在高速摩擦情况下,会使织物表面温度升高。在热的作用下,纤维强力降低,加速纤维因摩擦疲劳而断裂。对于合成纤维织物,当温度升高超过其软化点后,纤维软化,而与软化有关的一些力学性能,如强力、弹性急速下降,也加速了织物的磨损。

实际上织物受摩擦而损坏的原因和过程是十分复杂的。织物中纱线处于弯曲状态。纤维因加捻而扭转,有时织物本身处于折皱状态,在实际使用中还受环境因素的影响。因此,织物在实际使用中受摩擦而损坏的形式也是十分复杂的。

3. 影响织物耐磨损性的主要因素　影响织物耐磨损性的因素很多,但主要是以下几方面的因素。

(1)纤维性质。

①纤维的几何特征:纤维的长度、细度和截面形态对织物的耐磨性有一定影响。当纤维比较长时,成纱强伸度较好,有利于织物的耐磨;当纤维线密度在2.78~3.33dtex范围内时,织物比较耐磨。纤维在这一细度范围内,能有好的成纱强伸度,既不会因纤维太细,小的外力产生较大内应力而断裂,也不会因纤维大粗、抱合力太小,使纤维易抽拔,因此有利于织物的耐磨性。同样外力作用下,圆形截面产生的应力较小,故耐磨性一般优于异形纤维织物。特别是耐曲磨和折边磨方面,圆形截面纤维比较明显的好于异形纤维织物;而在耐平磨性方面,圆形截面的纤维织物优势并不十分稳定。

②纤维的力学性质:纤维的力学性质对织物的耐磨性相当重要。特别是纤维在小负荷反复作用下变形能力、弹性回复率和断裂功对织物耐磨性影响很大。当纤维弹性好、断裂比功大时,织物的耐磨性好。锦纶、涤纶织物的耐磨性都很好,特别是锦纶织物的耐磨性最好,因此,多用来做袜子、轮胎帘子布等。丙纶织物的耐磨性也好,维纶织物的耐磨性比纯棉织物好。因此棉维混纺可提高织物的耐磨性。腈纶织物耐磨性属中等。羊毛纤维织物在较缓和的情况下,耐磨性也相当好。麻纤维织物,由于麻纤维虽强度高,但伸长率低,断裂比功小,弹性差,因此麻纤维织物耐磨性差。由于黏胶纤维弹性差,反复负荷作用下的断裂功小,织物耐磨性也差。

③合成纤维的软化:合成纤维的软化温度越高,其织物的耐磨性越好。

(2)纱线的结构。

①纱线的捻度:纱线的捻度适中时,织物在其他条件相同的情况下,耐磨性较好。捻度过大时,纤维在纱中的可移性小,纱线刚硬,而且捻度大时,纤维自身的强力损失大,这些都不利于织物的耐磨。若纱线捻度过小,纤维在纱中受束缚程度太小,遇摩擦时,纤维易从纱线中被抽拔,也不利于织物的耐磨性。

②纱线的条干:纱线条干差时,较粗的部分纱线捻度小,纤维在纱中易被抽拔出来,因此不利于织物耐磨。

③单纱与股线:在相同细度下,股线织物的耐平磨性优于单纱织物的耐平磨性。因为纤维在股线中不易被抽拔。但由于股线结构较单纱紧密,纤维的可移性小,所以其耐曲磨性和折边磨性差。

④混纺纱中纤维的径向分布:混纺纱中,耐磨性好的纤维若多分布于纱的外层,有利于织物的耐磨性,例如,涤棉、涤黏、毛腈混纺纱线。如能使涤纶多分布于纱的外层,会提高混纺织物的耐磨性。

(3)织物的结构。织物的结构是影响织物耐磨损性的主要因素之一,因此可以通过改变织物结构提高织物的耐磨性。

①织物厚度:织物厚度对织物的耐平磨性影响很显著。织物厚些,耐平磨性提高,但耐曲磨

和折边磨性能下降。

②织物组织:织物组织对耐磨性的影响随织物的经纬密度不同而不同。在经纬密度较低的织物中,平纹织物的交织点较多,纤维不易抽出,有利于织物的耐磨性。在经纬密度较高的织物中,以缎纹织物的耐磨性最好,斜纹次之,平纹最差。因为在经纬密度较高时,纤维在织物中附着的相当牢固,纤维破坏的主要方式是纤维产生应力集中,被切割断裂。这时,若织物浮线较长,纤维在纱中可做适当移动,有利于织物耐磨性。当织物经纬密度适中时,又以斜纹织物的耐磨性最好。

针织物的耐磨性与组织的关系也很密切,其基本规律与机织物相同。纬平组织耐磨性好于其他组织。因为它表面光滑,支持面较大,纤维不易断裂和抽出。

③织物内经纬纱细度:在织物组织相同时,织物中纱线粗些,织物的支持面大,织物受摩擦时,不易产生应力集中;而且纱线粗时,纱截面上包含的纤维根数多,纱线不易断裂,这些都有利于织物的耐磨性。

④织物支持面:织物支持面大,说明织物与磨料的实际接触面积大,接触面上的局部应力小,有利于织物的耐磨性。

⑤织物平方米重量:织物平方米重量对各类织物的耐平磨性都是极为显著的。耐磨性几乎随平方米重量增加成线性增长。但对于不同织物其影响程度不同。同样单位面积重量的织物,机织物的耐磨性好于针织物。

⑥织物表观密度:织物的密度、厚度与表观密度直接有关。试验证明织物表观密度达到 $0.6g/cm^2$ 时,耐折边磨性明显变差。

(4)试验条件。试验条件是影响织物耐磨试验数据的重要条件。

①磨料:常用的磨料是金属材料、金刚砂材料以及标准织物,不同的磨料引起不同的磨损特征。表面光滑的金属材料,特别是标准织物作用比金刚砂缓和,纤维多为疲劳或表皮损伤而断裂。金刚砂作用比较剧烈,纤维多是切割断裂或纤维抽拔使纱线解体,而使织物磨损。

②张力和压力:试验时施加于试样上的张力或压力大时,织物经较少摩擦次数时,就会被磨损。

③温湿度:试验时的温湿度,也会影响织物的耐磨性,而且对不同纤维织物的影响程度不同。对于吸湿性好的纤维影响大,对于吸湿性差的涤纶、丙纶、腈纶、锦纶等纤维织物几乎没有影响或影响较小。尤其对黏胶纤维织物的影响最大。因为该纤维吸湿后强力降低,加上由于纤维的吸湿膨胀,使织物变得硬挺,故耐磨性会明显下降。实际穿着试验还表明,由于织物受日晒、汗液、洗涤剂等的作用,不同环境下使用相同规格的织物,其耐磨性并不相同。

(5)后整理。后整理可以提高织物的弹性和折皱回复性,但整理后原织物强度、伸长率有所下降。在作用比较剧烈、压力比较大时,强力和伸长率对织物耐磨的影响是主要的,因此,树脂整理后,织物耐磨性下降。当作用比较缓和、压力比较小时,织物的弹性回复率对织物耐磨的影响是主要的,因此,树脂整理后,织物表面的毛羽减少,这也有利于织物的耐磨性。实际经验还表明,树脂整理对织物耐磨的影响程度还与树脂浓度有关。

分析表明,织物耐磨性的优劣,是多种因素的综合结果。其中以纤维性质和织物结构为主要因素。在实际生产中,应根据织物的用途、使用条件不同选用不同的纤维和织物结构,以满足对织物耐磨性的要求。

三、学习提高

(1)取纱线试样,验证测试条件(夹持长度、拉伸速度、纱线根数等)对测试结果的影响?试作图分析并解释原因?

(2)试分析:纱线是纤维的集合体,纤维是线性大分子的集合体,宏观与微观组成原理类似,那么,纱线与纤维在拉伸断裂时会有何共性?

(3)设计试验验证并解释下列现象:单纱强力总是小于其断面内各根纤维断裂强力之和;缕纱强度总是小于缕纱中各根单纱强度之和;合股反向加捻时的股线强度一般高于各股单纱强度之和。由织物强力折算成的纱线强度与织造前纱线强度的比值称为织物中纱线强度利用系数,其值大于1。

(4)蠕变和松弛的实质是什么?有何异同?它们和生产、产品质量有何关系?影响的基本规律如何?试举出实际生活中蠕变和松弛的例子。

(5)试推导机织物断裂强力估算式(条样法)。

(6)为何全棉府绸衬衫在穿久之后,会出现在背部沿纵向裂开的现象?而全线卡其棉布为什么容易在衣服的领口、袖口、袋口及裤脚翻边处发生折断现象?试讨论如何从纱线和织物几何结构方面合理选配与设计以改善这种现象?

(7)哪些织物顶破或胀破时会出现线形裂口?哪些会出现L形裂口?

(8)为什么像薄纱这样的织物,虽然断裂强力很低,但撕裂强力却可以很高?可以用实验验证。

(9)在绳子上悬挂比其断裂强度小的重物,经一定时间后,绳子断裂,这种断裂属(　)。

A. 应力松弛断裂　　B. 动态疲劳断裂　　C. 蠕变伸长断裂

四、自我拓展

给定几种纤维或者纱线,验证单纱(纤维)强力试验条件对测试结果的影响(表8-8~表8-11)。

表8-8　不同试样长度测试结果

纤维									单纱								
试样长度(mm)	强力(cN)				伸长率(%)				试样长度(mm)	强力(cN)				伸长率(%)			
5									50								
7									75								
9									100								
11									125								
13									150								
15									175								
17									200								
19									225								
21									250								

续表

纤维									单纱								
试样长度(mm)	强力(cN)				伸长率(%)				试样长度(mm)	强力(cN)				伸长率(%)			
23									275								
25									300								
27									325								
29									350								
31									375								
33									400								
35									425								
37									450								
39									475								
41									500								

表8-9　断裂不同时性不同实验根数测试结果

纤维									单纱								
试样根数(mm)	强力(cN)				伸长率(%)				试样根数(mm)	强力(cN)				伸长率(%)			
1									1								
3									2								
5									3								
7									4								
9									5								
11									6								
13									7								
15									8								
17									9								
19									10								
21									11								
23									12								
25									13								
27									14								
29									15								
31									16								
33									17								
35									18								
37									19								
39									20								

表8-10 不同拉伸速度测试结果

纤维									单纱								
拉伸速度(mm/min)	强力(cN)				伸长率(%)				拉伸速度(mm/min)	强力(cN)				伸长率(%)			
50									50								
60									60								
70									70								
80									80								
90									90								
100									100								
110									110								
120									120								
130									130								
140									140								
150									150								
160									160								
170									170								
180									180								
190									190								
200									200								
210									210								
220									220								
230									230								
240									240								

表8-11 不同预加张力测试结果

纤维									单纱								
预加张力(cN/dtex)	强力(cN)				伸长率(%)				预加张力(cN/dtex)	强力(cN)				伸长率(%)			
0.01									1								
0.03									2								
0.05									3								
0.07									4								
0.09									5								
0.11									6								
0.13									7								
0.15									8								
0.17									9								
0.19									10								
0.21									11								

任务三　了解纺织材料的热学性质、电学性质和光学性质

一、学习内容引入

一进寒冬,天气允许的话,人们便会纷纷晒被子,难道被子都潮湿了吗?不是的,被子晒了以后就会变得膨松起来,夜里盖在人身上,就会保护人体温度不致向体外散失,起到保暖作用。

夏天,女同志穿纯涤纶的裙子,常常因裙子裹住腿部迈不开步而苦恼。冬季,在脱腈纶衫时,常常会发出"咯吱、咯吱"的声音,夜里还会出现电火花,这都是纺织材料哪些性能在起作用的缘故?

二、知识准备

单元一　纺织材料的热学性质

纺织材料在不同温度下,表现出的性质称为热学性质。研究它的热学性质,对纺织材料的染整加工、合理利用服用性能有重大意义。

(一)导热与保暖

导热主要通过热传导、热对流和热辐射三种方式来实现。单纤维的热传递性是极困难的,一般采用纤维集合体的方式(图 8-21)。

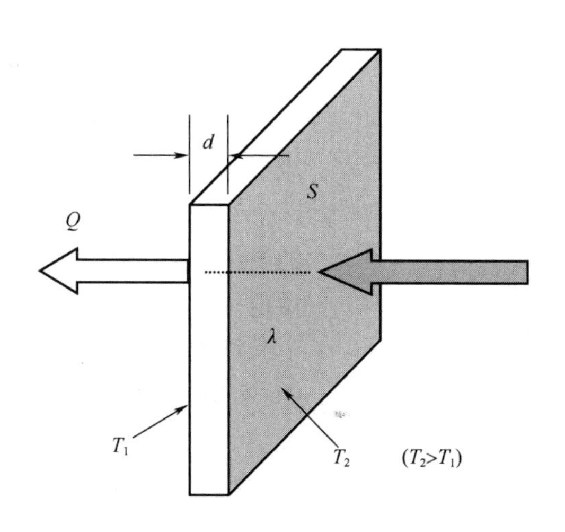

图 8-21　导热过程

1. 导热系数(λ)　纺织材料的导热性能指标是导热系数。表示材料厚度为 1m,两表面之间温差为 1℃,每小时通过 $1m^2$ 材料所传导的热量。单位:kcal/(m·℃·h);W/(m·℃)。

$$Q = \lambda \frac{dT}{dx} \cdot t \cdot s$$

导热系数 λ 越大,纺织材料的导热性越好,其热阻率 R 越小(热阻率为导热系数的倒数),它的热绝缘性和保暖性能就越差。纺织材料的导热系数见表 8-12。

表 8-12 纺织材料的导热系数

材料	λ[W/(m·℃)]	材料	λ[W/(m·℃)]
棉	0.071~0.073	锦纶	0.244~0.337
羊毛	0.052~0.055	腈纶	0.051
蚕丝	0.05~0.055	丙纶	0.221~0.302
黏胶纤维	0.055~0.071	氯纶	0.042
醋酸纤维	0.05	空气	0.026
涤纶	0.084	水	0.599

注 室温20℃时测量。

纺织材料是多孔性的柔软物体,纤维内部和纤维之间、纱线之间有许多孔隙,孔隙内充满着空气,有时还含有相当数量的水分。因此,纺织材料的导热实际上是纤维、空气和水分的导热组合。

由表8-12可以看出,静止空气的导热系数最小,它是最好的热绝缘体。因此,纺织材料的保温性主要取决于纤维中夹持的空气的数量和状态。在空气不流动的情况下,纤维中夹持的空气越多,保暖性越好。一旦空气流动,纤维层的保暖性就大大下降。所以,冬天被子晒了以后膨松了,里面含有的静止空气增加,保暖性提高;而编织衫作为外套穿在外面,纤维间的空气流动,保暖性就会大大下降。

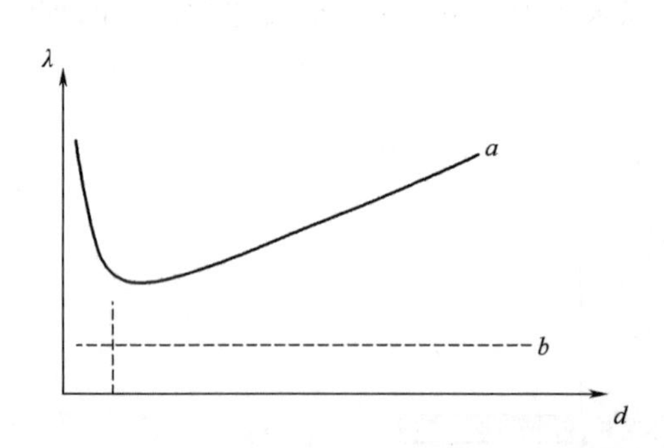

图 8-22 导热系数与体积重量的关系
a—纤维层的关系曲线 b—空气的关系曲线

纤维层的导热系数 λ 与其体积重量 d 的关系如图8-22所示。试验资料表明,纤维层的体积重量在0.03~0.06g/m^{3}范围时,导热系数最小,即纤维层的保暖性最好。因此,制造中空纤维,使每根纤维内部夹有较多的静止空气,是提高化学纤维保暖性的途径之一。

2. 纤维的比热 C 纤维的比热是质量为1g的纺织材料,温度变化1℃所吸收或放出的热量。单位是:J/(g·℃)。

纤维的比热值是随环境条件的变化而变化的,不是一个定值,是一个条件值。同时,又是纤维材料、空气、水分的混合体的综合值。

比热值的大小,反映了材料释放、储存热量的能力,或者温度的缓冲能力。影响纤维材料的接触冷暖感。

3. 保暖率或绝热率(T) 保暖率是采用恒温原理的织物保暖仪测得的指标,是指在保持热体恒温的条件下无试样包覆时消耗的热量和有试样包覆时消耗的热量之差占无试样包覆时消耗的热量的百分率。该数值越大,说明该织物的保暖能力越强。

$$T = [(Q_1 - Q_2)/Q_1] \times 100\%$$

式中:Q_1——包覆试样前保持热体恒温所需热量;

Q_2——包覆试样后保持热体恒温所需热量。

4. 克罗值(CLO)　在室温21℃，相对湿度小于50%，气流为10cm/s(无风)的条件下，一个人静坐不动，能保持舒适状态，此时所穿衣服的热阻为1CLO。CLO越大，则隔热保暖性越好。

(二)纺织材料的热转变

纺织材料在加工和使用过程中，会经常受到热的作用。温度上升以后，纤维大分子吸收热量，增加动能，分子间结合力削弱，运动方式发生变化，物理机械状态也发生变化。正像冰—水—汽一样，一般纤维受热会发生软化，甚至熔融。大多数合成纤维，在高温作用下，首先软化，然后熔融。一般把熔点以下20～40℃的一段温度范围，称为软化温度。纤维素纤维和蛋白质纤维，其熔点高于分解点，在高温作用下，不熔融而分解或碳化(表8－13)。

合成纤维，一般是无定形区和结晶区的混合物。受热以后，随着温度的升高，将相继出现玻璃态、高弹态和黏流态，如图8－23所示。

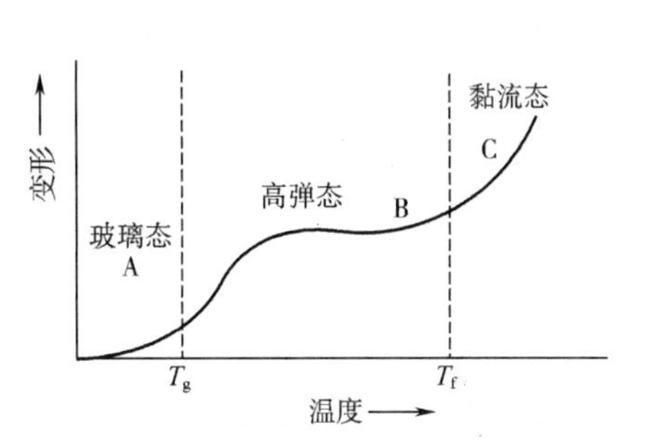

图8－23　合成纤维的温度变化曲线

玻璃态时，温度低，分子热运动能量小，处于所谓被冻结状态，运动单元和运动方式只有侧基、链节等的局部振动和键长、键角的微小变化。因此，合成纤维的弹性模量很高，变形能力小，纤维坚硬，类似玻璃。

当温度超过玻璃化温度T_g后，纤维中非结晶部分分子因升温而获得较大的热运动能量，在外力作用下，分子链通过内旋转和链段运动产生较大的变形，当外力除去后，被拉伸的分子链又会通过内旋转和链段的运动回复到原来状态，这就称为高弹态。

当温度上升到某一温度T_f后，链段的运动不仅使大分子的构象发生变化，而且通过链段的跃迁，使整个分子链相互滑动。宏观表现就是在外力作用下发生黏性流动。

表8－13　纺织材料的热学性能

纤维种类	玻璃化温度(℃)	软化温度(℃)	熔点(℃)	分解点(℃)	洗涤最高温度(℃)	熨烫温度(℃)
棉	—	—	—	150	90～100	200
羊毛	—	—	—	135	30～40	108
蚕丝	—	—	—	150	30～40	160
涤纶	80/67/90	235～240	256	—	70～100	160
锦纶6	47/65	180	215	—	80～85	—
锦纶66	82	225	253	—	80～85	120～140
腈纶	90	190～240	—	280～300	40～45	130～140
维纶	85	干:220～230 水:110	—	—	—	150
氯纶	82	90～100	200	—	30～40	—
丙纶	－35	145～150	163～175	—	—	100～120

(三)纺织材料的阻燃性与抗熔性

1. 纺织材料的阻燃性　纺织材料阻止燃烧的性能称为阻燃性。现代生活对纺织品的阻燃要求越来越高,宾馆装饰织物、汽车装饰织物、儿童服装及一些特种工作服等都需阻燃。纺织纤维按其燃烧能力的不同,分为以下四种。

(1)易燃纤维。快速燃烧,容易形成火灾,如纤维素纤维、腈纶等。

(2)可燃纤维。缓慢燃烧,如羊毛、蚕丝、锦纶、涤纶和醋酯纤维等。

(3)难燃纤维。与火焰接触时燃烧,离开火焰自行熄灭,不会形成灾害。如氯纶、腈氯纶、维氯纶、难燃涤纶或难燃黏胶纤维等。

(4)不燃纤维。与火焰接触也不燃烧,如石棉、玻璃纤维、氟纶、芳化碳纤维和 Nomex 纤维等。

通常用纤维的点燃温度和极限氧指数来表征纺织材料的燃烧性能。极限氧指数(LOI)是指材料经点燃后在氧—氮大气里持续燃烧所需的最低氧气浓度。

$$\mathrm{LOI} = \frac{O_2 \text{ 的体积}}{O_2 \text{ 的体积} + N_2 \text{ 的体积}} \times 100\%$$

极限氧指数值越大,材料的耐燃性越好。在普通空气中,氧气所占的比例接近20%,因此从理论上讲只要 LOI > 21%就有自灭作用,但考虑到空气对流等因素,要达到自灭作用,纺织材料的极限氧指数需要在27%以上。纺织纤维的点燃温度和极限氧指数见表8-14。

表8-14　纺织纤维的点燃温度和极限氧指数

纤维种类	点燃温度(℃)	极限氧指数	纤维种类	点燃温度(℃)	极限氧指数
棉	400	20	锦纶66	532	20
羊毛	600	25	涤纶	450	21
黏胶纤维	420	20	腈纶	560	18
醋酯纤维	475	18	丙纶	570	19
锦纶6	530	20			

提高纺织材料的难燃性有两个途径,即对纺织材料进行防火整理和制造阻燃纤维。阻燃纤维的生产也有两种,一种是应用纳米技术在纺丝流体中加入防火剂后纺丝制成的阻燃纤维,如黏胶纤维、腈纶、涤纶的改性防火纤维;另一种是由合成的难燃高聚物纺制而成,如 Nomex 纤维等。

2. 纺织纤维的抗熔性　涤纶、锦纶等合成纤维织物,在使用过程中,接触到火星或火花时,发生熔融现象,熔体向四周收缩,在织物上形成孔洞。火花熄灭后,孔洞周围已熔断的纤维端就相互粘结,使孔洞不再继续扩大。这种性能,称为纺织材料的熔孔性。织物抵抗熔孔现象的性能,叫抗熔性。天然纤维和黏胶纤维在受到热作用时不软化、不熔融,在温度过高时就分解或燃烧。

落球法可用来测试织物的抗熔性。试验时,把一定温度的玻璃球放在一定张力试样上,试样与热球接触的部位会熔融或焦化,最后试样上形成孔洞,热球落下。用试样上形成孔洞热球所需要的最低温度或热球在试样上停留的时间来评定织物的抗熔性(表8-15)。

表 8－15　织物的抗熔性

纤维	坯布平方米质量(g/m^2)	抗熔性(℃)	纤维	坯布平方米质量(g/m^2)	抗熔性(℃)
棉	100	>550	涤/棉 65/35	100	>550
羊毛	220	510	腈纶	220	510
涤纶	190	280	Nomex	210	>550
锦纶	110	270			

(四)纺织材料的耐热性与热定型

1. *纺织材料的耐热性*　纺织纤维在热的作用下，随着温度的升高，大分子链段的热运动加剧，大分子间的结合力减弱，使纤维强度下降，特别是在氧和水存在的情况下，时间一长，纤维大分子会在最弱的键上发生裂解，强度显著下降。

纺织材料在高温下，保持自身的力学性能的能力称为耐热性。一般以受热作用以后的剩余强度(%)来表示(表 8－16)。

表 8－16　纺织材料的耐热性

剩余强度 纤维	20℃未加热	100℃经过		130℃经过	
		20 天	80 天	20 天	80 天
棉	100	92	68	38	10
亚麻	100	70	41	24	12
苎麻	100	62	26	12	6
蚕丝	100	73	39	—	—
黏胶纤维	100	90	62	44	32
锦纶	100	82	43	21	13
涤纶	100	100	96	95	75
腈纶	100	100	100	91	55
玻璃纤维	100	100	100	100	100

2. *合成纤维的热收缩*　合成纤维在纺丝成形过程中都经过拉伸，在纤维中留有应力，但受玻璃态的约束，未能缩回。当纤维受热温度超过一定限度时，大分子间的约束减弱，从而产生收缩，长丝和短纤维在成形过程中，因经受的拉伸倍数不同，受热后产生的收缩也不同。长丝的拉伸倍数大，收缩也大。收缩的程度用热收缩率来表示，根据加热介质的不同，分为沸水收缩率、热空气收缩率和饱合蒸汽收缩率。

(1)沸水收缩率。一般指将纤维放在 100℃的沸水中处理 30min，晾干后的收缩率。

(2)热空气收缩率。一般指用 180℃、190℃、210℃热空气为介质处理一定时间(如 15min)后的收缩率。

(3)饱和蒸汽收缩率。一般指用125~130℃饱和蒸汽为介质处理一定时间(如3min)后的收缩率。

在生产中,如果把热收缩率差异较大的合成纤维混纺或交织,在印染过程中,在织物上会形成疵点。当然,也可有意识地利用合成纤维的热收缩特性,使织物获得特殊效果。如膨体纱就是将两种热收缩差异较大的长丝纺制后受热而成。

3. 纺织材料的热定型　当把纺织材料加热到一定温度(合成纤维须在玻璃化温度以上),纤维内大分子间的结合力减弱,分子链段开始自由运动,纤维变形能力提高。在外力作用下强迫其变形,会引起纤维内部分子链间部分原有的价键拆开,并在新的位置上重建。冷却并解除外力后,新的形状就会保持下来,以后只要不超过这一处理温度,形状基本上不会发生变化,这个性质称为热塑性,这个加工过程称为热定型。

影响热定型效果的因素主要是温度和时间。合成纤维热定型的温度要高于玻璃化温度,低于软化点和熔点。温度太低,达不到热定型效果。温度太高,会使纤维颜色发黄,手感发硬,甚至熔融黏结。在一定范围内,温度较高可以缩短定型时间。几种主要合成纤维的定型温度见表8-17。

表8-17　合成纤维热定型温度(℃)

纤维	热水定型	蒸汽定型	干热定型
涤纶	120~130	120~130	190~210
锦纶6	100~110	110~120	160~180
锦纶66	100~120	110~120	170~190
丙纶	100~120	120~130	130~140

单元二　纺织材料的电学性质

在纺织加工过程中,合成纤维及其混纺产品常因摩擦而产生静电干扰的现象。利用纺织材料的电学性质,可以间接测量纺织材料的其他性质,如电阻测湿仪、电容测湿仪、电容或条干均匀度仪、电容式电子清纱器等。

(一)纺织材料的介电性质

1. 介电常数　在电场中,不导电的介质内的电子会因电场的作用而极化,产生与外界电场方向相反的电场,减小电容器的带电荷板间的电热差,增加电容器的电容量。介质的相对介电系数,常用符号 ε 表示。

$$\varepsilon = \frac{C_f}{C_v}$$

式中:C_f——以纺织材料为介质时,电容器的电容量;

C_v——以真空为介质时,电容器的电容量。

在工频条件下,真空的相对介电系数等于1,空气的介电系数也接近于1,干纺织材料的相对介电系数在2~5范围内,液态水约等于20,固态水约为80(表8-18)。

表 8－18　纺织材料的介电常数

纤维	介电常数	纤维	介电常数
棉	6	醋酯纤维	3.5～6.4
羊毛	6	涤纶	3.0
蚕丝	4.2	锦纶	4
黏胶纤维	7.7		

水的相对介电常数比干纺织材料要高许多倍，所以当纺织材料的含水率不同时，纺织材料的介电系数也不同。图 8－24 表示了棉的含水率与介电常数的关系。

温度升高以后，纤维大分子运动能量增加，极化电荷增加，介电常数也会增大。一般来说，频率提高以后，由于纤维大分子来不及极化，极化电荷减少，介电常数反而降低，合成纤维上油以后，介电常数会升高。

人们利用空气的介电常数小于纺织材料这个原理，设计了电容式电子条干均匀度测定仪。当纱条试样连续通过由两个金属平板组成的空气电容器时，电容器的介质变为纤维与空气的混合物，各段纱条所含纤维数量的变化，会引起电容量的变化。

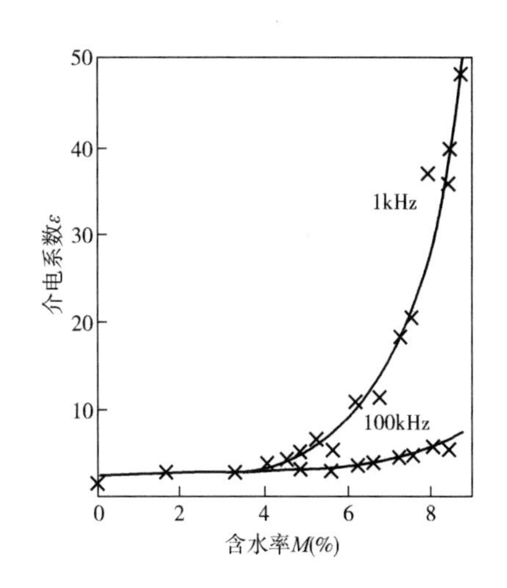

图 8－24　棉纤维的含水率与介电常数的关系

2. 介质损耗　纺织材料及水分子，在交变电场作用下，会发生极化现象，分子部分沿着电场方向定向排列，并随着电场方向的变换不断做交变取向运动，使分子之间不断碰撞和摩擦，引起介质发热。介质在电场作用下引起发热而消耗能量，称为介质损耗。单位时间内单位体积的介质析出热能 P 计算如下。

$$P = 0.556 f E^2 \varepsilon \tan\delta \times 10^{-12}$$

式中：P——电场消耗的功率，W/(cm³·s)；

f——电场的频率，Hz；

E——电场的强度，V/cm；

ε——介质的介电常数；

δ——介质损耗角。

干纺织材料的 ε 一般为 2～5，$\tan\delta$ 为 0.001～0.005，P 为 0.002～0.25；而水的 ε 一般为 40～80，$\tan\delta$ 为 6.15～12，P 为 6～69。水的介质损耗要比干纺织材料大许多，为避免因发热恶化甚至破坏材料，介质损耗越小越好。

利用介质损耗原理，可以对纺织材料加热烘干。高频加热干燥法也是利用这一原理检测纺织材料的含水的多少。

（二）纺织材料的导电性质

电流在纤维中的传导途径主要取决于电流的载体。吸湿性好的纤维，由于有［H^+］和

[OH^-]进入纤维内部,主要的是体积传导;而对疏水性纤维来说,由于纤维在后加工中的导电油剂主要分布在纤维的表面,因此,表面传导应是主要的。

1. 导电性能指标

(1)体积比电阻ρ_v。体积比电阻是指单位长度上所施加的电压U,相对于单位截面上所流过的电流I之比,其值是电阻率,单位为$\Omega \cdot cm$。

$$\rho_v = \frac{U/L}{I/S} = R \cdot \frac{S}{L}$$

(2)表面比电阻ρ_s。纤维柔软细长,体积或截面积难以测量,而通常纤维导电主要发生在表面,因此采用表面比电阻ρ_s表达。ρ_s是单位长度上的电压(U/L)与单位宽度上流过的电流(I/H)之比,单位为欧姆(Ω)。

$$\rho_s = \frac{U/L}{I/H} = R \cdot \frac{H}{L}$$

(3)质量比电阻ρ_m。考虑纤维材料比电阻测量的方便,引入质量比电阻ρ_m概念,即单位长度上的电压(U/L)与单位线密度纤维上流过的电流[$I/(W/L)$]之比,单位是欧姆·克/厘米^2($\Omega \cdot g/cm^2$)。W为纤维单位长度的质量(g)。

$$\rho = \frac{U/L}{I/(W/L)} = R \cdot \frac{W}{L^2} = \gamma \cdot \rho_v$$

对于纺织材料来说,由于截面积或体积不易测量,正如纤维细度一般不采用截面积表示一样,纺织材料的导电性一般也不采用体积比电阻ρ_v,而采用质量比电阻ρ_m

$$\rho_m = \rho_v \cdot \gamma$$

式中:γ——纤维的堆砌密度,g/cm^3。

纺织材料是不良电导体,它的质量比电阻很大。为方便,常采用质量比电阻的对数值($\lg\rho_m$)来表示(表8-19)。

表8-19 纺织材料的质量比电阻

纤维	棉	亚麻	苎麻	羊毛	蚕丝	黏纤	锦纶	涤纶	腈纶	涤纶	腈纶
$\lg\rho_m$	6.8	6.9	7.5	8.4	9.8	7.0	9~12	8.0	8.7	14	14

注 相对湿度$R.H.$=65%。

2. 纤维比电阻的主要影响因素 包括吸湿、温度、纤维附着物等。

(三)纺织纤维的静电

两种电性不同的物体相互摩擦时会有电子转移,分开时,一个物体带正电荷,另一个物体带负电荷,这种现象称为静电现象。一般规律是介电常数大的、电阻小的物体带正电,反之,带负电。将两物体按带电能的顺序排列成表,称为带电序列,如图8-25所示。靠近(+)的物体与靠近(-)的物体相互摩擦时,前者带正电荷,后者带负电荷。

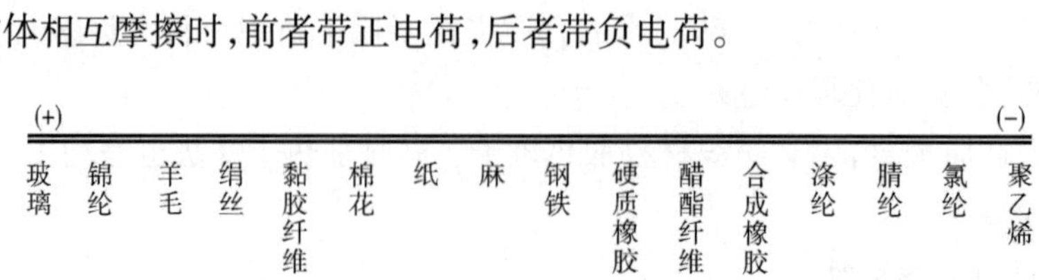

(+) 玻璃 锦纶 羊毛 绢丝 黏胶纤维 棉花 纸 麻 钢铁 硬质橡胶 醋酯纤维 合成橡胶 涤纶 腈纶 氯纶 聚乙烯 (-)

图8-25 物体的带电序列

从图 8 -25 可以看出,聚酰胺类纤维(羊毛、蚕丝和锦纶)排在表的靠近正电荷的一端,纤维素纤维排在表的中间,碳链纤维排在表的负电一端,但是试验条件的微小变化,可能引起纤维电位顺序的变化,且纺织材料带电后,材料各部位的电位并不相同,有的部位带负电荷,有的部位可能带正电荷。静电现象的严重与否,与纤维摩擦后的带电量及静电衰减速度有关。

纺织材料所带的静电,如果处理不当,会带来很大的危害,主要表现为以下几个方面。

(1)静电使纤维发生黏结或分散,如纤维层分层不清,梳理时爬道夫,绕折刀,纤维网不稳定;绕皮辊,绕罗拉,条子,纱线发毛,断头增多;筒子塌边,成形不良;整经时纱线相互排斥,产生吊经等,从而影响纤维的梳松、梳理,影响产质量。

(2)静电对飞花的吸附,会形成纱疵。静电使织物吸附尘埃而玷污;静电使衣服与人体吸附,影响服装的舒适与美观。

(3)静电电压有时高达几千伏、几万伏,触及会有触电感,甚至会产生火花,引起燃烧或爆炸,发生事故。

为了解决静电现象,在纺织生产和衣着过程中,常常采取一些必要的措施。一是提高车间相对湿度,增加纤维和纱线的回潮率,改善导电性能,降低比电阻;二是合成纤维在后加工过程中加上油剂;三是在静电现象严重的合成纤维中,混入吸湿性强的天然纤维或黏胶纤维;四是织造加油站工人穿着的职业服等面料时,隔一定间距加入导电纤维和碳纤维等;五是利用纳米技术,在生产合成纤维时,掺入微量导电元素,使之成为导电纤维。

单元三　纺织材料的光学性质

当光线照射在纤维上,在纤维[介质 2 与空气或液体(介质 1)]的界面处将发生反射与折射现象。

当到达另一界面时,再产生反射和折射。反射光的强弱,决定纺织材料的光泽,折射光被纤维所吸收,使纺织材料的性质发生了改变。

(一)色泽

色泽指颜色和光泽。颜色是由光和人眼视网膜上的感色细胞共同形成的,取决于纤维对不同波长光的吸收和反射。光泽取决于光线在纤维表面的反射情况。

色泽是影响纤维内在质量和外观性质的指标。原棉色泽暗,品质低;苎麻颜色白,光泽好,纤维强度高;蚕丝光泽柔和,丝色稍黄的,含胶量多。

1. *颜色*　人对光的颜色的感觉取决于光波的长短。人眼能感觉到的电磁波的波长为 380 ~ 780nm,这段电磁波称为可见光。当光照射到纤维后,部分波长的色光被吸收,部分波长的色光被反射,反射出来的色光刺激人的视网膜上的感色细胞。当视网膜上的红 R、绿 G、蓝 B 三种单元感色细胞受到不同程度的刺激时,引起其他各种颜色感觉,从而反映出纤维的颜色。

2. *光泽*　纤维的光泽由正反射光、表面散射光、来自内部的散射光和透射光所形成。因此,纤维的光泽取决于它的几何形态,如纤维的纵面形态、层状结构、截面形状等。

纤维纵面形态主要看纤维沿纵向表面的凹凸情况和粗细均匀程度。如纵向光滑,粗细均匀,则漫反射少,镜面反射高,表现出较强的光泽。丝光棉就是利用烧碱处理,棉纤维膨胀而使天然转曲消失,纵向变得平直光滑,使光泽变强。

纤维截面形状很多,光泽效应差异很大,有典型意义的是圆形和三角形。与空气相比,纤维是一种光密物质,当光线从三角形截面纤维内部向外折射时,有些内部反射光会在纤维截面的局部棱边上发生全反射。因此,三角形截面的光泽较强,当改变光线的入射角或观察角度时,光线在纤维内部的界面上的入射角度发生了变化,改变了产生全反射的棱边或界面,使得纤维的光泽发生明暗程度的交替变化,形成"闪光"效应。常用的闪光丝,就是一种具有三角形截面的合纤长丝。光线进入圆形截面纤维任一界面的入射角,都与光线进入纤维后的折射角相等,在任何条件下都不能形成全反射。因此,圆形截面纤维的透光能力比三角形截面纤维强,外观明亮。

为了获得特殊的光泽反应,可以生产各种异形化学纤维,如三角形、多角形、多叶形、Y形纤维等。为了消除圆形截面光泽刺目的外观,可以在纺丝过程中加入二氧化钛消光剂,利用二氧化钛粒子改变光线的入射情况,以达到消光作用。根据加入量的不同,可制得消光(无光)或半消光(半光)纤维。

(二)耐光性

纺织材料在日光照射下,纤维会发生大分子链断裂,大分子聚合度下降,使材料强度下降,变色,发脆,以致丧失使用价值。纺织材料抵抗日光作用的性能称为耐光性。

纺织材料在太阳光照射下,性能发生变化,主要是因为组成纤维的大分子链发生了裂解。裂解的程度与日光照射强度、照射时间、光线波长及纤维结构有关。照射光线强度强,时间长时,裂解程度大,材料强度损失大;紫外线波长短,能量高,特别是有氧存在的情况下,纤维发生有氧裂解,对纤维损伤程度大;纤维大分子中如含有羰基(CO—CO)基团,它吸收紫外线后易产生热振动,造成分子裂解,如含有氰基(—CN)基团,吸收紫外线后转化为热能释放出来,保护大分子链不断裂,使之具有良好的耐光性,如腈纶。

在常见纺织纤维中,腈纶的耐光性最好,锦纶较差,蚕丝最差,所以常用腈纶织制篷帐等户外织物,而真丝织物不宜在阳光下暴晒。常见纺织材料受阳光照射后强度损失情况见表8-20。

表8-20 常见纺织材料日晒后强度损失情况

纤维	棉	羊毛	亚麻	黏胶纤维	腈纶	蚕丝	锦纶	涤纶
日晒时间(h)	940	1120	1100	900	900	200	200	600
强度损失(%)	50	50	50	50	16~25	50	36	60

(三)光致发光

纺织材料在受到紫外线照射时,纤维大分子会受到激发,辐射出一定光谱的光,产生不同的颜色,这就称为光致发光。利用纤维发出的荧光颜色,可以鉴别纤维,查找异性纤维。纺织厂中也可用荧光快速鉴别各种混纺纱,以免混错。常见纺织纤维的荧光颜色见表8-21。

表8-21 常见纺织纤维的荧光颜色

纤维种类	荧光颜色	纤维种类	荧光颜色
棉	淡黄色	黏胶纤维(有光)	淡黄色紫阴影
羊毛	淡黄色	涤纶	白色青光
黄麻	淡黄色	锦纶	淡蓝色
黏胶纤维	白色紫阴影	维纶(有光)	淡黄色紫阴影

三、学习提高

(1)纺织材料的热、光、电性能对我们生产、生活有何启示?

(2)描述日常生活中纺织产品普遍存在的静电现象?举例说明热定形在生产和日常生活中的应用。

四、自我拓展

结合本节及以前学过的内容,查找相关资料,试设计一件保暖内衣(包括材料、结构、组织保暖率、冷感性舒适性)。设计方案填入表8-22。

表8-22　保暖内衣设计方案

方案	原料选用	组织结构	平方米重量	保暖率(%)	克罗值COL	热阻 R	舒适性评价
方案1							
方案2							
方案3							
方案4							
方案5							

任务四　了解纺织材料的其他性质及性能指标

一、学习内容引入

纺织材料除了一些基本性能外,还需要具有其他一些性能才能更好地满足人们日常生活的需要,比如窗帘和桌布,一般要求它具有较好的悬垂性能,经常不穿的衣服折叠后最好不要出现明显的皱褶等,随着人们生活水平的提高,对纺织品还会有哪些更高的要求呢?

二、知识准备

单元一　织物的外观保持性

(一)折皱回复性与免烫性

1. 折皱回复性　织物在穿用和洗涤过程中,会受到反复揉搓而发生塑性弯曲变形,形成折皱,称为织物的折皱性。实际上,织物的抗皱性是指除去引起织物折皱的外力后,由于弹性使织物回复到原来状态的性能。因此,也常称织物的抗皱性为折皱回复性或折皱弹性。由折皱性大的织物做成的服装,穿用过程中易起皱,即使服装色彩、款式和尺寸合体,也因易形成折皱而大大失去其美学性,而且还会在折皱处易磨损,降低了使用性。毛织物具有良好的抗皱性,所以织物的折皱回复性是评定织物毛型感的一项重要指标。其测试方法如下。

(1)垂直法。试样为凸形,如图8－26所示。试验时,试样沿折叠线1处垂直对折,平放于试验台的夹板内,再压上玻璃承压板。然后,在玻璃承压板上加上一定压重,经一定时间后释去压重,取下承压板,将试验台直立,由仪器上的量角器读出试样两个对折面之间张开的角度。此角度称为折痕回复角。通常将在较短时间(如15s)后的回复角称为急弹性折痕回复角,将经较长时间(如5min)后的回复角称为缓弹性折痕回复角。

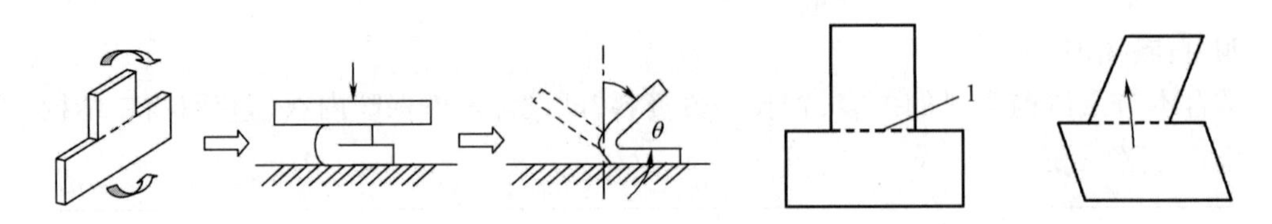

图8－26 折皱回复性——垂直法

(2)水平法。试样为条形,试验时,如图8－27所示,试样1水平对折夹于试样夹2内,加上一定压重,定时后释压。然后,将夹有试样的试样夹如图8－27所示,插入仪器刻度盘3上的弹簧夹内,并让试样一端伸出试样夹外,成为悬挂的自由端。为了消除重力的影响,在试样回复过程中必须不断转动刻度盘,使试样悬挂的自由端与仪器的中心垂直基线保持重合。经过一定时间后,由刻度盘读出急弹性折痕回复角和缓弹性折痕回复角。通常以织物工反两面经、纬两向的折痕回复角作为指标。

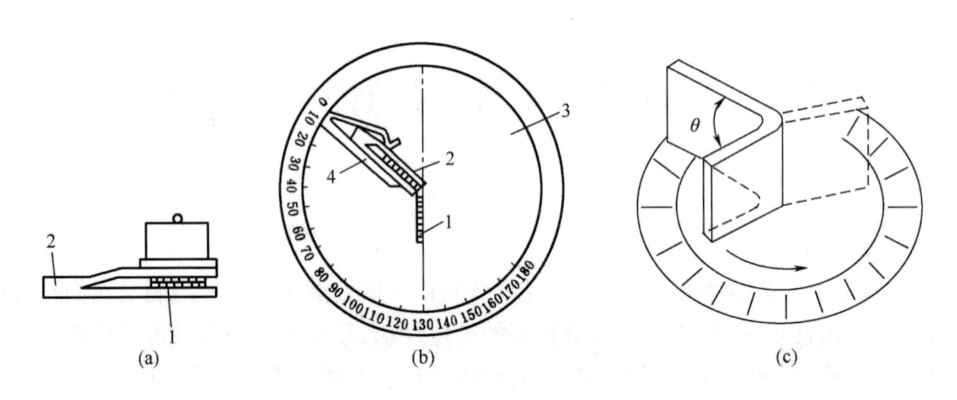

图8－27 折皱回复性——水平法

另外,还可进一步用折痕回复率来表示,它是织物的折痕回复角占180°的百分率,计算式如下:

$$R = \frac{\alpha}{180} \times 100\%$$

式中:R——折皱回复率;

α——折皱回复角,°。

应该指出,上述测定试样回复角的方法,实质上只是反映了织物单一方向、单一形态的折痕回复性。这与实际使用过程中织物多方向、复杂形态的折皱情况相比,还不够全面。为此,国外已研制出能使试样产生与实际穿着相近的折痕的试验仪器。试验时,试样经仪器处理产生折痕,然后除压,放置一定时间后用目测方法对照标样对折痕状态加以评级。

2. *织物免烫性*　织物免烫性是指织物经洗涤后，不经熨烫而保持平整、形状稳定的性能，又称“洗可穿”性。当然希望服用织物具有良好的“洗可穿”性。

织物免烫性的测试是将试样先按一定的洗涤方法处理，干燥后，根据试样表面皱痕状态，与标准样照对比，分级评定。指标为平挺度，以1～5级表示。1级最差，5级最好。

按洗涤处理的方法不同，可分为以下几种方法。

（1）拧绞法。在一定张力下对浸渍后的试样拧绞，释放后，对比样照评定。

（2）落水变形法。将试样在一定温度、按要求配制的溶液中浸渍，一定时间后，用手执住两角，在水中轻轻摆动后提出水面，再放入水中，如此反复数次后，悬挂晾干至与原重相差±2%时，对比样照评定。此法用于精梳毛织物及毛型化学纤维织物中。

（3）洗衣机洗涤法。按规定条件在洗衣机内洗涤，干燥后，对比样照评定。对评定服装用织物的“洗可穿”特性来说，洗衣机洗涤法较接近实际穿着。

织物免烫性与纤维吸湿性、织物在湿态下的折痕回复性及缩水性密切相关。一般来说，纤维吸湿性小的，织物在湿态下的折痕回复性好的，缩水性小的，织物的免烫性较好。合成纤维较能满足这些性能，涤纶的免烫性尤佳。毛织物下水后干燥很慢，织物形态稳定程度明显变差，表面不平挺，其免烫性较差，一般都需经熨烫才能穿用。此外，树脂整理后的棉、黏胶纤维织物，免烫性明显改善。液氨处理同时也能改善高档棉、麻织物的免烫性，这是因为处理后氨分子中氮原子能同纤维素分子中的自由羟基结合，形成氨键网状结构，有助于弹性回复，从而改善织物的平挺度。

（二）刚柔性和悬垂性

1. *刚柔性*　是指织物的硬挺和柔软程度。一种织物比较硬挺，是说这种织物抵抗其弯曲方向形状变化的能力较大，或者说抗弯曲刚度大。其相反的特征是柔软性差。织物的刚柔性是织物的一个重要性能，它与织物的美学性关系密切，与织物的舒适性也有一定关系。

刚柔性的测试方法很多，其中最简单的是斜面法。如图8－28所示；心形法测试如图8－29所示。

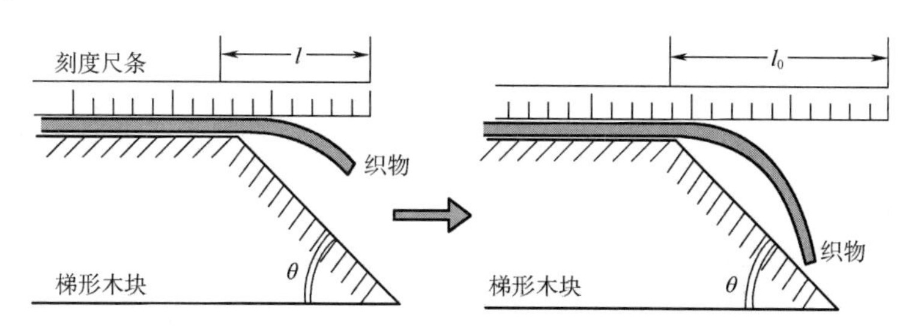

图8－28　斜面法测量原理示意（Peirce法）

试样1为宽2cm、长约15cm的布条，放在一端有斜面的水平台上，试样上面放一块滑板，并使试样下垂端与滑板平齐，滑板下部平面上附有橡胶层，使滑板慢慢向右移动，直到由于织物自身重量的作用而下垂触及斜面为止。从试条滑出长度 l 与斜面角度，即可求出织物的抗弯长度 c（cm）。计算式如下：

$$c = l\left(\frac{\cos\frac{\theta}{2}}{8\tan\theta}\right)^{\frac{1}{3}}$$

式中:l——试样在斜面上的滑出长度,cm;

θ——斜面角度(一般为45°)。

织物的抗弯长度 c 越长,表示织物越硬挺。由抗弯长度 c 还可求出表示织物刚柔性的另一指标,即抗弯刚度 B(cN·m)。计算式如下:

$$B = G \times c^3 \times 9.8 \times 10^{-7} = 9.8 \times G \times (0.487l)^3 \times 10^{-7} = 1.13Gl^3 \times 10^{-7}$$

式中:G——织物的平方米重量,g/m²。

织物的抗弯刚度越大,织物越硬挺。试验时应分别测出经、纬向的抗弯刚度,再求织物的总抗弯刚度:

$$B = \sqrt{B_T \cdot B_W}$$

斜面法适合测试毛织物及比较厚实的其他织物,对于轻薄织物和有卷边现象的织物可用心形法测试,心形法也称圆环法,如图8-29所示。心形法试样规格为2cm×25cm,两端各在2.5cm处做一标记,试样长度有效部分为20cm。在标记处将试样用水平夹头夹牢,试样在自身重量下形成心形。经1min后,测出水平夹持器顶端至心形下部的距离 l,表示织物的柔软性。l 称为悬重高度(单位:mm),又称柔软度。l 越长,表示织物越柔软。目前已有LFY-22B型自动织物硬挺度试验仪,测试织物刚柔性。影响织物刚柔性的因素有以下几种。

(1)纤维性质。纤维的初始模量是影响织物刚柔性的决定因素。初始模量大的纤维,其织物刚性大,织物硬挺。反之,织物比较柔软。如羊毛、黏胶纤维、锦纶等织物,因纤维初始模量低,所以织物比较柔软。而麻纤维、涤纶初始模量高,因此,织物比较硬挺。纤维的截面形态也影响织物的刚柔性,一般是异形纤维织物刚性大,比较硬挺。

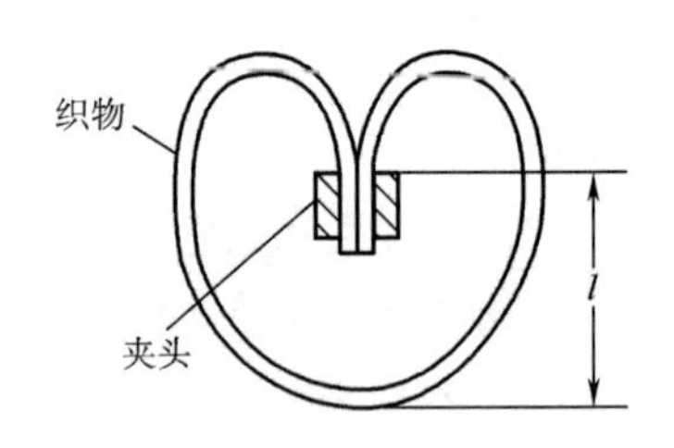

图8-29 心形法测试织物刚柔性示意图

(2)纱线结构。纱线的抗弯刚度大时,织物的抗弯刚度也较大。因此,纱线直径大,捻度大时,织物硬挺,柔软性差。

(3)织物结构。织物厚度对织物的刚柔性有明显影响。织物厚度增加,硬挺度明显增加;织物交织次数多,浮长线短时,织物的硬挺度增加。因此在其他条件相同时,平纹织物最硬挺,缎纹织物最柔软,斜纹介于两者之间。织物紧度不同时,紧度大的织物比较硬挺。机织物与针织物相比较,机织物的抗弯刚度大,比较硬挺。针织物中,线圈长,针距大时,织物比较柔软。

(4)后整理。织物通过后整理,可以改变其刚柔性。即可以对织物进行硬挺整理和柔软整理。进行硬挺整理是用高分子浆液黏附于织物表面,织物干燥后变得硬挺光滑。柔软整理可采用机械揉搓方法,对织物多次揉搓,使织物硬挺度下降。也可采用柔软剂整理,减少纤维间或纱线间的摩擦阻力,提高织物的柔软性。合成纤维织物在后整理加工时,在烧毛、染色、热定型中,若温度过高,会导致织物发硬、变脆。

不同用途的织物对刚柔性的要求不相同,内衣织物要求柔软才穿着舒适,而外衣织物要求硬挺与柔软皆适当,才能既满足美观的要求,同时又穿着舒适。

2. 悬垂性 织物的悬垂性是指织物因自重下垂的性能。用光电悬垂仪测织物的悬垂性快速、准确,如图8-30所示。1为试样,2为支柱,3、5为反光镜,4为光源,放在反光镜3的焦点上,6为光电管,装在反光镜5的焦点上。其原理是,硬挺的织物下垂程度小、遮光多、光电流

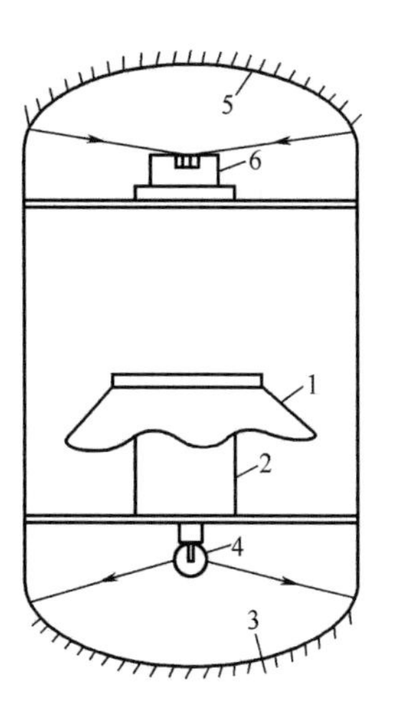

图 8-30 光电悬垂仪测织物的悬垂性

小。相反,柔软的织物挡光少,光电流大。由光电流的变化间接反映出织物的悬垂性。

悬垂性指标——垂性系数 F、悬垂度 F_0:

$$F = \frac{A_F - A_d}{A_D - A_d} \times 100\% \qquad F_0 = \frac{A_D - A_F}{A_D - A_d} \times 100\%$$

式中:F——悬垂性系数;

F_0——悬垂度;

A_F——试样悬垂状态下的投影面积;

A_D——试样面积;

A_d——小圆台面积。

织物的悬垂系数小,说明织物柔软,一般说柔软织物具有好的悬垂性。但是有的织物悬垂系数虽小,但悬垂时并不能形成曲率均匀的弧面,给人的感觉不美观,不能说这种织物具有优良的悬垂性。只有悬垂系数较小,而又能形成曲率均匀的弧面时,才认为是具有优良的悬垂性。对于某些用途的织物,如裙子、桌布、舞台帷幕,要求具有良好的悬垂性。对于西服、旗袍用面料,也要求具有良好的悬垂性。

(三)尺寸稳定性

1. 缩水性　是指织物在常温水中浸渍或洗涤干燥后发生尺寸变化的性能,是印染织物特别是服装织物的一项重要质量性能。织物的缩水降低了织物的尺寸稳定性和外观。因此,在裁制服装前应考虑织物的缩水性,特别是裁制由两种以上的织物缝合成的服装时,必须考虑织物的缩水性,才能缝制出合体美观不变形的服装。

(1)织物缩水的原理。织物浸湿或洗涤,纤维充分吸收水分,纤维吸湿后,水分子进入纤维内部,使纤维发生体积膨胀,但直径增加的多,而长度增加很少。当纤维直径增加时,纱线变粗,纱线在织物中的屈曲程度增大,迫使织物收缩。其次,织物在纺织染整加工过程中,纤维纱线多次受拉伸作用,内部积累了较多的剩余变形和较大的应力。当水分子进入纤维内部后,使纤维大分子之间的作用力减小、内应力降低、热运动加剧,加速了纤维缓弹性变形的回复。因此,使织物发生收缩,而且是不可逆的。至于羊毛织物缩水,还由于羊毛织物在洗染过程中,反复承受拉伸、挤压作用后,会产生缩绒现象引起织物收缩。

(2)织物缩水性的测试方法和指标。织物缩水性的测试方法,目前常用的是机械缩水法和浸渍缩水法。两者都是将规定尺寸的试样在规定温度的水中处理一定时间,经脱水干燥后,测量经纬(或纵横)向长度。两者不同之处是前者是动态,不仅使织物消除纺织加工中的变形,由于作用比较剧烈,还可能产生新的变形。后者是静态的,只能消除纺织加工中产生的变形,不产生新的变形。适用于不宜剧烈洗涤的真丝织物和黏胶织物。

织物的缩水性用缩水率表示。其计算式是:

$$缩水率 = \frac{L_0 - L_1}{L_0} \times 100\%$$

式中:L_0——缩水前的尺寸;

L_1——缩水后的尺寸。

(3)影响织物缩水的因素。影响织物缩水的因素很多,试验方法不同,测出的缩水率并不相同。除以上原因外主要还有以下几个方面。

①纤维的吸湿能力:纤维的吸湿性好,吸湿膨胀率大,织物的缩水率高。棉、麻、毛、丝,特别是黏胶纤维,吸湿好。因此,这些纤维织物的缩水率大。合成纤维吸湿性差,有的几乎不吸湿,因此,合成纤维织物的缩水率很小。

②羊毛纤维缩绒性高低:羊毛纤维的缩绒性高,羊毛织物在洗涤时因缩绒引起织物的缩水性大。因此,在洗涤毛织物时,尽量减少揉搓、挤压。最好采用干洗,避免产生变形。

③纱线捻度:纱线捻度大时,纱线结构紧密,对纤维吸湿膨胀引起的纱线直径变大有所限制。因此,一般纱线捻度大的织物缩水率小些。另外,一般织物经纱捻度大于纬纱捻度,因此,经向缩水率大于纬向缩水率。

④织物结构:在织物结构方面,若织物紧度大,则缩水率小些。若经、纬向紧度不同时,经纬向缩水率也有差异。一般织物经向紧度大于纬向紧度,如府绸、卡其、华达呢等,紧度大的经向缩水率小于纬向缩水率。平纹织物经、纬向紧度接近,因此经纬向缩水率大小也基本相同。如果织物整体结构较稀松,如女线呢类织物,纱线易产生吸湿膨胀,织物的缩水率大。

⑤生产工艺织物:在生产过程中积累的剩余变形多,内应力大时,织物的缩水率也大。因此,生产中张力大时,织物缩水率大。织物在后加工中,若经树脂整理、毛织物经防缩整理,织物的缩水性将明显降低。

2. *热收缩性* 合成纤维及以合成纤维为主的混纺织物,在受到较高的温度作用时发生的尺寸收缩程度称为热收缩性。

织物发生热收缩的主要原因是由于合成纤维在纺丝成形过程中,为获得良好的力学性能,均受到一定的拉伸作用。并且纤维、纱线在整个纺织染整加工过程中也受到反复拉伸,当织物在较高温度下受到热作用时,纤维内应力松弛,产生收缩,导致织物收缩。对于维纶织物及以维纶为主的混纺织物来说,还由于维纶纤维大分子结构上的多羟基特点所致,缩醛度较低的维纶制成的织物在热水中会发生较大的收缩。为了降低其热收缩性,维纶织物可通过印染厂的预缩工艺来改善其热收缩性。

织物的热收缩性可用热水、沸水、干热空气或饱和蒸汽中段收缩率来表示。与缩水率相仿,它们也为织物经各种热处理前、后长度的差值对处理前长度之比的百分率。

(四)褶裥保持性

织物经熨烫形成的褶裥(含轧纹、折痕),在洗涤后经久保形的程度称为褶裥保持性。褶裥保持性与裤、裙及装饰用织物的折痕、褶裥、轧纹在服用中的持久性直接相关。

褶裥保持性实质上是大多数合成纤维织物热塑性的一种表现形式。由于大多数合成纤维是热塑性高聚物,因此,一般都可通过热定型处理,使这类纤维或以这类纤维为主的混纺织物,获得使用上所需的各种褶裥、轧纹或折痕。

织物褶裥保持性的测试采用目光评定法。试验时,先将织物试样正面在外对折缝牢,覆上衬布在定温、定压、定时下熨烫,冷却后在定温、定浓度的洗涤液中按规定方法洗涤处理,干燥后在一定照明条件下与标准样照对比。通常分为5级,5级最好,1级最差。

织物的褶裥保持性除主要取决于纤维的热塑性外,还与纤维的弹性有一定关系。热塑性和弹性好的纤维,在热定型时织物能形成良好的褶裥等变形,使用时虽因外力而产生新的变形,一旦外力消去后,回复到原来褶裥或折痕、轧纹形状的能力也较好。因此,涤纶、腈纶织物的褶裥持久性最好,锦纶织物的褶裥持久性也可以,维纶、丙纶织物的褶裥持久性较差。纱线的捻度和织物的厚度对织物的褶裥持久性也有一定影响，捻度和厚度大的织物熨烫后的褶裥持久性较好些。此外，织物的褶裥持久性还与热定型处理时的温度、压强及织物的含水率有关。实验表明，须在适当温度下，才能获得好的褶裥持久性。达到一定压强才能提高折痕效果，而压强达到6～7kPa（大致相当于成年男子熨烫时的作用力除以熨斗底面积所得压强），则折痕效果不再增加。熨烫时间与褶裥持久性的关系也较大，在适当温度下，厚织物熨烫10s时，大体上可获得较好折痕，30s对折痕达到平衡。织物含水率与褶裥持久性的关系很大，一定的含水率时，折痕效果最大，而含水率再增加，则引起熨斗表面温度下降，使折痕效果降低。提高熨斗温度，则最适宜的含水率向高的方向移动。水的存在使纤维大分子间距扩大，而增大分子的热运动，被认为是一种可塑性剂。非热熔性织物经过树脂整理后，褶裥持久性有所提高，采用树指整理并经热轧处理，也能使这类织物获得较持久的褶裥、折痕或轧纹。

（五）起毛起球性

织物起毛起球过程可分起毛、纠缠成球、毛球脱落三个阶段。织物在穿用过程中，受多种外力和外界的摩擦作用。经过多次的摩擦，纤维在纱内的抱合力逐渐减小，当小于外部摩擦力时，纤维端伸出织物表面形成毛绒，称为织物起毛。在继续穿用时，绒毛不易被摩擦断裂，继续摩擦绒毛纠缠在一起，在织物表面形成许多小球粒，称织物起球。

如果在穿用过程中形成毛绒后纤维很快被摩擦断裂或织物内纤维被束缚得很紧，纤维毛绒伸出织物表面较短，织物表面并不能形成小球。纤维毛绒纠缠成球后，在织物表面会继续受摩擦作用，达到一定时间后，毛球会因纤维断裂从织物表面脱落下来。因此，评定织物起毛起球性的优劣，不仅看织物起毛起球的快、慢多少，还应视脱落的速度而定。

1. *起手起球性测定*　织物起毛起球后，严重影响其外观。降低织物的服用性能，甚至因此失去使用价值。因此对某些织物要进行起毛起球试验。特别是毛织物或仿毛织物，织物起毛起球是评等条件之一，因此要做起毛起球试验。目前广泛使用的试验方法有三种，即圆磨起球仪法、马丁代尔型磨损仪法和起球箱法。

（1）圆磨起球仪法。圆磨起球仪有YG501型织物起球仪等，是将织物的起毛起球分别进行测试，在一定压力下，以圆周运动的轨迹使织物与尼龙毛刷摩擦一定次数，使织物表面产生毛绒，然后使试样再与标准织物进行摩擦，使织物起球。经一定次数后，与标准样照对比，评定起球级别。此法多用于低弹长丝机织物、针织物及其他化学纤维纯纺或混纺织物。

（2）马丁代尔型磨损仪法。该方法是以织物磨损仪来评定织物起球的方法。在一定压力下，织物试样与本身织物进行摩擦。达到规定次数后，试样与标准样照对比，评定织物试样起球级别。此种方法也是目前国际羊毛局规定的用来评定精纺或粗纺毛织物起球的标准方法。

（3）起球箱法。起球箱法是用于织物在不受压力情况下进行起球的仪器。试验时，将一定规格的织物试样缝成筒状，套在聚氨酯载样管上，然后放入衬有橡胶软木的箱内，开动机器使箱转动，试样在转动的箱内受摩擦。试样箱翻动一定次数后，自动停止，取出试样，评定织物起球等级。该方法适用于毛织物及其他较易起球的织物。

2. *织物起毛起球性的评定*　评定织物起毛起球性的方法很多，由于纤维纱线以及织物结构不同，毛球大小、形态不同，起毛起球以及脱落速度不同。因此很难找到一种十分合适的评定方法。但目前用得较多的是评级法。标准样照分1～5级，1级最差，5级最好，1级严重起毛起球，5级不起毛起球。试样在标准条件下与样照对比，评定等级。该方法的缺点是每种织物必须制订一套标准样照，否则无可比性。此外，该方法受人为目光的影响。可能出现同一试样不同人看法并不一致的情况。

3. 影响织物起毛起球的因素

(1)纤维性质。纤维性质是织物起毛起球的主要原因。纤维的力学性质、几何性质以及卷曲多少都影响织物的起毛起球性。从日常生活中发现,棉、麻、黏胶纤维织物几乎不产生起球现象,毛织物有起毛起球现象。特别是锦纶、涤纶织物最易起毛起球,而且起球快、数量多、脱落慢。其次是丙纶、腈纶、维纶织物。由此看出,纤维强力高、伸长率大、耐磨性好,特别是耐疲劳的纤维易起毛起球。纤维长、粗时织物不易起毛起球,长纤维纺成的纱,纤维少,且纤维间抱合力大。所以织物不易起毛起球。粗纤维较硬挺,起毛后不易纠缠成球。纤维截面形状对织物起毛起球也有一定的影响。一般说圆形截面的纤维比异形截面的纤维易起毛起球。因为圆形截面的纤维抱合力较小而且不硬挺,因此易起毛起球。为此,生产异形纤维可减少织物起球性。另外,卷曲多的纤维也易起球。细羊毛比粗羊毛易起球原因之一是细羊毛卷曲较粗羊毛多。

(2)纱线结构。纱线捻度、条干均匀度影响织物起毛起球性。纱线捻度大时,纱中纤维被束缚得很紧密,纤维不易被抽出,所以不易起球。因此,涤棉混纺织物适当增加纱的捻度,不仅能提高织物滑爽硬挺的风格,还可降低起毛起球性。纱线条干不匀时,粗节处捻度小,纤维间抱合力小,纤维易被抽出,所以织物易起毛起球。精梳纱织物与普梳纱织物相比,前者不易起毛起球。花式线、膨体纱织物易起毛起球。

(3)织物结构。织物结构对织物的起毛起球性影响也很大。在织物组织中,平纹织物起毛起球性最低,缎纹最易起毛起球,针织物较机织物易起毛起球。针织物的起毛起球与线圈长度、针距大小有关。线圈短、针距细时织物不易起毛起球。表面平滑的织物不易起毛起球。

(4)后整理。如织物在后整理加工中,适当地经烧毛、剪毛、刷毛处理,可降低织物的起毛起球性。对织物进行热定型或树脂整理,也可降低织物的起毛起球性。

(六)勾丝性

织物中纤维和纱线由于勾挂而被拉出于织物表面的程度称为勾丝性。织物的勾丝主要发生在长丝织物和针织物中。它不仅使织物外观明显变差,而且影响织物耐用性。随着长丝针织物尤其是丝袜大量进入服装领域,这一缺点显得十分突出。

勾丝一般是在织物与粗糙、尖硬的物体摩擦时发生的。此时,织物中的纤维被勾出,在织物表面形成丝环;当作用剧烈时,单丝还会被勾断,在织物表面形成毛绒。

织物勾丝性测试是先采用勾丝仪使织物在一定条件下勾丝,然后再与标准样照对优评级。分为1~5级,5级最好,1级最差。影响勾丝性的因素有纤维性状、纱线性状、织物结构及后整理加工等。其中以织物结构的影响最为显著。

1. 纤维性状方面　圆形截面的纤维与非圆形截面的纤维相比,圆形截面的纤维容易勾丝。长丝与短纤维相比,长丝容易勾丝。由此可见,锦纶、涤纶等长丝织物容易勾丝。纤维的伸长能力和弹性较大时,能缓和织物的勾丝现象。这是因为织物受外界粗糙、尖硬物体勾引时,伸长能力大的纤维可以由本身的变形来缓和外力的作用;当外力释去后,又可依靠自身较好的弹性局部回复进去。

2. 纱线性状方面　一般规律是结构紧密、条干均匀的纱线不易勾丝。因此,纱线增加一些捻度,可减少织物勾丝。线织物比纱织物不易勾丝。低膨体纱比高膨体纱不易勾丝。

3. 织物结构方面　结构紧密的织物不易勾丝,这是由于纤维被束缚得较为紧密,不易被勾出。表面平整的织物不易勾丝,这是因为粗糙、尖硬的物体不易勾住这种织物的交织点。针织物勾丝现象比机织物明显，其中平针织物不易勾丝；纵、横密度大，线圈长度短的针织物不易勾丝。

4. *后整理加工方面* 热定型和树脂整理能使织物表面更光滑平整，勾丝现象有所改善。

单元二 织物的舒适性

舒适性是织物服用性能的一个重要指标，它涉及的领域很广，既有物理学、生理学方面的因素，也有社会学、心理学等方面的因素。

(一)织物的透通性

织物的透通性是影响舒适性的非常重要的因素。织物的透通性是反映织物对“粒子”导通传递的性能，粒子包括气体、湿汽、液体，甚至光子、电子等。因为人体对环境的舒适感取决于气、热、湿能量、质量的交换及其平衡状态(图 8－31)。

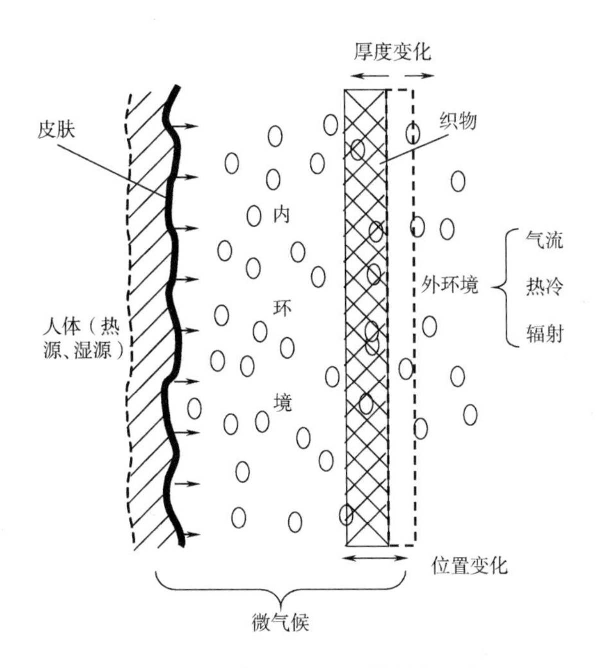

图 8－31 人体—织物—环境的相互作用

1. *透气性* 气体分子通过织物的性能称为织物的透气性，是织物透通性中最基本的性能。夏季服装应具有较好的透气性，而冬季服装则应具有较小的透气性，使衣服中能储存较多的静止空气，以提高保暖性。

织物的透气主要与织物内纱线间、纤维间的空隙大小、多少及织物厚度有关。即与织物的经纬密度、纱线线密度、纱线捻度等有关。

纤维几何形态关系到纤维集合成纱时纱内空隙的大小和多少。大多数异形截面纤维制成的织物透气性比圆形截面纤维的织物好。压缩弹性好的纤维制成的织物透气性也较好。吸湿性强的纤维，吸湿后纤维直径明显膨胀，织物紧度增加，透气性下降。

纱线捻系数增大时，在一定范围内使纱线密度增大，纱线直径变小，织物紧度降低，因此织物透气性有提高的趋势。在经、纬(纵、横)密度相同的织物中，纱线线密度减细，织物透气性增加。

织物几何结构中,增加织物厚度,透气性下降。织物组织中,平纹织物交织点最多,浮长最短,纤维束缚得较紧密,故透气性最小;斜纹织物透气性较大;缎纹织物更大。纱线线密度相同的织物中,随着经、纬密的增加,织物透气性下降。织物经缩绒(毛织物)、起毛、树脂整理、涂胶等后整理后,透气性有所下降。宇航服结构中的气密限制层,通常采用气密性好的涂氯丁锦纶胶布材料制成。

2. 透汽性　织物的透汽性也称透湿性,是指织物透过水汽的性能。服装用织物的透湿性是一项重要的舒适、卫生性能,它直接关系织物排放汗汽的能力。尤其是内衣,必须具备很好的透湿性。当人体皮肤表面散热蒸发的水汽不易透过织物陆续排出时,就会在皮肤与织物之间形成高温区域,使人感到闷热不适,如宇航服结构中的内衣舒适层就采用了透湿性好的全棉针织品制作。

当织物两边的蒸汽压力不同时,蒸汽会从高压一边透过织物流向另一边,蒸汽分子通过织物有两条通道。一条是织物内纤维与纤维间的空隙;另一条通道是凭借纤维的吸湿能力,接触高蒸汽气压的织物表面纤维吸收了气态水,并向织物内部传递,直到织物的另一面,又向低压蒸汽空间散失。

织物的透汽性主要取决于织物的结构。织物结构松散时,透汽量大。其次是纤维性质,亲水性纤维织物的透汽性比疏水性纤维织物的透汽性好。棉、麻、毛、蚕丝以及黏胶纤维、醋酯纤维等吸湿性好,因此这些纤维织物的透汽性好。其中尤以苎麻纤维最佳,吸湿量大、吸湿放湿速度快,所以透汽性最好。并且由于该纤维织物硬挺、不贴身,所以麻织物是理想的夏季服装面料,合成纤维大都吸湿性差,因此,合成纤维织物的透汽性也差。但丙纶例外,它的吸湿性很差,平衡回潮率接近于零,但丙纶纤维织物的透汽性却很好,主要是因为它具有很好的芯吸作用。应该指出,织物的透湿性与透气性是密切相关的。

3. 透水性　织物透水性是指液态水从织物一面渗透到另一面的性能。由于织物用途不同,有时采用与透水性相反的指标——防水性来表示织物阻止水分子透过的性能。对于工业用过滤布要有良好的透水性。雨伞、雨衣、篷帐、鞋布等织物要有很好的防水性。

水分子通过织物有以下三种通道,首先水分子通过纤维与纤维、纱线与纱线间的毛细管作用从织物一面到达另一面;其次是纤维吸收水分,使水分子从一面到达另一面;第三条通道是水压作用,迫使水分子透过织物空隙到达另一面。因此,织物的透水性、防水性就与织物结构、纤维的吸湿性、纤维表面的蜡质、油脂等有关。为满足特殊需要,可对织物进行防水整理,生产出高防水的织物,还可以生产既防水又透汽的织物。

接触角是水分子间凝聚力和水分子与织物表面分子间附着力的函数。接触角越大,水分子与织物表面分子间附着力越小,水分子间凝聚力小,水分子越不易附着,故抗淋湿性越好;反之,抗淋湿性越差。一般当 $\theta > 90°$ 时,织物抗淋湿性较好;当 $\theta < 90°$ 时,织物容易被水润湿,抗淋湿性较差。

织物的拒水性在一定程度上也受纤维性质及织物结构的影响。吸湿性差的纤维织物一般都具有较好的抗渗水性,而纤维表面存在的蜡质、油脂等可使水滴附着于织物上的接触角大于90°,从而产生一定的抗淋湿性,当这些蜡质、油脂随织物多次洗涤而逐渐去掉后,接触角将大大小于90°,使织物抗淋湿性大力降低。织物结构中,紧度大的,水不易通过,也有一定的抗渗水性。织物的防水整理是获得抗淋湿要求的主要途径。防水整理剂大多是含有对水分吸附力很小的长链脂肪烃化合物,织物经这种化合物整理后,纤维表面布满了具有疏水性基团的分子,使水滴与织物表面所形成的接触角增大,水分子不易附着,从而提高了抗淋湿性。织物表面涂以这种不透水的薄膜层后,解决了抗淋湿问题,但由此产生不透汗汽的新问题。对雨衣织物来说,往往要求既防雨又透汗汽,为解决这一矛盾,近年来已研制成一种既防雨又透汗汽的雨衣布,其基本原理是根据水滴与汽滴的大小差异:水滴直径通常为 100～3000μm;汽滴直径通常为 0.0004μm。由此出发,通过特殊加工,使织物表面构成的微孔只让汽滴通过,不让水滴通过,从而获得既防雨又透汗汽的双重功能。加工方法有在织物上压上有无数微孔的树脂薄层;通过特殊涂层处理,在织物表面形成无数微孔以及用超细纤维制造超高密结构的织物等。

(二)触感舒适性能

除了热湿舒适性以外,触感舒适性也是服装舒适性的重要方面,对贴身穿着的服装尤其重要。触感舒适性主要是由构成服装的织物的力学性能作用于人体皮肤的结果,因此,服装触感舒适性的评价与织物的力学性能、皮肤的特性及环境的温湿度等因素密切相关。服装的触感舒适性主要包括接触冷暖感、刺痒感和黏体感。

1. *接触冷暖感*　环境温度较低的情况下,当人体接触织物时,由于人体皮肤温度比织物温度高,热量就会由接触部位的皮肤向织物传递,导致接触部位的皮肤温度降低,因而与其他部位的皮肤温度有一定的差异,这种差异经过神经传到大脑所形成的冷暖判断及知觉,称为织物的接触冷暖感。在气温较低的季节,如冬季,贴身穿着服装所用的织物若暖感较强则比较舒适,反之,若织物的冷感较强,穿着时皮肤就会感到骤凉而不舒适。主要的测量方法是最大热流量法,其中最有代表性的仪器是 KESF—TLII 型精密热物性测试仪。测量时,将织物置于加热的铜板(与皮肤温度相当)上,测量由加热铜板向织物的瞬间导热率。导热初期的最大热流量值越大,织物的冷感越强。

影响织物冷暖感的因素主要有以下几种。

(1)纤维原料。首先,纤维的导热系数和比热都会影响织物的接触冷暖感。纤维的导热系数和比热值越大,在其他条件相同的情况下,织物的接触冷感就越强。各种材料的导热系数参见表 8－12。其次,纤维的吸湿性能和卷曲情况都会影响最终织物的冷暖感。

(2)纱线结构。纱线结构的蓬松程度及毛羽的长短多寡都会在很大程度上影响织物的冷暖感。其他条件相同时,短纤纱织物一般比普通长丝纱织物的冷感弱;空气变形纱织物比普通长丝纱织物的冷感弱;粗纺毛织物比精纺毛织物的暖感强;腈纶膨体纱织物比普通腈纶短纤纱织物的暖感强。圈圈纱、雪尼尔纱织物比普通短纤纱织物的暖感强。

(3)织物结构。织物组织及经纬密度在一定程度上会影响织物的冷暖感。通常,当织物结构致密、表面光滑时,由于与皮肤接触的面积大和织物内静止空气含量少,织物的导热能力强,热量传递快,因此具有较强的冷感。

(4)织物后整理。有些后整理工序对织物的表面结构有很大的改变,如缩绒、磨毛、起绒、拉毛等工序能增加织物表面的绒毛,使织物内静止空气含量增加并使织物与皮肤接触的表面积减小,因此能提高织物的温暖感;另外一些工序,如烧毛、丝光、电光等工序有减少织物表面的毛羽或使织物表面光滑的作用,因此会增加织物的冷感。

(5)织物含水。织物的含水率越大,冷感也越强。因此,冬天的衣服汗湿后会感觉很冰凉,易使人感冒。

(6)织物存放环境的温度。织物存放环境的温度越低,织物的冷感也越强。

(7)服装压力。服装压力越大,服装与皮肤的贴紧程度越高,织物与皮肤的接触面积就越大,因此冷感越强。但是,服装压力增加到一定程度后,冷感就几乎不再变化。

2. 织物的刺痒感　某些织物的服装与皮肤接触时,由于织物与皮肤之间的相互挤压、摩擦,使皮肤产生刺痛和瘙痒的不舒适感觉,这就是织物的刺痒感,它是引起贴身穿着服装不舒适的一个重要方面。

织物的刺痒感主要见于毛衣、粗纺毛织物和麻织物等。

(1)织物刺痒感产生的机理。澳大利亚的 Garnsworthy 等人的研究表明,羊毛织物的刺痒感是由伸出织物表面的粗的纤维头端引起的机械刺激所致。

Naylor 等人进一步的研究表明,对羊毛针织物而言,织物中所含有的直径大于 30μm 的粗羊毛纤维的比例,是引起织物刺痒感的重要参数。Naylor 用不同细度的腈纶混纺织物进行织物刺痒感的研究,证实了刺痒感是由织物中所含有的粗纤维(直径大于 30 ~ 35μm)的比例决定的而与具体的纤维细度分布无关;同时他还发现,相似细度的羊毛和腈纶,其织物的刺痒感也接近。

有些苎麻织物也有刺痒感,其机理与羊毛织物相同。

(2)织物的刺痒感的评价方法。刺痒感的评价方法有两类,一类是主观试验,另一类是客观试验。主观试验方法有前臂试验和穿着试验。客观试验方法有低压压缩测试法、突起纤维激光计数法、音频测量法等。由于织物的刺痒感并非单纯与伸出的纤维头端的数量有关,因此,上述的几种客观试验方法均有较大的局限性,并且至今还没有商业化的此类测试仪器。

(3)影响织物刺痒感的因素。从织物本身而言,刺痒感主要与织物表面纤维(毛羽)的粗细、多少、长短以及纤维在织物中滑移的难易有关。其中,纤维的粗细程度和初始模量是影响织物刺痒感最重要的因素。纤维越粗,纤维的初始模量越大,越容易导致织物产生刺痒感;其次,织物表面粗纤维的含量也是很重要的影响因素,粗纤维的含量越高,织物的刺痒感也越强;纱线和织物结构对织物刺痒感有一定作用,对于同样的纤维,结构疏松的织物较结构紧密的织物刺痒感要弱一些。

单元三　纺织品的生态性

生态纺织品——这一理念或概念源于欧盟,对欧洲乃至全球的纺织品和日用消费品市场都产生了重大的影响,它从出现伊始就带有绿色壁垒的特性,它一方面限制了我国某些纺织品的出口,另一方面也对我国的纺织产业的升级起到了一定的促进作用。我国相关部门结合我国国情,从最基本的安全性能方面入手,制定了 GB 18401 标准,GB 18401 标准中的考核项目都是生态纺织品的检测项目。

(一)生态纺织品的定义

"生态纺织品"的概念源于 1992 年国际生态纺织品研究和检验协会颁布的"Oeko—Tex Standard 100"(生态纺织品标准 100)。其含义有广义和狭义两种。

1. 广义的生态纺织品　广义的生态纺织品又称全生态纺织品,是指产品从原材料的制造到运输,产品的生产、消费以及回收利用和废弃处理的整个生命周期(即所谓的"从摇篮到坟墓")都要符合生态性,既对人体健康无害,又不破坏生态平衡。

生态纺织品必须符合四个基本前提:资源可再生和可重复利用;生产过程对环境无污染;在穿着和使用过程中对人体没有危害;废弃后能在环境中自然降解,不污染环境。即具有"可回收、低污染、省能源"等特点。

有机纺织品是指纺织品的加工、消费及后处理过程是环保、无污染的,因此,有机纺织品即全生态纺织品,例如有机棉产品。有机棉就是从种子到纺织品的生产过程是全天然无污染的,以自然耕作管理为主,不使用任何杀虫剂、化肥和转基因产品。由于对全生态纺织品要求的严格性,致使真正意义上的有机纺织品还需要更进一步的研究,是生态纺织品的发展方向。

2. 狭义的生态纺织品　狭义的生态纺织品又称为部分生态纺织品或者半生态纺织品,是指在现有的科学知识水平下,采用对周围环境无害或少害的原料制成的对人体健康无害或达到某个国际性生态纺织品标准的产品,是主要侧重生产、人类消费或处理等某一方面生态性的纺织品。目前主要是针对狭义上的生态纺织品的有关内容进行检测。

(二)生态纺织品的检测

1. 生态纺织品的检测项目　Oeko—Tex 200(检测标准)的检测程序包含 12 大类,分别为:pH 测定、甲醛测定、可提取重金属、农药残留、苯酚(氯化苯酚和 OPP)含量、禁用染料、有机氯载体、PVC 增塑剂(邻苯二甲酸盐)含量、有机锡化合物、色牢度、挥发性物质及有气味混合物的测定、敏感性气味等。

需要说明的是,生态纺织品的检测项目是动态变化的,几乎每年都会增加一些新的指标。目前我国各检测机构比较成熟的检测项目有 pH 测定、甲醛测定、可提取重金属、禁用偶氮染料、色牢度、异味等。

2. 生态纺织品的检测项目的主要技术　现代生态纺织品测试技术主要有三类:色谱技术、原子光谱技术和分子光谱技术。其中,色谱分析技术的运用最为广泛。

3. 生态纺织品的产品标准和标签　现在国际上实行的纺织品生态标准有很多种,ISO 曾把涉及生态产品的标准和标签分为 3 种类型。

(1)第一种类型。考察产品的整个生命周期即从原材料的提取到产品的运输、生产使用和废弃;自愿加入;多产品种类;第三方检验和现场审核代表性的生态标签。例如:Europen Eco—Label(欧盟生态标签)、Nordu White Swan Labe(北欧的白天鹅标志)、The Blue Angel(德国的蓝色天使标志)、Flower Label(欧盟的花型标签)、ECP(加拿大的环境选择保护标签)、ECO—Mark(日本的生态标志)。

(2)第二种类型。自我声明的标签。它们或是考察产品的整个生命周期或是考察产品的某方面生态性能,主要是由一些行业协会或者民间组织机构开发的。它不强调由第三方试验室检测或者是现场直接审核,甚至有的还允许申请厂商自我声明即可。例如:Oeko—Tex Standard 100(生态纺织品标准 100)、Milieukeur 标志(荷兰生态标志)、Toxproof Seal(德国的生态纺织品标志)、Eco—Tex(德国的生态纺织品标志)、Gut(德国的地毯生态标签)、Bioland 和 Demeter(民间组织机构建立的生态标签)。

(3)第三种类型。环境行为的声明和报告是非选择性的,是由买家制定的买家标准,但是其与产品售卖地的标准、法规和法令是相一致的。例如:Clean Fashion 标志和 Comitextil 标志。

在如此多的生态纺织品标准、标签中,对纺织和服装业比较有影响力的是 Oeko—Tex Standard 100 和 Europen Eco—Label。同时需注意的是生态标准 Oeko—Tex Standard 100 属于自愿性的,并非必须要达到其考核指标才能在欧盟市场上销售。如果达到其考核指标,产品能进入比较高端的流通领域,产品的附加值就能得以提升;而达不到其考核指标的产品就不能挂该标准和标签,会进入比较低端的流通领域,产品的附加值会低得多,当然,这样的产品也必须达到买家的要求才能进入欧盟市场。

(三)生态纺织品检测中的问题

相对于生态纺织品技术要求的立法和标准化,无论是国际还是国内,生态纺织品的检测技术的研发和标准化都显得相当滞后。德国政府虽然在1994年就提出在纺织和日用消费品上禁止使用某些可能还原出致癌芳香胺的偶氮染料,但相应的测试方法标准直到1998年才正式出台;而欧盟的测试方法标准则直至2004年2月24日才以欧盟指令2004/21/EC的形式发布;Oeko—Tex在推出Oeko—Tex Standard 100的同时,发布了对相关检测项目的检测方法指导性文件Oeko—Tex 200,但并未提供相应的检测方法标准,甚至部分项目被明确告知尚无合适的检测方法。这些都对相关法规和标准的实施带来了困难。

(四)纺织产品基本安全项目

1. 甲醛含量　甲醛是一种无色、有强烈刺激性气味的气体,易溶于水和乙醇,通常以水溶液形式出现。甲醛是一种重要的有机原料(醛基、羰基),广泛应用于化工产业,主要用于塑料工业(如制酚醛树脂、脲醛塑料—电玉)、合成纤维(如合成维尼纶—聚乙烯醇缩甲醛)、皮革工业、医药、染料等。甲醛对健康危害主要有以下几个方面。

(1)刺激作用。甲醛的主要危害表现为对呼吸道和皮肤黏膜的刺激作用。甲醛对生物细胞的原生质是一种毒性物质,能与生物体内的蛋白质结合,改变蛋白质结构并将其凝固。高浓度吸入时出现呼吸道严重的刺激和水肿、眼刺激、头痛。

(2)致敏作用。皮肤直接接触甲醛可引起过敏性皮炎、色斑、坏死,吸入高浓度甲醛时可诱发支气管哮喘。

(3)致突变作用。高浓度甲醛还是一种基因毒性物质。实验动物在实验室高浓度吸入的情况下,可引起鼻咽肿瘤。

甲醛作用突出表现为头痛、头晕、乏力、恶心、呕吐、胸闷、眼痛、嗓子痛、胃纳差、心悸、失眠、体重减轻、记力减退以及植物神经紊乱等;孕妇长期吸入可能导致胎儿畸形,甚至死亡,男子长期吸入可导致男子精子畸形、死亡等。

为了使一般纤维素纤维为主的织物,具有防缩,防皱和外观平挺的效果,需要进行必要的整理,其使用的后整理剂在穿着、使用过程中逐渐释放出游离甲醛,是产生游离甲醛的主要来源。

2. pH测试　一般情况下,人体皮肤的pH在5.5~7.0之间不等,略呈酸性。这是由于人体汗腺分泌乳酸,在出汗时使皮肤也呈酸性,其pH为5.2~5.8,人体皮肤表面酸性环境可保护常驻菌的平衡,防止致病菌的侵入,因此,纺织品的pH在微酸性和中性之间有利于人体的保护。但以纤维素纤维为主的织物在前处理时会采用浓的强碱溶液进行处理,以达到预期的效果,这是造成纺织品pH的测定结果不合格的一个重要原因,也会对人体产生一定的危害,服装导致人体过敏最常见的原因是皮肤接触了因没有清洗干净而留在了服装上的残余碱。

3. 禁用偶氮染料　纺织品服装使用含致癌芳香胺的偶氮染料之后,在与人体的长期接触中,染料可能被皮肤吸收(这种情况在染色牢度不佳时更容易发生)并在人体内扩散。这些染料在人体内可能分解还原,并释放出某些有致癌性的芳香胺。这些芳香胺在体内通过代谢作用使细胞的脱氧核糖核酸(DNA)发生变化,成为人体病变的诱因,具有潜在的致癌致敏性。1994年,德国政府颁布法令禁止使用能够产生20种有害芳香胺的118种偶氮染料。欧盟于1997年发布了67/648/EC指令,是欧盟国家禁止在纺织品和皮革制品中使用可裂解并释放出某些致癌芳香胺的偶氮染料的法令,共有22个致癌芳香胺。欧盟于2001年3月27日发布了2001/C96E/18指令,该指令进一步明确规定了列入控制范围的纺织产品。该指令还规定了3个禁用染料的检测方法,致癌芳香胺的检出量不得超出 30mg/kg。2002 年 7 月 19 日,欧盟公布第 2002/61 号令,指出凡是在还原条件下释放出致癌芳香胺的偶氮染料都被禁用。2003 年 1 月 6 日,欧盟进一步发出 2003 年第 3 号指令,规定在欧盟的纺织品、服装和皮革制品市场上禁用和销售含铬偶氮染料,并于 2004 年 6 月 30 日生效。

4. 色牢度测试和异味测试　分析 Oeko—Tex 200(检测标准)的检测程序可以看出,在考核的项目中,除了色牢度和异味外,其他的考核项目基本都是对有毒、有害物质的限制。那么为什么要对色牢度和异味进行考核呢?这是因为染色牢度与禁用染料和可提取重金属这两大类考核指标密切相关,当染色牢度不好时,如禁用染料和可提取重金属物质存在时,纺织品对人体的伤害会更大。目前 GB 18401 标准考核的色牢度项目有耐水(变色、沾色)、耐酸汗渍(变色、沾色)、耐碱汗渍(变色、沾色)、耐干摩擦、耐唾液(变色、沾色)等。而异味的存在则直接导致纺织品的服用性能大为下降,任何与产品无关的气味或虽与产品有关、但气味过重都表明纺织品上有过量的化学品残留,有可能对健康造成潜在的危害。目前 GB 18401 标准考核的异味有霉味、高沸程石油味、鱼腥味、芳香烃气味等。

三、学习提高

1. 设计一种雨衣用布:具有防雨又透汗汽的双重功效,并阐述你的设计思路。

2. 一位郊游滑雪者必须在相同结构的 100% 纯羊毛夹克衫与 100% 聚酯夹克衫选择,你建议他选用哪一种夹克衫,说出你的理由?

3. 你打算开发一种强度高、悬垂性好、光泽亮的套装面料,你准备如何设计该织物的结构(包括纤维类别、纱线形式、织物组织,不包括后整理)?

4. 随机调查不同群体、不同职业、不同性别的人,看看人们倾向于服装的哪些性能,包括外观、理化性能、舒适性能等,写一份调查报告。预测今年的流行趋势。

5. 对一种生态纺织品进行检测,列出各检测指标及检测方法,写出实验报告。并探讨一下生态纺织发展的途径和趋势。

四、自我拓展

给定 20 种常见面料,对它们进行实验分析,从而对这些面料进行综合评价(表 8 - 23)。

表 8 - 23　面料评价

<table>
<tr><th rowspan="2">试样</th><th rowspan="2">类别</th><th colspan="2">基本性能</th><th colspan="5">耐　　用</th><th colspan="5">化学性能</th><th colspan="2">服用性能</th><th rowspan="2">最终用途</th></tr>
<tr><th>材料</th><th>结构</th><th>强伸</th><th>撕破</th><th>顶破</th><th>耐磨</th><th>抗皱</th><th>耐热</th><th>耐光</th><th>化学药品</th><th>染色</th><th>染色</th><th>刚柔悬垂</th><th>卫生保健</th></tr>
<tr><td>1</td><td></td><td></td><td></td><td></td><td></td><td></td><td></td><td></td><td></td><td></td><td></td><td></td><td></td><td></td><td></td><td></td></tr>
<tr><td>⋮</td><td></td><td></td><td></td><td></td><td></td><td></td><td></td><td></td><td></td><td></td><td></td><td></td><td></td><td></td><td></td><td></td></tr>
<tr><td>20</td><td></td><td></td><td></td><td></td><td></td><td></td><td></td><td></td><td></td><td></td><td></td><td></td><td></td><td></td><td></td><td></td></tr>
</table>

参考文献

[1]姚穆.纺织材料学[M].4版.北京:中国纺织出版社,2014.
[2]姜怀.纺织材料学[M].2版.北京:中国纺织出版社,2001.
[3]于伟东.纺织材料学[M].北京:中国纺织出版社,2006.
[4]张一心.纺织材料学[M].3版.北京:中国纺织出版社,2017.
[5]胡永.纺织材料学[M].北京:中国纺织出版社,1994.
[6]李栋高,蒋蕙钧.纺织新材料[M].北京:中国纺织出版社,2002.
[7]邢声远.纺织新材料及其识别[M].北京:中国纺织出版社,2002.
[8]李汝勤,宋钧才.纤维和纺织品的测试原理与仪器[M].北京:中国纺织出版社,1995.
[9]郑秀芝,刘培民.机织物结构与设计[M].北京:中国纺织出版社,2002.
[10]于伟东,储才元.纺织物理[M].上海:东华大学出版社,2002.
[11]阿瑟·普莱斯.织物学[M].北京:中国纺织出版社,2003.
[12]赵书经.纺织材料实验教程[M].北京:中国纺织出版社,2005.
[13]瞿才新.纺织检测技术[M].北京:中国纺织出版社,2012.
[14]刘荣清,王柏润.棉纺试验[M].3版.北京:中国纺织出版社,2008.
[15]瞿才新,张荣华.纺织材料基础[M].北京:中国纺织出版社,2012.
[16]田恬.纺织品检验[M].北京:中国纺织出版社,2006.
[17]翟亚丽.纺织测试仪器操作规程[M].北京:中国纺织出版社,2007.
[18]李汝勤,宋钧才.纤维和纺织品的测试原理与仪器[M].北京:中国纺织出版社,1995.
[19]蒋耀兴.纺织品检验学[M].北京:中国纺织出版社,2001.
[20]夏志林.纺织实验技术[M].北京:中国纺织出版社,2007.